江苏三新供电招聘考试
电气专业指导用书

宏湃培优教研组　编著

东南大学出版社
SOUTHEAST UNIVERSITY PRESS
·南京·

图书在版编目(CIP)数据

江苏三新供电招聘考试电气专业指导用书 / 宏湃培优教研组编著. — 南京：东南大学出版社，2024.5
ISBN 978-7-5766-1404-6

Ⅰ.①江⋯ Ⅱ.①宏⋯ Ⅲ.①电气工程-招聘-考试-自学参考资料 Ⅳ.①TM

中国国家版本馆 CIP 数据核字(2024)第 086214 号

责任编辑：宋华莉　　责任校对：韩小亮　　封面设计：毕　真　　责任印制：周荣虎

江苏三新供电招聘考试电气专业指导用书
Jiangsu Sanxingongdian Zhaopin Kaoshi Dianqi Zhuanye Zhidao Yongshu

编　　著	宏湃培优教研组
出版发行	东南大学出版社
出 版 人	白云飞
社　　址	南京市四牌楼 2 号(邮编：210096)
经　　销	全国各地新华书店
印　　刷	南京艺中印务有限公司
开　　本	880 mm×1230 mm　1/16
印　　张	20.5
字　　数	620 千字
版　　次	2024 年 5 月第 1 版
印　　次	2024 年 5 月第 1 次印刷
书　　号	ISBN 978-7-5766-1404-6
定　　价	229.00 元

本社图书若有印装质量问题，请直接与营销部调换。电话(传真)：025-83791830

前　言

国家电网有限公司(简称"国家电网")成立于2002年12月29日,是经国务院批准进行国家授权投资的机构和国家控股公司的试点单位,连续19年获评国务院国资委业绩考核A级企业。国家电网有限公司位列2023年《财富》世界企业500强第3位,是全球最大的公用事业企业。

江苏各市三新供电服务公司及其县(区)分公司(以下简称"江苏三新公司")是国网江苏省电力有限公司所属企业,主要从事当地乡镇供电所的生产经营业务,具体为农村配网线路和设备的巡视、检修和故障处理,装表接电、用电检查、电费抄收和客户服务等工作。

江苏地区三新供电服务公司包括江苏省农电有限公司在省内各市设立的13个三新供电服务有限公司、在县级区域设立的58个分公司以及15个科研、检修、施工等单位。

冷眼独坐看世界,独占鳌头第一名

近年来,国家电网成为大学毕业生报考的越来越热门的单位,因为它体制完善,发展前景广阔。进入国家电网的大学毕业生的职业生涯发展有了长久的规划,也有了奋斗的方向和明确的目标。

停杯投箸不能食,拔剑四顾心茫然

大学毕业生逐年增多,就业竞争日趋激烈,国家电网这样的单位,竞争愈发白热化。在这样激烈的竞争中,到底怎样努力才能崭露头角、脱颖而出,很多同学心里是茫然的。有心全面复习,怎奈考期渐近,不免手足无措! 最佳备考学习的开始时间是考前一年,用一年的时间来看书、练题。诚然,对于一些考生,考前一年学校有的专业课程还未教授,那么就需要考生提前预习准备。对于就业目标不明确的考生,复习备考工作最迟不能错过第一批次考试前的暑期,即毕业前一年的暑期。

倦鸟旋飞归巢晚,碧海柔珠情殷殷

宏湃培训专注国家电网各省市电网校园招聘考试培训,就像黑夜里的明灯,为广大考生指明了道路。为了解决广大考生的备考难题,宏湃组织一线名师,精心整理历年考试大纲和考点,潜心编纂了简明实用的备考教材,送至广大考生手中,为莘莘学子成功考入国家电网增加筹码。

一枝独秀不是春,百花齐放春满园

宏湃培训精心编纂的教材,可谓处处是亮点:

(1) 删繁就简,提纲挈领。本教材适用于考点,真正做到了"一本在手不用愁",使考生思路更加清晰,大大减轻了考生的负担。

(2) 深入浅出,结合实际。本教材适用于绝大部分考生,无论是专业学霸,还是基础较差的考生,都能在本教材中找到自己的学习起点。

(3) 渐进学习,层次分明。知识点循序渐进,逻辑性强,有利于考生由浅到深地掌握复杂枯燥的知识,增强考生信心。

(4) 由浅入深,引导思维。本教材从知识点起步,逐步引导考生思维发散,有利于考生深刻理解考点,掌握知识点。

(5) 随学随练,效果明显。每个知识点都有配套习题,针对性强,有利于考生迅速消化,提高成绩。

本教材特点:① 简明高效的学习方案;② 实时答疑的名师指导;③ 肆意刷题的海量题库;④ 随时交流

的众多考友。

特别说明：本教材配有一定数量的网校视频二维码，对应内容包含相应章节配套习题的视频讲解，通过扫码，可以在网校内下载每章电子版的配套习题，配合网校老师讲解，学习效果更佳。

本教材虽然配有典型例题，但为了让考生在看完本教材的每个篇章后能更多地做题、练题，特别配有指导习题册，需要的考生可以扫一扫以下两个二维码，进入交流群获得更多的学习资讯。

最后，预祝各位考生，顺利过关，走上人生的康庄大道！

宏湃培训教研组

2024 年 4 月

江苏三新招考信息交流群

宏湃三新供电就业公众号

备考刷题、看课、资讯小程序

专业科目答疑小程序

目 录

第1篇 电工基础

第1章 电力系统的基本概念 ... 2
- 1.1 电力系统的组成及基本概念 ... 2
- 1.2 电力系统的基本参数 ... 3
- 1.3 电力系统运行的基本要求 ... 3
- 1.4 电力系统的电压等级 ... 4
- 1.5 电力系统的负荷 ... 5
- 1.6 电力系统中性点的运行方式 ... 5
- 精选习题 ... 7
- 习题答案 ... 7

第2章 常用电气图形的基本知识 ... 8
- 精选习题 ... 10
- 习题答案 ... 10

第3章 电气设备的类型及原理 ... 11
- 3.1 一、二次设备 ... 12
- 3.2 高压断路器 ... 12
- 3.3 隔离开关、熔断器、负荷开关 ... 13
- 3.4 互感器 ... 15
- 3.5 母线、电力电缆和电抗器等 ... 18
- 精选习题 ... 19
- 习题答案 ... 19

第4章 电力系统故障的基本概念 ... 20
- 4.1 电力系统故障的类型 ... 20
- 4.2 无限大功率电源系统三相短路分析 ... 21
- 4.3 不对称短路 ... 22
- 精选习题 ... 23
- 习题答案 ... 24

第2篇 电网控制与操作

第1章 电力系统有功功率和频率调整 ... 26
- 1.1 电力系统有功功率和频率调整 ... 26
- 1.2 电力系统有功功率的最优分配 ... 28

1.3 电力系统的频率调整	29
精选习题	30
习题答案	31

第2章 电力系统无功功率和电压调整 ········ 32
- 2.1 电力系统中无功功率的平衡 ········ 32
- 2.2 电力系统的电压管理 ········ 35
- 2.3 电力系统的几种主要调压措施 ········ 36
- 精选习题 ········ 37
- 习题答案 ········ 37

第3章 电气主接线的形式、特点及倒闸操作 ········ 38
- 3.1 电气主接线的基本概念及基本要求 ········ 38
- 3.2 有汇流母线的主接线 ········ 39
- 3.3 无汇流母线的主接线 ········ 45
- 精选习题 ········ 47
- 习题答案 ········ 49

第3篇 高电压

第1章 交/直流电参数的基本测量方法 ········ 51
- 1.1 测量的基本概念 ········ 51
- 1.2 测量仪表 ········ 52
- 1.3 测量方法 ········ 53
- 精选习题 ········ 58
- 习题答案 ········ 59

第2章 电气设备绝缘特性的测试 ········ 60
- 2.1 检查性试验(非破坏性试验) ········ 60
- 2.2 耐压试验 ········ 65
- 精选习题 ········ 68
- 习题答案 ········ 70

第3章 电力系统过电压的基本概念 ········ 71
- 3.1 过电压的基本概念 ········ 71
- 3.2 暂时过电压 ········ 71
- 3.3 操作过电压 ········ 75
- 精选习题 ········ 76
- 习题答案 ········ 78

第4章 线路和变电站的防雷保护措施及避雷针/避雷器的保护范围计算 ········ 79
- 4.1 雷电的概念及防雷装置 ········ 79
- 4.2 电力系统的防雷措施 ········ 84
- 精选习题 ········ 88
- 习题答案 ········ 89

第4篇　继电保护

第1章　电力系统继电保护的基本概念和要求 …… 92
- 1.1　电力系统的基本概念 …… 92
- 1.2　继电保护的基本任务 …… 94
- 1.3　继电保护的基本原理和保护装置的基本组成 …… 94
- 1.4　互感器 …… 95
- 1.5　继电保护的基本要求 …… 96
- 1.6　继电保护的发展简史 …… 97
- 精选习题 …… 97
- 习题答案 …… 98

第2章　阶段式电流保护配合原理和构成 …… 99
- 2.1　继电器 …… 99
- 2.2　三段式电流保护 …… 101
- 2.3　方向性电流保护 …… 105
- 2.4　中性点直接接地电网的零序电流保护（大电流系统） …… 107
- 2.5　中性点非直接接地电网的零序电流保护（小电流系统） …… 110
- 精选习题 …… 111
- 习题答案 …… 112

第3章　距离保护的工作原理和动作特性 …… 113
- 3.1　距离保护的基本原理与构成 …… 113
- 3.2　距离保护的整定 …… 115
- 3.3　阻抗继电器及其动作特性 …… 116
- 3.4　方向性阻抗继电器的死区及其消除方法 …… 119
- 3.5　影响距离保护正确工作的因素及防止方法 …… 119
- 精选习题 …… 121
- 习题答案 …… 123

第4章　输电线路纵联电流差动保护原理 …… 124
- 4.1　纵联保护的基本原理 …… 124
- 4.2　纵联保护的传输通道 …… 125
- 4.3　纵联保护的类型 …… 125
- 4.4　高频保护（载波保护）及高频通道 …… 126
- 4.5　纵联电流差动保护（导引线纵联差动保护和光纤差动保护） …… 127
- 精选习题 …… 128
- 习题答案 …… 129

第5章　输电线路自动重合闸的作用和要求 …… 130
- 5.1　自动重合闸的作用及基本要求 …… 130
- 5.2　双侧电源线路重合闸的同期问题 …… 131
- 5.3　重合闸与保护的配合 …… 132

5.4 重合闸动作时间整定及重合闸闭锁功能 ·· 133
  5.5 潜供电流的影响 ·· 134
  5.6 非全相运行状态的影响 ·· 134
  精选习题 ·· 134
  习题答案 ·· 135

第6章 变压器、母线的主要故障类型和保护配置 ································ 136
  6.1 变压器的故障类型、不正常运行状态与保护的配置 ····················· 136
  6.2 变压器的纵联差动保护 ·· 137
  6.3 变压器相间短路的后备保护 ··· 138
  6.4 变压器接地保护的后备保护 ··· 138
  6.5 母线保护 ··· 138
  精选习题 ·· 140
  习题答案 ·· 141

第5篇 电机学

第1章 电机学基本理论 ··· 143
  1.1 电机的基础知识 ·· 143
  1.2 电机中的基本电磁定律 ·· 145
  1.3 磁路和电路 ··· 145
  精选习题 ·· 147
  习题答案 ·· 147

第2章 变压器的结构与工作原理 ·· 148
  2.1 变压器的分类、结构与额定值 ·· 149
  2.2 变压器的工作原理和等效电路 ·· 150
  2.3 变压器的参数测定 ·· 153
  2.4 变压器的运行特性 ·· 154
  2.5 三相变压器 ··· 155
  精选习题 ·· 157
  习题答案 ·· 158

第3章 同步电机的结构、原理及运行特性 ·· 160
  3.1 同步电机的结构与额定值 ·· 160
  3.2 同步电机的工作原理 ··· 161
  3.3 同步电机的运行分析 ··· 165
  3.4 同步发电机的并网 ·· 167
  3.5 同步发电机的功率调节 ·· 167
  精选习题 ·· 168
  习题答案 ·· 169

第4章 异步电机的结构、原理及运行特性 ·· 170
  4.1 异步电动机的基本工作原理与结构 ··· 170

4.2	异步电机的工作原理	171
4.3	异步电机的机械特性	175
4.4	异步电机的启动	176
4.5	异步电机的调速	177
4.6	异步电机的制动	178

精选习题 …………………………………………………………………………………… 178
习题答案 …………………………………………………………………………………… 179

第 6 篇　配电设备

第 1 章　配电设备与系统 …………………………………………………………………… 181
　1.1　高压配电系统 …………………………………………………………………………… 181
　1.2　低压配电系统 …………………………………………………………………………… 184
　1.3　常见高压配电设备 ……………………………………………………………………… 184
　1.4　常见低压配电设备 ……………………………………………………………………… 195

第 2 章　配电装置的类型及特点 …………………………………………………………… 197
　2.1　概述 ……………………………………………………………………………………… 197
　2.2　配电装置的最小安全净距 ……………………………………………………………… 197
　2.3　配电装置的类型及应用 ………………………………………………………………… 199

第 3 章　配电变压器的运行 ………………………………………………………………… 207
　3.1　配电变压器的工作原理 ………………………………………………………………… 207
　3.2　配电变压器的基本结构 ………………………………………………………………… 208
　3.3　配电变压器铭牌及其技术参数 ………………………………………………………… 210
　3.4　配电变压器联结组别 …………………………………………………………………… 211

第 4 章　高压熔断器 ………………………………………………………………………… 213

第 5 章　低压成套配电装置知识 …………………………………………………………… 217
　5.1　低压配电装置分类 ……………………………………………………………………… 217
　5.2　常用低压成套配电装置 ………………………………………………………………… 217
　5.3　低压成套配电装置运行维护 …………………………………………………………… 220

第 6 章　漏电保护装置的工作原理及配置原则 …………………………………………… 221
　6.1　概述 ……………………………………………………………………………………… 221
　6.2　结构与工作原理 ………………………………………………………………………… 222
　6.3　技术参数 ………………………………………………………………………………… 224
　6.4　剩余电流动作保护装置分类 …………………………………………………………… 224
　6.5　剩余电流动作保护装置分级保护 ……………………………………………………… 227
　6.6　剩余电流动作保护装置在电击防护方面的应用 ……………………………………… 228

第 7 篇　配电线路

第 1 章　配电线路的基本知识 ……………………………………………………………… 230
　1.1　配电线路的基本结构 …………………………………………………………………… 230

1.2	配电线路的基本组成及各元件的作用	231
第2章	**配电线路的常用材料**	**238**
第3章	**电力电缆的基本知识**	**242**
3.1	电力电缆概述	242
3.2	电力电缆的基本结构、种类及特点	243
第4章	**接地装置安装的基本知识**	**246**
4.1	接地装置的基本概述	246
4.2	接地装置的安装施工	248
4.3	接地装置的检查验收	249
第5章	**低压配电系统的接地方式、特点**	**251**
5.1	保护接地与保护接零	251
5.2	低压配电系统的接地方式及特点	253

第8篇　无功补偿

第1章	**电能质量的概念**	**257**
1.1	电力系统运行的特点	257
1.2	电力系统运行的基本要求	257
1.3	电能质量的各项指标	257
	精选习题	262
	习题答案	263
第2章	**无功补偿装置的用途、结构和安全运行**	**264**
2.1	无功补偿装置的用途	264
2.2	无功补偿装置的结构	265
2.3	无功补偿装置的安全运行	266
2.4	无功补偿装置的配置原则	267
	精选习题	267
	习题答案	267
第3章	**用户功率因数**	**268**
3.1	功率因数的概念	268
3.2	对用户功率因数的要求	268
3.3	提高用户功率因数的方案	268
	精选习题	269
	习题答案	269
第4章	**提高功率因数的方法**	**270**
4.1	提高功率因数的原理	270
4.2	提高功率因数的方法	270
	精选习题	270
	习题答案	271

第 9 篇　新能源

第 1 章　分布式光伏发电 ··· 273
- 1.1　分布式光伏发电概述 ··· 273
- 1.2　分布式光伏发电的发展现状 ··· 274
- 1.3　分布式光伏发电的构成 ··· 274
- 1.4　分布式光伏发电的特点 ··· 275
- 1.5　分布式光伏发电项目应用 ·· 275
- 1.6　分布式光伏发电项目补贴政策 ·· 278
- 1.7　分布式光伏发电成本回收 ·· 278
- 精选习题 ·· 279
- 习题答案 ·· 279

第 2 章　新能源及电能替代 ·· 280
- 2.1　新能源的定义及特征 ·· 280
- 2.2　发展新能源的意义 ··· 280
- 2.3　新能源的种类与特点 ·· 280
- 2.4　电能替代 ··· 282
- 精选习题 ·· 284
- 习题答案 ·· 285

第 10 篇　安全防护

第 1 章　电力安全技术的基本知识 ··· 287
- 1.1　电流对人体的危害 ··· 287
- 1.2　影响电流对人体伤害程度的因素 ··· 287
- 1.3　人体触电 ··· 289
- 精选习题 ·· 291
- 习题答案 ·· 291

第 2 章　电击安全防护措施 ·· 292
- 精选习题 ·· 292
- 习题答案 ·· 292

第 3 章　电气安全用具的使用方法和保管 ·· 293
- 3.1　安全工器具的基本知识 ··· 293
- 3.2　常用安全工器具的使用要求 ··· 293
- 3.3　安全工器具的管理 ··· 298
- 精选习题 ·· 298
- 习题答案 ·· 298

第 4 章　电气作业的安全技术措施和组织措施 ·· 299
- 4.1　电气作业安全的技术措施 ·· 299
- 4.2　电气作业安全的组织措施 ·· 300

精选习题 ··· 300
习题答案 ··· 300

第 11 篇　电气火灾与急救

第 1 章　电气火灾的成因及扑救方法 ··· 302
 1.1　燃烧灭火的基本常识 ··· 302
 1.2　灭火设施及器材 ··· 303
 1.3　电气火灾 ··· 304
 精选习题 ··· 307
 习题答案 ··· 308

第 2 章　触电急救 ··· 309
 2.1　触电急救的原则 ··· 309
 2.2　触电急救的顺序 ··· 309
 2.3　心肺复苏 ··· 309

第 3 章　外伤急救 ··· 311
 3.1　创伤、外伤急救的基本要求 ··· 311
 3.2　骨折急救 ··· 311
 3.3　颅脑外伤急救 ··· 311
 3.4　烧伤急救 ··· 312
 3.5　冻伤急救 ··· 312
 3.6　动物咬伤急救 ··· 312
 3.7　溺水急救 ··· 312
 3.8　高温中暑急救 ··· 312
 3.9　有害气体中毒急救 ··· 312
 精选习题 ··· 313
 习题答案 ··· 313

第1篇 电工基础

第1章 电力系统的基本概念

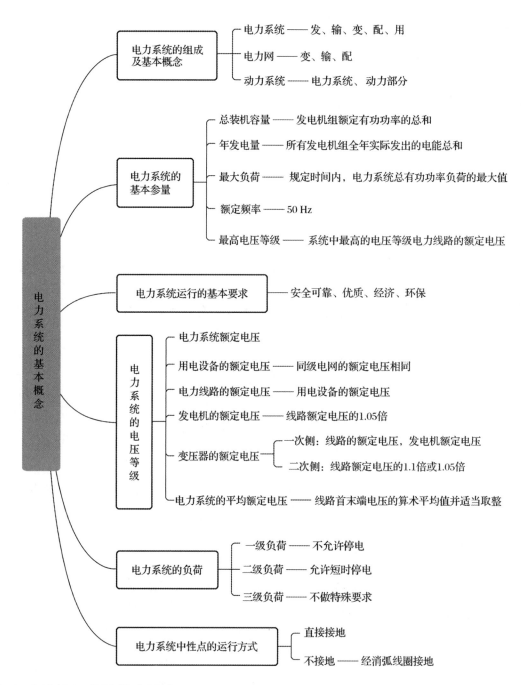

1.1 电力系统的组成及基本概念

1）电力系统

电力系统是由发电厂、变电所、输电线、配电系统及负荷组成的。

发电厂：生产电能，将一次能源转换成二次能源（电能），分为火、水、核、风、太阳、地热等类。

变电所：是变换电压和接受分配电能的场所，分为区域变电所、地区变电所和终端变电所等。

配电所：只接受和分配电能，不变换电压。

工厂供配电系统：由总降压变电所、高压配电线路、车间变电所、低压配电线路及用电设备组成。

2) 电力网

电力网是指由各种电压等级的输配电线路以及由它们所联系起来的各类变电所所组成的网络,包括变压器、电力线路等变换、传输、分配电能的设备等(不包含发电机和用电设备),分为输电网和配电网。

输电网:是一种用于互相连接供应端与用户端的供电网络。具体说就是通过高压、超高压输电线将发电厂与变电所、变电所与变电所连接起来,完成电能传输的电力网络。

配电网:是从输电网或地区发电厂接受电能,然后通过配电设施就地或逐级分配给用户的电力网。配电网是直接将电能从输电网或地区发电厂送到用户的网络。

3) 动力系统

动力系统是指电力系统及其动力等部分的总体。动力部分包括火力发电厂的锅炉、汽轮、发电机,水电厂的水库、水轮机,原子能电厂的反应堆、汽轮机等。图 1-1 为电力系统、电力网和动力系统的示意图。

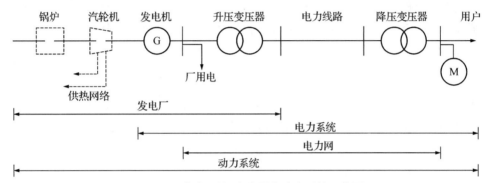

图 1-1 电力系统、电力网和动力系统示意图

1.2 电力系统的基本参量

1) 总装机容量

指该系统中实际安装的发电机组额定有功功率的总和,以千瓦(kW)、兆瓦(MW)、吉瓦(GW)为单位计量。

2) 年发电量

指该系统中所有发电机组全年实际发出的电能总和,以千瓦·时(kW·h)、兆瓦·时(MW·h)、吉瓦·时(GW·h)等为单位计量。

3) 最大负荷

指规定时间内,如一天、一个月或一年内,电力系统总有功功率负荷的最大值 P_{max},以千瓦(kW)、兆瓦(MW)、吉瓦(GW)为单位计量。年发电量 W 与最大负荷比称为年最大负荷利用小时数 T_{max}:

$$T_{max} = \frac{W}{P_{max}}$$

4) 额定频率

我国所有交流电力系统的额定频率为 50 Hz。

5) 最高电压等级

同一电力系统中的电力线路往往有几种不同的电压等级,所谓某电力系统的最高电压等级,指该系统中最高的电压等级电力线路的额定电压。

1.3 电力系统运行的基本要求

传统电力系统对电能这一特殊商品的基本要求可以概括为安全、优质和经济。这三个基本要求之间存在一定的矛盾,处理这三者之间关系的一般原则是:在保证安全和电能质量的前提下使运行最为经济。此外,还有环保方面的要求。

1) 保证安全可靠的持续供电(可靠性)

保证对用户的持续供电,并保证人身和系统本身设备的安全。

2) 保证良好的电能质量(优质性)

衡量电能质量的三个基本指标是:电压、频率和波形。不同情况下电力系统电压、频率和波形的具体要求如下:

(1) 35 kV 及以上电压等级允许的偏移范围为正、负偏差的绝对值之和不超过额定电压的10%。

(2) 10 kV 及以下电压等级偏移范围为电压额定值的±7%。

(3) 0.38 kV 电压允许偏移范围为电压额定值的±7%,0.22 kV 为 -10%~5%。

(4) 正常运行时允许的频率偏移为±(0.2~0.5) Hz。

(5) 波形质量以畸变率是否超过给定值来衡量。谐波畸变率的允许值随电压等级的不同而不同,如 110 kV 供电时不超过 2%,35 kV 供电时不超过 3%,6~10 kV 供电时不超过 4%,0.38 kV 供电时不超过 5%。

3) 保证系统运行的经济性(经济性)

有两个考核电力系统运行经济性的重要指标,即煤耗率和线损率。所谓煤耗率,是指每生产 1 kW·h 电能所消耗的标准煤重,以 g/(kW·h) 为单位,而标准煤则是指含热量为 29.31 MJ/kg 的煤。所谓线损率或网损率,是指电力网络中损耗的电能与向电力网络供应电能的百分比。

4) 尽可能减少对生态环境的影响(环保)

1.4 电力系统的电压等级

电力系统中所说的额定电压均指额定线电压(有效值)。

1) 电力系统额定电压

我国电力系统额定电压 U_N 一般有:3 kV、6 kV、10 kV、35 kV、60 kV、110 kV、220 kV、330 kV、500 kV。目前,我国最高的交流电压等级为 1 000 kV,最高的直流电压等级为 ±1 100 kV。

2) 用电设备的额定电压

用电设备的额定电压为 U_N,与同级电网的额定电压相同,也是其他元件(发电机、变压器、电力线路)的参考电压。

3) 电力线路的额定电压

电力线路的额定电压等于用电设备的额定电压 U_N。用电设备的容许电压偏移一般为±5%,沿线路的电压降落一般为 10%,因此线路始端电压为额定值的 105%,线路末端电压为额定值的 95%。电力线路的额定电压为始末两端电压的平均值,即为 U_N。

4) 发电机的额定电压

发电机往往接在线路始端,所以发电机的额定电压为线路额定电压的 1.05 倍(即 1.05 U_N)。

5) 变压器的额定电压

(1) 变压器的一次侧接电源,相当于用电设备,因此变压器一次侧的额定电压等于用电设备的电压,即等于线路的额定电压 U_N。如果变压器的一次侧直接和发电机相连,则变压器一次侧的额定电压等于发电机的额定电压 1.05 U_N。

(2) 变压器的二次侧向负荷供电,相当于发电机,再考虑到变压器内部的电压损耗,因此变压器二次侧的额定电压等于线路额定电压的 1.1 倍,即 1.1 U_N。若二次侧直接和用电设备(电动机)相连或漏抗很小,二次侧的额定电压等于线路额定电压的 1.05 倍，即 1.05U_N。

6）电力系统的平均额定电压

电力系统的平均额定电压是取线路首末端电压的算术平均值，并适当取整。电力系统的额定电压（U_N）和平均额定电压（U_{av}）的对比如表 1-1。

表 1-1 电力系统的额定电压和平均额定电压

U_N/kV	3	6	10	35	110	220	330	500
U_{av}/kV	3.15	6.3	10.5	37	115	230	345	525

注意：额定电压常用于稳态计算中，平均额定电压常用于短路计算中。

1.5 电力系统的负荷

根据负荷对供电可靠性的要求，可将用电负荷分为三级（或称三类）：

（1）第一级负荷。为重要负荷，对这一级负荷中断供电的后果是极为严重的。例如，可能发生危及人身安全的事故；使工业生产中的关键设备遭到难以修复的损坏，以致生产秩序长期不能恢复正常，造成国民经济的重大损失；使市政生活的重要部门发生混乱等。对一级负荷，必须由两个或两个以上的独立电源供电，因为一级负荷不允许停电，所以要求电源间能手动和自动切换。

（2）第二级负荷。为较重要负荷，对这一级负荷中断供电，将造成大量减产，使城市中大量居民的正常生活受到影响等。二级负荷允许短时停电，可由两个独立电源或一回专用线路供电，两种电源可采用手动切换。

（3）第三级负荷。为一般负荷，不属于一、二级的，停电影响不大的其他负荷都属于第三级负荷。如工厂的附属车间，小城镇和农村的公共负荷等。对这一级负荷的短时供电中断不会造成重大的损失，故对三级负荷的供电不做特殊要求，一般采用一个电源供电即可。

1.6 电力系统中性点的运行方式

1）电力系统中性点的运行方式分类

电力系统中性点是指星形接线的三相变压器或发电机的中性点（公共点），电力系统中性点的运行方式或者接地方式分为两类：大电流接地方式和小电流接地方式。

大电流接地方式：接地电力系统中性点直接接地或经低阻抗接地的三相系统，当发生单相接地故障时，接地短路电流很大，所以叫大接地电流方式。

小电流接地方式：中性点不接地或经过消弧线圈和高阻抗接地的三相系统，当某一相发生接地故障时，由于不能构成短路回路，接地故障电流往往比负荷电流小得多，所以叫小电流接地方式。

（1）大电流接地方式的电力系统

中性点的大电流接地系统也称为中性点直接接地系统。当发生单相接地故障时，接地相的电源被短接，形成很大的短路电流；中性点的电位仍为 0，非故障相的对地电压不会升高，仍为相电压，因此电气设备的绝缘水平只需按照电网的相电压考虑即可，如图 1-2 所示。

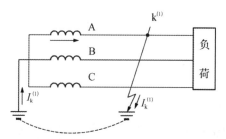

图 1-2 中性点直接接地系统单相短路后电流路径

(2) 小电流接地方式的电力系统

中性点的小电流接地系统也称为中性点不接地系统。当发生单相接地故障时,接地电流是网络的容性电流,相对于中性点直接接地系统发生单相短路接地时短路电流小很多,系统仍可继续运行 2 h;中性点对地电压升高至相电压,而非故障相电压升高至线电压(即非故障相电压升高$\sqrt{3}$倍),因而增加了线路和设备的绝缘成本(图 1-3)。接地点通过的电流为容性电流,其大小为原来相对地电容电流的 3 倍;各相间的电压大小和相位仍然不变,三相系统的平衡没有遭到破坏。

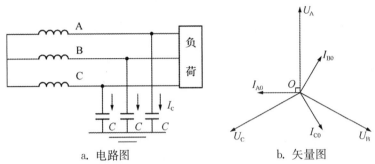

a. 电路图　　　　b. 矢量图

图 1-3　中性点不直接接地系统短路前电容电流分布(C:对地电容)

(3) 中性点经消弧线圈接地方式的电力系统

60 kV 及以下的电力系统采用中性点不接地或经消弧线圈接地的运行方式(图 1-4)。在 3～60 kV 的网络,当容性电流超过下列数值时,中性点应装设消弧线圈(表 1-2)。

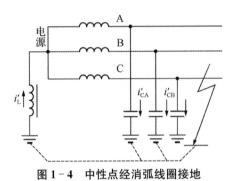

图 1-4　中性点经消弧线圈接地

表 1-2　中性点装设消弧线圈的几种情况

电压等级/kV	容性电流/A
3～6	30
10	20
35～60	10

装设消弧线圈的目的是减小接地点的容性电流,使得电弧易于自行熄灭,提高供电可靠性。

中性点经消弧线圈接地时的补偿方式有:

　　　　　　　　　　欠补偿($I_L < I_C$);

　　　　　　　　　　过补偿($I_L > I_C$),一般采用这种方式;

　　　　　　　　　　全补偿($I_L = I_C$),不允许,容易谐振。

2) 中性点接地方式的实际应用

在我国电力系统不同电压等级中,110 kV 及以上的系统中性点直接接地,60 kV 及以下的系统中性点不接地或者经消弧线圈接地。

精选习题

1. 电力系统分析中,视在功率的单位常采用( )。
   A. MW　　　　　　B. Mvar　　　　　　C. MVA　　　　　　D. var

2. 我国目前电力系统的最高电压等级是( )。
   A. 交流 500 kV,直流 ±500 kV
   B. 交流 750 kV,直流 ±500 kV
   C. 交流 500 kV,直流 ±800 kV
   D. 交流 1000 kV,直流 ±1 100 kV

3. 输电线路的额定电压 U_N=110 kV,则它表示的是( )。
   A. 相电压
   B. AC 相电压
   C. 线电压
   D. AC 线电压

4. 中性点以消弧线圈接地的电力系统,通常采用的补偿方式是( )。
   A. 全补偿
   B. 欠补偿
   C. 过补偿
   D. 有时全补偿,有时欠补偿

5. 对电力系统运行的基本要求是( )。
   A. 在优质前提下,保证安全,力求经济
   B. 在经济前提下,保证安全,力求优质
   C. 在安全前提下,保证质量,力求经济
   D. 在安全前提下,力求经济,保证质量

6. 中性点不接地系统对设备绝缘的要求( )。
   A. 高　　　　　　B. 低　　　　　　C. 不变　　　　　　D. 都不对

7. 属于我国常用线路电压等级的是( )。
   A. 500 kV、220 kV、110 kV、33 kV、10 kV
   B. 500 kV、220 kV、110 kV、66 kV、35 kV
   C. 500 kV、242 kV、121 kV、35 kV、10 kV
   D. 500 kV、220 kV、110 kV、35 kV、10 kV

8. 变压器中性点经消弧线圈接地是为了( )。
   A. 提高电网的电压水平
   B. 限制变压器故障电流
   C. 补偿电网系统单相接地时的电容电流
   D. 消除"潜供电流"

习题答案

1. C　2. D　3. C　4. C　5. C

6. A　**解析**:非故障相电压升高至线电压(即非故障相电压升高$\sqrt{3}$倍),因而增加了线路和设备的绝缘成本。

7. D

8. C　**解析**:装设消弧线圈的目的是减小接地点的容性电流,使得电弧易于自行熄灭,提高供电可靠性。

第 2 章　常用电气图形的基本知识

电气图是一种简图,是由图形符号、带注释的围框或简化外形表示电气系统或设备中各组成部分之间相互关系及其连接关系的一种图。电气图的绘制和识读必须遵循统一的规范,一般包括电气图形符号的标准化和电气制图的标准化两个方面。电气图是电气技术中应用最为广泛的技术资料,有着文字语言不可替代的作用。

1) 电气图的构成

电气图一般是由电路图、技术说明和标题栏三部分组成。

电路图:用导线将电源和负载以及有关的控制元件按照一定要求连接起来构成闭合回路,以实现电气设备的预定功能。

技术说明:是电气图中文字说明和元件明细表的总称文字说明,注明电路的某些要点及安装要求等。元件明细表列出电路图中各种元件的符号、规格、数量等。元件明细表以表格的形式写在标题栏的上方,元件明细表中的序号自下而上编排。

标题栏:标题栏画在电路图的右下角,其中注明工程名称、图名、图号及设计人、制图人、审核人的签名和日期等。

2) 电气图的表示方法

(1) 图形符号

图形符号是表示电气图中电气设备、装置、元器件的一种图形和符号。图形符号由符号要素、一般符号和限定符号组成。

符号要素:是一种具有确定意义的简单图形,通常表示元器件的轮廓或外形。必须同其他图形组合才能构成一个设备或概念的完整符号。

一般符号:用以表示一类产品和此类产品特征的一种简单的符号,一般符号可直接使用,也可加上其他符号使用。

限定符号:是一种加在其他符号上提供附加信息的符号,一般不单独使用。限定符号一般由具有一定方向的箭头、短横线、小叉或小圆圈等构成。

(2) 图形符号的构成方式

① 一般符号＋限定符号:将表示开关的一般图形符号,分别与接触器功能符号、隔离开关功能符号、负荷开关功能符号等限定符号结合便可组成接触器、断路器、隔离开关等图形符号。

② 符号要素＋一般符号:由表示保护的符号要素和表示接地的一般符号组合在一起可构成保护接地图形符号。

③ 符号要素＋一般符号＋限定符号:由表示功能单元的符号要素与表示放大器的一般图形符号组合在一起可构成自动增益放大器的图形符号。

(3) 文字符号

文字符号是电气图中的电气设备、装置、元器件的种类字母代码和功能字母代码。文字符号的字母应采用大写的拉丁字母。除字母符号外,还有数字代码。

① 数字代码单独使用。数字代码单独使用时,表示各种元器件、装置的种类或功能,应按序编号,且在技术说明中对代码意义加以说明。例如,电气设备中有熔断器、刀开关、接触器等,可用数字代表器件的种类,如"1"代表熔断器,"2"代表刀开关,"3"代表接触器等。

② 数字代码与字母符号组合使用。将数字代码与字母符号组合起来使用，可以说明同一类电气设备、元器件的不同编号，如："KA1，KA2，KA3"。

(4) 文字符号使用说明

① 一般情况下编制电气图及电气技术文件时，应优先选用基本文字符号、辅助文字符号以及它们的组合。而在基本文字符号中，应优先选用单字母符号。当单字母符号不能满足要求时，可采用双字母符号。双字母符号是由一个表示类的单字母与一个表示功能的字母组成。

② 辅助文字符号可单独使用，也可将首位字母放在表示项目种类的单字母后面组成双字母符号。

③ 当基本文字符号和辅助文字符号不够用时，可按国家标准或行业标准中有关电气名词术语英文缩写加以补充。

④ 由于字母"P""O"容易与数字"1""0"混淆，因此不允许用这两个字母作为文字符号。

⑤ 文字符号可以作为限定符号与其他图形符号组合使用，以派生出新的图形符号。

⑥ 文字符号不适用于电气产品型号的编制和命名。

主要电气设备的图形符号和文字符号如表 2-1、表 2-2 所示。

表 2-1　常见电气设备的图形符号和文字符号

名　称	图形符号	文字符号	名　称	图形符号	文字符号
交流发电机		G	三绕组自耦变压器	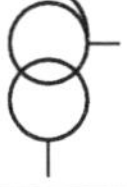	T
双绕组变压器		T	电动机		M
三绕组变压器	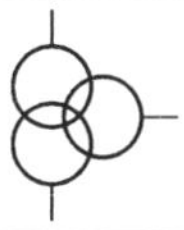	T	断路器		QF
隔离开关		QS	调相机		G
熔断器		FU	消弧线圈		L
普通电抗器		L	双绕组、三绕组电压互感器	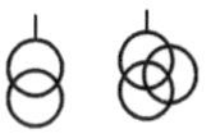	TV
分裂电抗器	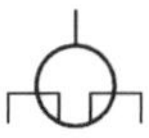	L	负荷开关		QL
接触器的主动合、主动断触头	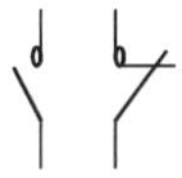	K	具有两个铁芯和两个次级绕组、一个铁芯和两个次级绕组的电流互感器	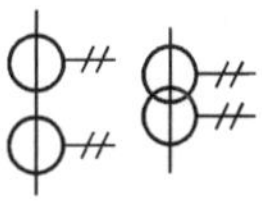	TA
母线、导线和电缆	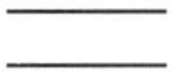	W	避雷器		FV

续表

名　称	图形符号	文字符号	名　称	图形符号	文字符号
电缆终端头	△	—	火花间隙		F
电容器		C	接地		E

表 2-2　常见单字母符号

字母符号	种　类	举　例
A	组件 部件	分立元件放大器、磁放大器、激光器、微波发射器印制电路板、调节器、集成电路放大器 本表其他地方未提及的组件、部件
B	变换器（从非电量到电量或相反）	热电传感器、热电池、光电池、测功计、晶体转能器、送话器、拾音器、扬声器、耳机、自整角机、旋转变压器、测速发电机及速度、压力、温度变换器
C	电容器	—
D	二进制单元 延迟器件 存储器件 门电路	数字集成电路和器件、延迟线、双稳态元件、单稳态元件、磁心存储器、寄存器、磁带记录机、盘式记录机 与门、或门、与非门
E	杂项	光器件、热器件及本表其他地方未提及的元件
F	保护器件	熔断器、避雷器、过电压放电器
G	发电机电源	旋转电动机、旋转变频机、电池、振荡器、石英晶体振荡器
H	信号器件	光指示器、声响指示器、指示灯
K	继电器、接触器	—
L	电感器 电抗器	感应线圈、线路陷波器 电抗器（并联和串联）
M	电动机	—
N	模拟集成电路	运输放大器、模拟/数字混合器件
P	测量设备 试验设备	指示、记录、积算、测量设备 信号发生器、时钟
Q	电力电路的开关	断路器、隔离开关

精选习题

以下表示断路器的是(　　)，表示隔离开关的是(　　)，表示电压互感器的是(　　)，表示电流互感器的是(　　)，表示熔断器的是(　　)。

A．QS　　　　　B．QF　　　　　C．QA　　　　　D．QM
E．TA　　　　　F．TM　　　　　G．TS　　　　　H．TV
I．FV　　　　　J．FU　　　　　K．LC

习题答案

B　A　H　E　J

第3章　电气设备的类型及原理

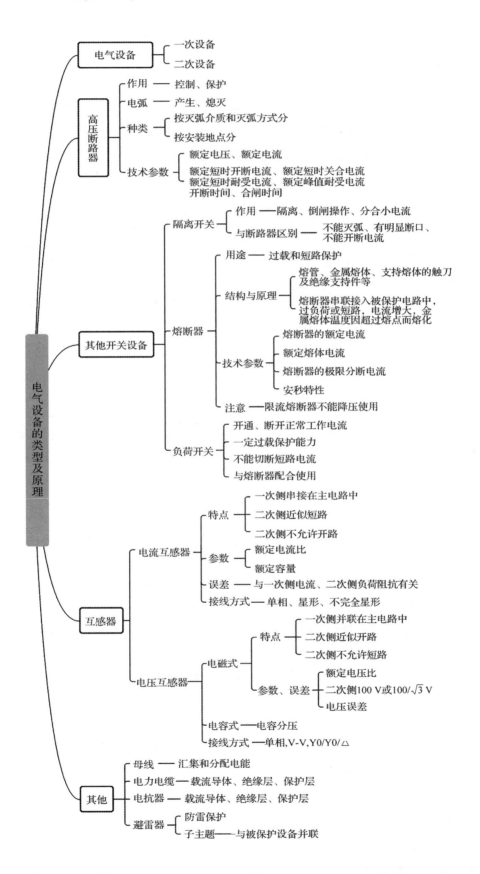

3.1 一、二次设备

1) 一次设备

直接用于生产、输送、分配和使用电能的高压电气设备,包括:

(1) 生产和转换电能的设备,如发电机和变压器等;

(2) 接通或断开电路的开关设备,如断路器、隔离开关、熔断器、接触器等;

(3) 将有关电气设备连接成电路的载流导体,如母线、电缆等;

(4) 变换电气量的设备,如电压互感器和电流互感器等;

(5) 保护电器,如电抗器和避雷器等;

(6) 接地装置,电力系统中有工作接地、保护接地和防雷接地。

2) 二次设备

在电力系统中为了能对电气一次设备和系统的运行状况进行测量、控制、保护和监察而需要一些专门的设备,包括:

(1) 测量表计。如电压表、电流表、功率表、电能表、频率表等,用于测量一次电路中的电气参数。

(2) 继电保护及自动装置。如各种继电器和自动装置等,用于监视一次系统的运行状况,迅速反映不正常情况并进行调节或作用于断路器跳闸,切断故障,防止事故扩大,保证系统稳定运行。

(3) 直流设备。如直流发电机、蓄电池组、硅整流装置等,为保护、控制和事故照明等提供直流电源。

3.2 高压断路器

1) 断路器的作用

高压断路器是发电厂和变电站电力系统中重要的开关设备。高压断路器主要功能是:正常运行或倒换运行方式,把设备或线路接入电网或退出运行,起着控制作用;当设备或线路发生故障时,能快速切除故障回路,保证无故障部分正常运行,起着保护作用。高压断路器是开关电器中最为完善的一种设备,具有很强的灭弧能力,所以可以开断正常负荷电流、过负荷电流和短路电流。

2) 电弧的形成与熄灭

用开关电器切断通有电流的线路时,只要电源电压大于 10~20 V,电流大于 80~100 mA,在开关电器的动、静触头分离瞬间,触头间就会出现电弧。

断开时,触头虽已分开,但电路中的电流还在继续流通。只有电弧熄灭,电路才被真正断开。

高压断路器熄灭交流电弧的基本方法:

(1) 利用灭弧介质(绝缘油作为灭弧介质,SF_6 气体作为灭弧介质,真空作为灭弧介质,压缩空气作为灭弧介质)。

(2) 采用特殊金属材料作灭弧触头,采用熔点高、导热系数和热容量大的耐高温金属作触头材料。

(3) 利用气体或油吹动电弧。即利用外力(如气流、油流或电磁力)来吹动电弧,使电弧加速冷却,同时拉长电弧,降低电弧中的电场强度,加速电弧的熄灭。

(4) 采用多断口熄弧,即采用两个或更多的断口串联,把长弧变成短弧。触头分离速度加快,断口电压降低。

(5) 拉长电弧并增大断路器触头的分离速度,从而加速电弧的熄灭。

3) 高压断路器的种类与技术参数

(1) 高压断路器的种类

① 按灭弧介质和灭弧方式分

油断路器:包括多油断路器(目前很少采用)和少油断路器。目前少油断路器因需油量少,占地面积小,价廉,当前在110~220 kV电压等级配电装置中占有一席之地。

压缩空气断路器:大容量下开断能力强,开断时间短,但是价格贵,主要用于220 kV及以上电压的屋外配电装置。

SF_6断路器:运行可靠性高,维护工作量小,特别在220 kV以上配电装置中得到广泛的应用。SF_6为无色、无味、无毒、不可燃、不助燃的非金属化合物,其化学性质和热稳定性极好,具有良好的绝缘性能和灭弧能力。SF_6得到越来越多的应用,特别是全封闭组合电器中。

真空断路器:灭弧时间长、低噪声、高寿命、可频繁操作等优点,在35 kV以下配电装置中得到广泛应用。

按安装地点分:可分为户内式、户外式。

(2) 技术参数

① 额定电压U_N(kV):断路器正常工作时,系统的额定(线)电压。这是断路器的标称电压,断路器应能保证在这一电压的电力系统中使用。

② 额定电流I_N(A):断路器可以长期通过的最大电流。当额定电流长期通过高压断路器时,其发热温度不应超过国家标准中规定的数值。

③ 额定开断电流I_{Nbr}(kA):高压断路器进行开断操作时首先起弧的某相电流,称为开断电流。在额定电压下断路器能可靠地开断的最大短路电流,称为额定开断电流。

④ 额定短时关合电流i_{Ncl}(kA):在规定条件下断路器保证正常关合的最大预期峰值电流。为了保证断路器在关合短路电流时的安全,断路器的额定关合电流i_{Ncl}不应小于短路电流最大冲击值i_{sh}。

⑤ 额定短时耐受电流I_t(kA):在规定条件和时间内允许通过断路器的最大短路电流有效值。它反映设备经受短路电流引起的热效应能力。

⑥ 额定峰值耐受电流i_{es}(kA):在规定条件下,断路器在合闸位置时所能经受电流的峰值。它反映设备经受短路电流引起的电动效应能力。

⑦ 开断时间(ms):从断路器分闸线圈通电起至三相电弧完全熄灭为止的时间。开断时间由分闸时间和电弧燃烧时间或燃弧时间组成。

⑧ 合闸时间(ms):从断路器开始接到合闸命令时起到三相均合闸为止的时间。

3.3 隔离开关、熔断器、负荷开关

1) 隔离开关

隔离开关也叫刀闸,它是用来隔离电压并造成明显的断开点,以保证电气设备在检修或备用时,与母线或其他正在运行的电气设备隔离。

由于隔离开关没有特殊的灭弧装置,因此必须在对应的断路器断路后,才允许断开或合上。

(1) 隔离开关的作用

① 在检修电气设备时用来隔离电压,使检修的设备与带电设备之间有明显可见的断口。

② 在改变设备状态(运行、备用、检修)时用来配合断路器协同完成倒闸操作。

③ 用来分、合小电流。一般情况下,可以用于以下设备或回路:a. 电压互感器、避雷器和空载母线;b. 电容电流不超过5 A的空载线路;c. 励磁电流不超过2 A的空载变压器。

④ 隔离开关的接地开关可代替接地线,保证检修安全。

(2) 隔离开关与断路器的区别

① 断路器具有灭弧装置,而隔离开关没有。

② 断路器一般没有明显的断开点,而隔离开关有明显的断开点。

③ 隔离开关不能用来接通和断开负荷电流和短路电流,而断路器可以。

隔离开关型号如图3-1：

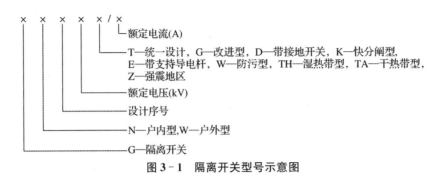

图3-1 隔离开关型号示意图

2) 熔断器

(1) 用途

熔断器用来保护电路中的电气设备，使其免受过载和短路电流的危害。熔断器不能用来正常地切断和接通电路，必须与其他电器（刀闸、接触器、负荷开关等）配合使用。它广泛使用在电压为1000 V及以下的装置中；在电压为3~110 kV高压装置中，主要用于小功率电力线路、配电变压器、电力电容器、电压互感器等设备的保护。

(2) 结构和工作原理

① 结构：熔断器主要由熔管、金属熔体、支持熔体的触刀及绝缘支持件等组成。

② 工作原理：熔断器串联接入被保护电路中，在正常工作情况下，由于电流小，金属熔体温度低不致熔化，电路可靠接通；一旦电路发生过负荷或短路，电流增大，金属熔体温度因超过熔点而熔化，将电路切断。

当电路发生短路故障时，其短路电流增长到最大值有一定时限。如果熔断器的熔断时间小于短路电流达到最大值的时间，即可认为熔断器限制了短路电流的发展，此种熔断器称为限流熔断器，否则为不限流熔断器。用限流熔断器保护的电气设备，遭受短路损害程度可大为减轻，且可不用校验热稳定和动稳定。

(3) 技术参数

① 熔断器的额定电流（熔管的额定电流）I_{Nt}：熔断器壳体的载流部分和接触部分设计时可以长期通过的电流。

② 额定熔体电流 I_{Ns}：熔体本身设计时的电流，即长期通过熔体，而熔体不会熔断的最大电流。必须注意在同一熔断器中保持 $I_{Nt} \geqslant I_{Ns}$。

③ 熔断器的极限分断电流：熔断器所能切换的最大电流。

④ 安秒特性：熔体熔断时间 t 与通过电流 I 的关系成为熔断器的安秒特性。通过熔体的电流越大，熔断时间越短。当电流减小到某一数值 I_{min} 时，熔断的时间为无穷大，此电流为熔体的最小熔断电流。此外，熔体材料横截面不同，其安秒特性也不同。

(4) 选择高压熔断器时的应注意事项：

① 高压熔断器的额定电压应大于或等于实际工作的最高电压。

② 填石英砂有限流作用的熔断器，不允许使用在低于或高于它们的额定电压的线路上。

③ 熔体的额定电流应小于熔断器的额定电流，但应大于回路持续工作电流。

3) 负荷开关

高压负荷开关主要是用来接通和断开正常工作电流，带有热脱扣器的负荷开关还具有过载保护性能。但负荷开关本身不能开断短路电流。

35 kV及以下通用型负荷开关具有以下开断和关合能力：

(1) 开断不大于其额定电流的有功负荷电流和闭环电流；

(2) 开断不大于 10 A 的电缆电容电流或限定长度的架空线充电电流；

(3) 开断 1 250 kVA(有些可达 1 600 kVA)及以下变压器的空载电流；

(4) 关合不大于其"额定短路关合电流"的短路电流。

通常负荷开关与熔断器配合使用，或制成带有熔断器的负荷开关，可以代替断路器，广泛应用于 10 kV 及以下小功率的电路中，作为手动控制设备。

负荷开关按安装地点，可分为户内式和户外式；按是否带有熔断器，可分为不带熔断器和带熔断器；按采用的灭弧介质，可分为固体产气式、压气式、油浸式、真空式、SF_6 式等。

3.4 互感器

互感器包括电流互感器和电压互感器，其作用为：

(1) 将一次侧的高电压、大电流转变成二次侧标准的低电压、小电流，使测量仪表标准化、小型化。

(2) 将一次系统同二次设备(仪表、保护)隔开，以保护人身安全。

1) 电磁式电流互感器

(1) 电流互感器的工作特点

① 一次绕组串接在主电路中，一次电流完全取决于被测电路的负荷电流，与二次电流大小无关。

② 二次绕组所接仪表和继电器的电流线圈阻抗很小，所以二次侧近似短路。

③ 电流互感器的二次侧不允许开路，也不允许二次侧安装熔断器。

(2) 电流互感器的主要参数

① 额定电流比 K_i：电流互感器额定一、二次电流之比，即 $K_i = \dfrac{I_{1N}}{I_{2N}} \approx \dfrac{N_2}{N_1}$。

式中：I_{1N}、I_{2N}——分别为一、二次绕组的额定电流；

N_1、N_2——分别为一、二次绕组的匝数。

② 额定容量：电流互感器在额定二次电流 I_{2N} 和额定二次阻抗 Z_{2N} 运行时，二次绕组输出的容量，即 $S_{2N} = I_{2N}^2 Z_{2N}$。由于电流互感器的二次电流为标准值(5 A 或 1 A)，故其额定容量也常用额定二次阻抗来表示。

(3) 电流互感器的误差

电流互感器的误差包括电流误差和相位误差，由电流互感器本身存在的励磁损耗和磁饱和等引起。

(4) 影响误差的因素

① 电流误差和相位误差和二次负荷阻抗成正比。即在二次负荷功率因数不变的情况下，二次负荷阻抗增加时，电流误差和相位误差均增大。

② 二次负荷功率因数角增大($α$ 增大)时，电流误差增大，相位误差减小。

③ 一次电流对电流误差和相位误差的影响：一次电流减小，铁芯的磁导率下降，电流误差和相位误差均增大。一次电流在额定值附近时误差最小。

④ 电流误差和相位误差和 $μ$ 成反比，所以选用高导磁材料。

(5) 保护用电流互感器的准确级

准确级是指在规定的二次负荷范围内，一次电流为额定值时的最大误差。保护用电流互感器按照用途可分为稳态保护用(P)和暂态保护用(TP)两类。

① P 类电流互感器：通常用于 220 kV 及以下系统。如果 P 类电流互感器的准确级为 5P10，则表示：当一次电流是额定一次电流的 10 倍时，电流互感器的复合误差≤±5%。

② TP 类电流互感器：通常用于 330 kV 及以上系统。

(6) 电流互感器的接线方式(图 3 - 2)

① 单相接线：常用于对称三相负荷电流测量，测量一相电流。

② 星形接线：可测量三相电流，能反映各种相间、接地故障，常用于 110 kV 及以上系统(中性点直接接

地的电力系统)。

③ 不完全星形接线:只测量 A、C 两相电流,能反映各种相间故障,但不能完全反映接地故障,常用于 35 kV 及以下系统(中性点非直接接地的电力系统)。

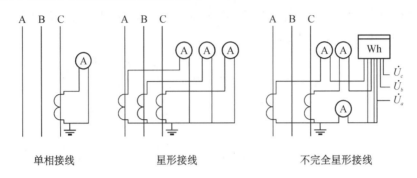

图 3-2 电流互感器的接线

2) 电压互感器

电压互感器分为电磁式电压互感器和电容式电压互感器,电磁式电压互感器的工作原理和变压器相似;电容式电压互感器实质上是一个电容分压器。

(1) 电磁式电压互感器

① 电压互感器的工作特点

a. 一次绕组并接在主电路中。

b. 电压互感器的二次侧不允许短路。

c. 电压互感器的低压侧通常都应装熔断器,3～35 kV 高压侧一般装设高压熔断器,110 kV 及以上不装高压熔断器。

d. 电压互感器的二次侧必须有一端接地,防止一、二次侧击穿时,高压窜入二次侧,危及人身和设备安全。二次侧接地方式有 B 相接地和中性点接地两种。

电磁式电压互感器的原理图如图 3-3 所示。

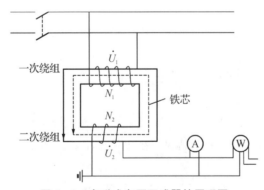

图 3-3 电磁式电压互感器的原理图

② 额定电压比和电压误差

a. 电压互感器的额定电压比:电压互感器一、二次绕组的额定电压之比,即 $K_u = \dfrac{U_{1N}}{U_{2N}} \approx \dfrac{N_1}{N_2}$。

式中:二次侧的额定电压统一规定为 100 V 或 $100/\sqrt{3}$ V。

b. 电压误差 f_u:$f_u = \dfrac{K_u U_2 - U_1}{U_1} \times 100\%$。

式中:U_1、U_2——一、二次侧电压实测值。

(2) 电容式电压互感器

a. 工作原理

电容式电压互感器实质上是一个电容分压器,在被测装置的相和地之间接有电容 C_1 和 C_2,按反比分压(图 3-4),C_2 上的电压为:

$$U_{C2}=\frac{U_1 C_1}{C_1+C_2}=KU_1$$

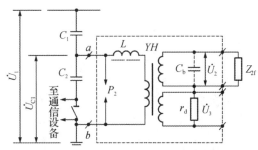

图 3-4 电容式电压互感器原理接线图

(3) 电压互感器的接线方式与额定电压

① 单相接线:用于 35 kV 及以下中性点不接地系统时,只能测量相间电压(线电压),不能测量相对地电压(相电压);用于 110 kV 及以上中性点接地系统时,测量相对地电压,如图 3-5 所示。

② 两个单相电压互感器接成不完全星形(V-V形):用来测量各相间电压,但不能测量相对地电压,广泛应用在 20 kV 以下中性点不接地或经消弧线圈接地的系统中。

③ 三个单相电压互感器接成 Y0/Y0/△:可测量相间电压或相对地电压。

④ 三个单相三绕组电压互感器或一个三相五柱式电压互感器接成 Y0/Y0/△:二次绕组可用于测量相间电压或相对地电压,第三绕组(附加二次绕组)接成开口三角形,用来测量零序电压。

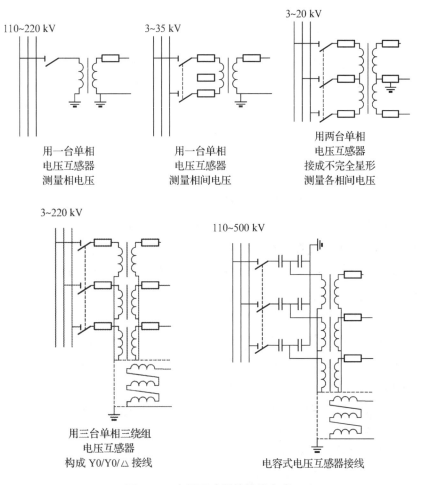

图 3-5 电压互感器的接线方式

3.5 母线、电力电缆和电抗器等

1) 母线

发电厂和变电所中各种电压等级配电装置的主母线、发电机、变压器与相应配电装置之间的连接导体，统称为母线，其中主母线起汇集和分配电能的作用。

(1) 分类

工程上应用的母线分为软母线和硬母线两大类，硬母线分为敞露母线和封闭母线。

(2) 敞露母线

常用硬母线的截面形状有矩形、槽形和管形。母线与地之间的绝缘依靠绝缘子维持，相间绝缘依靠空气距离维持。矩形母线(导体)一般用于 35 kV 及以下，电流在 4 000 A 及以下的装置中；槽型母线(导体)一般用于 4 000～8 000 A 的装置中；管形母线(导体)一般用于 110 kV 及以上、持续工作电流在 8 000 A 以上的配电装置中。

(3) 封闭母线

封闭母线分为全连式分相封闭母线和共箱式封闭母线。目前我国 200～1 000 MW 发电机组的母线，广泛采用全连式分相封闭母线，而共箱式封闭母线主要用于单机容量 200 MW 及以上的发电厂的厂用回路，用于厂用高压变压器低压侧至厂用高压配电装置之间的连接。

(4) 母线截面的选择

配电装置的汇流母线按长期发热允许电流选择，其余导体的截面一般按经济电流密度选择。

2) 电力电缆

电力电缆线路是传输和分配电能的一种特殊电力线路，它可以直接埋在地下及敷设在电缆沟、电缆隧道中，也可以敷设在水中或海底。

与架空线路相比，电缆线路虽然具有投资多、敷设麻烦、维修困难、难于发现和排除故障等缺点，但具有防潮、防腐、防损伤、运行可靠、不占面积、不妨碍观瞻等优点，所以应用广泛。

(1) 组成

电力电缆主要由载流导体、绝缘层、保护层三部分组成。

(2) 分类

按绝缘和保护层的不同可分为以下几类：

① 油浸纸绝缘电缆，适用于 35 kV 及以下的输配电线路。
② 聚氯乙烯绝缘电缆(简称塑力电缆)，适用于 6 kV 及以下的输配电线路。
③ 交联聚乙烯绝缘电缆(简称交联电缆)，适用于 1～110 kV 的输配电线路。
④ 橡皮绝缘电缆，适用于 6 kV 及以下的输配电线路，多用于厂矿车间的动力干线和移动装置。
⑤ 高压充油电缆，主要用于 110～330 kV 变、配电装置至高压架空线路及城市输电系统之间的连接线。

(3) 中间接头盒和终端接头盒

当两段电缆连接或电缆与电机、电器、架空线连接时，需要将电缆端部的保护层和绝缘层剥去，若不采取特殊措施，将会降低电缆的绝缘性能。工程实际中采用的专门连接设备是电缆中间接头盒和终端接头盒。

中间接头盒是两段电缆的连接装置，起到导体连接、绝缘、密封和保护的作用。

终端接头盒是电缆与电机、电器、架空线等的连接装置，起到导体连接、绝缘、密封和保护的作用。

3) 电抗器

(1) 分类

电抗器按用途可分为限流电抗器、串联电抗器和并联电抗器。

(2) 限流电抗器

① 作用：发电厂和变电所中装限流电抗器的目的是限制短路电流，以便能经济合理地选择电器。

② 分类

a. 按安装地点和作用可分为线路电抗器和母线电抗器。线路电抗器串接在电缆馈线上，用来限制该馈线的短路电流；母线电抗器串接在发电机电压母线的分段处或主变压器的低压侧，用来限制厂内、外短路时的短路电流。

b. 按型式可分为普通电抗器和分裂电抗器。分裂电抗器在构造上与普通电抗器相似，但其每相线圈有中间抽头，线圈形成两个分支，其额定电流、自感抗相等。由于两分支有磁耦合，故正常运行和其中一个分支短路时，表现不同的电抗值，前者小、后者大。

分裂电抗器的作用：正常运行时电抗较小，减少了电抗器中的电压和功率损失，短路故障时电抗较大，从而可以限制短路电流和使母线具有较高的残压。

(3) 串联电抗器

与并联电容补偿装置或交流滤波装置回路中的电容器串联，组成谐振回路，滤除指定的高次谐波，抑制其他次谐波放大，减少系统电压波形畸变，提高电压质量。

(4) 并联电抗器

① 中压并联电抗器：一般并联接于大型发电厂或110～500 kV 变电所的6～63 kV 母线上，用于向电网提供可阶梯调节的感性无功功率，补偿电网剩余的容性无功功率，保证电压稳定在允许范围内。

② 超高压并联电抗器：一般并联接于330 kV 及以上的超高压线路上，用于补偿输电线路的充电功率，以降低系统的工频过电压水平。

4）避雷器

(1) 功能：用来限制过电压的一种主要保护电器，是发电厂、变电所防雷保护的基本保护措施之一。

(2) 工作原理：避雷器与被保护设备并联，当线路上有雷电侵入时，首先击穿避雷器对地放电，从而保护设备绝缘。

(3) 结构类型：放电间隙避雷器；阀形避雷器；氧化锌避雷器。

精选习题

1. 为了保证断路器在关合短路电流时的安全性，其关合电流（　　）。
   A. 不应小于短路冲击电流　　　　　　B. 不应大于短路冲击电流
   C. 只需大于长期工作电流　　　　　　D. 大于通过断路器的短路稳态电流

2. 电流互感器二次绕组在运行时（　　）。
   A. 允许短路不允许开路　　　　　　　B. 允许开路不允许短路
   C. 不允许开路不允许短路　　　　　　D. 允许开路也允许短路

3. （多选题）下列电气设备属于一次设备的是（　　）。
   A. 断路器　　　　B. 互感器　　　　C. 电抗器　　　　D. UPS 整流装置

习题答案

1. A　2. A　3. ABC

第 4 章 电力系统故障的基本概念

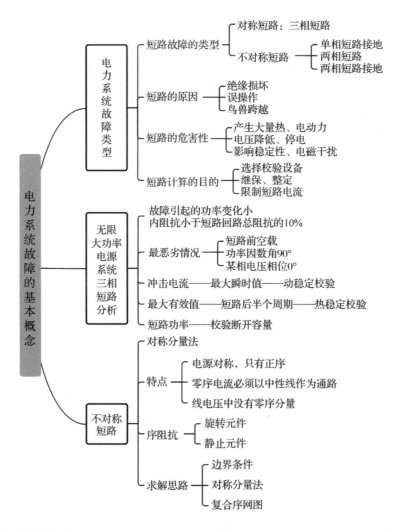

4.1 电力系统故障的类型

电力系统的故障分为短路故障和断线故障。电力系统的短路故障一般称为横向故障,它是相对相或者相对地发生的故障;断线故障又称为纵向故障,包括一相断线故障、两相断线故障和三相断线故障。

电力系统的故障大多数是短路故障。本章着重分析短路故障。

1) 短路故障的类型

短路故障的类型分为三相短路、单相短路接地、两相短路和两相短路接地。其中三相短路时三相回路依旧是对称的,因此又称为对称短路;其他三种短路都使得三相回路不对称,故称为不对称短路。断线故障中,一相断线或者两相断线会使系统出现非全相运行情况,也属于不对称故障。

在电力系统实际运行中,单相短路接地故障发生的概率较高,其次是两相短路接地和两相短路,出现三相短路的概率很小。

需要注意的是:中性点不接地系统发生单相接地故障时,接地电流很小,允许运行 1~2 h。

2) 短路的原因

(1) 电力系统中电气设备载流导体的绝缘损坏。造成绝缘损坏的原因主要有设备绝缘自然老化、操作过电压、大气过电压、绝缘受到机械损伤等。

(2) 运行人员不遵守操作规程,如带负荷拉、合隔离开关,检修后忘拆除地线合闸。

(3) 鸟兽跨越在裸露导体上。

3) 短路的危害性

(1) 短路产生很大的热量,导体温度升高,将绝缘损坏。

(2) 短路产生巨大的电动力,使电气设备受到机械损坏。

(3) 短路使系统电压降低,电流升高,电器设备正常工作受到破坏。

(4) 短路造成停电,给国民经济带来损失,给人民生活带来不便。

(5) 严重的短路将影响电力系统运行的稳定性,使同步发电机失步。

(6) 单相短路产生的不平衡磁场,对通信线路和弱电设备产生严重的电磁干扰。

4) 短路计算的目的

(1) 正确地选择和校验各种电气设备。

(2) 计算和整定保护短路的继电保护装置。

(3) 选择限制短路电流的电气设备。

4.2 无限大功率电源系统三相短路分析

系统电源功率为无限大时,外电路发生故障引起的功率变化远远小于电源功率,因而电源的电压和频率均为恒定的系统,称为无限大功率电源系统。如图 4-1 所示,发生短路时,电路中假设电源电压幅值和频率均为恒定,这种电源称为无限大功率电源。若供电电源的内阻抗小于短路回路总阻抗的 10% 时,则可以认为供电电源为无限大功率电源。

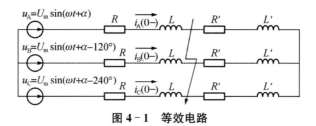

图 4-1 等效电路

对于图 4-1 所示的三相电路,短路发生前,电路处于稳态,其 A 相的电流表达式为:

$$i_A = I_{m|0|} \sin(\omega t + \alpha - \varphi_{|0|})$$

式中:

$$I_{m|0|} = \frac{U_m}{\sqrt{(R+R')^2 + \omega^2(L+L')^2}} \qquad \varphi_{|0|} = \arctan\frac{\omega(L+L')}{R+R'}$$

短路电流在前述最恶劣短路情况下的最大瞬间时值,称为短路冲击电流。

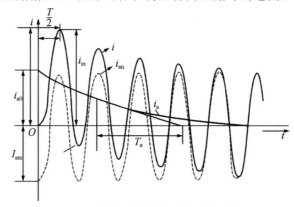

图 4-2 直流分量最大时短路电流波形

根据以上分析,当短路发生在电感电路中,且短路前空载、其中一相电源电压过零点时,该相处于最严重的情况。以 A 相为例,将 $I_{m|0|}=0$、$\alpha=0°$ 或 $180°$、$\varphi=90°$ 代入 A 相全电流公式:

$$i_a = -I_m\cos\omega t + I_m e^{-\frac{t}{T_a}}$$

由其波形可知,短路电流的最大瞬时值,即短路冲击电流 i_M 出现在短路发生后 1/2 周期,$f=50$ Hz,$t=0.01$ s,即有:

$$i_M = I_m(1+e^{-\frac{0.01}{T_a}}) = K_M I_m$$

式中:$K_M = 1+e^{-\frac{0.01}{T_a}}$ 称为冲击系数,即冲击电流值对于交流电流幅值的倍数($1<K_M<2$)。在实用计算中,K_M 一般取为 1.8~1.9。对变压器高压侧短路,$K_M=1.8$,对机端短路,$K_M=1.9$。

冲击电流主要用于检验电器设备和载流导体的动稳定度。

产生冲击电流的条件有三条:① 短路前空载($I_{m|0|}=0$);② 短路时电流正处于幅值相位($\alpha=0°$ 或 $180°$、$\varphi=90°$);③ 经过半个周期(0.01 s)。

最大有效值电流 I_M 也是发生在短路后半个周期时,其值为:

$$I_M = \frac{I_m}{\sqrt{2}}\sqrt{1+2(K_M-1)^2}$$

式中:当 $K_M=1.9$ 时,$I_M=1.62\left(\frac{I_m}{\sqrt{2}}\right)$;当 $K_M=1.8$ 时,$I_M=1.52\left(\frac{I_m}{\sqrt{2}}\right)$。近似认为:$I_M=(1.52\sim 1.62)\frac{I_m}{\sqrt{2}}$。

在选择电气设备时,为了校验开关的断开容量,要用到短路功率的概念。短路功率即某支路的短路电流与额定电压构成的三相功率,其数值表达式为:

$$S_f = \sqrt{3}U_N I_f$$

式中:U_N——短路处正常时的额定电压;

I_f——短路处的短路电流。实用计算中,$I_f = I_m/\sqrt{2}$ 短路电流周期分量有效值。

在标幺值计算中,取基准功率 S_B、基准电压 $U_B=U_N$,则有:

$$S_{f*} = \frac{S_f}{S_B} = \frac{\sqrt{3}U_N I_f}{\sqrt{3}U_N I_N} = I_{f*}$$

即短路功率的标幺值与短路电流的标幺值相等。利用这一关系短路功率就很容易由短路电流求得。

4.3　不对称短路

对称分量法是将一组三相不对称的电压或电流相量分解为三组分别对称的相量,分别称为正序分量、负序分量和零序分量,再利用线性电路的叠加原理,对这三组对称分量分别按对称的三相电路进行求解,然后再将其结果进行叠加。

若已知 a 相的各序分量,则 a、b、c 三相电压或电流与 a 相正负零序分量的关系为:

$$\begin{bmatrix}\dot{U}_a\\\dot{U}_b\\\dot{U}_c\end{bmatrix} = \begin{bmatrix}1 & 1 & 1\\\alpha^2 & \alpha & 1\\\alpha & \alpha^2 & 1\end{bmatrix}\begin{bmatrix}\dot{U}_{a1}\\\dot{U}_{a1}\\\dot{U}_{a0}\end{bmatrix},\quad \begin{bmatrix}\dot{I}_a\\\dot{I}_b\\\dot{I}_c\end{bmatrix} = \begin{bmatrix}1 & 1 & 1\\\alpha^2 & \alpha & 1\\\alpha & \alpha^2 & 1\end{bmatrix}\begin{bmatrix}\dot{I}_{a1}\\\dot{I}_{a2}\\\dot{I}_{a0}\end{bmatrix}$$

式中:$\alpha = e^{j120°} = -\frac{1}{2} + j\frac{\sqrt{3}}{2}$,$\alpha^2 = e^{j240°} = -\frac{1}{2} - j\frac{\sqrt{3}}{2}$,$1+\alpha+\alpha^2=0$,$\alpha^3=1$。

其逆关系为：

$$\begin{bmatrix} \dot{U}_{a1} \\ \dot{U}_{a2} \\ \dot{U}_{a0} \end{bmatrix} = \frac{1}{3} \begin{bmatrix} 1 & \alpha & \alpha^2 \\ 1 & \alpha^2 & \alpha \\ 1 & 1 & 1 \end{bmatrix} \begin{bmatrix} \dot{U}_a \\ \dot{U}_b \\ \dot{U}_c \end{bmatrix}, \quad \begin{bmatrix} \dot{I}_{a1} \\ \dot{I}_{a2} \\ \dot{I}_{a0} \end{bmatrix} = \frac{1}{3} \begin{bmatrix} 1 & \alpha & \alpha^2 \\ 1 & \alpha^2 & \alpha \\ 1 & 1 & 1 \end{bmatrix} \begin{bmatrix} \dot{I}_a \\ \dot{I}_b \\ \dot{I}_c \end{bmatrix}$$

1) 电力系统不对称分量的特点

（1）不对称短路时，电源电压仍保持对称，除短路点外电路其他部分的参数三相相同，由于短路点三相参数不对称，所以短路后，三相电流、电压的基频交流分量不再保持对称，根据对称分量法，我们可以把它们分解为正序、负序、零序三相分量。

（2）只有三相电流之和不等于零时，才存在零序电流。在三角形接线或没有中性线的星形接线系统中，即使三相电流不对称，也总有三相电流之和为零，所以不存在零序分量电流。只有在有中性线的星形接法中才可能出现零序电流，且中性线中的电流为 $\dot{I}_n = \dot{I}_a + \dot{I}_b + \dot{I}_c = 3\dot{I}_{a0}$，即为三倍的零序电流。因此，零序电流必须以中性线作为通路。

（3）三相系统的线电压之和总为 0，因此三个不对称的线电压分解成对称分量时，其中总不会有零序分量。

2) 对称分量法在不对称故障分析中的应用

（1）电力系统中各序分量是相互独立、互无影响的，即正序电压只产生正序电流、负序电压只产生负序电流、零序电压只产生零序电流，反之亦然。

（2）序阻抗：电力系统三相对称元件的序阻抗等于其端口所加的序电压和流过元件的该序电流的比值。对于静止元件，如线路、变压器等，正序和负序阻抗是相等的；对于旋转的电机，正序和负序阻抗不相等。

（3）对称分量法分析不对称故障的原理：由于电力系统中三序分量的独立性，因此在分析电力系统不对称故障时，可以利用叠加原理，将三相不对称电路分解为三个三相对称电路，分析计算三序分量，然后将三序分量叠加得到三相不对称电压和电流。

3) 对称分量法分析电力系统不对称故障的基本思路

（1）将电流、电压分解为三序对称分量。

（2）绘制三序等值电路，写出基本相的三序电压平衡方程。

（3）根据故障处边界条件补充三个基本相序分量的电流、电压表示的边界条件方程。

（4）对于上述（2）和（3）所列出的方程组进行求解，求出基本相的各序电流、电压分量（解析法）；或根据边界条件将三序网络进行连接，得到复合序网，利用复合序网求基本相的各序电流、电压（复合序网法）。

（5）利用对称分量法公式，求故障处的各相电流、电压。

注：利用对称分量法分析计算电力系统不对称故障时，应选特殊相作为分析计算的基本相。单相故障的故障相和两相故障的非故障相通常称为特殊相。

精选习题

1. （多选题）下列短路故障中属于不对称短路的有（　　）。
   A. 三相短路　　　　B. 两相相间短路　　　C. 两相接地短路　　　D. 单相接地短路
2. 电力系统短路故障中，发生概率最高的故障是（　　）。
   A. 单相接地　　　　B. 二相接地　　　　　C. 二相短路　　　　　D. 三相短路
3. 下面几种故障中，（　　）属于纵向故障。

A. 单相短路　　　　B. 三相短路　　　　C. 两相短路接地　　　　D. 一相断线

4. 所谓无限大容量电源,是一种假设的理想情况,它的数学描述为(　　)。

　　A. $Z_{in}=1$　$\dot{E}_{in}=0$　　　　　　　　B. $Z_{in}=0$　$\dot{E}_{in}=1$

　　C. $\dot{E}_{in}=1$　$Z_{in}=\infty$　　　　　　　D. $\dot{E}_{in}=\infty$　$Z_{in}=1$

5. 无限大容量电源供电系统三相短路暂态过程中,短路电流(　　)。

　　A. 只有非周期分量　　　　　　　　B. 只有 2 倍频分量

　　C. 除周期和非周期分量外还有 2 倍频分量　　　　D. 有周期和非周期分量

> **习题答案**

1. BCD

2. A

3. D　**解析**:短路故障称为横向故障,断线故障称为纵向故障。

4. B　**解析**:电源内阻抗为 0,感应电势恒定。

5. D

第 2 篇　电网控制与操作

第 1 章 电力系统有功功率和频率调整

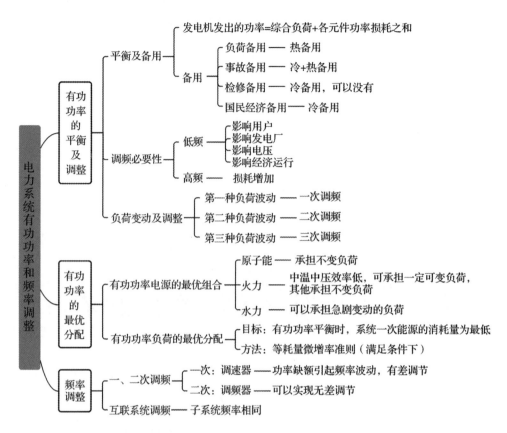

1.1 电力系统有功功率和频率调整

电力系统中有功功率的合理分配及频率调整,是同时具有技术、经济性能的问题。我们知道,电力系统运行的基本任务是保证对用户供电的可靠性、电能质量和经济性。系统的频率是衡量电能质量的一个重要指标,保持系统的频率不变,决定了系统本身的稳定工作以及网络上连接的许多用户的稳定工作,因此保持系统的频率在允许的波动范围内也是电力系统运行的基本任务之一。

1) 电力系统有功功率平衡及备用

电力系统的运行特点之一是电能不能大量地储存,在任何时刻,发电机发出的功率等于此时此刻系统的综合负荷与各元件功率损耗之和。电力系统有功功率平衡方程可用下式表示:

$$\sum P_G = \sum P_L + \sum \Delta P$$

式中:$\sum P_G$——系统各发电厂发出的有功功率之和;

$\sum P_L$——系统综合有功负荷;

$\sum \Delta P$——电力网各元件有功损耗总和。

在一般情况下,电力网有功损耗约占发电厂输出功率的 7%～8%;热电厂厂用电有功损耗约占电厂出力的 12%;凝汽式火电厂厂用电有功损耗约占电厂出力的 5%～10%;水电厂厂用电有功损耗约占电厂出力的 1%。

在电力系统规划设计和运行时,均应设置备用容量,以保证系统在负荷的变化下维持有功功率的平衡,即在额定频率下连续地运行。

电力系统的备用容量可以分为以下几种类型:

（1）负荷备用。负荷备用又称为调频备用，是为了适应短时间内的负荷波动，以稳定系统频率，并担负一天内计划外的负荷增加。负荷备用一般取系统最大发电负荷的 2%～5%（大系统采用较小的百分数；小系统采用较大的百分数）。负荷备用一般应由应变能力较强的有调节库容的水电厂担任。系统的负荷备用必须是热备用的形式，也称为旋转备用，即提供备用容量的机组不满载运行。

（2）事故备用。事故备用是为了电力系统中发电设备发生故障时，保证系统重要负荷供电所设置的备用容量。在规划设计中，事故备用容量一般取系统最大发电负荷的 10%左右，并且不小于系统中一台最大机组的容量。事故备用可以采取冷热备用并存的方式，冷备用即停机备用，也就是提供备用容量的发电机处于停机状态，事故发生时，动用停机备用需要一定的时间。汽轮发电机组从启动到满载，需要数小时；水轮发电机组只需要几分钟。因此，一般以水轮发电机组作为事故备用机组。

（3）检修备用。检修备用容量，一般应结合系统负荷特性，水、火电厂的比重，设备质量，检修水平等因素确定以满足可以周期性地检修所有机组、设备的要求。系统机组的计划检修应利用负荷季节性低谷时期空出来的容量。只有空出容量不足但又要保证全部机组周期性检修的需要时，才设置检修备用容量。火电机组检修周期为一年半，水电机组为两年。

（4）国民经济备用。国民经济备用是为了适应国民经济发展的需求而设置的备用容量，一般为冷备用的形式。

2）电力系统频率调整的必要性

频率和电压都是衡量电能质量的重要指标，但系统中对频率恒定的要求显得比对电压恒定的要求更为严格。因为系统中的电压等级较多，调压可以分散调整，且调压方法较多；而系统的频率调整涉及全电力系统的电源和负荷，调频只能集中在发电厂调整。

系统的有功功率平衡与系统的频率有着密切的关系，当系统的有功功率平衡不能保持时，系统的频率也要发生变化。图 1-1 所示为转矩平衡。

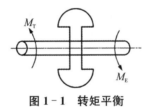

图 1-1 转矩平衡

电力系统在运行时，发电机组出力严重不足，频率就会下降，频率降低超过容许值时，称为低频运行。低频运行有如下的危害：

（1）影响用户。系统低频运行，用户的交流电动机转速按比例下降，使工农业用户的产品产量和质量降低。

（2）影响厂用电及汽轮机安全。系统低频运行，使厂用电动机功率降低，影响给水、引风、主油泵等的正常工作。低频运行时，可能造成汽轮机末级叶片共振，影响寿命，甚至造成断叶片等严重事故。

（3）影响电压。系统低频运行会引起发电机电势减小，电压降低，负荷电流增大，使得发电机无功出力减小，促使电压进一步下降，这就可能形成恶性循环，造成电压崩溃。

（4）影响系统经济运行。系统低频运行使得汽轮发电机组、水轮发电机组、锅炉等重要设备的效率降低，引起系统中各发电厂不能按预测的经济条件分配功率。这些，都影响着电力系统的经济运行。

3）有功负荷的变动及调整

电力系统综合负荷是随机变化着的，如图 1-2 中曲线 P_Σ 所示。这一曲线可以分解为 P_1、P_2、P_3 三条曲线。曲线 P_1 变化速度快，幅值变化范围小，这是由于小负荷的经常性变化引起的。需依靠系统各发电机组的调速装置自动调节原动机功率,以适应这一变化,称为一次频率调整。曲线 P_2 变化较慢,幅值变化范围较大,这是由于一些冲击性、间歇性负荷的变动引起的,如工厂大电机的开停。可以通过手动或自动调整调频器来改变调速装置的整定特性,以适应这一负荷变化,称为二次频率调整。曲线 P_3 变化最慢,幅值变化范围大,这是由于人们的生产、生活及气象变化等引起的,其变化规律根据运行经验,可以预测。一般按电力系统各发电机的特性,经济地分配给各电厂,这些按预先制定的负荷预测曲线分担负荷运行的发电厂称为基载厂,这种调整称为三次调频。

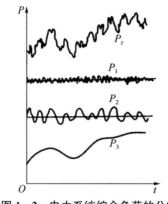

图 1-2 电力系统综合负荷的分解

1.2 电力系统有功功率的最优分配

1) 电力系统中有功功率电源的最优组合

根据各类发电厂的运行特点可见:

(1) 原子能电厂建设投资大,运行费用小,因此原子能电厂应当尽可能地利用,让它满发。

(2) 火力发电厂机组投入或者退出运行的时间较长(十几个小时),而且机组频繁的启停或增减负荷既消耗能量又易于损坏设备,因此一般火电厂承担基本不变的负荷。其中,高温高压火电厂效率高,应该优先投入;中温中压火电厂效率低一些,但它的负荷调节能力较强,可以承担一定的负荷变动。

(3) 水力发电厂机组投入或者退出运行的时间短(几分钟),操作简单、灵活,具有快速启动、快速增减负荷的突出优点。因此水电厂调节能力强,可以承担急剧变动的负荷。

综合考虑以上因素,得到结论:枯水季节,原子能电厂、火电厂承担基本不变的负荷,主要由带调节水库的水电厂调节负荷的波峰和波谷的变动;洪水季节,为防止水资源的浪费,水电厂、原子能电厂、高温高压火电厂承担基本不变的负荷,由中温中压火电厂承担调节任务。

2) 电力系统中有功负荷的最优分配

电力系统有功负荷的最优分配的目标是:在满足系统有功功率平衡的条件下,使系统一次能源的消耗量为最低,使系统经济性达到最优。

汽轮发电机组的耗量特性为:

$$F=a+bP_G+cP_G^2$$

式中:F——燃料的消耗量(t/h);

P_G——发电机发出的功率。

机组的耗量微增率 λ:

$$\lambda=\frac{\mathrm{d}F}{\mathrm{d}P}$$

要实现电力系统中各机组之间有功负荷的最优分配,必须遵守等耗量微增率准则:

$$\lambda_1=\lambda_2=\cdots=\lambda_n=\lambda$$

同时必须满足：$\begin{cases} 等约束条件 & P_L = P_{G1} + P_{G2} + \cdots + P_{Gn}; \\ 不等约束条件 & P_{Gmin} \leqslant P_G \leqslant P_{Gmax}。 \end{cases}$

1.3 电力系统的频率调整

电力系统负荷的变化引起系统频率的变动，而频率变动对系统中的用户会产生不利影响，所以必须保持频率在额定值 50 Hz±0.2 Hz 范围之内。对于负荷变化引起的系统频率的波动，系统采用"一次调整""二次调整""三次调整"进行调频。三次调整由调度部门根据预测的第三类负荷变化按照最优分配原则分配各发电机组的有功出力，并责成各发电厂执行，通常称为有功负荷的最优分配。通常所说的电力系统频率调整仅指频率的一次调整和二次调整。

1) 一、二次调频

发电机组和综合负荷的静态频率特性如图 1-3 所示：

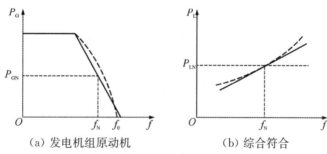

(a) 发电机组原动机　　(b) 综合符合

图 1-3　静态频率特性

发电机的单位调节功率 K_G 指发电机组原动机或电源频率特性的斜率，即：

$$K_G = -\frac{\Delta P_G}{\Delta f}$$

其标幺值为：

$$K_{G^*} = -\frac{\Delta P_G f_N}{P_{GN} \Delta f} = K_G \frac{f_N}{P_{GN}}$$

发电机的单位调节功率标志着随频率的升降，发电机组发出功率减少或增加的多寡。这个单位调节功率和机组的调差系数 $\sigma\%$ 有固定的关系。所谓机组的调差系数是以百分值表示的机组空载运行时的频率 f_0 与额定条件下运行时的频率 f_N 的差值与 f_N 的比值，即：

$$\sigma\% = \frac{f_0 - f_N}{f_N} \times 100$$

发电机单位调节功率 K_G 与 $\sigma\%$ 的关系为：

$$K_G = -\frac{\Delta P_G}{\Delta f} = -\frac{P_{GN} - 0}{f_N - f_0} = \frac{P_{GN}}{f_0 - f_N} = \frac{100}{\sigma\%} \frac{P_{GN}}{f_N}$$

从而

$$K_{G^*} = \frac{100}{\sigma\%}$$

负荷的单位调节功率 K_L，即负荷频率特性的斜率 K_L，即：

$$K_L = \frac{\Delta P_L}{\Delta f}$$

其标幺值为：

$$K_{L^*} = \frac{\Delta P_L f_N}{P_{LN} \Delta f} = K_L \frac{f_N}{P_{LN}}$$

负荷的单位调节功率标志着随频率的升降，负荷消耗功率增加或减少的多寡。

一次调频如图 1-4 所示。

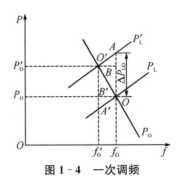

图 1-4 一次调频

设负荷的增量为 ΔP_{L0}，则

$$\Delta f = -\frac{\Delta P_{L0}}{K_S}$$

$$K_S = \sum_{i=1}^{n} K_{Gi} + K_L$$

当负荷变动幅度较大，周期较长，仅靠一次调频作用不能使频率的变化保持在允许范围内，这时需要调速系统中的调频器动作，使发电机组的功频特性平行移动，从而改变发电机的有功功率以保持系统频率不变或在允许范围内。

$$\Delta f = -\frac{\Delta P_{L0} - \Delta P_{G0}}{K_S}$$

如果 $\Delta P_{L0} - \Delta P_{G0} = 0$，即发电机组如数增发了负荷功率的原始增量，则 $\Delta f = 0$，即实现无差调节。

2）互联系统频率的调整

设 A、B 两系统互联，A、B 两系统的负荷变量分别为 ΔP_{LA}、ΔP_{LB}，引起互联系统的频率变化 Δf，以及联络线交换功率的变化 ΔP_{ab}，设 ΔP_{ab} 由 A 流向 B 时为正值，如图 1-5 所示：

图 1-5 两个系统的联合

设 K_A、K_B 分别为联合前 A、B 两系统的单位调节功率，A、B 两系统二次调频的功率变量分别为 ΔP_{GA}、ΔP_{GB}。令 $\Delta P_A = \Delta P_{LA} - \Delta P_{GA}$，$\Delta P_B = \Delta P_{LB} - \Delta P_{GB}$，则：

$$\Delta f = -\frac{\Delta P_A + \Delta P_B}{K_A + K_B}$$

$$\Delta P_{ab} = \frac{K_A \Delta P_B - K_B \Delta P_A}{K_A + K_B}$$

精选习题

1. 频率的一次调频是由发电机组的（　　）进行调整，二次调频是由（　　）进行调整。
   A. 调速器　　　　　　B. 调频器　　　　　　C. 励磁绕组

2. 在枯水季节，电力系统调频厂常选择（　　），洪水季节调频厂常选择（　　）。
   A. 中温中压火电厂　　　　　　　　　　B. 小水电站
   C. 高温高压火电厂　　　　　　　　　　D. 有调节水库的水电厂

3. 二次调频可以做到(　　)调节,即原动机的(　　)和系统的(　　)保持不变。
   A. 无差　机械　功率频率
   B. 无差　转速　频率
   C. 有差　机械功率　频率
   D. 有差　转速　频率

4. 调频厂选择应该满足(　　)要求。
   A. 足够的调整容量
   B. 较快的调整速度
   C. 经济性好
   D. 以上都对

5. 为能在实际负荷超过预测值时及时地向增加的负荷供电而设置的备用容量称为(　　)。
   A. 国民经济备用
   B. 负荷备用
   C. 检修备用
   D. 事故备用

6. 我国大型电力系统正常运行时允许的频率偏移是不超过(　　)。
   A. ±0.1 Hz
   B. 50 Hz
   C. ±0.2 Hz
   D. ±5%

7. 负荷备用的备用形式采用(　　)。
   A. 热备用
   B. 冷备用
   C. 二者皆可

8. 有功负荷的最优分配遵循(　　)原则。
   A. 网损最小
   B. 耗量微增率最小
   C. 等耗量微增率
   D. 等网损微增率

习题答案

1. AB　2. D A　3. B　4. D　5. B　6. C　7. A　8. C

第 2 章 电力系统无功功率和电压调整

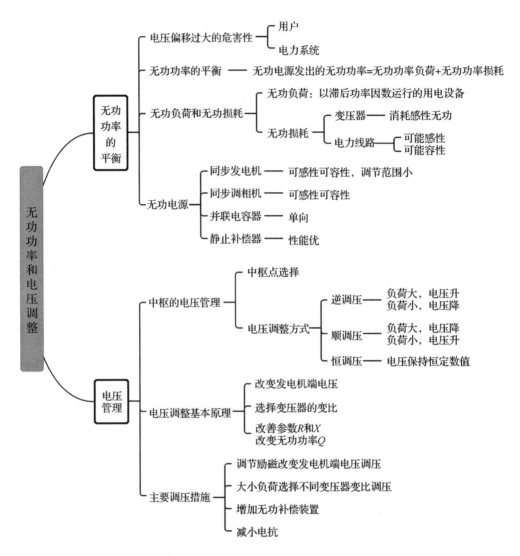

2.1 电力系统中无功功率的平衡

电压是衡量电能质量的主要指标之一。电力系统的无功功率平衡是影响电压质量的一个重要因素。负荷的变化,特别是某些大容量冲击负荷的急剧变化,会引起电力网电压大幅度波动,严重地干扰电力系统的稳定运行,影响用电设备的正常工作。为保证电压质量,需要采取措施,及时调整、控制用电设备的端电压偏移在容许的范围之内。

1）电压偏移过大的危害性

各种用电设备都规定有额定工作电压,且在额定电压下运行时能在经济技术综合指标上取得最佳的效果。若电压偏移过大,则会对用电设备的经济和安全运行造成不利。

（1）照明设备。电压变动对照明设备的亮度和寿命都有很大影响。若电压过低,日光灯就不能启辉,且启辉器的不断闪烁将大大降低日光灯的寿命；如果电压过高,白炽灯和日光灯的亮度虽然都增加,但寿命都将显著缩短。

（2）异步电动机。异步电动机转矩与端电压的平方成正比。因此,若电压过低,则电动机的转速将降低,电流增大,引起绕组温度升高,加速绝缘老化,严重时可能烧毁电动机;另一方面,对带机械负载的异步电动机,因电压过低,转矩太小而停转或不能启动。如果加在异步电动机上的电压过高,则对绕组绝缘不利。

(3) 电子设备。电子设备对电压要求更高。电压过高,会严重降低设备的寿命,且影响安全;电压过低,电子设备的工作不稳定,失真严重,甚至无法正常工作。电压偏移过大不但对用电设备的运行和安全不利,而且对电力系统本身的安全和经济运行也有不利影响。

(4) 发电机。电压降低时,发电厂中由异步电动机拖动的厂用机械(如风机、泵等)出力将减少,影响到锅炉、汽轮机和发电机的出力,并使效率降低。电压过低时,电流将增大,为防止定子绕组过热,必须降低发电机有功出力。

(5) 变压器。电压降低时,电流增大,为防止变压器线圈过热,必须降低变压器的传输功率。

(6) 电力系统。当电压过低时,将使发电机、变压器、线路过负荷,严重时引起跳闸,导致供电中断或系统并列运行解列,还会降低系统并列运行的稳定性,甚至可能导致"系统电压崩溃"。

由综合负荷的无功功率—电压静态特性分析可知,当电压升高时,负荷吸收的无功功率显著增加;当电压降低时,负荷吸收的无功功率是减少的。要想保持负荷端电压水平,就得向负荷供应所需要的无功功率。所以,电力系统的无功功率必须保持平衡,即无功功率电源发出的无功功率要与无功功率负荷和无功功率损耗平衡。这是维持电力系统电压水平的必要条件。

2) 电力系统无功功率平衡与静态电压特性

无功功率平衡就是使系统无功电源所发出的无功功率与系统的无功负荷及网络中无功损耗相平衡。用公式表示为:

$$\sum Q_{GC} = \sum Q_L + \Delta Q_\Sigma$$

式中,Q_{GC} 为无功电源供给的无功功率,它包括发电机供给的无功功率 Q_G 和补偿设备供给的无功功率 Q_C 两部分。负荷消耗的无功功率 Q_L 可按负荷的功率因数计算。我国现行规程规定,由电压等级为 35 kV 及以上直接供电的工业负荷,功率因数不得低于 0.9;其他负荷,功率因数不得低于 0.85,ΔQ 为无功功率损耗。

电力系统的无功功率应按最大无功负荷的运行方式进行计算,必要时还应校验某些设备检修时或故障运行方式下的无功功率平衡。和有功功率一样,系统中也应保持一定的无功功率备用,否则负荷增大时,电压质量仍无法保证。这个无功功率备用容量一般可取最大无功功率负荷的 7%~8%。

若不能在正常电压水平下保证无功功率的平衡,系统的电压质量就不能保证。无功功率不足时系统在一个低于额定电压的水平下达到平衡;如果无功功率过剩则系统在一个高于额定电压的水平下达到平衡。

3) 无功负荷和无功损耗

(1) 无功负荷。无功负荷是指以滞后功率因数运行的用电设备(主要是异步电动机)所吸收的感性无功功率。

(2) 无功损耗。电力系统运行中,引起无功损耗的元件主要有变压器和输电线路。

① 变压器的无功损耗。变压器的无功损耗包括两部分。一部分为励磁损耗,与变压器负荷大小无关,它占额定容量的百分数大致等于空载电流百分数 $I_0\%$,为 1%~2%。因此励磁损耗为:

$$\Delta Q_{TY} = \frac{I_0\% S_N}{100}$$

另一部分为绕组电抗引起的无功损耗。在变压器满载时,基本上等于短路电压的百分值 $U_k\%$,约为 10%,此损耗可用下式求得:

$$\Delta Q_{TX} = \frac{U_k\% S_N}{100} \left(\frac{S_L}{S_N}\right)^2$$

式中：S_N——变压器的额定容量(MVA)；

S_L——变压器所带负荷的功率(MVA)。

由发电厂到用户,中间要经过多级变压,虽然每台变压器的无功损耗只占每台变压器额定容量的百分之十几,但对多级变压器无功损耗的总和就很可观了,有时可达用户无功负荷的75%左右。显然变压器的无功损耗要比有功损耗大得多。

② 电力线路的无功功率损耗。电力线路上的无功功率损耗也分为两部分,即并联电纳和串联电抗中的无功功率损耗。并联电纳中的无功功率损耗又称充电功率,与电力线路电压的平方成正比,呈容性。串联电抗中的无功功率损耗与负荷电流的平方成正比,呈感性。整体而言,电力线路究竟是消耗容性还是感性无功功率需要分析后才能确定。根据长线路运行分析理论,可做一个大致估计。对于电压等级为220 kV的线路,若长度不超过100 km,电力线路将消耗感性无功功率;长度为300 km左右时,线路基本上既不消耗感性无功功率也不消耗容性无功功率,呈电阻性;当长度大于300 km时,线路将消耗容性无功功率(或看作是发出感性无功功率,相当于一个无功电源)。

4) 无功电源

电力系统的无功电源指所有向系统发出感性无功功率的设备,包括同步发电机、同期调相机、并联电容器和静止补偿器等。

(1) 同步发电机。发电机是电力系统中唯一的有功功率电源,同时也是基本的无功功率电源。设发电机额定视在功率为 S_N,额定有功功率为 P_N,额定功率因数为 $\cos\varphi_N$,则额定无功功率 Q_N 为：

$$Q_N = S_N \sin\varphi_N = P_N \tan\varphi_N$$

发电机在正常运行时,其定子电流和转子电流都不应超过额定值。在额定功率因数下运行时,发电机容量得到最充分的利用。只有当系统中无功电源不足,而有功备用容量又较充裕时,可利用靠近负荷中心的发电机降低功率因数运行,多发无功功率以提高电力系统的电压水平。

(2) 同步调相机。调相机实质上就是空载运行的同步电机,专门用来生产无功功率的一种同步电机。它在过励磁运行时向电力系统供给感性无功功率,从而提高系统电压水平;欠励磁运行时从电力系统吸取过剩的感性无功功率,可降低系统电压水平。所以改变同步调相机的励磁就可以平滑地调节无功功率大小及方向,进而可以平滑地调节所在地区的电压。欠励磁运行时的容量约为过励磁运行时容量的50%~60%,这也是作为无功功率电源的调相机的运行极限。同步调相机的有功功率损耗较大,在满载时有功损耗为额定容量的1.5%~5%,且额定容量越小,有功损耗越大。小容量的调相机每千伏安容量的投资费用也较大,故同步调相机宜大容量集中使用,在我国同步调相机常安装在枢纽变电所。

(3) 并联电容器。并联电容器可按三角形和星形接法连接在变电所低压母线上或大型用电设备的旁边,用于提供功率因数,降低电网的电压损耗,提高母线的电压水平。电容器既可集中安装,又可分散安装就地供给无功功率。并联电容器的装设容量可大可小,电容器单位容量的投资费用较少,运行时功率损耗也较小,为额定容量的0.3%~0.5%,维护也较方便。为了在运行中调节电容器的功率,可将电容器连接成若干组,根据负荷的变化,采用断路器分组投入或切除。并联电容器的缺点是只能供给系统感性无功功率而不能吸收无功功率。它供给的无功功率 Q 值与所在节点的电压 U 的平方成正比,即 $Q = \dfrac{U^2}{X_C}$,式中, X_C 为并联电容器的容抗,故当节点电压下降时,它供给的无功功率也将减少。因此在系统母线电压较低而需要较多无功电源时,其输出的无功功率反而减少,结果导致电力系统电压的继续下降。

(4) 静止补偿器。静止补偿器由电力电容器和可控电抗器组成,并联在降压变电所的低压母线上,其电容器可以输出无功功率,电抗器可以吸收无功功率,两者结合起来,再配以专门的调节装置,就能够平滑地改变输出(或吸收)无功功率,这就克服了电容器作为无功功率补偿装置时只能做电源不能做负荷,且调节不能连续的缺点。与同步调相机相比较,静止补偿器运行维护简单,功率损耗小,满载时不超过额定容量的 1%,可集中使用也可分散使用,并能实行分相补偿,以适应不平衡的负荷变化。

2.2 电力系统的电压管理

1) 中枢点电压管理

电力系统进行调压的目的,就是要采取各种措施,使用户处的电压偏移保持在规定的范围内。但由于电力系统结构复杂,负荷极多,如对每个节点的电压都进行监视和调整,不仅不经济而且也无必要。因此,电力系统电压的监视和调整可通过监视、调整电压中枢点的电压来实现。

电压中枢点是指某些可以反映系统电压水平的主要发电厂或枢纽变电所母线,对其进行电压的监视、控制和调整。因为很多负荷都由这些中枢点供电。如能控制住这些点的电压偏移,也就控制住了系统中大部分负荷的电压偏移。于是,电力系统电压调整问题也就转变为保证各中枢点的电压偏移不超出给定范围的问题。

(1) 电压中枢点的选择。通常选择下列母线作为电压中枢点:

① 区域性发电厂和枢纽变电所的高压母线;

② 重要变电所的 6~10 kV 电压母线;

③ 有大量地方负荷的发电机电压母线;

④ 城市直降变电所的二次母线。

(2) 中枢点电压调整的方式。在做电力系统规划设计时,由于网络尚未完全建成,各负荷点对电压的要求还不明确,网络的损耗也无法计算,因此无法按上述方法做出中枢点的电压曲线。但是,工程实践中常根据电力网的性质,按下述原则大致确定各个中枢点电压的允许变化范围。

中枢点的调压方式分为逆调压、顺调压和恒调压三类。

① 逆调压。负荷变动较大,距电压中枢点较远,而电压质量要求又较高的电力网,一般规定在中枢点实行逆调压。即在最大负荷时要提高中枢点的电压以抵偿电力线路上因最大负荷而增大的电压损耗,在最小负荷时要将中枢点电压降低些以防止负荷点的电压过高。这种最大负荷时升高电压,最小负荷时降低电压的中枢点电压调整方式称"逆调压"。逆调压时,要求最大负荷时将中枢点电压升高至 $1.05U_{NS}$,最小负荷时将其下降为 U_{NS}。U_{NS} 为电力线路额定电压。

② 顺调压。如负荷变动甚小,电力线路电压损耗也小,或用户为允许电压偏移较大的电网,可采用"顺调压"方式。即在最大负荷时允许中枢点电压低一些,但不得低于电力线路额定电压的 1.025 倍,最小负荷时允许中枢点电压高一些,但不得高于电力线路额定电压的 1.075 倍。

③ 恒调压。如负荷变动较小,电力线路上电压损耗也较小,则采用介于上述两种调压要求之间的调压方式——恒调压(常调压),即在任何负荷下,中枢点电压保持为恒定的数值,一般在电力线路额定电压的 1.02~1.05 倍之间取一定值。

2) 电压调整的基本原理

拥有较充足的无功功率电源是保证电力系统有较好的运行电压水平的必要条件,但是要使所有用户的电压质量都符合要求,还必须采用各种调压手段。现以图 2-1 所示电力系统为例,说明常用的各种调压措施所依据的基本原理。

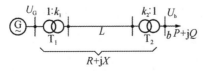

图 2-1 电压调整的原理解释图

为简便起见,略去电力线路的电容功率,变压器的励磁功率和网络的功率损耗,且变压器参数已归算到高压侧。负荷节点 b 的电压为:

$$U_b = \left(k_1 U_G - \frac{PR+QX}{k_1 U_G}\right)/k_2$$

式中: k_1 和 k_2 ——分别为升压和降压变压器的变比(高压比低压);

R 和 X ——变压器和电力线路总的电阻和总电抗;

$P+jQ$ ——末端所带负荷。

由上式可见,为了调整用户端电压 U_b 可以采用以下措施:

(1) 调节励磁电流以改变发电机端电压 U_G;

(2) 适当选择变压器的变比 k;

(3) 改善网络参数 R 和 X,改变无功功率 Q 分布,以减少网络的电压损耗。

2.3 电力系统的几种主要调压措施

1) 改变发电机端电压调压

这种调压手段是一种不需耗费投资,且是最直接的调压方法,应首先考虑采用。发电机的电压调整是借助于调整发电机的励磁电压,以改变发电机转子绕组的励磁电流,就可以改变发电机定子端电压。现代同步发电机在端电压偏离额定值不超过5%范围内,能够以额定功率运行对于不同类型的供电网络,发电机调压所起的作用是不同的。

对由发电机不经升压直接供电的小型电力系统,供电线路不长,线路上电压损耗不大,单靠发电机调压就能满足用户电压质量的要求。采用逆调压的方式,用户端电压下降时,增加发电机的励磁电流,提高发电机的端电压,进而提高用户的端电压。用户端电压升高时,减少发电机的励磁电流,降低发电机的端电压,进而降低用户的端电压。

对由发电机经多级变压向负荷供电的大中型电力系统,线路较长,供电范围较大,从发电厂到最远处的负荷之间的电压损耗和变化幅度都很大。这时,单靠发电机调压是不能解决问题的。对有若干发电厂并列运行的大型电力系统,利用发电机调压,会出现新的问题。首先,当要提高发电机的电压时,则该发电机就要多输出无功功率,这就要求进行电压调整的电厂有相当充裕的无功容量储备。另外,电力系统内并联运行的发电厂中,调整个别发电厂的高压母线电压,会引起系统中无功功率的重新分配,这还可能同无功功率的经济分配发生矛盾,影响系统的经济运行。所以在大型电力系统中发电机调压一般只作为一种辅助调压措施。

2) 改变变压器变比调压

改变变压器的变比是通过改变变压器分接头的位置来实现,这种调压措施是电力系统最广泛采用的措施之一。系统中某点电压降低时,透过改变该点变压器变比,该点从系统获取的无功功率增加,该点电压提高,但其他供电点的无功功率分布却减少了,其电压将降低。因此系统无功功率不足时,不能靠这个措施来提高整个系统的电压水平。

变压器按照调节分接头的方式不同可分为普通变压器和有载调压变压器两类。普通变压器只能在停电情况下改变分接头,因此,必须在运行前先选好一个合适的分接头,这样在运行中出现最大负荷与最小负荷时,电压偏移都不会超出允许范围。有载调压变压器可以带负荷改变分接头,即可随时进行调节,调压效果好。以下将分别讨论各类变压器分接头的选择计算过程。

3) 改变网络中无功功率分布调压

当电力系统无功电源不足时就不能单靠改变变压器的变比来调压,因为无功功率在网络中的传输会引起有功损耗和电压损耗,所以需要在适当的负荷点合理地进行无功补偿,改变电力网中无功功率分布,这样就可以减少电力线路上的功率损耗和电压损耗,从而提高负荷点的电压。

在负荷点装设无功补偿装置时,一般和变压器调压结合起来考虑,这样既可以充分发挥变压器的调压作用,同时又充分利用了无功补偿容量。

4) 改变电力线路参数调压

从电压损耗的计算公式可知,改变电力线路的电阻 R 和电抗 X,都可以改变电压损耗。减小电阻 R,需要增大导线截面积,这将多消耗有色金属,在经济上是不合理的,同时对于截面积较大的架空电力线路,$\frac{PR}{U}$ 项在电压损耗中所占比例一般比 $\frac{QX}{U}$ 项要小。因此,通常都采用减小电抗这个参数来降低电压损耗。

精选习题

1. 在供电线路较长、负荷变化范围较大的场合,调压方式拟采用中枢点(　　)。
   A. 顺调压　　B. 逆调压　　C. 常调压　　D. 任何一种
2. 当大型电力系统由于无功功率电源不足而造成电压水平低下时,应采取的调压措施是(　　)。
   A. 改变发电机端电压　　B. 改变变压器变比
   C. 补偿无功功率　　D. 改变输电线路的参数
3. (多选题)无功电源有(　　)。
   A. 发电机　　B. 并联电容器　　C. 串联电容器　　D. 调相机
4. (多选题)电压调节特性为负的无功电源有(　　)。
   A. 并联电容器　　B. 调相机　　C. TSC　　D. TCR
5. (多选题)电力系统的调压方式有(　　)。
   A. 发电机调压　　B. 顺调压　　C. 恒调压　　D. 逆调压
6. (多选题)电力系统调压措施有(　　)。
   A. 发电机调压　　B. 变压器调压　　C. 并联电容器　　D. 改变线路参数
7. 调相机过激运行时是向系统(　　)感性无功功率,欠激运行时向系统(　　)感性无功功率。
   A. 吸收　发出　　B. 发出　吸收　　C. 发出　发出　　D. 吸收　吸收

习题答案

1. B　2. C　3. ABD　4. AC　5. BCD　6. ABCD　7. B

第 3 章　电气主接线的形式、特点及倒闸操作

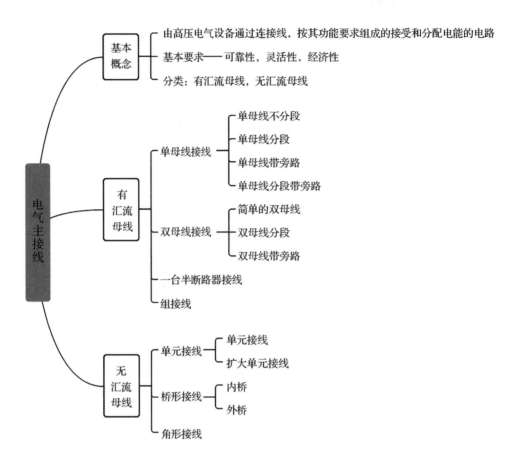

3.1　电气主接线的基本概念及基本要求

1）基本概念

（1）电气主接线：电气主接线是由高压电气设备通过连接线，按其功能要求组成的接受和分配电能的电路，也称为电气一次接线（因为由电气一次设备组成）或电气主系统（代表了发电厂或变电站电气部分主体结构）。

（2）电气主接线图：是指用规定的设备文字和图形符号，按其作用依次连接的单线接线图。

（3）母线：母线又称汇流排，在原理上它是电路中的一个电气节点，由导体构成，它起着汇集变压器的电能和给各用户的馈电线分配电能的作用。

2）电气主接线应满足的基本要求

电气主接线的设计关系到全厂（全所）电气设备的选择、配电装置的布置、继电保护、自动控制和控制方式的确定，对电力系统的安全、经济运行起着决定性作用。对电气主接线的基本要求，概括地说包括可靠性、灵活性和经济性三个方面。

（1）可靠性：基本要求，但不是绝对的，要求有必要的供电可靠性。

（2）灵活性：操作的方便性、调度的灵活性、扩建的可能性。

（3）经济性：一次投资少，电能损耗少，占地面积小。

3）电气主接线的分类

电气主接线按有无汇流母线分为两大类：有汇流母线的接线形式和无汇流母线的接线形式。

(1) 有汇流母线的接线形式的分类:单母线接线、双母线接线、一台半断路器接线(3/2接线)、三分之四台断路器接线(4/3接线)和变压器母线组接线。

(2) 无汇流母线的接线形式的分类:单元接线、桥形接线、角形接线。

3.2 有汇流母线的主接线

有汇流母线的接线形式接线简单清晰,运行、检修灵活方便,易于安装和扩建,但配电装置占地面积大,使用的开关电器多,投资较大,并且母线检修或故障时影响范围较大,适用于进出线较多(一般超过4回时)并且有扩建和发展可能的发电厂和变电所。

1) 单母线接线

(1) 单母线不分段接线。只有一组工作母线,每回进出线都只经过一台断路器连接至该母线上并列运行(图3-1)。

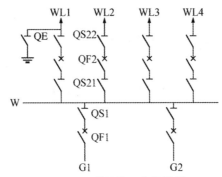

图3-1 单母线不分段接线

① 几点说明

a. 供电电源在发电厂是发电机或变压器,在变电所是变压器或高压进线。

b. 每回进出线都装有断路器和隔离开关。(图中QF为断路器,QS为隔离开关,其中QS21和QS22分别为母线侧隔离开关、线路侧隔离开关;QE为接地刀闸)

c. 断路器:具有灭弧装置和控制电路,既可以接通或开断负荷电流,也可以接通或开断短路电流。隔离开关:没有灭弧装置,其开合电流能力极低,只能用做设备停运后退出工作时断开电路,保证与带电部分隔离,起着隔离电压的作用。此外,隔离开关可在等电位状态下进行操作。操作隔离开关时应遵循的原则:先通后断。

d. 接地开关(或称接地刀闸)QE的作用是在检修时取代安全接地线,当电压为10 kV及以上时,断路器两侧隔离开关(高型布置时)或出线隔离开关(中型布置时)位配置接地开关;35 kV及以上母线,每段母线上亦应配置1~2组接地开关。

② 倒闸操作

a. 电气设备系统运行状态,主要分为运行、热备用、冷备用、检修四种状态;将设备由一种状态转变为另一种状态的过程叫做倒闸,所进行的操作叫倒闸操作。

运行状态:指设备的断路器及隔离开关都在合上位置,将电源至受电端的电路接通(包括辅助设备如电压互感器、避雷器等);所有的继电保护及自动装置均在投入位置(除调度有要求的除外),控制及操作回路正常。

热备用状态:指设备只有断路器断开,而两侧隔离开关仍在合上位置,其他同运行状态。

冷备用状态:指设备的断路器及隔离开关都在断开位置,切断电气设备操作电源,退出设备继电保护,如退出母差保护、失灵保护压板(包括连跳其他开关的保护压板)。

检修:指设备的所有断路器、隔离开关均断开,挂上接地线或合上接地闸刀,布置了安全措施。"检修状态"根据不同的设备又分为"开关检修""线路检修"等。

b. 电气倒闸误操作五防:防止误分、误合断路器;防止带负荷合上或分断隔离开关;防止带电合上接地刀闸或挂接地线;防止带有临时接地线或接地刀闸在合位时操作断路器或隔离开关送电;防止误入带电间隔。

c. 电气倒闸操作的执行程序:发布和接受操作任务→填写操作票→审查和核对操作票→操作执行命令的发布和接受→进行倒闸操作→汇报,盖章与记录。

送电顺序:先合母线侧隔离开关 QS21,再合线路侧隔离开关 QS22,最后断路器 QF2。(以 WL_1 出线为例)

停电顺序:先断开断路器,再断线路侧隔离开关,最后断母线侧隔离开关。

③ 优缺点

优点:接线简单清晰,操作方便;设备少,投资少;易于扩建。

缺点:可靠性、灵活性差。

a. 任一回路的断路器检修时,该回路停电。

b. 母线(包括母线侧隔离开关)故障或检修时,全部停电。

c. 适用范围:适用于 6~220 kV 系统中只有一台发电机或主变压器,且出线回路数不多的中小型发电厂或变电站。具体有以下三种情况:6~10 kV 配电装置,出线回路数不超过 5 回;35~63 kV 配电装置,出线回路数不超过 3 回;110~220 kV 配电装置,出线回路数不超过 2 回。

(2) 单母线分段接线(图 3-2)

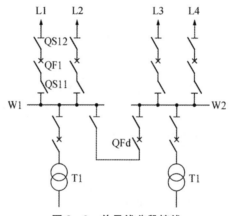

图 3-2 单母线分段接线

① 母线分段的作用

减少母线故障或检修时的停电范围。(QFd 为分段断路器)

② 优缺点

优点:同单母线不分段接线,除此之外,缩小了母线故障或检修时的停电范围(可靠性有所提高),还可以并列运行,也可以分列运行(灵活性有所提高)。

缺点:任一段母线故障或检修期间,该段母线上的所有回路均需停电;任何一条出线断路器故障或检修时,会中断该回路的供电。

③ 适用范围。发电厂用电接线通常采用单母线分段接线方式,即广泛应用于中小容量发电厂和变电站 6~10 kV 接线中。

a. 6~10 kV 配电装置,出线回路数为 6 回及以上时;发电机电压配电装置,每段母线上的发电机容量为 12 MW 及以下时。

b. 35~63 kV 配电装置,出线回路数为 4~8 回。

c. 110~220 kV 配电装置,出线回路数为 3~4 回。

(3) 单母线带旁路母线接线(图 3-3)

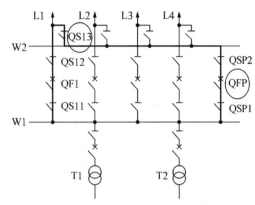

图 3-3 单母线带旁路母线接线

① 旁路母线的作用:检修出线断路器时,可以不中断该回路的供电。

② 检修 L1 的断路器 QF1 操作步骤为:

a. 合上 QSP1、QSP2;

b. 合上 QFP,检查 W2 充电正常(若有故障 QFP 将会自动跳闸);

c. 取消等电位环路内断路器 QF1、QFP 控制回路熔断器(即断路器改为非自动化,确保满足等电位条件);

d. 合上 QS13(此时两侧等电位);

e. 依次断开 QF1、QS12、QS11。

③ 优缺点

优点:同单母线不分段接线,除此之外,断路器检修时所在回路不停电(可靠性有所提高)。

缺点:母线故障或检修时,全部停电;调度不方便。

(4) 单母线分段带旁路母线接线(图 3-4)

① 有专用旁路断路器。仅起到代替进、出线断路器作用的旁路断路器(QFP),称为专用旁路断路器。

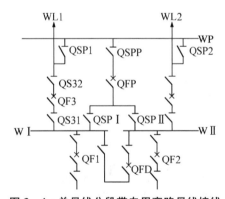

图 3-4 单母线分段带专用旁路母线接线

在正常工作时,旁路断路器 QFP 以及各出线回路上的旁路隔离开关,都是断开的,旁路母线 WP 不带电。通常,旁路断路器两侧的隔离开关处于合闸状态,即 QSPP 处于合闸状态,而 QSPⅠ、QSPⅡ 二者之一是合闸状态,另一侧为开断状态,例如 QSPⅠ合闸、QSPⅡ分闸,则旁路断路器 QFP 对 WⅠ 段母线上各出线断路器的检修处于随时待命的"热备用"状态。

不停电检修 QF3 的倒闸操作:

a. 方式一:QSPⅠ处于合闸状态(若属分闸状态,则与 QSPⅡ切换),则合上旁路断路器 QFP,检查旁路母线 WP 是否完好;合 QSP1;拉开 QF3、QS32、QS31。

b. 方式二:QSPⅠ处于合闸状态(若属分闸状态,则与 QSPⅡ切换),则合上旁路断路器 QFP,检查旁路母线 WP 是否完好;断开 QFP,合 QSP1;合上 QFP;拉开 QF3、QS32、QS31。

此种方式增加了操作程序,但可避免万一在倒闸过程中,QF3 事故跳闸下 QSP1 带负荷合闸的危险。

② 分段断路器兼作旁路断路器(图 3-5)

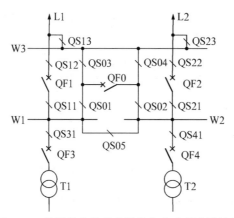

图 3-5 单母线分段断路器兼作旁路断路器接线

a. 正常时:QF0 做分段用,QF0、QS01、QS02 闭合,QS03、QS04、QS05 及各出线旁路隔离开关均断开,W3 不带电。

b. 检修出线断路器时:QF0 作旁路断路器用。

c. 不停电检修 QF1 的倒闸操作:合 QS05,拉 QF0;拉 QS02,合 QS04,合 QF0;合 QS13;拉 QF1、QS12、QS11。

③ 单母线分段设置旁路母线的原则

a. 6~10 kV 配电装置一般不设旁路母线。

b. 35~60 kV 配电装置一般也不设旁路母线,当线路断路器不允许停电检修时,可采用分段断路器兼旁路断路器的接线。

c. 110~220 kV 配电装置一般装设旁路母线,首选分段断路器兼旁路断路器的接线。但在下列情况下需要装设专用旁路断路器:110 kV 出线为 7 回及以上,220 kV 出线为 5 回及以上;在系统中居重要地位的配电装置,110 kV 为 6 回及以上,220 kV 为 4 回及以上。

d. 110~220 kV 配电装置可不设旁路母线的情况:采用可靠性高、检修周期长的 SF_6 断路器;系统有条件允许线路断路器停电检修时,如采用双回供电。

2) 双母线接线

(1) 简单的双母线接线(图 3-6)

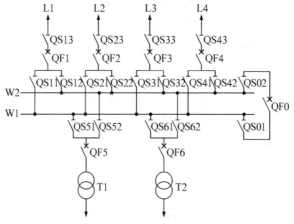

图 3-6 简单的双母线接线

① 基本说明

a. 有两组母线，并且可以互为备用，两母线之间通过母联（母线联络断路器）连接。

b. 每回进出线通过一台断路器和两组隔离开关接到两组母线上，其中一台隔离开关闭合，另一台隔离开关断开。

c. 热倒：两条母线并列运行的母线，需要将一条母线上运行的开关，倒到另一条母线运行时，为不间断供电，先将开关需要倒入的母线刀闸合入，再拉开倒出的母线刀闸，即通过先合后拉刀闸的方法将完成倒母线的操作。注意：使用热倒方法时两条母线必须在并列运行状态。

d. 冷倒：需要将热备用状态的开关由一条母线倒入另一条母线热备用，采用先将要倒出的母线刀闸拉开，再将需要倒入的母线刀闸合上，即采用先拉后合刀闸的方法进行倒母线的操作。使用冷倒方法时不要求两条母线必须在并列运行状态，而且不影响其他设备的正常运行。

② 优缺点

优点：

a. 供电可靠：可以轮流检修任一组母线，且不需要停电；母线故障影响范围缩小，且只是短时停电。

b. 运行方式灵活：可以采用两组母线并列运行方式（相当于单母线运行，母联 QF0 合闸）；两组母线分列运行方式（相当于单母分段运行，母联 QF0 分闸）；一组母线工作，另一组母线备用的运行方式（相当于单母线运行）。

c. 扩建方便。

d. 可以完成一些特殊功能。例如：利用母联与系统进行同期或解列操作；当个别回路需要单独进行试验时（如发电机或线路检修后需要试验），可将该回路单独接到备用母线上运行；当线路利用短路方式熔冰时，亦可用一组备用母线作为熔冰母线，不致影响其他回路工作等。

缺点：

a. 在母线检修或故障时，隔离开关作为倒换操作电器，容易发生误操作。

b. 检修任一回路的断路器时，该回路仍停电。

c. 当一组母线故障时仍短时停电，影响范围大。

d. 使用设备多，配电装置复杂，投资较大。

③ 适用范围

当母线上的出线回路数或电源数较多、输送和穿越功率较大、母线或母线设备检修时不允许对用户停电、母线故障时要求迅速恢复供电、系统运行调度对接线的灵活性有一定要求时一般采用双母线接线。

a. 6～10 kV 配电装置，当短路电流较大，出线需带电抗器时。

b. 35～63 kV 配电装置，当出线回路数超过 8 回或连接的电源较多，负荷较大时。

c. 110～220 kV 配电装置，当出线回路数为 5 回及以上或该配电装置在系统中居重要地位、出线回路数为 4 回及以上时。

（2）双母线分段接线（图 3-7）

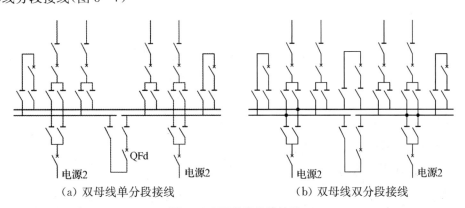

(a) 双母线单分段接线　　　　(b) 双母线双分段接线

图 3-7　双母线分段接线

① 优点:减小母线故障的停电范围;在分段处加母线电抗器,可以限制短路电流,选择轻型设备。

② 缺点:断路器有所增加,投资大。

(3) 双母线带旁路母线接线(图 3-8)

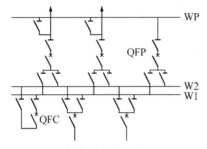
(a) 专用旁路断路器

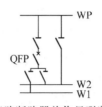
(b) 旁路断路器兼作母联断路器

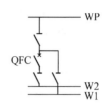
(c) 母联断路器兼作旁路断路器

图 3-8 双母线带旁路母线接线

双母线设置旁路的原则主要有以下三个方面:

① 6～63 kV 配电装置一般不设旁路母线。

② 110～220 kV 配电装置,设置旁路母线的原则与分段单母线相同。

③ 110～220 kV 配电装置在下列情况下,可以采用简易的旁路隔离开关代替旁路母线:配电装置为屋内型,需节约建筑面积,降低土建造价时;最终出线回路较少,而线路又不允许停电检修断路器时。

3) 一台半断路器接线(3/2 接线)

每 2 回进出线(出线或电源)通过 3 台断路器构成一串连接至两组母线上,即每个回路所用的断路器数目为一台半,也称 3/2 接线(图 3-9)。每串中间一台断路器为联络断路器,正常运行时,两组母线和全部断路器都投入工作,形成多环状供电,因此具有很高的可靠性和灵活性。

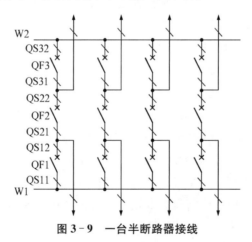

图 3-9 一台半断路器接线

(1) 优缺点

优点:

① 可靠性高:任一断路器检修,都不停电;任一母线故障或检修,都不停电。

② 运行调度灵活,操作、检修方便,隔离开关仅作为检修时隔离电器。

缺点:

① 使用设备较多,投资较大。

② 断路器动作频繁,检修次数增多。

③ 二次接线和继电保护复杂。

(2) 注意事项

① 电源线宜与负荷线配对成串(即同一个断路器串配置一条电源回路和一条出线回路)。

② 接线为 2 串时,同名回路宜分别接入不同侧的母线且进出线应该装设隔离开关。
③ 当一台半断路器接线达 3 串及以上时,同名回路可接于同一侧母线,进出线不宜装设隔离开关。

(3) 适用范围

一台半断路器接线用于大型发电厂和变电所 220 kV 及以上、进出线回路数 6 回及以上的高压、超高压配电装置中。

4) 变压器母线组接线

(1) 结构

变压器直接通过隔离开关接到母线上,组成变压器母线组(图 3-10),各出线回路由两台断路器分别接在两组母线上。

(2) 优缺点

优点:与一台半断路器接线相同。

缺点:变压器故障相当于母线故障;投资大。

(3) 适用范围

变压器—母线组接线用于超高压系统中,适用于长距离大容量输电线路,要求线路有高度可靠性的配电装置,进出线为 5～8 回,并要求主变压器的质量可靠,故障率甚低。

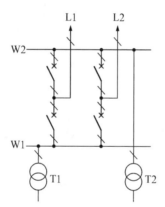

图 3-10 变压器母线组接线

3.3 无汇流母线的主接线

无汇流母线的主接线没有母线这一中间环节,使用的开关电器少,占地面积小,没有母线故障和检修问题,适用于进出线回路少的场所。

1) 单元接线

单元接线是无母线接线中最简单的形式,也是所有主接线基本形式中最简单的一种。

(1) 单元接线

发电机与变压器直接连接组成单元接线(图 3-11)。

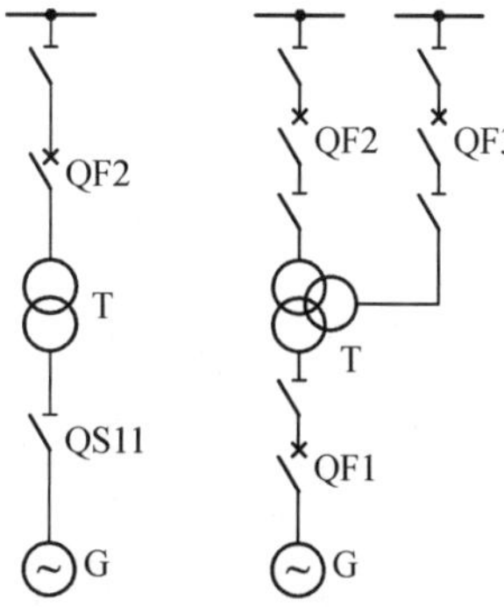

图 3-11 单元接线

① 单元接线的优点：

a. 接线简单，开关设备少，操作简单；

b. 低压侧短路时，短路电流相对于具有发电机电压级母线时有所减小；

c. 故障可能性小，可靠性高；

d. 占地少，投资节省。

② 单元接线的缺点：单元中任一元件故障或检修都会影响整个单元的工作。

③ 单元接线的应用。单元接线一般用于下述情况：

a. 发电机额定电压超过 10 kV（单机容量在 125 MW 及以上）；

b. 虽然发电机额定电压不超过 10 kV，但发电厂无地区负荷；

c. 原接于发电机电压母线的发电机已能满足该电压级地区负荷的需要；

d. 原接于发电机电压母线的发电机总容量已经较大（6 kV 配电装置不能超过 120 MW，10 kV 配电装置不能超过 240 MW）。

（2）扩大单元接线

两台发电机与一台变压器相连组成扩大单元接线（图 3－12），目的是减少变压器台数和断路器数目，节省配电装置占地面积。

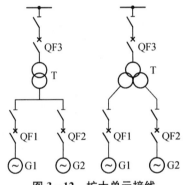

图 3－12 扩大单元接线

2）桥形接线

当只有两台变压器和两条线路时，常采用桥形接线（图 3－13），桥形接线分为内桥接线和外桥接线。桥连断路器 QF3 在线路断路器 QF1、QF2 之内的为内桥接线，外桥接线的桥连断路器 QF3 在线路断路器之外。

内桥接线在线路故障或切除、投入时，不影响其余回路工作，并且操作简单；而在变压器故障或切除、投入时，要使相应线路短时停电且操作复杂。因此，内桥接线适用于出线线路较长（检修和故障概率大），主变压器不需要经常投切的场合。

外桥接线在运行中的特点与内桥接线相反，外桥接线适用于出线线路较短、主变压器需要经常投切的场合。

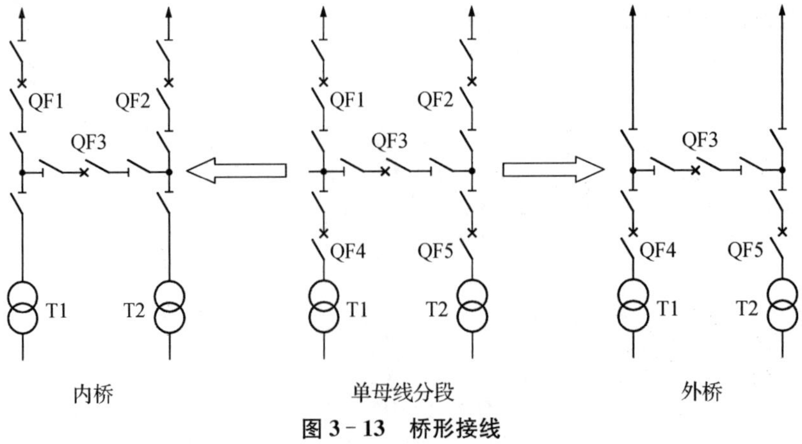

图 3－13 桥形接线

3）角形接线

角形接线的角数等于断路器数,也等于进出线总回路数(图 3-14)。

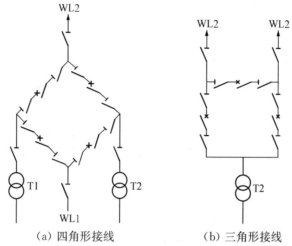

(a) 四角形接线　　(b) 三角形接线

图 3-14　角形接线

（1）角形接线的优点

① 所用的断路器数目比单母线分段接线或双母线接线还少 1 台,却具有双母线接线的可靠性,任一台断路器检修时,只需断开其两侧的隔离开关,不会引起任何回路停电。

② 没有母线,因而不存在因母线故障所产生的影响。

③ 操作方便,所有隔离开关,只用于检修时隔离电源,不做操作之用,不会发生带负荷断开隔离开关的事故。

（2）角形接线的缺点

① 角形中任一台断路器检修时,变开环运行,降低接线的可靠性。

② 在开环的情况下,当某条回路故障时影响别的回路工作。

③ 角形接线在开、闭环两种状态的电流差别很大,可能使设备选择发生困难,继电保护复杂化。

④ 不利于扩建。

（3）适用范围

角形接线多用于最终规模明确且进出线为 3~5 回的 110 kV 及以上的配电装置中。

精选习题

1. 下列接线中,当检修出线断路器时会暂时中断该回路供电的是(　　)。
   A. 双母线分段　　　　　　　　　　　B. 二分之三
   C. 双母线分段带旁路　　　　　　　　D. 单母线带旁路

2. 主接线中,旁路母线的作用是(　　)。
   A. 作备用母线
   B. 不停电检修出线断路器
   C. 不停电检修母线隔离开关
   D. 母线或母线隔离开关故障时,可以减少停电范围

3. 以下描述,符合一台半断路器接线原则的是(　　)。
   A. 一台半断路器接线中,同名回路必须接入不同侧的母线
   B. 一台半断路器接线中,所有进出线回路都必须装设隔离开关
   C. 一台半断路器接线中,电源线应与负荷线配对成串

D. 一台半断路器接线中,同一个"断路器串"上应同时配置电源或负荷

4. 外桥形式的主接线适用于( )。
    A. 出线线路较长,主变压器操作较少的电厂 B. 出线线路较长,主变压器操作较多的电厂
    C. 出线线路较短,主变压器操作较多的电厂 D. 出线线路较短,主变压器操作较少的电厂

5. 内桥形式的主接线适用于( )。
    A. 出线线路较长,主变压器操作较少的电厂 B. 出线线路较长,主变压器操作较多的电厂
    C. 出线线路较短,主变压器操作较多的电厂 D. 出线线路较短,主变压器操作较少的电厂

6. 电气主接线最基本的要求是( )。
    A. 经济性   B. 可扩展性   C. 可靠性   D. 灵活性

7. 如果要求在检修任一引出线的母线隔离开关时,不影响其他支路供电,则可采用( )。
    A. 内桥接线   B. 单母线带旁路接线
    C. 双母线接线   D. 单母线分段接线

8. 输电线路送电的正确操作顺序为( )。
    A. 先合母线隔离开关,再合断路器,最后合线路隔离开关
    B. 先合断路器,再合母线隔离开关,最后合线路隔离开关
    C. 先合母线隔离开关,再合线路隔离开关,最后合断路器
    D. 先合线路隔离开关,再合母线隔离开关,最后合断路器

9. 下列哪种情况宜采用一台半断路器接线?( )。
    A. 10～35 kV 出线回路数为 10 回以上   B. 35～110 kV 出线回路数为 8 回以上
    C. 110～220 kV 出线回路数为 6 回以上   D. 330～500 kV 出线回路数为 6 回以上

10. 对一次设备起控制、保护、测量、监察等作用的设备称为( )。
    A. 监控设备   B. 二次设备   C. 辅助设备   D. 主设备

11. 如果要求任一组母线发生短路故障均不会影响各支路供电,则应选用( )。
    A. 双母线接线   B. 双母线分段带旁路接线
    C. 多角形接线   D. 二分之三接线

12. 在双母线接线中,利用母联断路器代替出线断路器工作时,用"跨条"将该出线断路器短接,因此该出线( )。
    A. 可不停电   B. 需要长期停电
    C. 仅短时停电   D. 断路器可以退出,但无法检修

13. 在二分之三接线中( )。
    A. 仅用隔离开关进行倒闸操作,容易发生操作事故
    B. 隔离开关仅起电气隔离作用,误操作的可能性小
    C. 检修任何隔离开关,用户可不停电
    D. 检修任何隔离开关,用户都要停电

14. 一台半断路器接线是属于( )。
    A. 多角形接线   B. 桥形接线
    C. 具有两组母线的接线 D. 无母线接线

15. 下列选项中不属于多角形接线特点的是( )。
    A. 接线简单清晰、经济性好   B. 供电可靠性高、运行灵活
    C. 检修一台断路器时,需对有关支路停电   D. 难于扩建

16. 下列选项中不属于单母线接线优点的是( )。
    A. 便于扩建   B. 可靠性高   C. 接线简单   D. 投资少

17. 属于有母线接线的是（　　）。
   A. 桥形接线
   B. 角形接线
   C. 二分之三断路器接线
   D. 单元接线

习题答案

1. A 2. B 3. C 4. C 5. A

6. C　**解析**：电气主接线的设计关系到全厂（全所）电气设备的选择、配电装置的布置、继电保护、自动控制和控制方式的确定，对电力系统的安全、经济运行起着决定性作用。对电气主接线的基本要求，概括地说包括可靠性、灵活性、经济性三个方面。

7. C

8. C　**解析**：在运行操作时，必须严格遵守下列操作顺序：在接通电路时，应先合断路器两侧的隔离开关，即先合上母线隔离开关，再合线路隔离开关，然后再投入断路器；切断电路时，应先断开断路器QF2，再依次断开线路侧隔离开关和母线侧隔离开关。这样的操作顺序遵守了两条基本原则：一是防止隔离开关带负荷合闸或拉闸。二是在断路器处于合闸状态下（或虽在分闸位置，但因绝缘介质性能破坏而导通），误操作隔离开关的事故不发生在母线侧隔离开关上，以避免误操作的电弧引起母线短路事故；反之，误操作发生在线路隔离开关时，只引起本线路短路事故，不影响母线上其他线路运行，造成的事故范围及修复时间将大为缩小。为了防止误操作，除严格按照操作规程实行操作票制度外，还应在隔离开关和相应的断路器之间，加装电磁闭锁、机械闭锁或电脑钥匙。

9. D　10. B　11. D　12. C　13. B　14. C　15. C　16. B　17. C

第3篇　高电压

第1章　交/直流电参数的基本测量方法

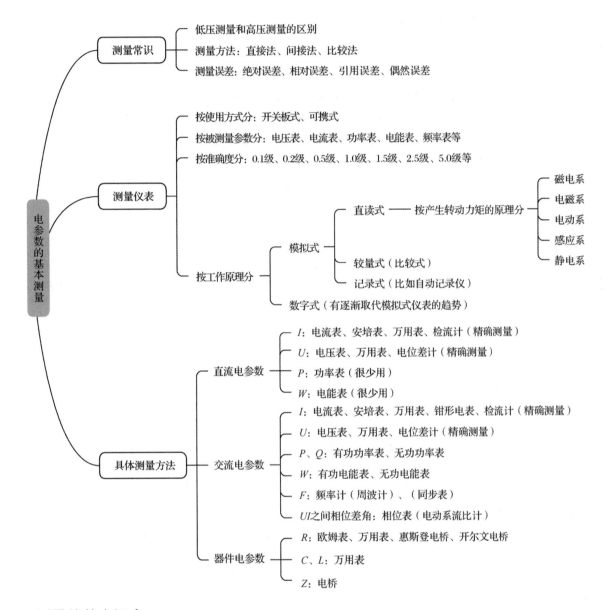

1.1 测量的基本概念

1）低压测量和高压测量的区别

（1）在电压等级较低的情况下，电参数的测量通常是直接将测量仪表接入电路，通过仪表直接读数得到测量结果。

（2）在实际电力系统中，由于电压通常高达几十至几百千伏，此时需要用互感器将高电压或大电流转换为较小值，然后再用低压测量的方法进行测量。

（3）在高电压试验中，由于试验电压高达几百至几千千伏，且有时要测量冲击物理量，此时需要用特定装置进行测量，具体测量方法多样，可以直接用静电电压表或球隙测电压，也可以用分压器分压变换后再测。由于电压极高，若采用互感器转换，则互感器变比很大，体积也会很大，造价也较高，故一般不采用互感器。

2）测量方法简介

（1）直接法。直接用某种仪表测量读数得到某种电参量，比如用电压表测得电压，用电能表测得电能，用欧姆表测得电阻值等。

(2) 间接法。不直接测量要测的量,而是测出其他的量,通过计算得到需要的结果。例如分别测量出电压、电流,再计算得直流有功功率。如果要测交流电的有功功率,就分别测出电压、电流和功率因数,三者相乘得到有功。还有测出电压和电流后两种相除算出阻抗等。

(3) 比较法。用被测量与标准量进行直接比较,而指示出被测电量的大小,比如用电桥法测电阻就是一种比较法。通常,比较法比直接法测量结果准确度等级更高。

3) 测量误差

(1) 绝对误差:测量值与真值之差。由于真值未知,实际计算中用范型仪表测量值代替真值。

(2) 相对误差:绝对误差与真值的比值。由于真值未知,实际计算中用测量值代替真值。

(3) 引用误差:绝对误差与仪表量程的比值。由于每次测量的绝对误差不一定相同,故引用误差也会改变,其最大值又被称为仪表的最大引用误差。它是表征仪表准确度等级的参数。

(4) 偶然误差:由电源电压、频率的突变引起的误差叫偶然误差。

为了减小相对误差,被测值应在量程 2/3 以上。

1.2 测量仪表

电气测量仪表是电力生产中的"眼睛"。电气仪表的种类很多:

(1) 按照使用方式可以分为开关板式和可携式,通常在生产现场起监视控制的用开关板式仪表,试验以及校验现场仪表用可携式仪表,后者准确度高(0.5级~1.0级)。

(2) 按被测量参数可分为电压表、电流表、功率表、电能表、频率表等。

(3) 按准确度可分为0.1级、0.2级、0.5级、1.0级、1.5级、2.5级、5.0级等。某仪表的准确度等级为2.5级,表示该仪表最大引用误差为±2.5%。准确度等级数字越小表示仪表越精确。通常在生产现场用于监控作用的仪表准确度等级为1.5级~2.5级,用作标准和实验的仪表准确度等级为0.2级~0.5级。

(4) 按照工作原理可以分为模拟式仪表和数字式仪表。将测量得到的模拟值通过模数转换成数字量,并以数字形式显示出来的就是数字式仪表,它是目前使用最广泛的仪表。

模拟式仪表又分为直读式电表、较量仪器、记录仪表三种。

直读式仪表是基于电磁或静电效应产生力矩,从而驱动可动部分运动,带动指针偏转来显示测量值大小。根据具体原理分为磁电系、电磁系、电动系、感应系、静电系仪表,各自的工作原理如图1-1到1-4所示。较量仪器是利用被测量与标准量进行比较而得出结果,通常测量结果精确。记录仪表主要是指示波器以及各种记录仪等等。

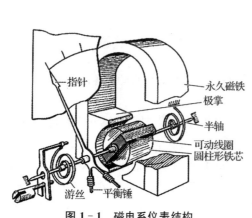

图1-1 磁电系仪表结构

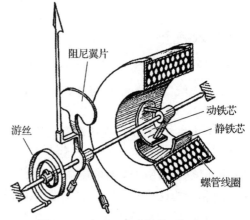

图1-2 电磁系仪表结构(排斥型)

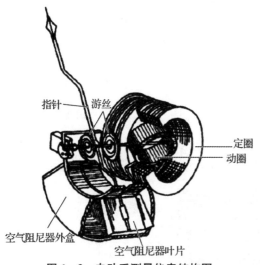
图 1-3 电动系测量仪表结构图

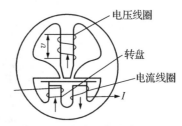
图 1-4 感应系电能表原理图

各种直读式仪表的特点如表 1-1 所示。

表 1-1 几种直读式仪表的比较

类型	工作原理	测量结果	主要用途	特点
磁电系	磁场由永久磁铁产生,载有被测电流的可动线圈在磁场中偏转	只测直流 测平均值	直流电流表 直流电压表	指针偏转角与电流成正比,刻度均匀; 灵敏度高,准确度高;功耗小; 过载小,易烧毁
电磁系	固定线圈通待测电流后产生磁场,使静铁和动铁同时磁化,吸引或排斥可动铁片偏转	交直两用 测有效值	交流电压表 交流电流表	分吸引型、排斥型和排斥—吸引型; 指针偏转角与电流有效平方成正比,刻度不均匀,灵敏度和准确度较其他系均低、功耗大; 过载能力强;易受干扰
电动系	被测电流分为两部分,一部分流过固定线圈产生磁场,另一部分流过可动圈受力产生偏转	测交、直流 测量结果与电流平方成正比	直流或交流的电流表,电压表和功率表	准确度高; 电压电流表刻度不均匀,功率表刻度均匀;易受干扰
感应系	待测电流产生磁场,可动线圈感应出电流并在磁场中受力	只测交流	电能表	—
静电系	受静电力作用而偏转	测交直流	直流或交流电压表	—

1.3 测量方法

1) 直流电流的测量

(1) 使用仪表:直流电流表、万用表。

(2) 测量方法:

① 将直流电流表与被测电路串联。

② 磁电系仪表直接测量的电流只能是微安级或毫安级。磁电系表头只能作为检流计、微安表和小量程毫安表。若要扩大量程则需要在表头上并联分流电阻 R_sh,如图 1-5 所示。

此时电流关系为:$I_\mathrm{C} R_\mathrm{C} = I \dfrac{R_\mathrm{sh} R_\mathrm{C}}{R_\mathrm{sh}+R_\mathrm{C}}$

当电流扩大为 n 倍,即 $I = n I_\mathrm{C}$。那么分流电阻:$R_\mathrm{sh} = \dfrac{1}{n-1} R_\mathrm{C}$

③ 磁电系仪表也可以并联若干电阻,通过更换输入接头,组成多量程的电流表如图 1-6 所示。

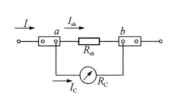 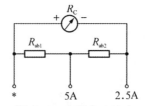

图1-5 磁电系电流表扩程　　　图1-6 多量程电流表

④ 采用万用表测量:将选择开关打在直流电流挡,黑表笔插在万用表的"COM"口,红表笔插在万用表的"20 A"或"mA"口(根据量程选),再将万用表串入待测电路,红端接正极,黑端接负极。

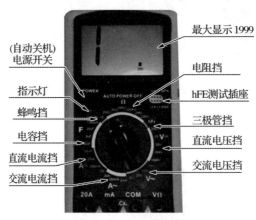

图1-7 万用表面板

万用表可以测量电压、电流、阻抗、电容等多种电参量,如图8-7所示。面板中间的旋钮用于选择待测电参量的种类及量程。

a. 测交/直流电压、电阻、电容时,黑表笔插"COM"口,红表笔插底部"VΩ"口,旋钮打在V~/V-、Ω或F挡。

b. 测交/直流电流时,黑表笔插"COM"口,红表笔根据量程选插"20 A"口或"mA"口,旋钮打在A~或A-挡。

c. 旋钮打在hFE,将三极管插在hFE测试插座上可测三极管的放大倍数。

d. 要选择合适的量程,待测量不可超出量程。读数时,若显示"1."则表明量程太小;若在数值左边出现"-",则表明所测的直流量与参考方向相反。(参考方向:电压是红正黑负,电流是红进黑出)

e. 不可带电切换量程,切记不可用电流挡或电阻挡来测电压,否则会烧坏仪表。

f. 测电阻时不可带电测量,要从原电路断开。

g. 使用完后应旋转开关到空挡或交流电压最高挡。长期不用应取出电池。

2) 直流电压的测量

(1) 使用仪表:直流电压表、万用表。

(2) 测量方法:

① 将直流电压表与被测电压并联。

② 或者将万用表选择开关打在直流电压挡,黑表笔插在万用表的"COM"口,红表笔插在万用表的"VΩ"口,再按红正黑负的原则将红黑表笔并联在待测电压两端。

③ 磁电系电压表直接测量上限一般只有毫伏级。测量较高电压,需要串联附加电阻 R_{ad} 扩大量程,如图1-8所示。

此时电压关系为:$\dfrac{U}{R_C+R_{ad}}=\dfrac{U_C}{R_C}=I_C$

当电压扩大为 m 倍,即 $m=\dfrac{U}{U_C}$。那么附加电阻: $R_{ad}=(m-1)R_C$

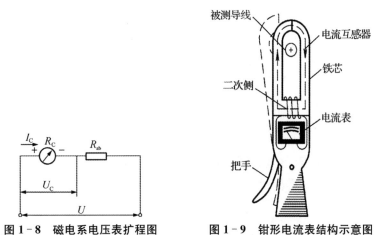

图 1-8 磁电系电压表扩程图　　图 1-9 钳形电流表结构示意图

直流功率的测量一般很少用直流功率表,而是分别测出电压、电流后再相乘;也可以用电动系功率表（交直两用的）。同样,也很少用直流电能表。

3）交流电压电流的测量

测量方法和直流一样,只是仪表换成对应的交流电压表、交流电流表、万用表采用交流挡即可。

此外,还可以采用钳形电流表测交流电流。钳形电流表结构如图 1-9 所示,它又叫钳表,使用时仪表不必串联在回路中,只要钳住待测回路可实现非接触测量。可在不断电的情况下测量电流,其本质是在电流表的前端增加了一个电流互感器,测量 5 A 以下较小电流时,可将被测导线多绕几圈再放入钳口测量。被测的实际电流等于仪表读数除以放进钳口中导线的圈数。

4）三相交流有功的测量

可用直接测量法或间接测量法测量功率。直接法即用功率表测量直接读数,间接法就是分别测出电压、电流、功率因数（交流的情况）,再计算得到结果。实际系统常用直接法测量。

（1）一表法,适用于三相完全对称的电路（图 1-10）。三相总功率为功率表的读数乘以 3。

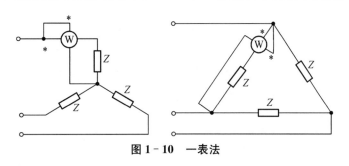

图 1-10 一表法

（2）二表法（两表法）。二表法适用于三相三线制,将两表读数相加即得到三相功率（图 1-11）。在三相三线制电路中,无论对称与否,都可以用两个功率表测量三相功率。这种测量方法中功率表的接线只触及端线,与负载和电源的连接方式无关。二表法只适用于无中性线的情况,两表读数之和为三相总功率,任一表的读数没有实际物理意义。

（3）三表法。这种方法适用于任意情况（图 1-12）。用三个单相功率表来测量 3 个功率,3 个功率表的读数之和即为三相总功率。

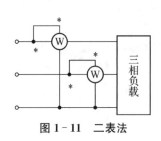
图 1-11 二表法

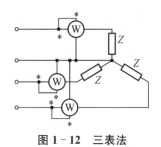
图 1-12 三表法

(4) 功率表使用的注意事项

① 正确适用量程。量程由电压、电流共同决定,选择不同的电压、电流量程可以使功率表具有多个量程。但在使用过程中不仅要注意功率的量程,也要注意电压、电流的量程,不能超载使用,否则会损坏功率表。

② 正确接线。电流线圈标有"＊"的端子接在电源端,另一端接在负载端。电压线圈前接用于测量负载阻抗较大的情况,后接用于测量负载阻抗较小的情况。由于电流线圈损耗一般较小,最好采用电压线圈前接的方法。

5) 交流无功的测量

由于有功分量和无功分量的相位相差 90°。故测无功时可采用测有功的方法,只要将功率表采用跨相接线使得电压移相 90°即可测得无功,具体测量电路如图 1-13 所示。

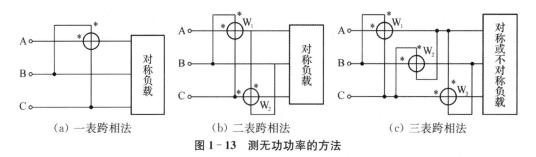

(a) 一表跨相法　　(b) 二表跨相法　　(c) 三表跨相法

图 1-13 测无功功率的方法

6) 电能的测量

功率对时间积分则得到电能,故在功率表的基础上增加了对时间的积分环节就得到电能表。故测电能的方法和测功率类似。

(1) 单相电能的测量方法。图 1-14 是单相电能表的接线方式,其中(a)是直接接线图,(b)是经线圈接线图。(b)图通过增加电流互感器来扩大量程,实际值等于电能表读数乘以互感器的变比。

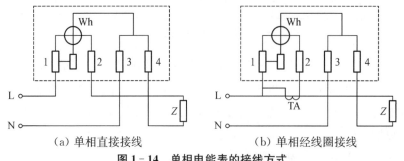

(a) 单相直接接线　　(b) 单相经线圈接线

图 1-14 单相电能表的接线方式

(2) 三相电能的测量方法。类似于测功率,测三相电能同相可分一表法、二表法和三表法。图 1-15 是二表法测三相电能表的接线方式,其中(a)图是不带电流互感器的情况,(b)图是带电流互感器的情况。

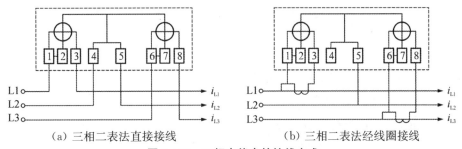

(a) 三相二表法直接接线　　　　　(b) 三相二表法经线圈接线

图 1-15　三相电能表的接线方式

7) 电阻的测量

元器件的电气参数主要包括电阻、电容、电感、阻抗，三极管的放大倍数等。可以用万用表测量 R、C、三极管放大倍数等，可以用间接法测电感和阻抗，还可用交流电桥测电感、电容、交流电阻。

(1) 测量仪表：欧姆表、万用表、电压表配合电流表（间接法）、兆欧表（又叫摇表、高阻表、绝缘电阻测定器）、直流电桥（又分单比电桥，双比电桥，单双比电桥，其中单比电桥又叫惠斯登电桥）。欧姆表、万用表用于一般电阻的测量，摇表用于绝缘电阻（大电阻）的测量，电桥用于高精度场合。

(2) 测量原理：用电流表测得电阻上流过的电流，用电压表测量电阻两端的电压，根据欧姆定律 $R = \dfrac{U}{I}$ 计算被测电阻。

(3) 特点：电压表配合电流表间接测量的方法可以在电阻的工作状态下测量，但准确度不高。用欧姆表、万用表、摇表测量时，电阻必须退出工作状态，否则工作电源可能损坏仪表。

(4) 间接测量的接线方式如图 1-16 所示，用伏安法可测电阻，有两种接线方式。其中电流表内接法适用于大电阻（即 $R_A \ll R_x$），测量结果偏大（其中 R_A 是指电流表的内阻）；电流表外接法适用于小电阻（即 $R_V \gg R_x$），测量结果偏小（其中 R_V 是指电压表的内阻）。

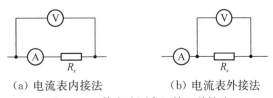

(a) 电流表内接法　　　(b) 电流表外接法

图 1-16　伏安法测电阻的两种接法

8) 量程的扩展

通过增加互感器可扩大仪表的量程。

(1) 仪用互感器

① 定义：按比例将大电压或大电流转换成低电压和小电流的仪器叫仪用互感器。通常二次侧电压为 100 V，电流为 5 A 或 1 A。

② 分类：仪用互感器按其作用不同分电压互感器和电流互感器两类。

(2) 仪用互感器的作用

① 可以扩大交流仪表的量程。

② 在测量高电压或大电流时能隔离，保证工作人员和仪表的安全。

③ 有利于仪表制作的标准化。

(3) 使用互感器时注意事项

① 电压互感器的二次侧在运行时不允许短路。

② 电流互感器的二次侧在运行时不允许开路。

③ 二次侧和铁芯要可靠接地。

精选习题

一、单选题

1. 用万用表测量一个电容的电容值时,应当把红表笔插在（　　）。
   A. "VΩ"口　　　B. "COM"口　　　C. "F"口　　　D. "mA"口

2. 用万用表测量一个电压时,应当把黑表笔插在（　　）。
   A. "VΩ"口　　　B. "COM"口　　　C. "F"口　　　D. "mA"口

3. 直流单臂电桥又称为惠斯登电桥,它是一种专门用来测量（　　）的比较式测量仪器。
   A. 电压　　　B. 电流　　　C. 电阻　　　D. 功率

4. 在使用电度表时,其负载电流超过电度表的量程,须采用（　　）将电流降低。
   A. 串联一个电阻　　　B. 电流互感器
   C. 万用表　　　D. 电压互感器

5. 一个三相电度表经 50 A/5 A 的电流互感器接入负载,现查得一个月电表走了 80 个字,则该月用电量为（　　）度。
   A. 80　　　B. 800　　　C. 2 400　　　D. 8

6. 采用万用表 R×100 挡测某一电阻,若指针数为 250 Ω,则此电阻值为（　　）欧。
   A. 250　　　B. 2 500　　　C. 25 000　　　D. 25

7. 用钳型表测量电流时,为使结果精确,导线在钳口处绕了 3 圈,读数为 9A,则该负载电流为（　　）。
   A. 9 A　　　B. 3 A　　　C. 27 A　　　D. 12 A

8. 某仪表的精度等级为 2.5 级,该数据表示该仪表的（　　）为±2.5%。
   A. 最大绝对误差　　　B. 最大相对误差　　　C. 平均相对误差　　　D. 最大引用误差

9. 某 1.5 级电压表,量程为 300 V,当测量值别为 60 V 时,最大绝对误差为（　　）。
   A. 0.9 V　　　B. 4.5 V　　　C. 7.5 V　　　D. 3 V

10. 用"一表法"测三相无功功率时,若电流线圈串在 A 相,则电压线圈应当（　　）。
    A. 跨在 AB 相且其"电源端"接 A 相　　　B. 跨在 BC 相且其"电源端"接 B 相
    C. 跨在 CA 相且其"电源端"接 C 相　　　D. 跨在 AC 相且其"电源端"接 A 相

11. 三相四线制电路无论对称与不对称,都可以用二瓦计法测量三相功率。（　　）
    A. 正确　　　B. 错误

12. 测量三相交流电路的功率有很多方法,其中三瓦计法是测量（　　）电路的功率。
    A. 三相三线制电路　　　B. 对称三相三线制电路
    C. 三相四线制电路　　　D. 三相电路

13. 用一只电磁式电压表去测量某一非正弦电源电压,则该电磁式电压表的读数表示这个非正弦电源电压的（　　）。
    A. 有效值　　　B. 平均值　　　C. 直流分量　　　D. 交流分量

14. 用一只全波整流式电压表去测量某一非正弦电路的电压,则该仪表的读数表示这个非正弦电路电压的（　　）。
    A. 有效值　　　B. 平均值　　　C. 直流分量　　　D. 交流分量

二、多选题

1. 万用表使用完后,应当将旋转开关旋在哪个位置（　　）。
   A. 空挡　　　B. 交流电压最高挡

C. 交流电流最高挡　　　　　　　　　　　D. 电阻最低挡

2. 按照工作原理不同,电工测量指示仪表可分为哪些类别(　　)。

A. 磁电系仪表　　B. 电磁系仪表　　C. 电动系仪表　　D. 数字系仪表

3. 按获取测量结果的分类,测量方法有哪些类别(　　)。

A. 直接法　　　　B. 间接法　　　　C. 替代法　　　　D. 比较法

4. 用万用表测直流电压时,显示"－10",该读数表明(　　)。

A. 电压大小为 10 V　　　　　　　　　B. 实测电压超出了量程

C. 实测电压极性与参考方向相反　　　D. 仪表损坏

5. 以下仪表,能测直流的是(　　)。

A. 磁电系仪表　　B. 电磁系仪表　　C. 电动系仪表　　D. 感应系仪表

6. 以下仪表,能测交流的是(　　)。

A. 磁电系仪表　　B. 电磁系仪表　　C. 电动系仪表　　D. 感应系仪表

7. 以下哪种电路可以用"两表法"测量三相有功功率(　　)。

A. 三相三线制接线　　　　　　　　　B. 三相四线制接线

C. 对称的三相电路　　　　　　　　　D. 不对称的三相电路

8. 关于三相电路,下列描述错误的是(　　)。

A. 在三相三线制电路中,不论对称与否,都可以使用两个功率表的方法测量三相功率

B. 在三相四线制电路中,不论对称与否,都可以使用两个功率表的方法测量三相功率

C. 用二瓦计法测功率的测量结果与负载和电源的连接方式有关

D. 用二瓦计法测功率的测量结果与负载和电源的连接方式无关

习题答案

一、单选题

1. A　2. B　3. C　4. B　5. B　6. C　7. B　8. D　9. B　10. B　11. B　12. D　13. A　14. B

二、多选题

1. AB　2. ABCD　3. ABD　4. AC　5. ABC　6. BCD　7. AC　8. BC

第 2 章 电气设备绝缘特性的测试

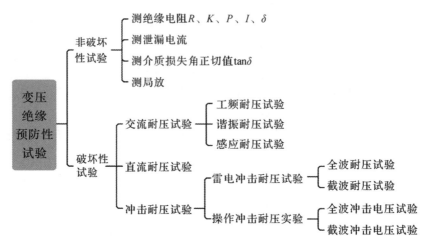

2.1 检查性试验(非破坏性试验)

1) 基本知识概述

(1) 绝缘预防性试验 $\begin{cases} 检查性试验(非破坏性试验)\xrightarrow{低压下}测试其特性参数 \\ 耐压试验(破坏性试验)\xrightarrow{所加电压高于设备实际工作电压}考核其电气强度 \end{cases}$

(2) 绝缘缺陷是引起绝缘事故的主要原因。绝缘缺陷分为集中性缺陷(如发电机绝缘局部磨损)和分布性缺陷(如绝缘有机材料老化、变质)。

(3) 绝缘材料在施加直流电压时电流组成以及等值电路如图 2-1 所示。

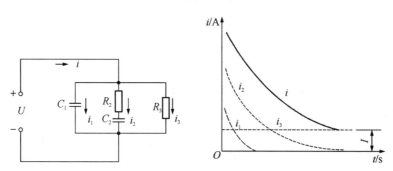

图 2-1 绝缘材料的等值电路和加直流电压时电流组成示意图

① 纯电容回路：代表电子极化和离子极化效应，对应电容电流。
② 阻容串联回路：代表偶极子极化，对应吸收电流。
③ 纯电阻回路：代表电导效应，对应泄漏电流(电导电流)。这部分电流增大则说明绝缘受损。

在绝缘刚刚加压时，电容电流很大，随着时间推移，电容电流迅速消失，吸收电流也逐渐变为 0，最后只剩下电导电流。整个绝缘上流过的电流逐渐变小，对应的电阻逐渐增大，最终值即为绝缘电阻值。绝缘电阻前后变化越明显则说明电导电流所占比例小，即绝缘良好。

2) 绝缘电阻和吸收比的测量

(1) 基本概念
① 绝缘电阻是反映绝缘性能的最基本的指标之一。
② 测绝缘电阻是高压试验中最基本、最简单、用得最多的试验。

③ 试验设备：用兆欧表（又叫高阻表或绝缘电阻表）来测量。

④ 绝缘电阻 R_∞ 的定义：指电介质在加压无穷长时间测得的电阻称为绝缘电阻。一般情况下，加压 60 s 时 R_{60} 接近于稳态绝缘电阻值，实际中常用 R_{60} 代替之，即 $R_{60} \approx R_\infty$。

⑤ 吸收比 K 的定义：加压 60 s 的绝缘电阻值与加压 15 s 的绝缘电阻值之比。通常 K 小于 1.3 则意味着绝缘可能受潮。

$$K = \frac{R_{60\,\text{s}}}{R_{15\,\text{s}}}$$

⑥ 极化指数 P 的定义：加压 10 min 的绝缘电阻值与加压 1 min 的绝缘电阻值之比。通常小于 1.5～2 则意味着绝缘可能受潮。有的大型设备吸收过程慢，用吸收比不能反映绝缘是否良好，故用极化指数来衡量其绝缘性能。

$$P = \frac{R_{10\,\text{min}}}{R_{1\,\text{min}}}$$

（2）试验原理

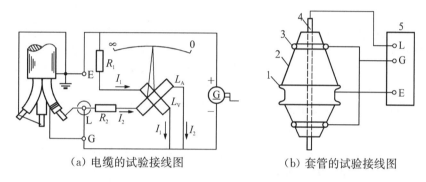

(a) 电缆的试验接线图　　(b) 套管的试验接线图

图 2-2　手摇式兆欧表接线原理图

图 2-2 是兆欧表工作原理图。兆欧表有三个端子，分别为：线路端子 L 接被试品的高压导体，接地端子 E 接被试品的外壳或地，屏蔽端子 G 接被试品的屏蔽环。电源的正端连接在 E 端子上，故试品承受负的电压。

用摇表测绝缘电阻的方法：

① 首先用手摇摇表来发出直流电。

② 等摇表摇速稳定在 120 r/min 左右，再将电源合闸加载到试品上，该电压加在固定电阻 R_1 上产生电流 I_1，还加在待测绝缘电阻上产生 I_2，I_1 和 I_2 经过流比计线圈，在磁场中受力引起指针偏转，偏转角度代表了绝缘电阻的大小。屏蔽端子是为了消除绝缘表面电流的影响。

③ 分别读出合闸后 15 s 和 60 s 的绝缘电阻值（或者 1 min 和 10 min 的值）。

④ 读完数后先断开试品，再停下摇表。不可先停摇表再断开试品，以防电容电压反击损坏仪器。

⑤ 绝缘电阻随温度和湿度变化，故要根据温度和湿度校正测量结果，再计算出吸收比或极化指数。

（3）注意事项

① 湿度很大或者温度低于 5 ℃ 的天气不能做该试验，因为试验结果可能不准。

② L 端子和 E 端子不能互换。

③ 先摇摇表再合闸，先断开回路再停摇表。

④ 兆欧表刻度盘不是均匀的。

⑤ 兆欧表（摇表）的类型 250 V；500 V，1 000 V，2 500 V，5 000 V 等。

兆欧表的选用 $\begin{cases} \text{试品的额定电压} > 1\,000\text{ V 的电气设备，选用 2 500 V 的兆欧表；} \\ \text{试品的额定电压} \leqslant 1\,000\text{ V 的电气设备，选用 1 000 V 或 500 V 的兆欧表；} \\ \text{试品的额定电压 } 50\text{ V} \leqslant U \leqslant 380\text{ V，选用 250 V 的兆欧表} \end{cases}$

（4）绝缘电阻试验的意义

① 绝缘电阻试验能够发现的缺陷：总体绝缘水平欠佳；绝缘受潮；两极间有贯穿性的导电通道；绝缘表

面绝缘情况不佳(比较有无屏蔽及时所测得的电阻值即可知)。

② 测绝缘电阻试验不能发现的缺陷:绝缘中的局部缺陷(如非贯穿性的局部损伤、含有气泡、分层脱开等);绝缘的老化(因为老化了的绝缘,其绝缘电阻还可能是相当高的)。

3) 泄漏电流的测量

(1) 测量泄漏电流的原理和测量绝缘电阻原理基本一样。能发现测绝缘电阻所能发现的全部问题,此外还能发现部分集中性缺陷。试验接线如图2-3所示,试验注意事项如下:

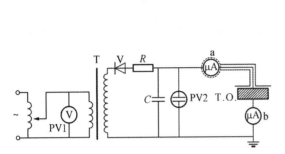
(a) 采用正接法测泄漏电流的接线图

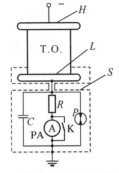
(b) 泄漏电流试验接线图

R—保护电阻;P—放电管;T.O.—被试品;H—高电位电极;L—低电位电极;
PA—直流微安表;C—缓冲电容;K—旁路开关;S—屏蔽系统。

图2-3 泄漏电流试验接线图

① 微安表要串联保护电阻R,要求微安表满量程电流在电阻上产生的压降稍大于放电管P的起始电压。

② 并联电容C的值需较大,不仅能过滤掉泄漏电流中的脉动分量,使电流表读数稳定,还能使作用在放电管上的冲击电压的陡波前有足够的平缓度。

③ 电流表平时被旁路开关K短接,在读数时才打开。

④ 本实验由于所用电压较高,可高达几十千伏,宜将测量系统和被试品的低压极用屏蔽系统屏蔽起来再接地。

⑤ 图2-3(b)显示了微安表接在不同位置的接线方式。微安表接在试品与电源之间叫反接法,微安表接在试品与地之间叫正接法。反接法的优点是试品可一端接地,缺点是读数不安全且试品与微安表连线的对地电容电流会影响测量准确度;正接法的优点是读数安全,缺点是试品两端均不能接地。

(2) 与绝缘电阻表相比,测量泄漏电流实验有下列特点:

① 测量泄漏电流所加电压较高。测量表采用直流微安表。

② 直流电源输出电压一般为负极性,脉动因数不小于3%。

③ 试验中对最终电压的保持时间规定为1 min,并在此时间终了时读取泄漏电流值。

④ 所加直流电压较高,能揭示绝缘电阻表不能发现的某些绝缘缺陷。

⑤ 在升压过程中,便于绘制U-I曲线,如图2-4所示,绝缘良好时为线性曲线,当出现陡峭上升时,即可预示绝缘受损,此时可停止试验避免击穿。而测绝缘电阻时无法提前指示。

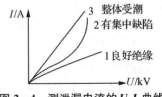

图2-4 测泄漏电流的U-I曲线

(3) 测量仪器

微安表的刻度值基本上是线性的,能精确读取测量结果,而绝缘电阻试验刻度不均匀。

4) 介质损耗因数(tanδ)的测量

(1) 基本概念

绝缘材料中的有功损耗P来源于电导、有损极化(偶极子极化)以及游离。对电气设备绝缘来说,P变大通常意味着绝缘受损或受潮。但P的大小还与绝缘体积大小、试验电压大小,频率都有关,因此无法单凭一次测得的 P 判断绝缘好坏。

而 tanδ＝P/Q，在一定范围内与绝缘体积的大小、试验电压高低、试验频率高低无关，故可用来判断绝缘是否有缺陷，tanδ 越小越好。

相对其他试验，测 tanδ 最大优势是其高灵敏性。

测量 tanδ 能很灵敏地发现绝缘的整体性缺陷（例如全面老化）和小电容试品中的严重局部性缺陷。由于 tanδ 是随电压变化的曲线，故可判断绝缘是否受潮、是否含气泡及老化程度；若绝缘内的缺陷不是分布性而是集中性的，则 tanδ 有时反应就不灵敏。

（2）测量方法

测量 tanδ 用的是高压交流平衡电桥，通常称为西林电桥，图 2-5 展示了两种接线方式。试验过程中调节电路使检流计 G 中流过电流为 0 时，电桥达到平衡，此时 $\tan\delta=\omega R_4 C_4$。其中：

① 正接法：桥体处于低压侧，故操作时比较安全，适用于实验室。但这种接线要求被试品的两端均对地绝缘。

② 反接法：适合现场试品一端接地的情况，但操作不够安全。

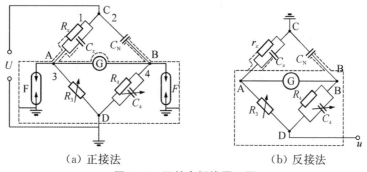

(a) 正接法　　　　　　(b) 反接法

图 2-5　西林电桥线原理图

（3）利用西林电桥测量 tanδ 的影响因素

① tanδ 测量过程中容易可能受到外界电磁场干扰。一定要加有屏蔽，尽量远离干扰源，还可采用移相电源法、倒相法或异频电源法来消除干扰。

② tanδ 值会受温度、湿度、电源频率的影响。尤其是温度的影响非常大，且其关系与绝缘结构、绝缘状况有关，故换算校正困难。故实际试验时要尽可能在 20 ℃ 左右进行，实际试验温度要在 10～30 ℃ 内。

③ 电压大小的影响：良好绝缘其 tanδ 几乎不受电压影响，但受潮绝缘：tanδ 随电压升高而增大；有气泡的绝缘 tanδ 在低压时无变化，在高压时随电压升高而增大。

④ 试品电容量大小的影响：对于有整体缺陷的试品：tanδ 均敏感，能据此发现问题，对于只有集中性缺陷的试品：小电容试品 tanδ 敏感，大电容试品不敏感，故大试品要分解后测量。

⑤ 试品表面泄漏的影响：表面泄漏会增大损耗，故要清洁表面或加屏蔽极。

（4）试验的作用

① 测试能有效发现绝缘的下列缺陷：a. 受潮；b. 穿透性导电通道；c. 绝缘内含气泡的电离，绝缘分层、脱壳；d. 绝缘老化劣化，绕组上附积油泥；e. 绝缘油脏污、劣化；f. 绝缘的整体性缺陷（全面老化），小容量试品中的严重局部缺陷。

② 试验较难发现的缺陷：a. 非穿透性的局部损坏（其损坏程度尚不足以使测试造成击穿）；b. 很小部分绝缘的老化劣化；c. 个别的绝缘弱点。

总而言之，tanδ 法对较大面积的分布性绝缘缺陷是较灵敏和有效的，而对个别局部的非贯穿性的绝缘缺陷，则不灵敏和无效。

5）局部放电的测量

（1）局放的定义

在固体、液体介质中，由于杂质（水分、气泡或金属离子等）或毛刺引起电场的畸变，在强电场作用下，使得这些部位的场强超过该处物质的电离场强,产生电离放电,称为局部放电(又称"局放")。

（2）局放的特点

① 局放能量小,不影响电气设备的短时电气强度。

② 但长期的局放导致不良效应日积月累,最终可导致绝缘在工作电压下就击穿。

③ 测定电气设备在不同电压下的局部放电强度的发展趋势,就能判断绝缘内是否存在绝缘缺陷以及介质老化的速度和目前的状态。

（3）局部放电的模型和放电波形：

图 2-6 是绝缘内部气隙局部放点的等值电路,该模型叫"三电容模型"。通过分析该放电过程,可以得到放电电压电流变化曲线如图 2-7 所示。

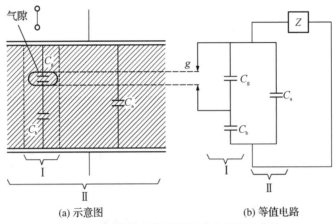

图 2-6 绝缘内部气隙局部放点的等值电路

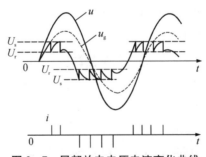

图 2-7 局部放电电压电流变化曲线

（4）表征局放的主要参数

① 表征局部放电的重要参数是视在放电量(即外电路测得的放电量);该值远比真实放电量(即气泡所等效的电容 C_g 上的放电量)小,该值越大表示局放越严重。

② 放电重复率 N：指 1 s 内发生的放电次数,即产生的脉冲数,该值越大表示局放越严重。

③ 放电能量：通常指一次局部放电所消耗的能量。

④ 其他参数：平均放电电流、放电的均方率、放电功率、局部放电起始电压和局部放电熄灭电压等。

（5）局部放电的测量方法：局部放电的测量方法分为两大类六小类：非电检测法(又可细分为噪声检测法、光检测法和化学检测法)和电气检测法(又可细分脉冲电流法和介质损耗法)。目前使用最广泛的是脉冲电流法。

① 非电检测法。a. 噪声检测法：目前主要用超声波探测仪检测,特点是抗干扰能力强,使用方便,可以在运行中或耐压试验时检测局部放电,符合预防性试验的要求。b. 光检测法：当发生沿面放电和电晕放电时常用该法。c. 化学分析法：用气相色谱仪对绝缘油中溶解的气体进行色谱分析。通过分析绝缘油中溶解

气体的成分和含量,能够判断设备内部隐藏的缺陷类型。优点:能发现充油电气设备中一些用其他试验方法不易发现的局部性缺陷。

② 电气检测法。a. 脉冲电流法:此法测的是视在放电量。当发生局部放电时,试品两端会出现一个瞬时的电压变化,在检测回路中引起一个高频脉冲电流,将它变换成电压脉冲后可用示波器等测量其幅值,由于其大小与视在放电量成正比,通过校准就能得出视在放电量。特点是灵敏度高。b. 介质损耗法:局部放电要消耗能量,使介质产生附加损耗。外加电压越高、放电频度越大、附加损耗也就越大。本方法就是基于测量这种附加损耗来检测局部放电的,一般也可利用西林电桥,测出介质的"$\tan\delta$-U"关系曲线,曲线上开始突然升高处的场强相对应的电压即为局部放电起始电压。

2.2 耐压试验

绝缘试品只有经过非破坏性试验并合格后,才允许进行耐压试验。

电力系统中的电气设备通常要耐受四种过电压的冲击。最高工作过电压:大小为系统标称线电压峰值的 K 倍,220 kV 及以下系统 $K=1.15$,330 kV 及以上系统 $K=1.10$;暂时过电压:包括工频过电压和谐振过电压;操作过电压;雷电过电压。

为了检验电气设备是否能承受这四种过电压的作用,需要进行耐压试验。

1) 交流耐压试验

交流耐压试验包括工频耐压试验、谐振耐压、感应耐压试验。

工频耐压试验是检验设备承受系统最高工作电压、暂时过电压的能力。此外,由于工频耐受电压与冲击耐受电压之间有一定的比例关系,故对 220 kV 及以下设备,常用工频耐压试验来代替操作冲击的耐压试验。

谐振耐压试验是利用并联谐振或串联谐振的原理在试品上产生很高的试验电压,其目的是减小试验电源的容量和体积。

感应耐压试验是针对有绕组的设备而做的,其目的是检验绕组的纵绝缘和一些相间绝缘。

工频耐压试验所用频率为工频;谐振耐压的频率一般比工频高,在一定范围内调整;感应耐压试验所用频率一般为 100 Hz 或 150 Hz。

(1) 工频耐压试验

① 试验原理:a. 试验接线如图 2-8 所示。b. 接好线后,调节调压器按一定速度逐渐升高电压。通常先缓慢升压,快达到试验电压时要快速升压。c. 达到额定试验电压后保持 1 min,然后按照一定规律降低电压,最后断开设备。d. 若设备没有发生击穿,则通过试验。

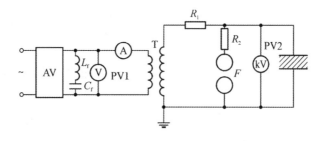

AV—调压器;PV1—低压侧电压表;T—工频高压装置;R_1—变压器保护电阻;TO—被试品;R_2—测量球隙保护电阻;PV2—高压静电电压表;F—测量球隙;L_f-C_f-谐波滤波器

图 2-8 工频耐压试验原理

② 试验设备:a. 高压试验变压器。试验变压器和电力变压器相比具有以下的特点:绝缘强度高,绝缘裕度小;容量较小,体积小;运行时间短,一般为 1 min,发热较轻,不需要散热装置,是间歇运行方式;漏阻抗大,短路电流小;试验变压器为容性负载,电力变压器为感性负荷;试验电压 $U\leqslant 500\sim 750$ kV 时选用单台试验变压器,试验电压 $U\geqslant 1\,000$ kV 时采用串级连接方式。

b. 调压设备。A 自耦调压器。自耦调压器具有体积小、重量轻、价格低、对波形的畸变小等优点，在试验变压器容量不大时(单相不超过 10 kVA)，它被普遍采用。但由于它是利用移动碳刷接触调压，所以容量不能做得很大。B 移圈调压器。移圈调压器是通过改变短路线圈的位置而改变铁芯中的磁通分布，从而实现输出电压的调整。它最大的特点是容量可以做得很大(国内生产的容量可达 2250 kVA)，但它的漏抗较大，且对输入波形稍有畸变。C 感应调压器。感应调压器的结构与绕线式异步电动机相似，但其转子处于制动状态，作用原理又与变压器相似。它是通过改变转子与定子的相对位置实现调压的。这种调压器容量可以做得很大，但漏抗较大，且价格较贵，故一般很少采用。D 电动发电机组。这种调压方式不受电网电压质量的影响，可以得到很好的正弦电压波形和均匀的电压调节。如果采用直流电动机带动发电机，则还可以调节输出电压的频率。但这种调压装置的投资和运行费用较大，只适合于对试验电源要求很严格的场合。

③ 测量设备。工频高压的测量，不确定度控制在±3%范围内。

测量方法如下：

a. 测量球隙：唯一能直接测量高达数兆伏的各类高压峰值的测量装置是球隙测压器。原理：不同间隙距离对应的击穿电压不同，根据球隙放电时的距离来推断电压值大小。读数：取连续三次击穿电压的平均值；相邻两次击穿的时间间隔不小于 30 s。要求：在工频耐压试验中保护电阻 R_2 取值大，作用是防球隙表面烧蚀。功能：主要作为标准测量装置来对其他测压系统的刻度因数进行校订标定。

b. 静电电压表：静电电压表指示的是电压的方均根值，通用表最高量程为 200 kV，在 SF_6 环境下可测高达 600 kV 的电压。优点：抗干扰能力好，适测电压频率范围很宽广，从直流到 1 MHz，且测量时不改变原电路。缺点：刻度不均匀，起始部分刻度粗略，分辨率差。

c. 分压器配用低压仪表。交流情况下通常多用电容型分压器，也可用电阻分压器；直流情况下只能用电阻分压器。

d. 高压电容器配用整流装置。这是一种通过测量电流间接测压的电路。将高压电容器与全波整流电路串联后，接到被测电压的两端。通过高压电容器的交流电流经整流后，用直流电流表测得其电流的平均值 I_r，根据变换关系，间接求出被测电压的峰值 U。缺点：不能观察波形，此外，高压波形中如存在高次谐波，则对测量的准确度影响较大。

(2) 谐振耐压试验

① 试验目的：对电缆、电容器、GIS 管道等电容值较大试品进行工频耐压试验时，由于电容大消耗的无功多，就会要求试验变压器及调压器容量大，现场试验不方便，故采用谐振耐压试验以减小电源设备体积。

② 试验方法：可用串联谐振也可以用并联谐振。通常用串联谐振：试品与可变电感串联，调节电源 U_S 的频率和电压值 L，使之接近谐振条件 $\omega L = \dfrac{1}{\omega C}$，在试品上获得高压 U_C，谐振回路的品质因数 $Q = \dfrac{U_C}{U_S}$ 可高达 40~80。

某些试品试验电压允许变化范围大，在 45~300 Hz，还可采用变频谐振原理，得到的 Q 能更高。

(3) 感应耐压试验

① 试验目的：对变压器、大型电机这类有绕组的设备，外施高压只能检验主绝缘，不能检验纵绝缘，有的相间绝缘也无法检验，因此采用感应耐压的方法来检验纵绝缘和部分相间绝缘。

② 试验方法：在变压器低压侧绕组上施加 2~3 倍的工频电压，则高压绕组内部感应出很高的过电压，从而检验纵绝缘的绝缘强度。所用频率一般为 100 Hz，或 150 Hz。之所以用倍频或三倍频，是因为该电压很高，若用工频就意味着磁通很大，变压器铁芯会出现饱和的问题，故用高频就可在磁通不增大很多的条件下感应出很高的电压。

2) 直流耐压试验

① 试验目的：电容较大的试品(如电缆电力电容器)在交流下消耗大量无功使电源容量大，不宜做交流

耐压试验。故规定采用直流耐压试验来检验试品的绝缘性能。

② 直流试验特点：a. 直流试验电流小，装置容量小。比交流装置更易运输。b. 直流耐压试验局放弱，虽然属于破坏性试验，但带有非破坏性质。c. 直流耐压试验结果不如交流试验结果那么贴近实际。d. 直流下试品绝缘性能高于交流，故试验电压也要高（高达4～6倍不等）。（图2-9）

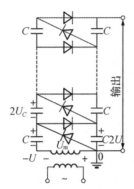

图2-9 串级直流高压发生器原理图

③ 直流试验方法：试品加直流耐压5 min即可。

④ 注意事项：测直流泄漏电流的电压比耐压试验电压低。进行直流试验会在设备内集聚空间电荷，引起电场畸变，降低电气强度。故试验前后要充分放电，现在趋向用高频谐振电压取代直流对电缆进行试验。a. 直流高压是将交流电压整流而得。如需获得更高的电压，需要采用串级直流高压装置。b. 对于容性负荷（一般高压绝缘试验大多为容性负荷），输出电压的最大允许峰值仅为整流元件额定电压的一半。c. 假设交流电源电压峰值为 U_m，串级整流电路中且级数为 n，则硅堆承受的最大反峰电压为 $2nU_m$。

⑤ 特点：a. 用于旋转电机时，能使电机定子绕组的端部绝缘也受到较高电压的作用，发现端部绝缘中的缺陷。b. 在直流高压下，局部放电较弱，具有非破坏性试验的性质。

⑥ 直流电压脉动因数（纹波系数）S：脉动幅值与平均值之比，根据IEC和国际要求，加在试品上的直流电压的脉动系数不超过3%。

⑦ 直流电压的测量。对具有纹波的直流试验电压，一般要求是测量它的算术平均值。同样要求不确定度控制在±3%范围内。

⑧ 测量直流高压的方法：a. 棒隙或球隙。均需要击穿才能测出电压，使用很不方便，一般用来对其他测压系统的刻度因数进行校订标定。由于棒隙比球隙优越，主要讲棒隙。优点：其测量结果准确度更高，分散性更小，测量装置的结构更简单。缺点：国标颁布不久，尚未普及。需要注意的是当直流电压有脉动分量的时候，棒隙测得是直流电压的峰值。b. 电阻分压器配合低压仪表，注意和工频的相互区分。磁电式仪表，指示电压的平均值；静电式仪表，指示电压的有效值；峰值电压表，指示电压的峰值；示波器，屏幕上显示脉动分量的波形和幅值。c. 静电电压表。指示电压的有效值。缺点：刻度不均匀，起始部分刻度粗略，分辨率差。

3）冲击耐压试验

（1）定义

是用来检验高压电器设备在雷电过电压和操作过电压的绝缘性能或保护性能。

（2）试验目的

雷电冲击耐压试验是为了考验设备耐受雷电压的能力，一般只在出厂前作三次实验；操作冲击耐压试验可以用来取代工频耐压试验，由于利用变压器自身的电磁感应来升高电压，所以冲击电压装置电压较低。

（3）冲击电压发生器

① 概念：冲击电压发生器是由一组并联的储能高压电容器，自直流高压源充电几十秒之后通过铜球经电阻突然串联放电，在被试品上形成陡峭上升前沿的冲击电压波形。

② 冲击电压发生器等值电路(如图 2-10 所示)。

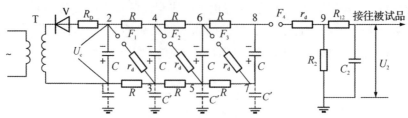

(a) 多级冲击电压发生器的原理接线图

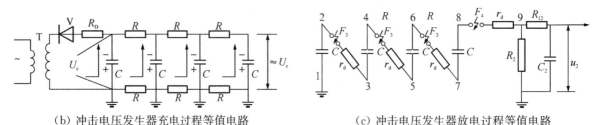

(b) 冲击电压发生器充电过程等值电路　　(c) 冲击电压发生器放电过程等值电路

图 2-10　几种等值电路

③ 电路特点：a. 电容器并联充电，串联放电。b. 充电时电阻 R 起连接作用，放电时起隔离作用。c. 阻尼电阻 r_d 可以防止杂散电感和对地杂散电容引起的高频震荡，也用于调节波前时间。但放电时会和电阻分压，造成输出电阻较小。

(4) 要点归纳

① 雷电冲击耐压试验采用全波冲击电压波形或截波冲击电压波形，这种冲击电压持续时间较短，约数微妙至数十微妙，由冲击电压发生器产生。

② 操作冲击耐压试验采用操作电压波形，其持续时间较长，约数百至数千微秒，可利用冲击电压发生器产生，也可利用变压器产生。

③ 单击冲击耐压发生器能产生的最高电压一般不超过 200~300 kV，因而采用多级叠加的方法来产生波形和幅值都能满足需要的冲击高电压波。

④ 多级冲击电压发生器的工作原理是：并联充电，串联放电。

(5) 冲击电压的测量

① 测量冲击全波峰值的总不确定度为 ±3%。

② 测量冲击波形时间参数的总不确定度为 ±10%。

③ 常用的测量系统有：球隙测电压峰值；分压器配用示波器、峰值电压表、数字记录仪等测电压峰值和波形。

(6) 绝缘的冲击高压试验方法

① 电气设备内绝缘的雷电冲击耐压试验采用三次冲击法，即对被试品施加三次正极性和三次负极性雷电冲击试验电压。

② 电离系统外绝缘的冲击高压试验通常采用 15 次冲击法，若击穿或闪络的闪数不超过 2 次，即可认为该绝缘试验合格。

精选习题

1. 绝缘缺陷分为分散性缺陷和（　　）。
   A. 破坏性缺陷　　B. 综合性缺陷　　C. 集中性缺陷　　D. 局部缺陷

2. （　　）是一切电介质和绝缘结构的绝缘状态最基本的综合特性。
   A. 绝缘电阻　　B. 绝缘老化　　C. 介电常数　　D. 老化系数

3. 对于集中性缺陷，测量的 $\tan\delta$（　　）。

A. 灵敏　　　　　　B. 不灵敏　　　　　C. 两者无关　　　　D. 无法判断

4. 吸收比是 $t=15$ s 和 $t=(\quad)$ s 时两个电流值所对应的绝缘电阻的比值。
   A. 20　　　　　　　B. 40　　　　　　　C. 60　　　　　　　D. 80

5. 一般情况下，$\tan\delta$ 随温度的升高而（　　）。
   A. 增大　　　　　　B. 减小　　　　　　C. 为零　　　　　　D. 不变

6. 测量绝缘表面上的（　　），也能发现绝缘缺陷。
   A. 电压分布　　　　B. 局部电压　　　　C. 试验电压　　　　D. 温度

7. （真题精选）下列绝缘试验中，属于破坏性试验的是（　　）。
   A. 交流耐压试验　　B. 测量电压分布　　C. 测量泄漏电流　　D. 测量局部放电

8. 实验室内的测试材料及小设备，一般用（　　）。
   A. 反接法　　　　　B. 正接法　　　　　C. 都行　　　　　　D. 视情况而定

9. （真题精选）（多选）局部放电的电气检测方法有（　　）。
   A. 光检法　　　　　B. 介质损耗法　　　C. 噪声检测法　　　D. 脉冲电流法

10. 以下哪项不是表征局部放电的重要参数（　　）。
    A. 视在放电量　　　B. 放电重复率　　　C. 介电常数　　　　D. 局部放电熄灭电压

11. （多选）关于绝缘实验的说法正确的是（　　）。
    A. 分为耐压试验和检查性试验两大类
    B. 耐压试验和检查性试验两类实验目的相同，可以只做一个
    C. 耐压试验和检查性试验互为补充，不可相互替代，先做耐压试验
    D. 为了对绝缘状态做出判断，需对绝缘进行各种实验和监测，统称为绝缘预防性试验

12. （多选）关于绝缘电阻的说法正确的是（　　）。
    A. 理论上是指电介质在加压无穷长时间测得的电阻
    B. 通常规定施加电压 60 s 时测得的电阻值为该试品的绝缘电阻
    C. 它是一切电介质和绝缘结构的绝缘状态最基本的综合性参数
    D. 在绝缘破坏时绝缘电阻增大

13. 绝缘电阻试验可以发现下列哪些缺陷（　　）。
    A. 绝缘的老化　　　　　　　　　　　B. 非贯穿性的局部损伤
    C. 总体绝缘水平欠佳　　　　　　　　D. 分层脱开

14. 采用移相法可以有效消除电场干扰，原因在于可以消除与试验电源同频率的干扰（　　）。
    A. 正确　　　　　　B. 错误

15. 采用串级装置产生工频电压时，试验变压器台数越多，容量利用率（　　）。
    A. 越低　　　　　　B. 越高　　　　　　C. 不变　　　　　　D. 两者无关

16. 常用的调压装置不包括以下哪种（　　）。
    A. 自耦变压器　　　B. 感应变压器　　　C. 低压变压器　　　D. 电动—发电机组

17. 唯一能直接测量高达数兆伏的各类高压峰值的测量装置是（　　）。
    A. 球隙　　　　　　　　　　　　　　B. 电容分压器配用低压仪表
    C. 静电电压表　　　　　　　　　　　D. 高阻值电阻串联微安表

18. 多级冲击电压发生器的原理是（　　）。
    A. 并联充电，串联充电　　　　　　　B. 并联放电，串联充电
    C. 并联充电，串联放电　　　　　　　D. 并联放电，串联放电

19. 交流耐压多适用于(　　)的电力设备。
    A. 110 kV 及以下   B. 220 kV 及以下   C. 500 kV 及以上   D. 35 kV 及以上

20. 下列关于工频变压器说法正确的有(　　)。
    A. 三相   B. 绝缘裕度大   C. 间歇工作方式   D. 容量大

21. 在绝缘试验中,破坏性试验是(　　)。
    A. 交流耐压试验   B. 测量电压分布   C. 测量泄漏电流   D. 测量局部电流

22. 破坏性试验和非破坏性试验主要是检验绝缘的电气强度(　　)。
    A. 正确   B. 错误

23. (多选)测绝缘电阻与测泄漏电流实验的不同(　　)。
    A. 电压幅值   B. 测量   C. 设备复杂程度   D. 完全无关

24. tanδ 测量时,采用(　　)无法减小或者消除干扰。
    A. 移相电源   B. 倒相法   C. 覆盖层   D. 加设屏蔽

25. (多选)局部放电电气检测方法有(　　)。
    A. 噪声检测法   B. 光检测法   C. 脉冲电流法   D. 介质损耗法

26. 在绝缘试验中,下列哪一种是破坏性试验?(　　)
    A. 测量泄漏电流   B. 交流耐压试验   C. 测量局部放电   D. 测量电压分布

27. 冲击电压发生器的基本原理是电容器(　　)。
    A. 并联充电,并联放电
    B. 串联充电,串联放电
    C. 并联充电,串联放电
    D. 串联充电,并联放电

习题答案

1. C

2. A　**解析**:绝缘电阻是一切电介质和绝缘结构的绝缘状态最基本的综合特性。

3. B　**解析**:tanδ 是随电压变化的曲线,可判断绝缘是否受潮、含气泡及老化程度;若绝缘内的缺陷不是分布性而是集中性的,则 tanδ 有时反应就不灵敏。

4. C

5. A　**解析**:温度升高,分子热运动剧烈,由分子间的碰撞引起的损耗就越多,故 tanδ 增大。

6. A　**解析**:如果绝缘良好,则其表面上的电压均匀分布;若绝缘中有缺陷,会造成局部电压分布不均匀,所以可以通过绝缘材料表面的电压分布可以发现绝缘缺陷。

7. A

8. B　**解析**:正接法一般应用于实验室内的测试材料及小设备,实现样品的对地绝缘。

9. BD　10. C　11. AD　12. ABC　13. C　14. A

15. A　**解析**:$\eta = \dfrac{S_{输出}}{S_{总}} = \dfrac{nS}{\dfrac{n(n+1)}{2}S} = \dfrac{2}{n+1}$ ($n \leqslant 3$,n 为变压器台数),n 越大,效率越低。$S=UI$,I 是最后一台变压器输出电流,U 是最后一台变压器二次侧绕组间输出电压。

16. C　**解析**:常用的调压装置有感应变压器、自耦变压器和电动—发电机组。

17. A　**解析**:唯一能直接测量高达数兆伏的各类高压峰值的测量装置是球隙。

18. C　**解析**:多级冲击电压发生器的工作原理是:并联充电,串联放电。

19. B　20. C　21. A　22. B　23. ABC　24. C　25. CD　26. B　27. C

第 3 章 电力系统过电压的基本概念

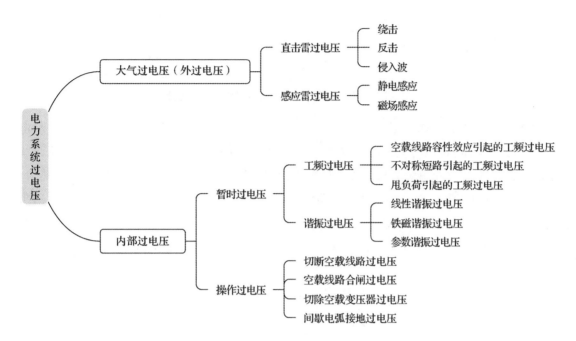

3.1 过电压的基本概念

1) 过电压

在电力系统中,由于断路器操作和各类故障引起的过渡过程产生的瞬间电压升高,称为过电压。电力系统过电压分为外部过电压和内部过电压。

(1) 外过电压,即雷电过电压,它是 220 kV 及以下系统绝缘水平依据。

(2) 内部过电压:在电力系统中,由于断路器操作,故障或其他原因,使系统参数发生变化,引起系统内部电磁能量的振荡转化或传递所造成的电压升高,称为电力系统内部过电压。它是 330 kV 及以上系统绝缘水平依据。

内部过电压的能量来源于系统本身,所以其幅值与系统标称电压成正比。一般将内部过电压幅值与系统最高运行相电压幅值之比,称为内部过电压倍数 K_n。

内部过电压分两大类:因操作或故障引起的瞬间(以毫秒计)电压升高,称为操作过电压;瞬间过程完毕后出现的稳态性质的工频电压升高或谐振现象,称为暂时过电压。

3.2 暂时过电压

1) 工频过电压

(1) 基本知识点

① 工频过电压:电力系统中出现的幅值超过最大工作相电压、频率为工频(50 Hz)的过电压称为工频过电压。

② 工频过电压的意义:对系统电气设备的正常绝缘一般没有危险,但是对超高压远距离输电确定绝缘水平时,起着重要作用。我国超高压系统中,要求线路侧工频过电压不大于最高运行相电压的 1.4 倍;母线侧工频过电压不大于最高运行相电压的 1.3 倍。

③ 常见的几种工频电压升高:a. 空载线路容性效应引起工频电压升高;b. 不对称短路引起工频电压升高;c. 甩负荷引起工频电压升高。

(2) 空载长线路的电容效应

① 空载长线路电容效应引起的工频过电压,如图3-1。

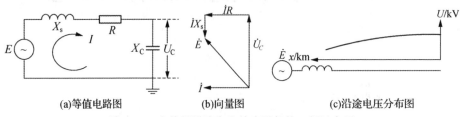

(a)等值电路图　　(b)向量图　　(c)沿途电压分布图

图3-1　空载长线路电容效应引起的工频过电压

一般 R 要比 X_L 和 X_C 小得多,而空载线路的工频容抗 X_C 又要大于工频感抗 X_L,容抗上的电压高于电源电势 E。通常末端电位最高、线路长度为 1 500 km 时电压趋于无穷大。其特点如下:a. 空载线路末端电压高于线路首端电压,这是由于空载线路的电容效应造成的工频电压升高。b. 线路长度 L 越长,线路末端的工频电压升高得越厉害。c. 电源漏抗 X_s 的存在相当于增加了线路的长度,加剧了空载长线路末端的电压升高。如图3-2为电源带有空载线路的示意图,图中 $\dot{E}$ 为电源电动势,$\dot{U}_1\dot{U}_2$ 分别为线路首端和末端的电压,X_s 为电源感抗。根据无损长线路的传输方程,可得 $\dot{U}_2$ 与 $\dot{E}$ 的关系如图3-2所示。

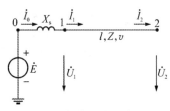

3-2　空载线路示意图

$$\frac{\dot{U}_2}{\dot{E}}=\frac{1}{\cos\alpha l-\dfrac{X_s}{Z}\sin\alpha l},\alpha=\frac{\omega}{v}$$

式中:Z——线路波阻抗;

α——相位系数;

ω——电源角频率;

v——波速。

当电源容量为无限大,即 $X_s=0$,则有 $\dfrac{\dot{U}_2}{\dot{E}}=\dfrac{1}{\cos\alpha l}$,表明线路长度越长,线路末端的工频电压越高。

当电源容量为有限值时,由上可以看出,X_s 的存在使线路首端电压升高从而加剧了线路末端的工频电压升高。容量越小,即 X_s 越大,工频电压升高得越严重。因此为了估计最严重的工频电压升高,应以系统最小电源容量为依据。在双端电源的电路中,为降低工频电压升高,线路合闸时,应先合电源容量较大的一侧,后合电源容量较小的一侧。

对于两端供电的长线路系统,进行断路器操作时,应遵循的操作程序:线路合闸时,先合电源容量较大的一侧,后合电源容量较小的一侧;线路切除时,先切电源容量较小的一侧,后切电源容量较大的一侧。

② 限制工频电压升高的措施:装设并联电抗器,因为并联电抗器的电感能补偿线路对地电容,减小流经线路的电容电流,削弱了电容效应。线末装有电抗时沿线电位分布(见图3-3)。

(3) 不对称短路引起的工频电压升高

不对称接地引起的工频过电压(以单相接地为例),如图3-4。不对称接地会引起线路的过电压,因此线路的避雷设计应考虑此类问题。

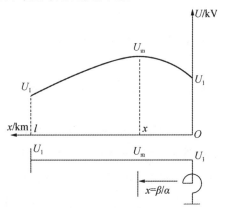

图 3-3 装设并联电抗器沿线电位分布

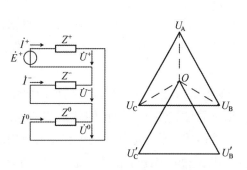

图 3-4 不对称接地引起的工频过电压

① 当发生单相或两相不对称对地短路时,短路引起的零序电流会使健全相出现工频电压升高现象,其中单相接地时的非故障相电压可达到较高的数值。

② 单相接地时工频电压升高值是确定避雷器灭弧电压的依据。

③ 电力系统中性点接地方式包括:中性点非有效接地系统(包括中性点不接地、中性点经消弧线圈接地、中性点经大电阻接地)和中性点有效接地系统(包括直接接地、经小电阻接地)。

④ 避雷器额定电压的确定:单相接地时工频电压升高值是确定避雷器额定电压的依据。a. 对于 3~10 kV 的中性点绝缘系统,零序阻抗为容性,健全相工频电压升高约为额定电压的 1.1 倍,避雷器灭弧电压按 110%U_N 选择,采用 110% 避雷器。b. 对于中性点经消弧线圈接地的系统,过补偿状态下,零序阻抗为感性,幅值大,健全相工频电压接近额定电压,采用 100% 避雷器。c. 对于中性点直接接地的系统,零序阻抗为感性,幅值较小,健全相工频电压升高约为额定线电压的 0.8 倍,采用 80% 的避雷器。

(4) 甩负荷引起的工频过电压(见图 3-5)

图 3-5 甩负荷引起的工频过电压

正常时:$\dot{U}=\dot{E}-jx_s \cdot \dot{I}_{xg}=\dot{E}-jx_s \dfrac{\dot{S}}{3\dot{U}_{xg}}$

突然甩负荷后:$\dot{I}_{xg}=0 \Rightarrow \dot{U}=\dot{E}$

甩负荷前传输的功率越大,甩负荷后的工频电压越高。

2) 谐振过电压

(1) 基本知识点

① 谐振过电压:由电容元件、电感元件、电阻元件构成的带阻尼的振荡回路,当系统出现扰动时(操作或故障),产生谐振过程,并引起严重的、持续时间很长的过电压。

② 谐振过电压的特点:电力系统中谐振过电压不仅会在操作或发生故障时的过渡过程中发生,而且可能在过渡过程结束后较长时间内稳定存在,直至进行新的操作破坏原回路的谐振条件为止。

③ 谐振过电压的危害:不仅会危及电气设备的绝缘,还可能产生持续的过电流而烧毁设备,而且还可能影响过电压保护装置动作。

④ 谐振过电压的分类:线性谐振过电压;铁磁谐振过电压;参数谐振过电压。

(2) 线性谐振过电压

① 线性元件：指的是电路中的元件参数不随着电压和电流的变化而变化。

② 线性谐振：电路中线性电感元件与系统中电容元件形成串联回路，在正弦交流电压下，当电源频率与系统自振频率相等或接近时，可能产生强烈的线性谐振。

③ 非线性谐振：非线性谐振也称铁磁谐振，指发生在含有非线性电感（如铁芯电感元件）的串联振荡回路中的谐振现象。

④ 谐振回路中的电感为不随电压或电流而变化的线性元件，不带铁芯的电感元件（如输电线路的电感、变压器的漏感）或励磁特性接近线性的带铁芯的电感元件（如消弧线圈，其铁芯中有气隙）均属线性谐振。图 3-6 为由线性电感元件和系统中的电容元件所构成的串联谐振回路，当回路的自振角频率和电源的频率相等或接近时，电感和电容元件上将出现幅值很高的过电压。

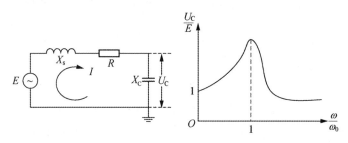

图 3-6 线性谐振回路

谐振条件：$\omega = \omega_0 = \dfrac{1}{\sqrt{LC}}$

$U_C = \dfrac{E}{\sqrt{\left(1-\dfrac{\omega^2}{\omega_0^2}\right)^2 - \left(\dfrac{2\mu\omega}{\omega_0^2}\right)^2}}$，其中 $\mu = \dfrac{R}{2L}$。

⑤ 常见的线性谐振过电压：并联补偿线路不对称切合引起的工频谐振；消弧线圈补偿网络的工频谐振。

⑥ 限制线性谐振过电压的方法：增大线路损耗；避开谐振条件。

(3) 非线性谐振（铁磁谐振）过电压

① 铁磁谐振过电压：铁磁谐振是振荡回路中由于带铁芯电感（变压器、电压互感器、消弧线圈等）的磁路饱和作用，使他们的电感减小，在一定条件下发生谐振。

② 铁磁谐振的特点

a. 必要条件：电感和电容的伏安特性曲线必须相交，即 $\omega L_0 > \dfrac{1}{\omega C}$

b. 对磁铁谐振电路，在相同的电源电动势下，回路有两种不同的稳定工作状态；在外界激发下，电路可能由非谐振工作状态跃变到谐振工作状态，回路从感性变成容性，发生相位反倾现象，同时产生过电压和过电流。

c. 产生磁铁谐振的根本原因：非线性电感的铁磁特性。但铁磁原件的饱和效应和回路损耗是抑制铁磁谐振过电压的有效措施。

d. 稳定性分析：如下图为最简单的串联铁磁谐振回路，正常运行时铁芯电感的感抗大于容抗，即 $\omega L_0 > \dfrac{1}{\omega C}$。这是产生基波铁磁谐振的必要条件，只有满足该条件，才有可能在铁芯饱和后，由于电感值的下降而出现感抗等于容抗的谐振条件。图 3-7 分别画出了电感上电压 U_L 和电容上的电压 U_C 与电流 I 的关系，若忽略电阻 R，电感电压和电容电压与电源电压平衡。即

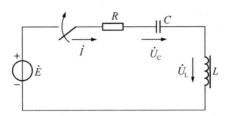

图 3-7 串联铁磁谐振回路

$\dot{E}=\dot{U}_L+\dot{U}_C$，平衡电压 $\Delta U=|U_L-U_C|=E$。由 3-8 图可知回路中可能有三个平衡点，即与曲线相交于 a_1,a_2,a_3，判断其是不是稳定工作点。

原理：物理上判断其是否稳定工作点，用"小扰动"理论，即电源电压出现小的扰动 ΔE 后，工作点能否回到原来的工作点。

a_1：$\Delta E>0 \to I \uparrow$，$a_1 \to a_1'$，$\Delta E$ 消失后 $E<\Delta U \to I \downarrow \to a_1$ 点

$\Delta E<0 \to I \downarrow$，$a_1 \to a_1''$，$\Delta E$ 消失后 $E>\Delta U \to I \uparrow \to a_1$ 点

a_1 为非谐振点（感性）。

a_3：具有与 a_1 相同的性质，a_1 和 a_3 点都是稳定工作点（能经受小扰动）。

a_3 为谐振点（容性，U_L,U_C,I 都很大）。

a_2：$\Delta E>0 \to I \uparrow$，$a_2 \to a_2'$，$\Delta E$ 消失后 $E>\Delta U \to I \uparrow \to a_3$ 点

$\Delta E<0 \to I \downarrow$，$a_1 \to a_1''$，$\Delta E$ 消失后 $E<\Delta U \to I \downarrow \to a_1$ 点

a_2 不是稳定工作点（不能经受小扰动）。

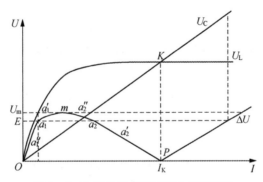

图 3-8 串联铁磁谐振回路的伏安特性

⑤ 常见的铁磁谐振过电压：传递过电压；断线过电压；电磁式电压互感器铁芯饱和引起的谐振过电压。

⑥ 限制铁磁谐振的措施：改善电磁式电压互感器的激磁特性，或改用电容式电压互感器；在电压互感器开口三角形绕组中接入阻尼电阻，或在电压互感器一次绕组的中性点对地接入电阻；增大对地电容，避免谐振；投入消弧线圈。

(4) 参数谐振过电压

参数谐振过电压：当串联回路中含有周期性变化的电感，其变化频率为电源频率的偶数倍，并有相应的电容配合，回路电阻又不大时，则有可能出现参数谐振。

消除过电压措施：快速自动调节励磁装置、增大振荡回路阻尼电阻。

3.3 操作过电压

1) 基本知识点

(1) 操作过电压：是指电力系统中由于操作从一种稳定工作状态通过振荡转变到另一种工作状态的过渡过程中所产生的瞬间过电压（持续时间很短）。

(2) 操作过电压是决定电力系统绝缘水平的依据之一。

(3) 操作过电压的分类：① 间歇电弧接地过电压；② 切除空载变压器过电压；③ 切断空载线路过电压；④ 空载线路合闸过电压。

2) 间歇电弧接地过电压

(1) 产生间歇电弧接地过电压的原因：在中性点不接地系统中，当一相发生故障时，故障点电流（电容电流）在 5～30 A 时，接地的电弧不能自熄，而以间歇电弧的形式存在，引起电压升高，称为间歇电弧接地过电压。

(2) 限制间歇电弧接地过电压的措施：人为增大相间电容消除间歇电弧。

① 中性点直接接地：接地电流大→故障迅速切除→剩余电荷经中性点入地。

② 中性点经消弧线圈接地：补偿单相接地电流、减缓弧道恢复电压上升速度。

③ 中性点不接地系统，采用分网运行减少接地电流。

3) 空载变压器分闸过电压

(1) 根本原因：断路器的截流是产生切断电感性负载过电压的根本原因。

(2) 空载变压器分闸过电压的影响因素有：断路器灭弧性能越好，则产生的分闸过电压越高；变压器中性点接地方式也会影响过电压的大小。

(3) 限制切除空载变压器过电压的主要措施：① 采用带有并联电阻的断路器；② 减少变压器的特性阻抗，增大电容，减小电感；③ 采用金属氧化物避雷器保护。

4) 空载线路分闸过电压

(1) 根本原因：断路器的电弧重燃。断路器的灭弧能力越差，重燃概率越大，过电压幅值越高。

(2) 切空线过电压的影响因素：① 断路器的性能。断路器灭弧能力越差，重燃次数越多，切断空载线路过电压越严重。② 母线出线数。当母线上有多回路出线时，只拉开一路，过电压也比较小。这是由于电弧重燃时残余电荷迅速重新分配，改变了电压的起始值，因而降低了过电压。③ 线路负载及电磁式电压互感器。易于使线路上的残余电荷释放，因而降低过电压。④ 中性点接地方式。中性点非有效接地系统中性点发生偏移会使过电压显著增高，一般地说它比中性点直接接地时过电压要高 20% 左右。

(3) 限制切空线过电压措施：① 改进断路器性能。选用灭弧能力强的快速断路器，如压缩空气断路器、压油活塞的少油断路器以及 SF_6 断路器。② 采用加装并联电阻的断路器。③ 断路器线路侧接电磁式电压互感器。④ 线路侧接并联电抗器。⑤ 线路首末端装设避雷器。

5) 空载线路合闸过电压

(1) 合空线操作包括：计划性合闸操作：产生最大电压为 2.0 倍；自动重合闸操作：产生最大电压为 3.0 倍

(2) 合空线过电压的影响因素有合闸角；线路上残压；线路参数；电网结构；母线出线

(3) 限制合空线过电压措施：采用带并联电阻的断路器；采用单相自动重合闸；采用熄弧性能强、通流容量大的氧化锌避雷器

精选习题

1. 内部过电压其幅值与系统标称电压（　　）。
   A. 成反比　　B. 成正比　　C. 无关　　D. 相同

2. （多选）内部过电压分为（　　）两大类。
   A. 工频过电压　　B. 谐振过电压　　C. 操作过电压　　D. 暂时过电压

3. 故障瞬间过程完毕后出现的稳态性质的工频电压升高或谐振现象,称为( )。
   A. 工频过电压　　B. 谐振过电压　　C. 操作过电压　　D. 暂时过电压
4. (多选)暂时过电压包括( )。
   A. 工频过电压　　B. 谐振过电压　　C. 操作过电压　　D. 暂时过电压
5. 不属于谐振过电压的是( )。
   A. 线性谐振过电压　　　　　　　B. 非参数谐振过电压
   C. 非线性谐振过电压　　　　　　D. 参数谐振过电压
6. (多选)工频过电压是由于( )。
   A. 空载长电路电容效应引起　　　B. 不对称接地引起
   C. 突然甩负荷引起　　　　　　　D. 对称接地引起
7. 均匀无损耗空载线路沿电压分布呈( )规律。
   A. 正弦　　B. 余弦　　C. 正切　　D. 余切
8. 为了限制长线路的工频电压升高,在超,特高压系统中,通常采用并联电抗器补偿线路电容电流,削弱线路的( )效应。
   A. 电压　　B. 电流　　C. 电容　　D. 电阻
9. 谐振过电压持续时间比操作过电压( )。
   A. 长　　B. 短　　C. 一样　　D. 无关
10. (多选)线性谐振条件为( )。
    A. 电源电压与相应的电流处于同相　　B. 输入阻抗为实数
    C. 电源电压与相应的电流处于反相　　D. 输入阻抗为纯虚数
11. (多选)非线性谐振包括( )。
    A. 传递过电压　　　　　　　　　B. 断线引起的谐振过电压
    C. 工频过电压　　　　　　　　　D. 电磁式电压互感器铁芯饱和引起的过电压
12. 电力系统产生操作过电压的根本原因是( )。
    A. 操作不当　　　　　　　　　　B. 高电阻的作用
    C. 电磁能量振荡　　　　　　　　D. 中性点的接地方式的影响
13. 内部过电压的产生根源在电力系统内部,其大小由( )决定。
    A. 系统参数　　　　　　　　　　B. 操作过程
    C. 雷电流水平　　　　　　　　　D. 周围媒质和大气
14. 正常合闸的情况,空载线路上( )。
    A. 有残余电荷　　　　　　　　　B. 没有残余电荷,初始电压不为零
    C. 有残余电荷,初始电压为零　　 D. 没有残余电荷,电压为零
15. 如果是自动重合闸的情况,空载线路上( )。
    A. 有残余电荷,初始电压不为零　 B. 没有残余电荷,初始电压不为零
    C. 有残余电荷,初始电压为零　　 D. 没有残余电荷,电压为零
16. 电弧接地过电压主要发生在中性点不接地的电网中系统出现( )故障时。
    A. 单相接地　　B. 两相接地　　C. 三相接地　　D. 两相短路
17. (多选)限制切断空载线路过电压的措施有( )。
    A. 改进断路器性能　　　　　　　B. 加装并联电阻的断路器
    C. 线路首末段装设避雷器　　　　D. 串联电阻

18. (多选)常见的操作过电压有( )。
    A. 合闸空载线路过电压
    B. 分闸空载线路过电压
    C. 分闸空载变压器过电压
    D. 解列过电压

19. 抑制间歇电弧过电压的有效措施是( )。
    A. 增大相间电容   B. 减小相间电容   C. 增加串联电感   D. 减小串联电感

20. (多选)避免重燃的方法有( )。
    A. 断路器触头间装并联电阻
    B. 断路器线路侧接电磁式电压互感器
    C. 线路侧接并联电抗器
    D. 线路侧并联电容器

21. 若电源的漏抗增加,将使空载长线路末端电压( )。
    A. 不变   B. 畸变   C. 减小   D. 升高

22. (多选)下面属于工频电压升高的是( )。
    A. 空载长线某端电位升高
    B. PT谐振过电压
    C. 不对称短路引起的长时间电位升高
    D. 断续电弧接地过电压

23. (多选)发电机突然甩负荷引起的过电压属于( )。
    A. 操作过电压   B. 谐振过电压   C. 暂时过电压   D. 工频过电压

24. (多选)下列过电压属于操作过电压有( )。
    A. 解列过电压   B. 空载线路分闸   C. 空载变压器分闸   D. 空载线路合闸

25. 下列( )不是影响空载线路合闸过电压的主要因素。
    A. 断路器的灭弧性能
    B. 线路上的残压
    C. 合闸时电源电压的相位角
    D. 线路损耗

习题答案

1. B 2. CD 3. D 4. AB 5. B 6. ABC 7. B 8. C 9. A 10. AB 11. ABD

12. C 解析:电力系统产生操作过电压的根本原因是电磁能量振荡。

13. A 解析:内部过电压的产生根源在电力系统内部,其大小由系统本身参数决定。

14. D 解析:正常合闸一般强调在线路检修之后或采用了接地刀闸,所以线路上已经没有电荷存在,电压为零。

15. A

16. A 解析:当在中性点不接地的电网中系统出现单相接地时会出现电弧接地过电压。

17. ABC 18. ABCD 19. A 20. ABC 21. D 22. AC 23. CD

24. ABCD 解析:操作过电压是由于操作或故障情况下,引起系统的状态发生突然变化将出现从一种稳定状态转变为另一种稳定状态的过渡过程,在这个过程中可能对系统有危险的过电压。

25. A

第4章 线路和变电站的防雷保护措施及避雷针/避雷器的保护范围计算

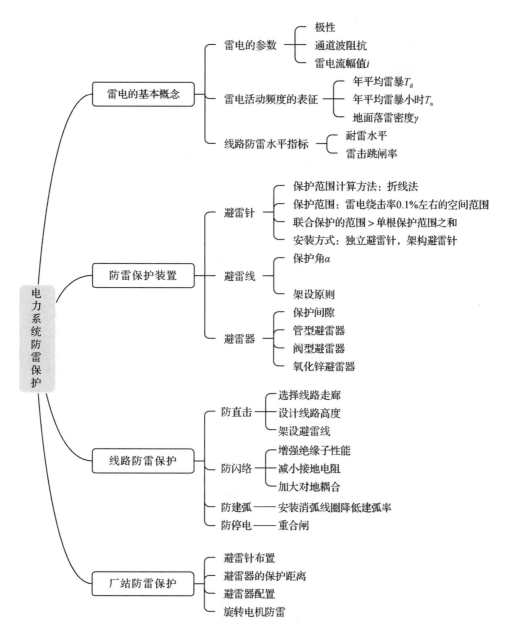

4.1 雷电的概念及防雷装置

1) 雷电基本概念

雷电放电所产生的雷电流高达数十至数百千安,从而引起巨大的电磁效应、机械效应和热效应。雷电放电可能在雷云之间、雷云与地面之间及同一雷云内部发生,这里主要介绍雷云对地的放电,它是造成雷害的主要因素。从本质上讲,雷电放电是一种超长间隙的火花放电,在许多方面与金属电极间的长空气间隙的放电是相似的。但雷云的物理性质毕竟与金属电极不同,雷电放电有其自身的特点,例如雷电放电可自上而下发展(称为下行雷),也可自下而上发展(称为上行雷),放电还可能具有重复性等。雷电的极性是指自雷云下行到大地的电荷的极性。由于雷云的下部主要是负电荷的密积区,故绝大多数(约90%左右)的雷击是负极性的。其特点有如下：

① 雷电放电对电力系统的影响：大电压；大电流。

② 雷电放电过程和超长空气间隙不均匀电场的火花放电现象很相似，其过程为：雷云之间形成强电场→雷电放电→分级先导放电→主放电→余光放电。

③ 雷云中有几个电荷中心，雷云电荷的中和不是一次完成。

④ 放电通道（闪径）具有分布参数性质，雷电通道波阻抗 $Z_0 = 300 \sim 400 \, \Omega$。

⑤ 电压虽高、电流虽大，但释放的能量却不大，为几十千瓦时。

(1) 雷电放电的等值电路见图 4-1

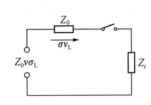

Z_0——先导通道波阻抗；

$Z_0 \sigma \nu_L$——先导通道对地电压；

σ——电荷线密度；

ν_L——主放电发展速度，$i_L = \sigma \nu_L$；

雷电流 $i_z = \dfrac{Z_0 \sigma \nu_L}{Z_0 + Z_i} = i_L \dfrac{Z_0}{Z_0 + Z_i}$

图 4-1 雷电放电的等值电路

(2) 雷电过电压分类

① 直击雷过电压：雷电直接击中电气设备或输电线路时，雷电流流过被击物体造成过电压。

② 感应雷过电压：雷电击中输电线路附近的地面或杆塔塔顶，在输电线路上由于电磁感应而产生的过电压。

(3) 雷电参数

① 雷暴日 T_d 是指该地区平均一年内有雷电活动的平均天数；雷暴日与该地区所在纬度、当地气象条件、地形地貌有关。$T_d \leqslant 15$ 的地区称为少雷区；$15 \leqslant T_d < 40$ 的地区称为中雷区；$40 \leqslant T_d < 90$ 的地区称为多雷区；$T_d \geqslant 90$ 的地区称为强雷区。

② 雷暴小时 T_h 是指该地区平均一年内的有雷电的小时数。

通常以一个地区多年统计所得到的平均出现雷暴的天数或小时数为雷电活动频度，是评价一个地区雷电活动多少的指标。我国雷电活动分布是沿海强于内陆，南方强于北方，东部强于西部，海南最严重。

(4) 地面落雷密度和输电线路落雷次数

地面落雷密度：表征雷云对地放电的频繁程度以地面落雷密度 γ 来表示，是指每一雷暴日每平方公里地面遭受雷击的次数；地面落雷密度和雷暴日有关，标准取 $T_d = 40$ 为基准，则 $\gamma' = 0.07$ 次/(km²·雷暴日)。

输电线路落雷次数：每百公里输电线路每年落雷次数。

(5) 雷电极性：

实测雷电流负极性所占比例为 75%～90% 之间，因此防雷保护都取负极性雷电流进行研究分析。

(6) 雷电流幅值：

雷击阻抗为 0 的被击物时被击物中流过的电流叫雷电流幅值。一般电力工程中电气设备的接地阻抗 $Z < 30 \, \Omega$，故国际上通常将雷击于接地电阻小于 $30 \, \Omega$ 的物体时流过该物体的电流为雷电流 i_L。实际效果上可将雷击物体看成一个大小为 $i_L/2$ 的入射电流波沿波阻抗为 $300 \, \Omega$ 的雷电通道向被击物体传播的过程。该波过程的彼得逊等值电路如图 4-2 所示。

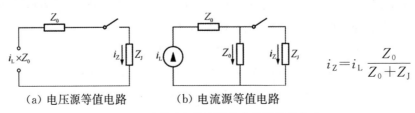

(a) 电压源等值电路　　(b) 电流源等值电路

$i_Z = i_L \dfrac{Z_0}{Z_0 + Z_J}$

图 4-2 计算流经被击物体电流的等值电路

(7) 雷电流波形

电气设备的雷击试验和防雷设计时将雷电流波形等值为可用公式表示的典型波形。常用的雷电流等值波形有双指数波、斜角波、斜角平顶波、三角波、半余弦波等,如下图4-3所示。

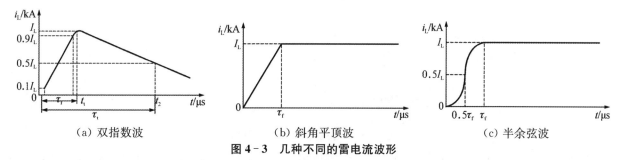

图4-3 几种不同的雷电流波形

雷电流的波前时间 T_1 一般在 1~4 μs,波长(半峰值时间) T_2 在 20~100 μs,多数在 40 μs 左右。我国防雷设计中一般规定 2.6/40 μs(标准雷电冲击电压波波形双指数波,波形取 1.2/50 μs)。

2)防雷装置

雷针、避雷线的保护范围

直击雷的防护措施:避雷针或避雷线

作用:高于被保护的物体,吸引雷电击于自身,并将雷电流迅速泄入大地,从而使避雷针(线)附近的物体得到保护。

雷击定向高度:雷电先导通道开始确定闪击目标时的高度。

绕击:雷电绕过避雷装置而击中被保护物体的现象。

保护范围:指具有 0.1% 左右雷击概率的空间范围。

架空线路的保护角:指避雷线和边相导线的连线与经过避雷线的铅垂线之间的夹角。

(1) 避雷针(线)

① 避雷针(线)用于防止直击雷过电压,避雷器用于防止沿输电线路侵入变电所的感应雷过电压;避雷针(线)的保护范围是指被保护物体在此空间范围内不致遭受直接雷击。单支避雷针的保护范围如图4-4。两支等高避雷针的保护范围如图4-5。

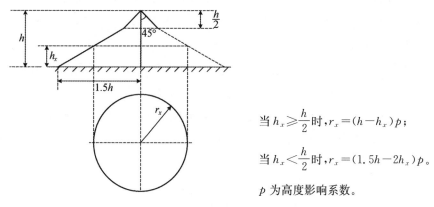

当 $h_x \geqslant \dfrac{h}{2}$ 时,$r_x=(h-h_x)p$;

当 $h_x < \dfrac{h}{2}$ 时,$r_x=(1.5h-2h_x)p$。

p 为高度影响系数。

图4-4 单支避雷针的保护范围

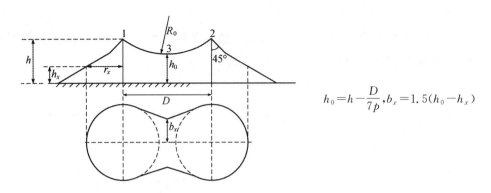

图 4-5 两支避雷针的保护范围

$h_0 = h - \dfrac{D}{7p}, b_x = 1.5(h_0 - h_x)$

② 避雷线,通常又称架空地线,简称地线;避雷线的防雷原理与避雷针相同,主要用于输电线路的保护,也可用来保护发电厂的变电所。近年来,许多国家采用避雷线保护 500 kV 大型超高压变电所。单根避雷线的保护范围:当 $h_x \geq \dfrac{h}{2}$ 时,$r_x = 0.47(h - h_x)p$;当 $h_x < \dfrac{h}{2}$ 时,$r_x = (h - 1.53h_x)p$。两根等高避雷线的保护范围: $h_0 = h - \dfrac{D}{4p}$。避雷线一般用于输电线路的直击雷保护,常用保护角的大小来表示其导线的保护程度。

③ 用于输电线路时,避雷线除了防止雷电直击导线外,同时还有分流作用,以减少流经杆塔入地的雷电流从而降低塔顶电位,避雷线对导线的耦合作用还可以降低导线上的感应雷过电压。

④ 避雷线的保护角 α 表示避雷线对导线的保护程度。保护角是指避雷线和外侧导线的连线与避雷线的垂线之间的夹角。保护角越小,避雷线就越可靠地保护导线免遭雷击。一般 $\alpha = 20° \sim 30°$,这时即认为导线已处于避雷线的保护范围之内。

(2) 避雷器

避雷器的作用是限制过电压以保护电气设备。避雷器有保护间隙和管型避雷器主要用于限制大气过电压,一般用于配电系统、线路和进线段保护;阀型避雷器和氧化锌避雷器常用于变电所、发电厂的保护。

① 避雷器的四个种类:保护间隙、管型避雷器、阀型避雷器和氧化锌避雷器。

② 氧化锌避雷器的特点有四个:无间隙、无续流、通流容量大以及保护性能优越。

③ 保护间隙。结构:通常由主间隙和辅助间隙组成,间隙与被保护设备并联,其伏秒特性低于被保护间隙(图 4-6)。工作原理:当雷电波入侵时,间隙先击穿,工作母线接地,避免了被保护设备上的电压升高,从而保护了设备。过电压消失后,间隙中仍有由工作电压产生的工频电弧电流(称为续流),此电流是间隙安装处的短路电流,因间隙灭弧能力差,将引起断路器的跳闸。保护间隙限制了过电压,保护了设备,但将造成线路跳闸事故,一般与自动重合闸配合使用。缺点:对工频续流(工频电压作用下有工频电流流过已经电离化的击穿通道)的灭弧能力较差;伏秒特性很陡,难以与被保护绝缘的伏秒特性配合;动作后会产生大幅值截波,对变压器设备的绝缘很不利。用途:主要用于限制大气过电压;不能承担主变和发电机等重要设备的保护任务。

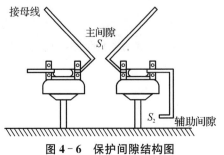

图 4-6 保护间隙结构图

④ 管型避雷器。结构：两个相互串联的间隙构成，一个用于隔离过电压，一个用于灭弧。实质上是一个具有较高熄弧能力的保护间隙，结构如图4-7。其特点是短路时的工频续流电弧的高温会使管内的产气材料分解出大量气体，管内压力升高，气体在高压力作用下由环形电极的开口孔喷出，形成强烈的纵吹，从而使工频续流在第一次过零时被切断。工作原理是当雷电波入侵时，内外间隙均被击穿；过电压消失后，短路电流的工频续流电弧使管内产生大量气体，形成纵吹，实现熄弧。缺点：伏秒特性分散性大，与设备不能较好配合；动作后工作母线直接接地形成截波，对变压器纵绝缘不利；易炸管。用途：简易或后备保护设备，不能承担主变和发电机等重要设备的保护任务。避雷器用于保护时的接线如图4-8所示，避雷器关联在被保护绝缘的两端。

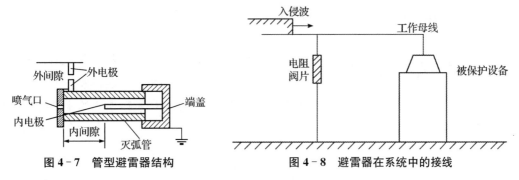

图4-7 管型避雷器结构　　　　图4-8 避雷器在系统中的接线

⑤ 阀型避雷器。电阻阀片的电阻值与流过的电流有关，具有非线性特征，即电流上升阀片电阻值下降。其工作原理是，正常时，间隙将电阻阀片与工作母线隔离，以免烧坏阀片；当系统出现过电压且其峰值超过间隙的放电电压时，间隙击穿，经阀片流入大地，因阀片的非线性，在阀片上产生的压降（残压）将得到限制，使其低于被保护设备的冲击耐压，设备就得到保护；过电压消失后，间隙中的工频续流仍流过避雷器。由于工频续流远小于冲击电流，阀片的非线性使间隙在工频续流第一次过零时将电弧切断。用途：变电所、发电厂的保护；220 kV及以下限制大气过电压；超高压系统中用于限制内部过电压。

⑥ 氧化锌避雷器。结构：省去串联火花间隙，非线性电阻采用ZnO阀片（主要成分为ZnO，还掺入多种微量金属化合物）。阀片的伏安特性可分为小电流区（<1 mA）、非线性区（1 mA～3 kA）和饱和区。氧化锌避雷器具有很理想的非线性伏安特性：正常时，阀片相当于绝缘体；当过电压超过一定值时，阀片导通，将冲击电流通过阀片泄入大地，此时其残压不会超过被保护设备的耐压值，达到过电压保护的目的；过电压消失后，阀片自动终止导通状态，恢复绝缘状态，不存在电弧的燃烧与熄灭问题（图4-9）。

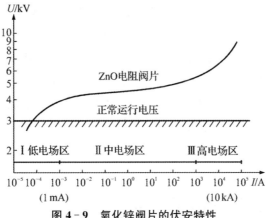

图4-9 氧化锌阀片的伏安特性

原理如下：a. 过电压：小电阻，能量通过阀片入地，保证较小残压；b. 正常电压：大电阻，电流极小，无工频续流。为了减少氧化锌避雷器的老化，常采用并联或串联间隙的方法。

氧化锌避雷器的基本电气参数有额定电压、最大持续运行电压、起始动作电压、通流容量、保护水平、压比、荷电率等。额定电压：避雷器两端之间允许施加的最大工频电压有效值。最大持续运行电压：允许施加在避雷器两端之间的最大工频电压有效值。起始动作电压(参考电压):避雷器通过 1 mA 工频电流峰值或直流电流时其两端之间工频电压峰值或直流电压。通流容量:阀品耐受通过电流的能力。保护水平:雷电冲击残压和陡波冲击残压除以 1.15 中的较大者。压比:避雷器通过波形为 8/20 μs 的标称冲击放电电流时的残压与起始动作电压之比。荷电率:最大持续运行电压峰值与起始动作电压之比。保护比:标称放电电流下的残压与最大持续运行电压峰值的比值或压比与荷电率之比。

其特点为:a. 可做成无间隙的。因此,无防污问题,气压的影响,陡波响应特性。b. 无续流。正常工作下为绝缘体,电流小,在大电流长时间重复冲击后特性稳定。c. 保护性能优越。具有优异的伏安特性,可降低残压。d. 通流容量大。适于限制操作过电压和直接系统的过电压。

优点:无间隙、无续流、保护性能优越、通流容量大。

（3）接地

① 接地和接地电阻的概念。接地:将地面上的金属物体或电气回路中的某一节点通过导体与大地相连,使该物体或节点与大地保持等电位。接地分为工作接地、保护接地、防雷接地三种。

接地电阻:接地点处的电位与接地电流的比值。接地电阻与土壤特性及接地体的几何尺寸有关。

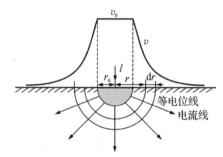

图 4-10　接地装置形成的电压分布和电流分布示意图

埋入地中并与大地接触的金属导体称为接地极。电气装置、设施的接地端子与接地极连接用的金属导线部分称为接地线。

a. 接地装置分为接地极和接地线;

b. 接地分为工作接地、保护接地和防雷接地。

② 三种接地的方式 a. 工作接地:根据系统正常运行的要求而接地。如三相系统的中性点接地;b. 保护接地:为保障人身安全而将电气设备金属外壳等接地,它在故障条件下才能发挥作用;正常情况下接地点没有电流,故障时会有电位升高。接触电压:人所立的地点与接地设备之间的电位差。(取人手摸设备的 1.8 m 高处,人脚离设备的水平距离为 0.8 m)跨步电压:人的两脚着地点之间的电位差(取跨距为 0.8 m)。c. 防雷接地:用来将雷电流顺利泄入大地,以减小雷电流引起的地电位升高,如杆塔接地和变电站接地。

典型接地体的形式有垂直接地体、水平接地体、伸长接地体。输电线路接地:在每个杆塔下一般都设接地体,并通过引线与避雷线相连。发电厂和变电所的防雷接地根据安全和工作接地要求敷设统一的接地网,然后再在避雷针和避雷器安装处增加接地体。

4.2　电力系统的防雷措施

1）输电线路的防雷措施

（1）输电线路雷电过电压的来源:直击雷和感应雷。

① 雷击输电线路:a. 雷直击导线。b. 雷击杆塔或避雷线,强大的雷电流使杆塔电位升高,反过来对导线放电,即反击。以上两种产生的过电压称为直击雷过电压。c. 雷击输电线路附近大地产生感应雷过电压。

② 直击雷过电压和感应雷过电压产生的危害:a. 线路跳闸:绝缘子闪络未必导致跳闸,形成稳定电弧

后,则跳闸,影响正常送电;b. 雷电波侵入变电站。

工程上衡量输电线路防雷性能优劣的指标:第一个指标是耐雷水平:雷击线路时绝缘不发生闪络的最大雷电流的幅值,以 kA 为单位。它是反映输电线路耐雷击能力的性能指标。第二个指标是雷击跳闸率:40 个雷暴日下每 100 km 线路每年由雷击引起的跳闸次数称为"雷击跳闸率",这是衡量线路防雷性能的综合指标。

(2) 雷击线路附近大地时的线路上的感应雷过电压。先导放电时导线上出现与雷电流极性相反的束缚电荷,主放电时束缚电荷突然释放形成感应雷过电压的静电分量主放电中雷电流的急剧变化产生很强的脉冲磁场,在线路导线上产生感应雷过电压的电磁分量。

特点:① 极性与雷电流极性相反;② 三相导线上同时出现。

不考虑避雷线的屏蔽效应时:线路上感应雷过电压为 $U_g = 25\dfrac{I_L \times h_d}{s}$ (kV),I_L 为雷电流幅值,h_d 为导线悬挂的平均高度,s 为雷击点离线路的距离。由于雷击地面时接地点的接地电阻较大,故 110 kV 以上的线路一般不会引起闪络事故。感应雷过电压与雷电流幅值、导线高度成正比,与雷击点离线路距离成反比。考虑避雷线的屏蔽效应时:$U_i' = U_i(1-k)$;k 为避雷线耦合系数;避雷线导致 U 下降。

(3) 雷击线路杆塔时导线上的感应雷过电压特点

① 极性与雷电流极性相反。

② 无避雷线时,导线上的感应过电压:$U_i = ah_d$。

③ 有避雷线时,导线上的感应过电压:$U_i' = U_i(1-k)$,避雷线导致 U 下降;a 为感应过电压系数,其值等于 $IL/2.6$。

④ 感应过电压一般不超过 500 kV,对 35 kV 及以下水泥杆线路可能会引起闪络,110 kV 及以上一般不会。

(4) 直击雷按击中位置分为雷击杆塔塔顶、雷击避雷线挡距中间、雷绕过避雷线击于导线。

(5) 雷击杆塔的耐雷水平可由 U_j 等于线路绝缘子串的 50% 冲击闪络电压 $U_{50\%}$ 求得。

$$I_1 = \dfrac{U_{50\%}}{(1-k)\left[\beta\left(R_{ch}+\dfrac{L_{gt}}{2.6}\right)+\dfrac{h_d}{2.6}\right]}$$

k 为电压耦合系数,β 为分流系数,R_{ch} 为杆塔冲击接地电阻,L_{gt} 为杆塔等值电感,h_d 为导线悬挂的平均高度。可通过降低杆塔接地电阻、增加耦合系数(双避雷线、耦合地线)等手段减小杆塔电位和提高耐雷水平。雷击杆塔塔顶并在绝缘子串发生闪络时,杆塔电位比导线电位高,称为反击。

(6) 装设避雷线的线路,雷电仍有绕过避雷线击于导线的可能性,其概率称为绕击率。平原地区:$\lg P_a = \dfrac{a\sqrt{h}}{86} - 3.9$;山区:$\lg P_a = \dfrac{a\sqrt{h}}{86} - 3.35$;$a$ 为保护角,h 为杆塔高度。绕击时,其耐雷水平为 $I_2 \approx \dfrac{U_{50\%}}{100}$,比雷击杆塔的耐雷水平小很多。

(7) 当雷电流超过线路耐雷水平,引起线路绝缘发生冲击闪络,且当闪络通道流过的工频短路电流的电弧持续燃烧时,线路才会跳闸停电。建弧率是指冲击闪络转为稳定工频电弧的概率,为 $\eta = 4.5E^{0.75} - 14(\%)$;对于中性点直接接地系统:$E = \dfrac{U_c}{\sqrt{3}l_j}$;对于中性点非直接接地系统:$E = \dfrac{U_c}{2l_j}$;$U_c$ 为线路额定电压,l_j 为绝缘子串闪络距离。

(8) 感应过电压一般不超过 300~400 kV:① 对 35 kV 及以下水泥杆线路会引起一定的闪络事故;② 对 110 kV 及以上的线路,由于绝缘水平较高,所以一般不会引起闪络事故。

(9) 避雷针用于发电厂、变电所防直击雷保护,避雷线用于输电线路防直击雷保护。

(10) 衡量一条线路的耐雷性能和所采用防雷措施的效果,通常采用的指标有耐雷水平和雷击跳闸率。

(11) 耐雷水平:雷击于线路绝缘不发生闪络的最大雷电流幅值,单位为 kA。

(12) 在雷暴日 $T_d=40$ 的情况下,100 km 的线路每年因累计而引起的跳闸次数称为雷击跳闸率,其单位为"次/(100 km·40 雷暴日)"。

(13) 单是雷电流超过了耐雷水平还只会引起冲击闪络,只有在冲击闪络之后还建立起工频电弧才会引起线路跳闸。

(14) 由冲击闪络转变为稳定工频电弧的概率,称为建弧率 η。

(15) 雷击线路接地部分(避雷线或塔杆部分)引起的绝缘子闪络称为反击或逆闪络,其中雷击塔杆杆顶比雷击避雷线更严重,过电压最高。

(16) 冲击系数:冲击接地电阻与稳态电阻之比叫冲击系数,其值一般小于 1,但接地长度较大时大于 1。

(17) 输电线路的防雷措施:雷害事故的防护措施主要用"四道防线",即防直击、防闪络、防建弧以及防停电。

① 防直击的具体措施是安装避雷线;

② 防闪络的具体措施有降低杆塔接地电阻、避雷线、耦合地线、管式避雷器和加强线路绝缘;

③ 防建弧的具体措施有加强线路绝缘和消弧线圈(中性点);

④ 防停电的具体措施有采用自动重合闸和双回路或环网供电。

(18) 我国 110 kV 及以上线路一般全线都装设避雷线,而 35 kV 及以下线路一般不装设避雷线。220 kV 宜全线架双避雷线,330 kV 及以上全线架双避雷线。

(19) 绕击:雷电绕过避雷线直接击于导线,绕击的概率与保护角,杆塔高度,以及地形地貌地质条件有关,山区的绕击率为平原的三倍。35 kV,110 kV,220 kV,330 kV 的绕击耐雷水平为 3.5 kA,7 kA,12 kA,16 kA,较雷击杆塔时的耐雷水平低得多。

2) 发电厂和变电所的防雷措施

(1) 发电厂和变电所过电压的来源:雷电直击变电所(直击雷)。雷电过电压波沿线路入侵到变电所(入侵波)。

危害:a. 发电机、变压器等设备的内绝缘没有自我恢复的能力;b. 线路 50% 放电电压远高于变压器全波冲击试验电压;c. 可能造成大面积停电。

防护措施:a. 对直击雷采用避雷针、避雷线来保护(防止反击);b. 厂(所)内装设避雷器来限制入侵波的幅值和陡度;c. 采用进线段保护来限制雷电流入侵波的幅值和陡度。

(2) 变电所的直击雷保护措施有装设避雷针、避雷线,使所有的设备处于避雷针、避雷线的保护范围之内;入侵波的防护措施有避雷器、进线段保护。

(3) 避雷针的安装方式:变压器的门形架构上不得装设避雷针。

① 110 kV 及以上的配电装置,在土壤电阻率 $\rho<1\,000\,\Omega m$ 时,不易反击,容许装设构架避雷针。

② 35 kV 及以下的配电装置应采用独立避雷针保护。

③ 60 kV 的配电装置,在土壤电阻率 $\rho>500\,\Omega m$ 的地区采用独立避雷针,在土壤电阻率 $\rho<500\,\Omega m$ 的地区允许采用构架避雷针。

(4) 变电所进线段保护:未沿全线架设避雷线的线路,在靠近变电所 1~2 km 线路上安装避雷线;在有全线架设避雷线的线路,加强防雷措施(将靠近变电所的 1~2 km 线路保护角减少、降低杆塔的接地电阻),使进入变电站雷电波的幅值和陡度下降。

① 35 kV 及以上变电所进线段保护。一定长度的导线和避雷线的作用:a. 自身阻抗可限制雷电流的幅值;b. 冲击电晕可降低入侵波陡度;c. 避雷线采用较小的保护角尽量减少绕击;d. 耦合作用限制流经导线

的电流。

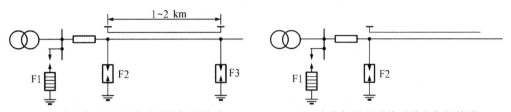

(a) 未全线架设避雷线进线段保护接线　　　(b) 全线架设避雷线进线段保护接线

图 4-11　35～110 kV 变电站进线段保护接线图

F1 的作用：阀型避雷器，限制雷电波入侵时的过电压，保护变压器和 F2。

F3 的作用：管型避雷器，限制入侵雷。

F2 的作用：管型避雷器，隔离开关或断路器断开时，防止入侵波在此发生全反射造成对地闪络；断路器闭合时，管型避雷器在阀型避雷器的保护范围内不动作，避免截断波的产生。

② 35 kV 小容量变电所简化进线段的保护：a. 避雷器距变压器距离小于 10 m，允许有较高的入侵波陡度；b. 进线段可缩短到 500～600 m；c. 为了限流，FE2、FE1 的接地电阻分别小于 10 Ω 和 5 Ω。

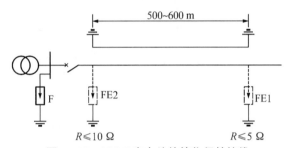

图 4-12　35 kV 变电站的简化保护接线

当架设避雷线或降低杆塔接地电阻有困难时，可在进线段终端杆上安装一组 1 000 μH 左右的电抗线圈替代进线段。

(5) 变电所进线段保护作用是限制流过避雷器的冲击电流幅值和入侵波的陡度。在进线内，避雷线的保护角不宜超过 20°。

(6) 变电所的雷害事故严重性高于输电线路。① 输电线路遭受雷击，只能引起电网工况短时恶化，变电所遭受雷击往往引起大面积停电；② 变电所一般采用内绝缘，一旦击穿后果非常严重。

(7) 变压器中性点的保护

① 三绕组变压器的防雷保护。现象：高、中压绕组工作，低压绕组开路，低压绕组对地电容小，静电感应分量高，将危及绝缘。措施：因为三相同时升高，在任一相低压绕组直接出口处对地加一个避雷器即可。

② 自耦变压器的防雷保护：高、低压绕组运行，中压绕组开路和中、低压绕组运行，高压开路的情况，易导致中压和高压绕组承受过电压。措施：分别在开路侧安装避雷器。原因：三相进波，中性点不接地时理论过电压可达首端 2 倍，故需考虑中性点保护问题。

③ 全绝缘保护：中性点不接地或经消弧线圈接地系统变压器中性点的绝缘水平与绕组首端绝缘水平相同。措施：35～60 kV 变压器无需保护，110 kV 单进线时需要保护。

④ 分级绝缘保护：中性点的绝缘水平低于绕组首端的绝缘水平。措施：中性点加装避雷器或保护间隙。对 110 kV 及以上中性点有效接地系统，中性点分级绝缘，加避雷器保护；35 kV 及以下中性点非有效接地系统，中性点都采用全绝缘，不设保护。

(8) 旋转电机的防雷保护

① 旋转电机防雷保护的特点。旋转电机的防雷保护要比变压器困难得多，原因：a. 在同一电压等级的

电气设备中,以旋转电机的冲击电气强度为最低;b. 电机绝缘的冲击耐压水平与保护它的避雷器的保护水平相差不多、裕度很小。从防雷保护的观点来看,发电机可分为两大类:a. 通过变压器再接到架空线路上去的电机,简称非直配电机;b. 直接与架空线相连的电机,简称直配电机。

非直配电机所受到的过电压均须经过变压器绕组之间的静电和电磁传递。只要低压绕组不是空载,那么传递过来的电压就不会太大。

直配电机的防雷保护是电力系统中的一大难题,因为这时的过电压波直接从线路入侵,幅值大、陡度也大。后续的研究对象。

② 防雷保护措施。雷电波自线路侵入是直配电机防雷保护的主要方面,其防雷保护的主要措施如下:a. 每台发电机出线母线处装设一组 FCD 型避雷器,以限制入侵波幅值,同时采取进线保护措施以限制流经 FCD 型避雷器中的雷电流使之小于 3 kA。b. 在发电机电压母线上装设电容器,以限制入侵波陡度 α 和降低感应过电压(限制 α 的主要目的是保护匝间绝缘和中性点绝缘)。c. 进线段保护。为了限制流经 FCD 中的雷电流使之小于 3 kA,需要设置进线保护段。

精选习题

1. 雷电放电过程和(　　)的火花放电现象很类似。
   A. 超长气隙均匀电场　　　　　　　　B. 短气隙稍不均匀电场
   C. 超长气隙不均匀电场　　　　　　　D. 短气隙均匀电场

2. 评价一个地区雷电活动的多少,通常以(　　)来衡量。
   A. 雷击跳闸率　　B. 耐雷水平　　C. 雷电活动频度　　D. 雷暴日

3. 下列关于雷暴日的说法,正确的是(　　)。
   A. 雷暴日是指该平均一年内有雷电放电的总天数
   B. 雷暴日与该地区所在纬度、当地气象条件和地形地貌无关
   C. 若该地区的雷暴日为 45 天,则该地区为多雷区
   D. 若该地区的雷暴日为 60 天,则该地区为强雷区

4. 防雷保护都取(　　)进行研究分析。
   A. 正极性雷击流　　　　　　　　　　B. 负极性雷击流
   C. 有时正极性,有时负极性　　　　　D. 正负极性都可以

5. (真题)根据我国标准,对于雷暴日为(　　)的地区,地面落雷密度取 0.07。
   A. 90　　B. 40　　C. 15　　D. 5

6. 在我国的防雷设计中,通常建议采用(　　)长度的雷电流波头长度。
   A. 1.5 μs　　B. 2.6 μs　　C. 4 μs　　D. 5 μs

7. 保护范围是具有(　　)左右雷击概率空间范围。
   A. 0.001　　B. 0.002　　C. 0.003　　D. 0.004

8. (多选)雷电流波形一般分为(　　)。
   A. 斜角波　　B. 半余弦波　　C. 双指数波　　D. 半正弦波

9. 对于 500 kV 的高压输电线路,避雷线的保护角不应该大于(　　)度。
   A. 5　　B. 10　　C. 15　　D. 20

10. (多选)避雷器有哪几种(　　)。
    A. 管式避雷器　　B. 保护间隙　　C. 阀式避雷器　　D. 氧化锌避雷器

11. (多选)属于氧化锌避雷器的特点有( )。
    A. 无间隙   B. 无续流   C. 通流容量大   D. 通流容量小

12. (多选)接地分为( )。
    A. 保护接地   B. 工作接地   C. 防雷接地   D. 直接接地

13. 变压器发电机的中性点接地是( )。
    A. 保护接地   B. 工作接地   C. 防雷接地   D. 直接接地

14. (多选)输电线路雷害事故的防护措施主要用"四道防线",下列哪几项属于这"四道防线"( )。
    A. 防直击   B. 防闪络   C. 防建弧   D. 防漏电

15. 表示一条线路的耐雷性能和所采用防雷措施的效果,通常采用的指标有( )。
    A. 耐雷水平   B. 防雷保护水平   C. 雷电活动频度   D. 雷暴日

16. 雷击跳闸率是在雷暴日 $T_d=$ ( )的情况下,100 km 的线路每年因雷击而引起的跳闸次数。
    A. 30   B. 40   C. 50   D. 90

17. 雷击线路接地部分而引起绝缘子串闪络,称为( )。
    A. 直击   B. 反击   C. 闪击   D. 电晕闪络

18. (真题)直击雷是发电厂、变电所遭受雷害的主要原因( )。
    A. 正确   B. 错误

19. 我国 110 kV 及以上线路一般( )。
    A. 进线部分安装避雷线   B. 全线都装设避雷线
    C. 不安装避雷线   D. 部分重雷区安装避雷线

20. 接地装置的冲击系数一般情况下( )。
    A. 大于1   B. 小于1   C. 无法确定   D. 与其他因素有关

21. (多选)雷击于线路的情况分为( )。
    A. 雷击于避雷线   B. 雷击于杆塔塔顶
    C. 雷击于避雷线挡距中央   D. 雷绕过避雷线击于导线

22. 雷电的波阻抗为( )欧姆。
    A. 300   B. 500   C. 600   D. 700

23. 在线路防雷计算时,规程规定取雷电流波头时间为( )μs。
    A. 1   B. 1.6   C. 2.6   D. 5

24. 耐雷水平是雷击线路绝缘子发生闪络的最大雷电流幅值。( )
    A. 正确   B. 错误

25. (多选)输电线路雷电防护与应对措施有( )。
    A. 架设避雷线   B. 提高杆塔接地电阻
    C. 采用不平衡绝缘方式   D. 装设自动重合闸

习题答案

1. C   2. C   3. C   4. B   5. B

6. B   解析:在我国的防雷设计中,通常建议采用 2.6 us 长度的雷电流波头长度。

7. A   8. ABC   9. C   10. ABCD   11. ABC   12. ABC   13. B

14. ABC   解析:输电线路雷害事故的防护措施主要用"四道防线",即防直击、防闪络、防建弧、防停电。

15. A   解析:衡量一条线路的耐雷性能的指标有耐雷水平和雷击跳闸率。

16. B

17. B　**解析**：雷击线路接地部分而引起绝缘子串闪络，称为反击或逆闪络。

18. B　**解析**：一般而言沿输电线路入侵到发电厂、变电所雷电波是其雷害的主要原因。

19. B　**解析**：我国 110 kV 及以上线路一般全线都装设避雷线，而 35 kV 及以下线路一般不装设避雷线。

20. B　**解析**：冲击接地电阻与稳态电阻之比叫冲击系数，其值一般小于1，但接地长度较大时大于1。

21. BCD

22. A　**解析**：雷电波阻抗通常取 300 Ω。

23. C　24．B　25．ACD

第4篇 继电保护

第1章　电力系统继电保护的基本概念和要求

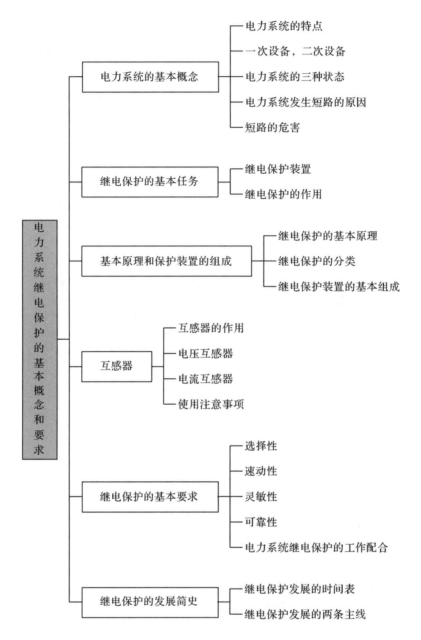

1.1 电力系统的基本概念

1) 电力系统的特点

(1) 电力系统是由发电厂、输电线、变电所、配电系统及用电负荷组成的。

(2) 特点：电能不能大量存储；电磁过程快速；与国民经济和人民日常生活关系密切。

2) 一次设备，二次设备

一次设备：完成电力发、输、变配、用等的设备称为一次设备，如发电机、变压器、断路器（开关）、隔离开关（刀闸）、母线、输电线路、电动机、电力电缆、互感器、电容器、电抗器、调相机、无功补偿器等设备。

二次设备：对一次设备的运行状态进行监视、测量、控制和保护的设备，如监视装置、测量仪表、控制及中央信号系统、继电保护装置、直流系统设备等。

3)电力系统的三种状态

电力系统的三种状态分为:正常状态、不正常状态、故障状态。

(1)任何电气设备都有额定电流、额定电压等的限制,在额定值附近工作时,称为正常工作状态,超过正常工作状态一定范围,称为不正常工作状态。

$$\sum P_{\mathrm{Gi}} - \sum \Delta P_{\mathrm{Lj}} - \sum \Delta P_{\mathrm{s}} = 0 \quad \begin{aligned} & S_{\mathrm{k}} \leqslant S_{\mathrm{k,max}} \\ & U_{i,\mathrm{min}} \leqslant U_i \leqslant U_{i,\mathrm{max}} \end{aligned}$$
$$\sum Q_{\mathrm{Gi}} - \sum \Delta Q_{\mathrm{Lj}} - \sum \Delta Q_{\mathrm{s}} = 0 \quad I_{ij} \leqslant I_{ij,\mathrm{max}}$$
$$f_{\mathrm{min}} \leqslant f \leqslant f_{\mathrm{max}}$$

(2)常见的不正常状态

① 过负荷:实际运行功率超过电气设备的额定值。

危害:造成载流导体的熔断或加速绝缘材料的老化和损坏,从而导致故障。

② 频率降低:系统中出现有功功率缺额而引起的。

危害:影响产品质量;频率过低可能会引起频率崩溃;使电压下降,可能引发电压崩溃。

③ 过电压:如发电机突然甩负荷引起过电压。

危害:造成绝缘击穿,导致短路。

④ 系统振荡:因系统受到扰动而失去功率平衡。

危害:系统振荡时,电流和电压周期性摆动,严重影响系统的正常运行。

(3)电力系统故障状态

最基本的故障电气量特征是电压的下降与故障电流的增大,电压与电流的相位角发生突变。关于故障分类如下:

按故障端口:纵向故障(断线故障)、横向故障(相间短路及接地)。

按故障发生时间:瞬时性故障、永久性故障。

按对称性:对称故障(无负序)、不对称故障(有负序)。

按是否接地:接地故障(有零序)、不接地故障(无零序)。

(4)事故

事故:系统或其中的一部分正常工作遭到破坏,并造成对用户送电或电能质量变坏到不能容许的地步,甚至造成人员伤亡和电气设备的损坏。

4)电力系统发生短路的原因

发生短路的原因很多,如:

(1)元件损坏、绝缘老化(电缆等)以及安装和维护不及时所造成的设备缺陷而发展成短路。

(2)由于气候恶劣引起的短路,如雷电、大风、冰雪等。

(3)人为事故,如带负荷拉闸、线路检修后未拆地线合闸送电等。

(4)其他原因,如机械损伤、鸟栖息等。

5)短路的危害

(1)引发火灾。通过故障点很大的短路电流和燃起电弧,严重时可能会引起火灾,这是非常严重的安全隐患。

(2)损坏电源和设备。由于发热和电动力的作用,短路电流通过非故障元件时引起其损坏或缩短其使用寿命。

(3) 影响电路正常运行。电力系统中部分地区的电压严重降低，影响其他设备的正常运行，破坏用户用电的稳定性或影响工厂产品的质量。

(4) 破坏系统稳定性。破坏系统并列运行的稳定性，引起系统震荡，甚至使整个系统瓦解。

(5) 干扰通信设备。不对称短路时产生的负序电流和零序电流，可能对旋转电机和通信设备造成干扰。

根据短路故障的发生比率和严重程度，单相接地在所有短路故障中占比最高。三相短路的危害最严重，故障最严重的危害是影响电力系统的安全稳定运行，导致系统瓦解。

1.2 继电保护的基本任务

1) 继电保护装置

继电保护装置是反映电力系统中电气元件发生故障或不正常运行状态，并动作于断路器跳闸或发出信号的一种自动装置。

(1) 动作条件——发生故障或不正常运行状态。

(2) 动作结果——动作于断路器跳闸或发出信号。

2) 继电保护的作用

(1) 发生故障时，自动、迅速、有选择地将故障元件从电力系统中切除，使故障元件免于继续遭受破坏，保证其他非故障部分迅速恢复正常运行。

(2) 对不正常运行状态，根据运行维护条件（如有无经常值班人员），而动作于发出信号、减负荷或跳闸。此时一般不要求保护迅速动作。

1.3 继电保护的基本原理和保护装置的基本组成

1) 继电保护的基本原理

继电保护应该能够正确区分正常运行与发生故障或不正常运行状态之间的差别而动作。原则上，只要能找到电气量或非电气量的差别，就能够构成某种原理的保护。

(1) 反映单侧电气量的保护（阶段式保护）

根据被保护设备一侧电气量的变化确定保护动作与否。

特点：由于误差，从所测电气量上不能区分本设备末端短路与下个设备首端短路，因此这种保护必须采用多段式才能完成对整个设备的保护；这种保护不能"全线速动"。

例如：反应 $I\uparrow\Rightarrow$ 过电流保护；反应 $U\downarrow\Rightarrow$ 低电压保护；反应 $Z\downarrow\Rightarrow$ 低阻抗保护（距离保护）等。

(2) 同时反映两侧（多侧）电气量的保护（纵联保护）

根据被保护设备两侧（多侧）电气量之间的变化确定保护动作与否。

特点：具有绝对的选择性（从两侧或多侧电气量变化的关系区分本设备短路还是相邻的下个设备短路），这种保护可以"全线速动"，但构成相对复杂。

例如：纵联电流差动保护；方向纵联保护（或称纵联方向保护）；纵联电流相差保护等。

(3) 反映电气量的序分量

可以构成零序分量或负序分量的保护。

(4) 反映非电气量的保护

反映于电动机绕组的温度升高而构成过热保护。

当变压器油箱内部的绕组短路时，反映于油分解所产生的气体而构成的瓦斯保护。

2) 继电保护的分类

按保护元件分为：发电机保护、变压器保护、母线保护、输电线路保护等。

按保护作用分为：主保护、后备保护、辅助保护。

按反映的故障分为：接地保护、相间短路保护、匝间短路保护、过励磁保护。
按保护原理分为：电流保护、距离保护、差动保护、方向保护、电压保护、零序电流保护。
按反映电气量分为：过量保护、欠量保护。
按是否为电气量分为：电气量保护、非电气量保护。
按装置实现方式分为：微机保护、集成电路式保护、晶体管式保护、整流型保护等。
按利用电气量端数分为：单端电气量保护、多端电气量保护。

3) 继电保护装置的基本组成

继电保护装置由三个部分组成，即测量部分、逻辑部分和执行部分（图1-1）。

图1-1 继电保护装置基本组成示意图

(1) 测量部分。对电气量和非电气量进行采集，并与整定值进行比较，根据输出的结果输出是、否、非、大于、不等于等逻辑信号，从而判断是否应该启动。

(2) 逻辑部分。经过分析，确认是否属于异常或故障状态，判定是否需要跳闸或告警，包括或、与、非、否（闭锁）、延时动作、延时返回及记忆等回路。

(3) 执行部分。完成相关命令，发出跳开断路器的跳闸脉冲和动作信息，或发出告警信号。

1.4 互感器

1) 互感器的作用

互感器的作用是将一次侧的大电流和高电压转换成二次侧的小电流和低电压，从而实现电气量的采集，进一步给保护装置进行逻辑运算。电压互感器和电流互感器属于一次设备。

2) 电压互感器（PT、TV）

电压互感器额定电压一般规定二次侧额定电压为100 V。常见三相电压互感器绕组的作用：第一绕组为一次侧电压；第二绕组用于保护，额定相电压为57.7 V；第三绕组一般为开口三角形，用于测量零序电压，以判别是否存在接地故障。

3) 电流互感器（CT、TA）

电流互感器额定电流一般规定二次侧额定电流为1 A或者5 A。其一次侧匝数根据线路的载流量、变电站容量和用户需求而定，变比选择一般为800/5、1 200/5、600/1等。

电流互感器二次侧可以串并联使用。串联使用，变比不变，容量变为2倍；并联使用，当二次侧并联时，变比减小1倍。

保护用的电流互感器型号，如5P10指的是10倍的额定电流（以5 A为例，二次侧为50 A）时CT二次采样误差不超过5%。

4) 使用注意事项

PT近似是一个电压源，二次侧不可以短路。
CT近似是一个电流源，二次侧不能开路。
为了安全PT、CT二次回路要有接地点，称为保护接地，且接地点有且只有一个，多点接地会造成CT产生分流，影响保护的正确动作。

1.5 继电保护的基本要求

1) 选择性

选择性是指继电保护装置动作时,仅将故障元件从电网中切除,尽量缩小停电范围,保证系统中无故障部分仍可以安全运行(图1-2)。

k_2 点故障,由保护3动作跳闸,变电站D停电。

k_1 点故障,由保护2动作跳闸,变电站C、D停电。

k_2 点故障,保护3或断路器3拒动,保护2动作跳闸。

选择性通过整定计算中上下级保护间的协调配合来实现,配合原则:

(1) 相邻的上下级保护在时限上有配合。

(2) 相邻的上下级保护在灵敏度(保护范围)上有配合。

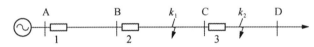

图1-2 单侧电源网络有选择性动作说明

2) 速动性

速动性是指动作于断路器跳闸的保护都要求动作迅速。其主要原因如下:

(1) 可以提高系统稳定性。

(2) 减少故障元件的损坏程度。

(3) 避免故障进一步扩大。

(4) 减少用户在低电压下工作的时间。

故障切除时间=保护动作时间+断路器动作时间。

一般的快速保护的动作时间为 0.06~0.12 s,快的可达 0.01~0.04 s。

一般的断路器的动作时间为 0.06~0.15 s,快的可达 0.02~0.06 s。

保护切除故障的时间越短越好,并不是保护装置的动作时间越短越好,保护动作时间整定时应考虑选择性。

3) 灵敏性

灵敏性是指对于保护范围内发生故障或不正常运行状态的反应能力。

通常用灵敏度系数来衡量,灵敏度系数越大则灵敏度越高。灵敏度系数指在被保护对象的某一指定点发生金属性短路,故障量与整定值之比(反映故障量上升的过量保护,如电流保护)或整定值与故障量之比(反映故障量下降的欠量保护,如距离保护)。

检验灵敏度主要应考虑两个方面:① 在何种运行方式下来检验,按照要求一般应采用可能出现的最不利运行方式进行校验。② 对何种故障类型进行检验,按照要求应当采用最不利的故障情况进行校验,通常采用金属性短路。

4) 可靠性

可靠性是对继电保护性能的最根本要求(最重要)。可靠性是指在保护装置规定的保护范围内发生了它应该动作的故障时,能可靠动作,即不拒动(可信赖性);而在该保护不应该动作的其他情况下,能可靠不动作,不误动(安全性)。

"四性"是分析继电保护性能的基础,是贯穿整个课程的一个基本线索。这四个要求之间往往是相互矛盾的。当选择性或灵敏性无法满足时,常常降低速动性的要求,增加延时。可靠性中的不拒动和不误动也是一种平衡。

5) 电力系统继电保护的工作配合

(1) 主保护：满足系统稳定和设备安全的要求，能以最快的速度有选择地切除被保护设备和线路故障的保护。

(2) 后备保护：当主保护或断路器拒动时，用来切除故障的保护。后备保护可分为近后备和远后备。

近后备是当主保护拒动时，由该电力设备或线路的另一套保护实现后备的保护。当断路器拒动时，由断路器失灵保护来实现的后备保护。

远后备是当主保护或断路器拒动时，由相邻电力设备或线路保护实现后备的保护，远后备保护具有"阶梯型"，主要保护类型有电流保护、低电压保护和距离保护。

(3) 辅助保护：电力系统继电保护的辅助保护是为补充主保护和后备保护的性能或需要加速切除严重故障而增加的简单保护。例如：短引线保护、母线充电保护（母线充电时投入，其他情况下退出）。

1.6 继电保护的发展简史

1) 继电保护发展的时间线

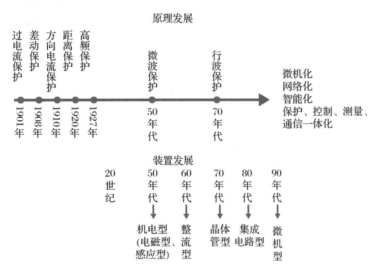

图 1-3 继电保护发展的时间线

2) 继电保护发展的两条主线

(1) 继电保护原理的发展随着电力系统的发展而不断完善，有过电流保护（熔断器是最早的过电流保护）、差动保护、方向电流保护、距离保护、高频保护。

(2) 继电保护装置的发展——随着构成继电器的元器件制造技术发展而变化，目前有机电型、整流型、晶体管型、集成电路型、微机型。

精选习题

1. 电流保护 I 段的灵敏系数通常用保护范围来衡量，其保护范围越长，表明保护越（　　）。

  A. 可靠　　　　　　B. 灵敏　　　　　　C. 不可靠　　　　　　D. 不灵敏

2. 对称短路的类型包括（　　）。

  A. 单相接地短路　　B. 两相短路　　　　C. 两相短路接地　　　D. 三相短路

3. 不属于继电保护基本要求的是（　　）。

  A. 可靠性　　　　　B. 选择性　　　　　C. 有效性　　　　　　D. 速动性

4. 继电保护测量回路的作用是( )。
   A. 测量与被保护电气设备或线路工作状态有关的物理量的变化,如电流、电压等的变化,以确定电力系统是否发生了短路故障或出现了不正常运行情况
   B. 当电力系统发生故障时,根据测量回路的输出信号,进行逻辑判断,以确定保护是否应该动作,并向执行元件发出相应的信号
   C. 执行逻辑回路的判断,发出切除故障的跳闸信号或指示不正常运行情况的信号
   D. 以上都对

5. 在大接地系统电流系统中,故障电流中含有零序分量的故障类型是( )。
   A. 两相短路 B. 三相短路
   C. 两相短路接地 D. 与故障类型无关

6. (多选)电力系统发生短路时,主要特征有( )。
   A. 电流增大 B. 电流减小 C. 电压升高 D. 电压降低

7. (多选)下列短路中,哪些属于不对称短路( )。
   A. 三相短路 B. 两相短路 C. 两相短路接地 D. 单相短路

8. (多选)根据哪些电气参数特点可构成继电保护?( )
   A. 电流的大小 B. 电流的相位 C. 电压的大小 D. 电压的相位

9. 电力系统发生了对称稳态短路一定会出现负序分量。( )
   A. 正确 B. 错误

习题答案

1. B 2. D
3. C **解析:** 四性是基本特性,重点内容。
4. A 5. C 6. AD 7. BCD 8. ABC
9. B **解析:** 分清楚零序分量、负序分量产生的状态。

第 2 章　阶段式电流保护配合原理和构成

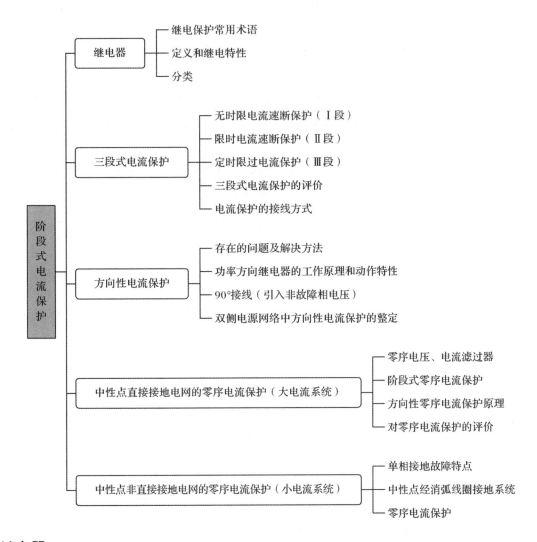

2.1　继电器

1）继电保护常用术语

（1）触点。触点是继电器最重要的组成部分之一。常见触点类型如图 2-1 所示。控制电路中的电流取决于继电器触点的"打开"和"关闭"。继电器的可靠性和使用寿命在很大程度上取决于触点的质量和性能。

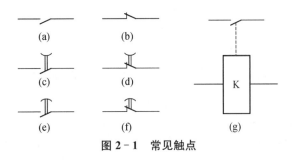

图 2-1　常见触点

（2）保护的启动与动作。继电器励磁称为保护的启动，保护启动并不等同于保护的动作。

(3) 整定。为配合实际应用的需要,大部分继电保护装置的启动值(始动值)是可以调整的,如 KA、KS 的整定值。这种调整的过程及步骤被称为对继电保护装置的"整定",所整定的值被称为整定值。比如可将 KA 的动作值整定为 5 A,KS 的动作时间整定为 1 s 等。

(4) 保护跳闸。继电器(保护装置)向断路器的操动机构发出跳闸命令(通过一常开触点实现),将断路器跳开,这个过程称为保护跳闸。

(5) 保护返回。继电器释放,不再输出跳闸命令称为保护返回。

2) 定义和继电特性

继电器是一种能自动执行断续控制的部件,当其输入量达到一定值时,能使其输出的被控制量发生预计的状态变化,如触点打开、闭合或者电平由高变低、由低变高等,具有对被控电路实现"通""断"控制的作用。

继电特性是指继电器要么闭合,要么断开,使得继电器的动作明确干脆,不会停留在某个中间位置。

3) 分类

(1) 按用途分为测量继电器、辅助继电器。

(2) 按结构分为电磁型、感应型、整流型以及静态型。

测量继电器指测电压、电流的继电器,即反映电气量的变化。

辅助继电器指测量时间、发信号或者用来提供节点等的继电器。

电磁型继电器按结构可再分为螺管线圈式(时间继电器)、吸引衔铁式(中间、信号继电器)和转动舌片式(电流、电压继电器)。

(3) 按反应量大小分为过量继电器与欠量继电器。

过量继电器:反应输入量增加而动作的继电器,增量继电器返回系数小于 1;过流继电器取值 0.85~0.9,比如过流保护、差动保护等。

欠量继电器:反应输入量减少而动作的继电器,欠量继电器返回系数大于 1;欠量保护应用较少,比如电容器的低电压保护等。

(4) 常见继电器

电流继电器(KA):① 动作电流 I_{op},是继电器动作的门槛,可调节。② 返回电流 I_{re},是继电器恢复的门槛。③ 返回系数 K_{re},是表征继电器的一个重要参数,$K_{re}=\dfrac{I_{re}}{I_{op}}$。图 2-2 为各常见电流的关系。

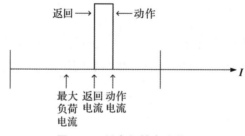

图 2-2 继电保护电流关系

电压继电器(KV):是输入量、特性量为电压的量度继电器,分为过电压继电器和欠电压继电器。

时间继电器(KT):作为时限元件,主要用来建立必需的动作时限。对时间继电器的要求是动作时间要准确,且动作时间不随操作电压的波动而变化。

中间继电器(KM):电流速断保护中接入中间继电器的原因是,其具有固有时间,接点容量大,可增加接点的数量。

信号继电器(KS):在继电保护和自动装置中用作动作指示,根据信号继电器发出的信号指示运行维护人员能够方便地分析事故和统计保护装置正确动作次数。

2.2 三段式电流保护

过电流保护的定义：在系统中发生故障时，最主要的特征是电流增大，电压的下降，对于仅反映电流增大而动作的保护，称为过电流保护。过电流保护为典型的过量保护，过电流继电器符合过量继电器的所有特征。

主要应用：阶段式电流保护实际上是低电压等级小电流系统下的相间短路保护。

三段式电流保护在线路保护中应用于 66 kV 及以下的小电流接地系统中（常见为 35 kV、20 kV、10 kV），仅在两相和三相短路时动作，在单相接地故障不跳闸。

单相接地故障不跳闸原因是故障电流小，允许单相接地故障情况下继续运行 1~2 h，以便检修人员排查故障。

1）无时限电流速断保护（Ⅰ段）

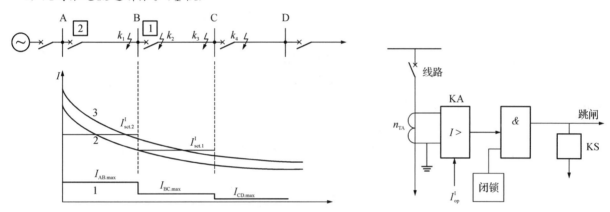

图 2-3 无时限电流速断保护及原理接线图

（1）保护安装位置与配合

电流保护通过输入 CT 的二次侧电流判定线路是否发生故障。默认 CT 的位置即为电流保护的安装位置（图 2-3）。

靠近电源侧的保护为上级保护，离电源远的保护为下级保护，因而上下级保护的配合指距离电源远近的相邻元件之间保护的配合。

（2）整定原则

短路电流若大于继电保护装置的电流整定值，则继电保护装置动作，故障切除。

通常从整定值上保证下一条线路出口处短路时保护不启动，即采用躲开相邻线路出口短路最大短路电流的方法，称之为整定原则。

解决方法：从保护装置启动参数的整定值上保证下一条线路出口处短路时不启动称为按躲开下一条线路出口短路的条件整定；在个别情况下，当快速切除故障是首要条件时，就采用无选择性的速断保护，而以自动重合闸来纠正这种无选择性动作。

（3）动作值的整定（不能保护线路全长）

为了电流速断保护的选择性，对于图 2-3 所示保护 2 来说，其整定的动作电流必须大于 B 点短路时可能出现的最大短路电流，即大于在最大运行方式下变电所 B 母线上的三相短路时的电流。

$$I_k^{(3)} = \frac{E_{ph}}{Z_{s\,min} + Z_{AB}}$$

式中：E_{ph}——发电机或者等效系统电动势；

$Z_{s\,min}$——系统最小运行阻抗；

Z_{AB}——线路 AB 的线路阻抗。

最大运行方式:在相同地点发生相同类型的短路时流过保护安装处电流最大。

最小运行方式:在相同地点发生相同类型的短路时流过保护安装处电流最小。

动作电流为

$$I_{op2}^{I} = K_{rel}^{I} I_{KBmax}^{(3)}$$

式中:$K_{rel}^{I} = 1.2 \sim 1.3$,为可靠系数。

引入可靠系数的原因是理论计算和实际情况之间存在误差。原因有实际短路电流大于计算值。故障瞬间,非周期分量使总电流变大。电流继电器的实际动作电流可能小于整定值。需考虑必要的裕度。

(4)灵敏性的校验

在已知保护的动作电流后,大于一次动作电流的短路电流对应的短路区域就是保护范围。保护范围随运行方式、故障类型的变化而变化,最小的保护范围在系统最小的运行方式下,两相短路时出现。

$$K_{sen}^{I} = \frac{I_{Kmin}^{(2)}}{I_{op2}^{I}}$$

① 当系统为最大运行方式三相短路时,电流速断的保护范围最大。

② 当出现其他运行方式或两相短路时,速断保护的范围都要减小,而当出现系统最小运行方式下的两相短路时,电流速断的保护范围最小。

③ 一般规定最小保护范围不得小于 15%。

当系统运行在最小运行方式下发生两相短路时,l 取得最小值,即

$$l_{min} = \frac{1}{X_1}\left(\frac{\sqrt{3}}{2} \times \frac{E_{ph}}{I_{op2}^{I}} - X_{smax}\right)$$

因此,应以此运行方式和故障类型来校验保护的灵敏度。

(5)评价

优点:电流速断保护简单可靠(保护原理越简单,接线越简单的保护越可靠)、动作迅速。

缺点:不能保护线路全长且保护范围受运行方式变化的影响。

在最大运行方式下的保护范围能达到线路全长的 50%~70%。

在最小运行方式下的保护范围仅有 15%~20%。

在极端情况下,当系统运行方式变化很大时,当按最大运行方式整定后,最小运行方式下过流 I 段可能没有保护范围。

瞬时电流速断保护不能保护线路全长,但线路-变压器接线的速断保护能保护线路全长(并能保护到变压器的一部分)。

2)限时电流速断保护(II段)

(1)整定原则

整定原则是保护不能缺位,动作要快,不能越位。在下条线路 I 段动作时间的基础上加一延时。

在任何情况下能够保护本线路的全长,且有足够的灵敏性;并希望有最小的动作时间,下级线路短路时由下级线路保护切除,保证选择性。必须保护本线路全长,按照躲开相邻元件电流速断保护的动作电流来整定(或者说与相邻线路的电流速断保护相配合)。保护的配合包含两方面的含义,一是灵敏度(整定值)的配合,二是时间的配合。限时电流速断是保护配合的典型例子,如图 2-4 所示。

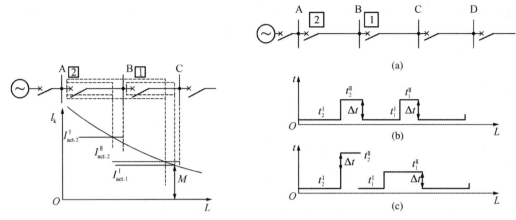

图 2-4 限时电流速断保护特性及时限配合图

当线路上装设了电流速断和限时电流速断保护后,它们的联合工作就可以保证全线路范围的故障都能够在 0.5 s 的时间以内予以切除,在一般情况下能够满足速动性的要求,具有这种性能的保护成为该线路的"主保护"(速动且能保护线路全长)。

(2) 整定计算

① 整定值与相邻线路第Ⅰ段保护配合,在保证保护本段末端的同时,不能超出相邻段的Ⅰ段保护范围。

$$I_{op2}^{II} = K_{rel}^{II} I_{op1}^{I}$$

式中:K_{rel}^{II} 为 1.1~1.2。

② 动作时限选择

保护 2 的限时电流速断保护在保护 1 的无时限电流速断保护基础上延时,其值一般取 0.3~0.5 s。

(3) 灵敏性的校验

对反映数值上升而动作的保护装置,某点发生短路时,保护的灵敏系数的计算公式为

$$K_{sen} = \frac{I_{KBmin}}{I_{op2}^{II}}$$

当保护范围内发生短路时,灵敏系数应大于 1,为了保证在线路末端短路时,保护装置一定能够动作,要求 $K_{sen} > 1.5$。其原因有故障一般都不是金属性短路,存在过渡电阻;短路电流计算存在误差;电流互感器存在误差;继电器启动值存在误差,需考虑一定的裕度。

如果灵敏性不满足要求,限时电流速断保护的整定值可与相邻线路的限时电流速断保护的整定值配合,$I_{op2}^{II} = K_{rel}^{II} I_{op1}^{II}$,整定时限与相邻线路时限配合,时限为 $t_{op2}^{II} = t_{op1}^{II} + \Delta t$。

(4) 评价

优点:可保护本线路全长,可作为Ⅰ段的近后备保护。

缺点:速动性差(有延时),不能作为相邻下一段线路的远后备保护。

3) 定时限过电流保护(Ⅲ段)

(1) 整定原则

作为本线路的近后备、下级线路的远后备。启动电流要躲开最大负荷电流来整定,不仅能够保护本线路全长,起到近后备保护的作用,而且能保护相邻线路全长,起到远后备保护的作用。

(2) 整定计算

大于流过该线路的最大负荷电流

$$I_{op1}^{III} = \frac{K_{rel}^{III} \cdot K_{ss}}{K_{re}} \cdot I_{Lmax}$$

式中:K_{rel}^{III} 为 1.15~1.25。

动作时限特性是从负载端到电源端逐级升高的阶梯特性,这是为了保证保护动作的选择性,因为整定值上配合不了,只好用时间来配合,很显然这个时间特性曲线并不理想,因为越靠近电源侧的动作时间越长。

(3) 灵敏性检验

作为近后备时:采用最小运行方式下本线路末端两相短路时的电流来校验:

$$K_{\text{sen1}(近)}^{\text{Ⅲ}} = \frac{I_{\text{KBmin}}^{(2)}}{I_{\text{op1}}^{\text{Ⅲ}}} \geqslant 1.5$$

作为远后备时:采用最小运行方式下相邻线路末端两相短路时的电流来校验:

$$K_{\text{sen1}(远)}^{\text{Ⅲ}} = \frac{I_{\text{KCmin}}^{(2)}}{I_{\text{op1}}^{\text{Ⅲ}}} \geqslant 1.2$$

灵敏性配合:在各个过电流保护之间,要求灵敏系数互相配合;对同一故障点而言,要求越靠近故障点的保护灵敏系数越高。

电流保护的整定值越低,灵敏度越高。过电流保护在上下级配合过程中要求下级的整定值更小,灵敏度更高,当出现故障时,在所有达到整定值的保护中,下级保护因灵敏性高会可靠先启动,再通过整定延时保证保护动作的选择性。

① 动作电流小,灵敏度比第Ⅰ、Ⅱ段更高。

② 保护范围是本线路和相邻下一线路全长。

③ 电网末级线路保护亦可简化(Ⅰ+Ⅱ或Ⅲ),越接近电源,动作时限越长,应装设三段式保护。

(4) 评价

定时限过电流保护动作电流小,保护范围最大,灵敏度比第Ⅰ、Ⅱ段更高;其保护范围是本线路和相邻下一线路全长,可以作为本线路的近后备和相邻线路的远后备保护;但是,其整定值没有选择性,需要靠延时保证选择性。

4) 三段式电流保护的评价及应用

电流保护简单、可靠性高,一般情况下能够满足快速切除故障的要求,但是受运行方式的变化影响比较大,整定值必须按系统最大运行方式下来选择,灵敏性必须用系统最小运行方式来校验。在后备保护配合中,只有当灵敏系数和动作实际都相互配合时,才能切实保证动作的选择性。

这三种电流保护,限时电流速断和过电流保护是复杂保护,电流速断保护是简单保护,电流速断的整定值最大,过电流的整定值最小。

阶段式电流保护的配合方案主要有:

(1) Ⅲ段单独使用

① 电网最末端线路的电动机或其他用电设备保护,采用瞬时动作的过电流保护,其动作电流按躲开电动机自启动时的线路最大电流整定。

② 如果电网倒数第二级没有瞬时切除故障的要求,则可采用0.5 s动作的过电流保护。

(2) Ⅰ+Ⅲ段结合使用

① 如果电网倒数第二级有瞬时切除故障的要求,则可采用0.5 s动作的过电流保护+电流速断保护。

② 电网倒数第三级可采用Ⅰ+Ⅲ段这种配合,此时过电流保护动作时限达到1 s以上。

(3) Ⅰ+Ⅱ+Ⅲ段结合使用

从电网倒数第三级开始,最好采用Ⅰ+Ⅱ+Ⅲ的三段式电流保护,这样全系统任意点发生短路都能在0.5 s内切除故障。

5) 电流保护的接线方式

(1) 电流保护的接线方式是指保护中电流互感器与电流继电器之间的连接方式。广泛采用的接线方式有三相星形连接和两相星形连接(严格地说是两相不完全星形连接),如图 2-5 所示。

(2) 接线系数 K_c=流入继电器电流/电流互感器二次电流。

星形接线(包括三相星形接线及两相星形接线)系数为 1。三角形接线系数为 3,主要因为线电流值与相电流值之间的比值。

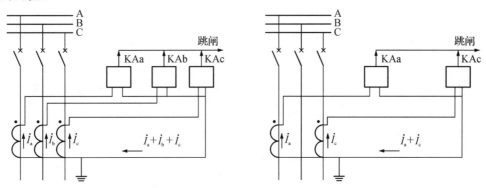

图 2-5 电流保护的接线方式

(3) 中性点非直接接地系统中的不同相两点接地的故障切除。在中性点非直接接地系统中,如果发生不同相两点接地短路,只需要切除一个故障点,一点接地(单相接地)允许继续运行一段时间。

① 对于串联的两条线路上发生不同相两点接地时,三相星形连接的电流保护能够 100% 有选择地切除后一条线路;而两相星形连接的电流保护只有 2/3 机会有选择地切除后一条线路。

② 对于并联的两条线路上发生不同相两点接地时,三相星形连接的电流保护将 100% 同时切除两条线路;两相星形连接的电流保护有 2/3 机会仅切除一条线路。

(4) Yd11 连接变压器低压侧两相短路对高压侧继电保护灵敏度的影响。Yd11 连接变压器低压侧(△) A、B 两相短路时,高压侧(Y)A、C 两相电流相等,B 相电流为 A、C 相电流的 2 倍。这样,作为低压侧线路故障后备保护的装于高压侧的过电流保护,若采用三相星形连接,B 相继电器灵敏度是其他两相保护的 2 倍;如果采用两相星形连接,则保护的灵敏度比三相星形连接时降低一半。所以可采用两相三继电器的接线方式来提高灵敏度。

(5) 两种接线方式的应用。

① 三相星形连接广泛应用于发电机、变压器的后备保护中。

② 两相星形连接广泛应用于中性点非直接接地系统中,作为相间短路电流保护的接线方式。

2.3 方向性电流保护

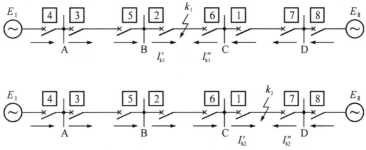

图 2-6 方向性电流保护原理示意图

1) 存在的问题及解决方法

(1) 原因:① 动作时间不配合引起误动;② 动作电流无法配合引起误动。方向性电流保护原理如图 2-6 所示。

方向性电流保护的主要特点就是在原有电流保护的基础上增大一个功率方向判断元件,以保证在反方向故障时把保护闭锁使其不致误动作。只有方向元件和电流元件都动作后,才能去启动时间元件,再经过预定的延时后动作于跳闸。

(2)保护动作条件为:短路电流大于整定值。短路功率方向为正。

(3)解决方法:引入方向性电流保护＝电流保护＋功率方向继电器。

(4)加装方向闭锁元件的原则:动作时限小的应加装方向闭锁元件。只有动作时限最大的保护可以不装方向闭锁元件。负荷支路不装方向闭锁元件。

2)功率方向继电器的工作原理和动作特性

(1)正方向的规定:电流参考方向均以母线指向线路为正。电压参考方向为线路指向大地(图2-7)。双端电源故障线路两侧的短路功率都是正方向的。

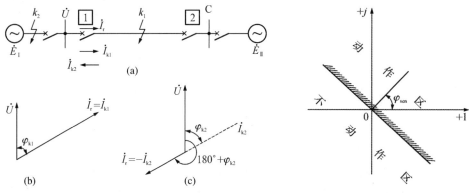

图2-7 功率方向继电器的工作原理图　　图2-8 0°接线动作区

(2)功率方向继电器是用以判别功率方向或测定电压、电流间相位角的继电器(图2-8)。基本要求:具有明确的方向性。正方向故障有足够的灵敏性。

(3)最大灵敏角:一般的功率方向继电器当输入电压和电流的幅值不变时,其输出(转矩或电压)值随两者间相位差的大小而改变,输出为最大时的相位差称为继电器的最大灵敏角 $\varphi_{sen}=\varphi_k-90°$。内角 α 与最大灵敏角的关系:$\alpha=-\varphi_{sen}$。

(4)动作方程:$U_m I_m \cos(\varphi_m-\varphi_{sen})>0 \Leftrightarrow \varphi_{sen}+90°\geqslant \arg\left(\dfrac{\dot{U}_m}{\dot{I}_m}\right)\geqslant \varphi_{sen}-90°$。

(5)功率方向继电器的死区

方向死区产生的原因:用于比相的参考相量幅值过低。

消除方向死区的思想:寻找可替代的,幅值较大的参考相量代替原参考相量。

消除方向死区的方法:引入非故障相电压,采用记忆电压,微机保护利用储存单元直接存储。

3)90°接线(引入非故障相电压)

(1)90°接线方式:是指在三相对称情况下,当 $\cos\varphi=1$ 时,加入继电器的本相电流和另两相的线电压的相位差为90°(表2-1、图2-9)。

表2-1 90°接线继电器输入电流和电压

继电器	$\dot{I}_m$	$\dot{U}_m$
A	$\dot{I}_A$	$\dot{U}_{BC}$
B	$\dot{I}_B$	$\dot{U}_{CA}$
C	$\dot{I}_C$	$\dot{U}_{AB}$

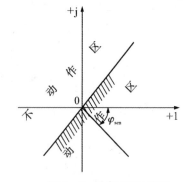

图2-9 90°接线动作区

(2) 90°接线方向元件动作条件：$\dot{I}_{kA}=\dot{I}_A$，$\dot{U}_{kA}=\dot{U}_{BC}$，$\varphi_A=\varphi_k-90°$，A 相继电器的动作条件应为 $U_{BC}I_A\cos(\varphi_k-90°+\alpha)>0$。

(3) 优点：对各种两相短路都没有死区，因为继电器加入的是非故障相间电压，其值很高。三相短路时仍有死区。

选择继电器的内角 $\alpha=-\varphi_{sen}=90°-\varphi_k$ 后，当 $0<\varphi_k<90°$，使方向继电器在一切相间故障情况下都能动作的条件为 $30°<\alpha<60°$，一般提供 $\alpha=45°$ 和 $\alpha=30°$ 两种内角。

(4) 继电器潜动

继电器潜动是在只加入电流或电压的情况下，继电器就能动作的现象。在反方向出口处三相短路时，潜动现象会导致方向继电器误动。

4) 双侧电源网络中方向性电流保护的整定

为了简化接线、节约成本，如果能从电流整定值保证选择性，就不加方向元件。同时考虑上下级配合，需要考虑分支电路的影响。

(1) 瞬时电流速断保护（Ⅰ段）

弱电源侧加装方向元件。为了增大弱电源侧保护的范围，需要在弱电源侧保护装置（也就是动作电流小的保护装置）加装方向元件，这样电流速断保护的动作电流就可按躲开正方向短路电流来整定（图 2-10）。

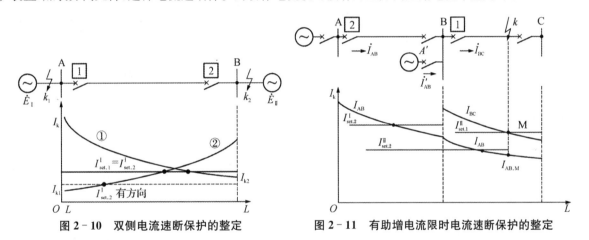

图 2-10 双侧电流速断保护的整定　　图 2-11 有助增电流限时电流速断保护的整定

(2) 限时电流速断保护（Ⅱ段）

仍然是与下一级保护的第一段配合，但需考虑保护安装点与短路点之间有分支电路的影响。对于限时速断启动电流而言，其最大保护范围出现在分支系数最小的运行方式下，此时保护最灵敏（图 2-11）。

应按可能出现的最小分支系数整定电流定值（本质上对应的是待整定的保护处于最灵敏的方式）。

$$K_b=\frac{\text{故障线路流过的短路电流}}{\text{前一级保护所在线路上流过的短路电流}}$$

$$I_{set.2}^{\mathrm{II}}=\frac{K_{rel}^{\mathrm{II}}}{K_{b.\min}}I_{set.1}$$

(3) 定时限过电流保护（Ⅲ段）

定时限过电流保护的整定计算与前述分析相同。但是定时限过电流保护校验远后备灵敏度时需考虑分支系数的影响。分支系数取最大值，用以保证相邻线路末端故障时保护装置有足够的灵敏度。

2.4 中性点直接接地电网的零序电流保护（大电流系统）

零序产生原因：当发生不对称接地故障和断线故障时，三相不平衡，有零序电流和零序电压分量。

零序的作用：有无零序分量可以用来判断系统是否发生接地短路，零序电流保护具有显著的优点，被广泛应用在 110 kV（大接地系统）及以上电压等级的电网中，构成大电流系统的接地短路保护。

1) 零序电压、电流滤过器

零序电压滤过器由 3 台单相三绕组电压互感器或 1 台三相三绕组五铁芯柱电压互感器构成,电压互感器的 3 个反映相电压的二次绕组串联接成开口三角形,开口三角形两端为 3 个相电压的矢量和,即零序电压,其值为每相零序电压的 3 倍(图 2-12)。

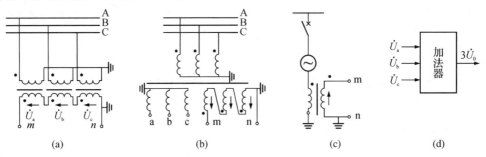

图 2-12 零序电压滤过器

零序电流滤过器由 3 台星形连接的电流互感器构成,二次绕组星形连接的中性线电流即为零序电流,其值为每相零序电流的 3 倍。在实际应用中,零序电流滤过器并不需要专门的 1 组电流互感器,使用相间短路保护用的电流互感器即可。对于电缆线路,则采用零序电流互感器(图 2-13)。

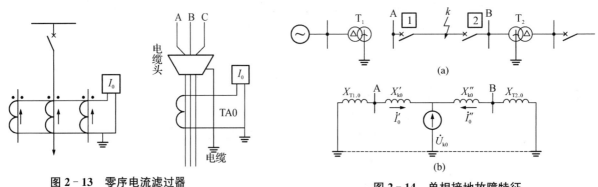

图 2-13 零序电流滤过器　　　　　图 2-14 单相接地故障特征

2) 阶段式零序电流保护

(1) 单相接地故障特征

零序电压分布特点:零序电压是故障点叠加电压产生的,零序电压分布取决于故障点位置和变压器接地中性点位置;故障点零序电压最高,零序电压从故障点的最大值沿零序网逐步降低,至中性点降为零。

零序电流分布特点:零序电流分布取决于零序网络结构和故障点位置。零序网结构与正序网结构不同;零序网结构取决于接地变压器位置、接线组别,以及故障端口位置(图 2-14)。

零序电压与零序电流的夹角取决于保护安装点至中性点接地点处之间的零序阻抗(保护至背后系统接地点间的零序阻抗),与被保护线路、故障位置、过渡电阻无关。

零序或负序的功率方向与正序功率方向相反,即在大接地系统中正序功率方向为由母线指向故障点,而零序和负序功率方向为由故障点指向母线(图 2-15)。

(2) 零序电流速断保护

① 躲开下一条线路出口处单相或两相接地短路时可能出现的最大零序电流。

② 躲开断路器三相触头不同期合闸时出现的最大零序电流。

很显然在上面两条中选取其中较大者再乘以一个可靠系数作为整定值。如果保护装置动作时间大于断路器三相不同期合闸时间,则可不考虑这一条件。

③ 当线路上采用单相自动重合闸时,按能躲开在非全相(相当于纵向断线故障)运行状态下又发生系统振荡时所出现的最大零序电流整定。

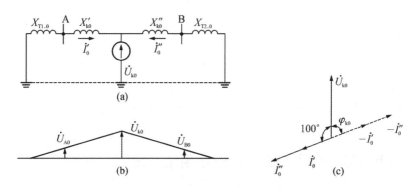

图 2-15 单相接地故障零序等效网络图和矢量关系

按③整定,其定值较高,正常情况下发生接地故障时保护范围要缩小,不能充分发挥零序Ⅰ段的作用。为解决这一问题,通常设置两个零序电流Ⅰ段保护:灵敏Ⅰ段和不灵敏Ⅰ段。

灵敏Ⅰ段按①、②整定,定值较小,保护范围较大。主要对全相运行状态下的接地故障起保护作用,当单相自动重合闸启动时将其自动闭锁。

不灵敏Ⅰ段按③整定,定值较大,保护范围较小。主要在单相重合闸过程中,其他两相又发生接地故障时尽快切除故障。

(3) 零序电流限时速断保护

与相邻线路零序电流Ⅰ段配合,并考虑变电所母线上接有中性点接地变压器的分支电流影响。引入接地变压器零序电流分支系数 K_b 后,零序电流Ⅱ段的动作电流(启动电流)整定为 $I^{Ⅱ}_{\text{set.2}} = \dfrac{K^{Ⅱ}_{\text{rel}}}{K_{b,\min}} I_{\text{set.1}}$。

零序电流Ⅱ段保护的灵敏度按本线路末端发生接地故障时最小零序电流校验,并应满足 $K_{\text{sen}} \geqslant 1.5$。零序电流Ⅱ段保护的动作时限通常整定为 0.5 s。

(4) 零序过电流保护

零序电流Ⅲ段(过电流)保护动作电流按躲过下级线路出口处相间短路时所出现的最大不平衡电流来整定。

动作时限按阶梯原则整定,前级线路保护动作时限比后级线路保护动作时限长 Δt(一般取 0.5 s)。

当保护作为下级线路的远后备保护时,灵敏度应按下一级线路末端接地短路时,流过本保护的最小零序电流来校验。当保护作为本线路的近后备保护时,灵敏度应按线路末端接地短路时的最小零序电流来校验。

3) 方向性零序电流保护原理

(1) 原理:零序功率方向继电器接于零序电压和零序电压之上,反映零序功率的方向而动作。

方向性零序电流保护=零序电流保护+零序功率方向继电器。

(2) 零序方向继电器的性能分析:正方向和反方向短路时,零序电压和零序电流的夹角截然相反,动作边界十分清晰,因此性能良好,有良好的方向性。继电器的动作行为与负荷电流无关,不受过渡电阻的影响,系统振荡时不会误动。振荡一般默认为三相对称振荡,无零序。零序方向继电器只能保护接地故障,不能反映两相不接地短路和三相短路。零序方向元件没有电压死区。

4) 对零序电流保护的评价

(1) 与相间短路电流保护相比,零序电流保护具有以下优点:

① 零序过电流保护的灵敏度高。

② 受系统运行方式的影响小。

③ 不受系统振荡和过负荷的影响。

④ 方向性零序电流保护没有电压死区。

⑤ 简单,可靠。

(2) 零序电流保护的不足之处:

① 对于运行方式变化很大或接地点变化很大的电网,保护往往不能满足要求。

② 在单相重合闸的过程中可能误动。

③ 当采用自耦变压器联系两个不同电压等级的电网时,将使保护的整定配合复杂化,且将增大第Ⅲ段保护的动作时间。

2.5 中性点非直接接地电网的零序电流保护(小电流系统)

1) 单相接地故障特点

66 kV 及以下电压等级电网——小接地电流系统:中性点不接地,中性点经消弧线圈接地,中性点经电阻接地。用于反映 35 kV 及以下线路单相接地,一般只发信号不跳闸。

(1) 当发生单相接地故障时,故障电流很小。

(2) 三相线电压保持对称,对负荷供电没有影响。

(3) 非故障相对地电压升高 $\sqrt{3}$ 倍。

零序电压:全网络出现(与故障元件连接的电压等级),零序电压基本不随测量位置变化。

健全线路保护测量的零序电流:线路本身的电容电流。零序功率为容性,方向为从母线流向线路(图 2-16)。

故障线路保护测量的零序电流:全系统非故障线路零序电流的总和(图 2-17)。

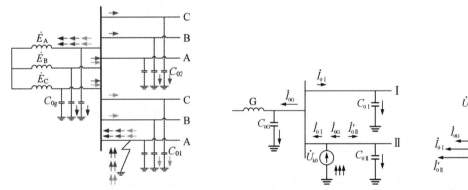

图 2-16 单相接地故障电容电流分布   图 2-17 单相接地故障零序等效网络图

小接地电流系统发生单相接地时,故障点的电流很小,三相之间的线电压仍然保持对称,对负荷供电没有影响。允许单相接地后继续运行 1~2 h,这是中性点非直接接地系统的主要优点。

2) 中性点经消弧线圈接地系统

(1) 装设消弧线圈的原理

故障点故障电流=全网电容电流+消弧线圈电流

$$3\dot{I}_0 = \dot{I}_{0C\Sigma} + \dot{I}_L = -3j\omega(C_\Sigma)\dot{E}_A - \frac{\dot{E}_A}{j\omega L}$$

(2) 补偿方式的选取:根据对电容电流补偿程度的不同,可以分为完全补偿、欠补偿和过补偿三种方式。

(3) 实际中使用过补偿方式

① 过补偿后通过故障线路的电流为补偿后的感性电流。

② 此时电容性无功功率的方向为母线流向线路,与非故障线路的方向一样,不能再采用无功功率方向判别故障线路。

③ 由于过补偿度不大,故障线路电流的数值和非故障线路的容性电流差不多。

3）零序电流保护

（1）绝缘监视装置（无选择性地接地保护，用于判别是否单相接地）。

（2）零序电流保护（有选择性地接地保护，用于选线，出线数量较多）。

（3）零序功率方向保护（有选择性地接地保护，用于选线，出线数量较少）。

精选习题

1. 对于反映故障时参数增大而动作的继电保护，计算继电保护灵敏性系数时应用（ ）。
   A. 保护区末端金属性短路 B. 保护区首端金属性短路
   C. 保护区任何一点金属性短路 D. 相邻线路任一点金属性短路

2. 对于反映故障时参数增大而动作的继电保护，计算继电保护灵敏性系数时应用（ ）。
   A. 故障参数的最大计算值 B. 故障参数的最小计算值
   C. 故障参数的最优解 D. 以上都对

3. 瞬时电流速断保护的保护范围在（ ）运行方式下最小。
   A. 最大 B. 正常 C. 最小 D. 以上都对

4. 三段式电流保护中，（ ）是后备保护。
   A. 瞬时电流速断保护 B. 限时电流速断保护
   C. 定时限过电流保护 D. 以上都对

5. 在中性点非直接接地电网中，由同一变电站母线引出的两条并联运行线路上发生跨线异相两点接地短路时，若两条线路保护动作时限相同，则采用不完全星形接线的电流保护动作情况时（ ）。
   A. 有2/3机会只切一条线路 B. 有1/3机会只切一条线路
   C. 100%切除两条线路 D. 不动作，即两条线路都不切

6. 瞬时电流速断保护的主要优点是（ ）。
   A. 可保护线路全长 B. 保护本线路及下级线路全长
   C. 动作迅速，简单可靠 D. 可保护本线路及下级线路一部分

7. 靠近线路电源端与靠近线路负荷端的定限过电流保护，动作时间相比（ ）。
   A. 靠近线路电源端整定值大 B. 靠近线路负荷端整定值大
   C. 整定值相等 D. 不确定

8. 下列不属于功率方向继电器90°接线方式的是（ ）。
   A. U_{AB}, I_C B. U_{BC}, I_A
   C. U_{AC}, I_B D. U_{CA}, I_B

9. 中性点不接地电网的单相接地故障出现较多时，为反映单相接地故障，常采用（ ）。
   A. 绝缘监视装置 B. 零序电流保护
   C. 零序功率方向保护 D. 零序电压保护

10. 在中性点直接接地电网中，发生单相接地短路时，故障点的零序电流与零序电压的相位关系是（ ）。
    A. 电流超前电压约90° B. 电压超前电流约90°
    C. 电流与电压同相位 D. 电压超前电流约180°

11. 当中性点采用经装设消弧线圈接地的运行方式后，如果接地故障时所提供的电感电流大于电容电流总和，则其补偿方式为（ ）。
    A. 全补偿方式 B. 过补偿方式
    C. 欠补偿方式 D. 零补偿方式

12. ( )的出现是区分正常运行、过负荷、系统振荡及相间短路的基本特征。
    A. 正序分量　　　　B. 负序分量　　　　C. 零序分量　　　　D. 以上都对

13. (多选)在电流速断保护中,动作电流引入可靠系数的原因包括( )。
    A. 实际的短路电流大于计算电流
    B. 对瞬时动作的保护还应考虑非周期分量的影响
    C. 保护装置中电流继电器的实际启动电流可能小于整定值
    D. 考虑必要的裕度

14. (多选)电流继电器接线中,利用中间继电器的原因包括( )。
    A. 电流继电器的触点容量较小,不能直接接通跳闸线圈,先启动中间继电器,由中间继电器去跳闸
    B. 当线路上有避雷器时,利用中间继电器来增大保护装置的固有动作时间,以防止速断保护误动作
    C. 提高动作速度,减少动作时间
    D. 以上都对

15. (多选)电流速断保护在哪些情况可能没有保护范围( )。
    A. 系统运行方式变化很大时　　　　B. 被保护线路的长度很短时
    C. 被保护线路的长度很长时　　　　D. 以上都对

16. (多选)限时电流速断保护中,要求灵敏度系数大于等于1.5,是因为考虑了一定的不利于保护启动的因素,属于这类因素的有( )。
    A. 过渡电阻的影响
    B. 实际的短路电流由于计算误差小于计算值
    C. 保护装置所使用的电流互感器一般有负误差
    D. 考虑一定的裕度

17. 瞬时电流保护的保护范围与故障类型无关。( )
    A. 正确　　　　B. 错误

18. 在同等情况下,同一地点发生相间短路时,其两相短路电流一般为三相短路电流的 $\frac{\sqrt{3}}{2}$。( )
    A. 正确　　　　B. 错误

19. 在同等条件下,当输电线路同一地点发生三相或两相短路时,保护安装处母线间的残压相同。( )
    A. 正确　　　　B. 错误

20. 上下级保护装置只要动作时间配合好,就可以保证选择性要求。( )
    A. 正确　　　　B. 错误

习题答案

1. A　2. B　3. C　4. C　5. A　6. C　7. A　8. C　9. B　10. A

11. B　12. B　13. ABCD　14. AB　15. AB　16. ABCD　17. B

18. A　解析:非故障相电压升高至线电压(即非故障相电压升高$\sqrt{3}$倍),因而增加了线路和设备的绝缘成本。

19. A　20. B

第 3 章 距离保护的工作原理和动作特性

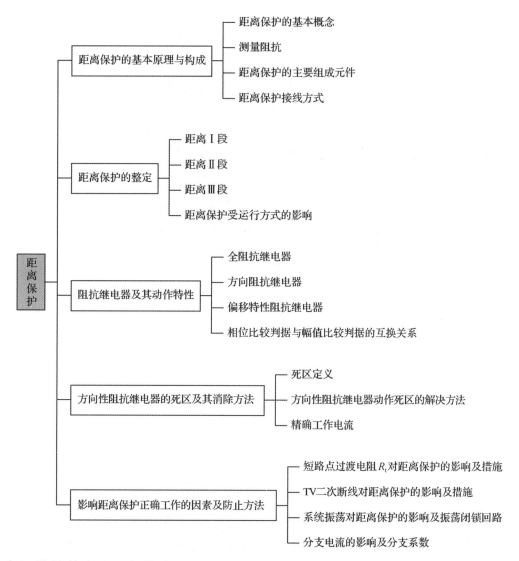

3.1 距离保护的基本原理与构成

1) 距离保护的基本概念

定义：距离保护是反映故障点至保护装置安装处之间的距离（或阻抗），并根据距离的远近而确定动作时间的一种保护装置。

元件：该保护装置的主要元件为距离（阻抗）继电器，它可根据其端子上所加电压和电流测得保护装置安装处至短路点之间的阻抗值，此阻抗称为继电器的测量阻抗。

原理：当短路点距离保护安装处近时，测量阻抗小，动作时间短；当短路点距离保护安装处远时，测量阻抗增大，动作时间也随之增大，这样就保证了保护有选择性地切除故障线路。

2) 测量阻抗

测量阻抗 Z_m 定义为保护安装处流入继电器的电压和电流的比值。正常运行时，电压 U_m 近似为线路额定电压，电流 I_m 为线路负荷电流，此时测量阻抗为负荷阻抗 Z_L。

负荷阻抗量值比较大，其阻抗角为功率因数角，一般 $\varphi_L \leqslant 25°$，如图 3-1 所示。

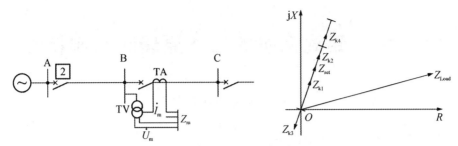

图 3-1 距离保护原理接线

$$Z_\mathrm{m}=\dot{U}_\mathrm{m}/\dot{I}_\mathrm{m}=\frac{\dot{U}_1/n_\mathrm{TV}}{\dot{I}_1/n_\mathrm{TA}}=\frac{\dot{U}_1}{\dot{I}_1}(n_\mathrm{TA}/n_\mathrm{TV})=Z_\mathrm{k}(n_\mathrm{TA}/n_\mathrm{TV})$$

输电线路短路时,U 降低,I 增大,Z 变为短路点与保护安装处之间的线路阻抗 Z_k,其阻抗角等于输电线路的阻抗角(一般 $\varphi_\mathrm{k} \geq 75°$)。此时,测量阻抗为线路阻抗。

3) 距离保护的主要组成元件

距离保护由启动元件、测量回路、逻辑出口回路以及断线闭锁元件和振荡闭锁回路构成(图 3-2)。

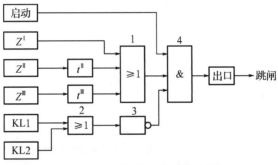

图 3-2 三段式距离保护的组成元件和逻辑框图

(1) 启动元件。其主要作用是在发生故障的瞬间启动整套保护。采用的是过电流继电器或者阻抗继电器等。

(2) 测量回路。作用是测量短路点到保护安装处的距离(即测量阻抗),一般由距离元件组成。一般 Z_I 和 Z_II 采用方向阻抗继电器,Z_III 采用具有偏移特性的阻抗继电器(后备保护)。

(3) 逻辑出口回路。作用是对启动、测量回路送来信号进行分析判断,作出正确的跳闸决定。逻辑出口回路由门电路和时间元件组成。根据预定时限确定动作时限,以保障动作的选择性。

(4) 振荡闭锁回路。故障时短时开放距离保护 Ⅰ、Ⅱ 段,振荡时立即闭锁 Ⅰ、Ⅱ 段。

(5) 断线闭锁元件。电压互感器二次断线时闭锁距离保护。

(6) 出口执行元件。

4) 距离保护接线方式

(1) 阻抗继电器接线的基本要求:测量阻抗正比于保护安装处到短路点之间的距离,测量阻抗与故障类型无关。

(2) 阻抗继电器的常用接线方式主要有以下 3 种,具体见表 3-1。

① 0°接线。阻抗继电器加入的电压和电流为 $\dot{U}_\mathrm{AB}$ 和 $\dot{I}_\mathrm{A}-\dot{I}_\mathrm{B}$,一般应用于输电线路的相间短路保护。

② 30°接线。阻抗继电器加入的电压和电流为 $\dot{U}_\mathrm{AB}$ 和 $\dot{I}_\mathrm{A}$(或者$-\dot{I}_\mathrm{B}$)。

③ 带零序电流补偿的接线。阻抗继电器加入的电压和电流为 $\dot{U}_\mathrm{A}$ 和 $\dot{I}_\mathrm{A}+K\cdot 3\dot{I}_0$,一般应用于输电线路的接地短路保护。接地短路距离保护的零序电流补偿系数 $K=(Z_0-Z_1)/3Z_1$。(表 3-1)

表 3-1　不同接线下输入电压和电流的选择

接线方式	继电器					
	K_1		K_2		K_3	
	$\dot{U}_K$	$\dot{I}_K$	$\dot{U}_K$	$\dot{I}_K$	$\dot{U}_K$	$\dot{I}_K$
0°接线	$\dot{U}_{AB}$	$\dot{I}_A-\dot{I}_B$	$\dot{U}_{BC}$	$\dot{I}_B-\dot{I}_C$	$\dot{U}_{CA}$	$\dot{I}_C-\dot{I}_A$
30°接线	$\dot{U}_{AB}$	$\dot{I}_A$	$\dot{U}_{BC}$	$\dot{I}_B$	$\dot{U}_{CA}$	$\dot{I}_C$
−30°接线	$\dot{U}_{AB}$	$-\dot{I}_B$	$\dot{U}_{BC}$	$-\dot{I}_C$	$\dot{U}_{CA}$	$-\dot{I}_A$
带零序补偿的接线	$\dot{U}_A$	$\dot{I}_A+K\times 3\dot{I}_0$	$\dot{U}_B$	$\dot{I}_B+K\times 3\dot{I}_0$	$\dot{U}_C$	$\dot{I}_C+K\times 3\dot{I}_0$

（3）距离保护在不同类型短路时的动作情况

① 接地短路距离保护：取接地短路的故障环路为相-地故障环路，测量电压为保护安装处故障相对地电压，测量电流为带有零序电流补偿的故障相电流。它能够准确反映单相接地短路、两相接地短路和三相接地短路情况下的故障距离。

② 相间短路距离保护：故障环路为相-相故障环路，取测量电压为保护安装处两故障相的电压差，测量电流为两故障相的电流差。由此计算出的测量阻抗能够准确反映两相短路、三相短路和两相接地短路情况下的故障距离。

（4）问题补充

测量阻抗反映的是保护安装处到故障点之间的正序阻抗。（通过测量阻抗值的大小反映故障点位置的远近）。

距离保护的保护范围与故障类型无关。（电流保护中，短路电流大小与故障类型有关，因而电流保护的保护范围随故障类型发生变化）。

距离保护分两类：接地距离保护（零序电流补偿接线）和相间距离保护（0°接线）。

带零序电流补偿的接地距离保护能够反映的故障类型：单相接地短路、两相接地短路和三相短路时，不能正确反映两相短路。

0°接线方式的相间距离保护能够反映的故障类型：三相短路、两相短路、两相接地短路，不能正确反映单相接地短路。

故障回路的概念：对于接地故障，故障相与地之间构成故障回路，接地阻抗继电器接于相-地之间，可以正确反映接地故障；相间故障时故障相间构成回路，相间阻抗继电器即接于相-相之间，可以反映相间故障。

3.2　距离保护的整定

距离保护需要配置相间距离和接地距离；距离Ⅰ段、距离Ⅱ段一般采用具有方向性的动作特性；距离Ⅲ段通常采用带有偏移特性的动作特性；距离保护的整定本质是确定特征阻抗以及动作时间（图 3-3、图 3-4）。

1）距离Ⅰ段

瞬时动作，保护范围为本线路全长的 80%～85%。

$$Z_{\text{act.2}}^{\text{I}}=K_{\text{rel}}^{\text{I}}Z_{AB}$$

2）距离Ⅱ段

动作时限和整定值要与下一条线路的距离Ⅰ段或Ⅱ段配合；目的是保护本线路全长，与距离Ⅰ段联合工作可构成本线路的主保护。

$$Z_{\text{act.2}}^{\text{II}}=K_{\text{rel}}^{\text{II}}(Z_{AB}+Z_{\text{act.1}}^{\text{I}})$$

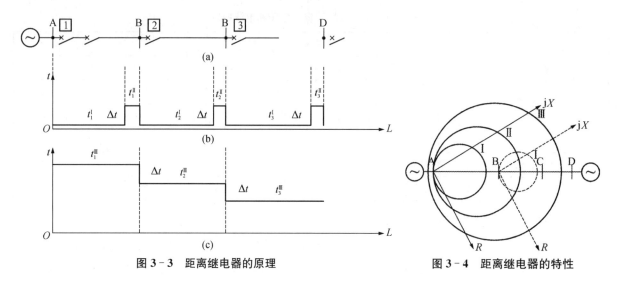

图 3-3 距离继电器的原理　　图 3-4 距离继电器的特性

3) 距离Ⅲ段

作为相邻元件保护和断路器拒动的远后备保护以及本线路距离Ⅰ段和Ⅱ段的近后备保护,动作时限的整定原则与过电流保护相同;整定值按躲开正常运行时的最小负荷阻抗来整定。

4) 距离保护受运行方式的影响

(1) 距离保护相对于电流保护,突出的优点是受运行方式变化的影响小。

(2) 距离保护第Ⅰ段只保护本线路的一部分,在保护范围内金属性短路时,一般在短路点到保护安装处之间没有其他分支电流,测量阻抗完全不受运行方式变化的影响。

(3) 距离保护第Ⅱ、Ⅲ段的保护范围伸到相邻线路上,在相邻线路上发生短路时,由于在短路点和保护安装处之间可能存在分支电流,所以它们在一定程度上将受运行方式变化的影响。

3.3 阻抗继电器及其动作特性

阻抗继电器是距离保护的核心元件,其主要作用是测量短路点到保护安装处之间的阻抗,并与整定阻抗值进行比较,以确定保护是否应该动作。

根据构成方式,阻抗继电器可分为单相式和多相式两种。前者加入继电器的只有一个电压(可以是相电压或线电压)和一个电流(可以是相电流或两相电流之差);后者是多相补偿式的,加入继电器的是几个相的补偿后电压,它可以反映不同相别组合的相间或接地短路(图 3-5)。

根据阻抗平面上的图形构成情况,阻抗继电器可分为圆特性的阻抗继电器和具有直线特性的阻抗继电器(透镜形、四边形、苹果形等)。前者结构简单,容易实现;后者可以灵活组合,进而可以构成各种形状的阻抗继电器。

1) 全阻抗继电器

其动作特性如图 3-6 所示,它是以保护安装处为圆心(坐标原点),以整定阻抗 Z_{set} 为半径的圆,圆内为动作区,圆外为不动作区。

当测量阻抗正好位于圆周上时,继电器刚好动作,此时对应的阻抗就是继电器的启动阻抗(动作阻抗)。特点:没有死区;启动阻抗为常数,与角度无关;没有方向性。

幅值比较方式:$|Z_m| \leqslant |Z_{set}|$。相位比较方式:$270° \geqslant \arg\left(\dfrac{Z_m + Z_{set}}{Z_m - Z_{set}}\right) \geqslant 90°$。

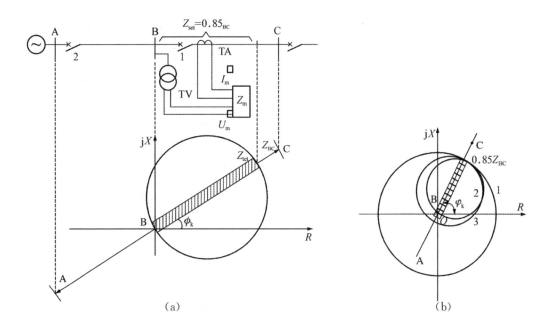

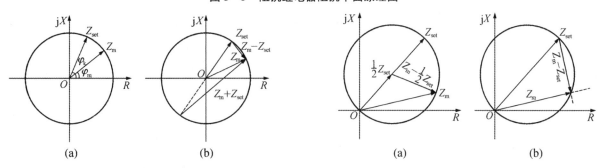

图 3-5　阻抗继电器阻抗平面原理图

图 3-6　全阻抗继电器特性　　　　图 3-7　方向阻抗继电器特性

2）方向阻抗继电器

它是以整定阻抗 Z_{set} 为直径,且通过坐标原点的一个圆。圆内为动作区,圆外为不动作区,其特性如图图 3-7 所示。

幅值比较方式：$\left|Z_m - \frac{1}{2}Z_{set}\right| \leq \left|\frac{1}{2}Z_{set}\right|$。相位比较方式：$270° \geq \arg\left(\dfrac{Z_m}{Z_m - Z_{set}}\right) \geq 90°$。

特点：有死区；启动阻抗 Z_{op} 随角度变化而不同；有明确的方向性；一般用于距离保护主保护段（Ⅰ段和Ⅱ段）中。

当加入继电器的电压和电流之间的相位差 φ_m 为不同数值时,其启动阻抗也随之改变。

当测量阻抗相角等于整定阻抗的相角时,启动阻抗最大,保护范围最大,继电器最灵敏,称为继电器的最大灵敏角 $\varphi_{sen} = \varphi_k$。

整定阻抗：最大灵敏角方向上的圆的直径。

当反方向发生短路时,测量阻抗位于第三象限,继电器不动作,它本身具有方向性。

3）偏移特性阻抗继电器

它是过坐标原点,以 Z_{set} 为直径的圆,当正方向的整定阻抗为 Z_{set} 时,同时反方向偏移一个 αZ_{set}（$0 < \alpha < 1$）。圆内为动作区,圆外为不动作区。反方向故障时不会误动,本身具有方向性。这种继电器的动作特性介于方向继电器和全阻抗继电器之间（图 3-8）。

特点：没有死区；启动阻抗随角度变化而不同；有不明确方向性；通常用于距离保护后备段中。

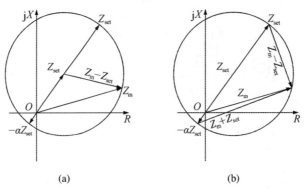

图 3-8 偏移特性阻抗继电器特性

4) 相位比较判据与幅值比较判据的互换关系

(1) 工作电压(也称操作电压或补偿电压):测量电压补偿到整定点的电压,$\dot{U}'=\dot{U}_m-Z_{set}\dot{I}_m$(图 3-9)。

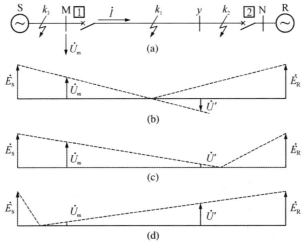

图 3-9 补偿电压

(2) 参考电压(基准电压、极化电压):距离保护中用作相位比较基准的电压(向量),可以采用单个电压相量或多个电压相量的线性组合,也可为序电压或相电流向量或序电流向量(表 3-2)。

表 3-2 不同阻抗继电器极化电压和补偿电压关系

	极化电压	补偿电压
全阻抗继电器	$\dot{U}_P=\dot{U}_m+\dot{I}_m Z_{set}$	$\dot{U}'=\dot{U}_m-\dot{I}_m Z_{set}$
方向阻抗继电器	$\dot{U}_P=\dot{U}_m$	$\dot{U}'=\dot{U}_m-\dot{I}_m Z_{set}$
偏移特性阻抗继电器	$\dot{U}_P=\dot{U}_m+\alpha\dot{I}_m Z_{set}$	$\dot{U}'=\dot{U}_m-\dot{I}_m Z_{set}$

(3) 幅值比较原理和方向比较原理具有互换性,其关系如图 3-10、表 3-3 所示。

$$90°\leqslant\arg\left(\frac{\dot{C}}{\dot{D}}\right)\leqslant 270° \Leftrightarrow |\dot{A}|\geqslant|\dot{B}|$$

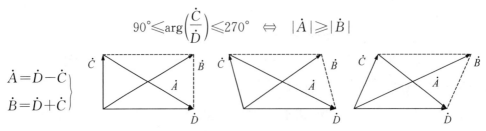

图 3-10 幅值比较原理和方向比较原理互换关系

表 3-3 不同阻抗继电器幅值比较原理和方向比较原理互换关系

继电器特性	所需电压			
	比较共幅值的两个电压		比较其相位的两个电压	
	$\dot{A}$	$\dot{B}$	$\dot{C}=\dot{B}+\dot{A}$	$\dot{D}=\dot{B}-\dot{A}$
全阻抗继电器	$\dot{I}_K Z_{set}$	$\dot{U}_K$	$\dot{U}_K+\dot{I}_K Z_{set}$	$\dot{U}_K-\dot{I}_K Z_{set}$
偏移特性的阻抗继电器	$\dot{I}_K(Z_{set}-Z_0)$	$\dot{U}_K-\dot{I}_K Z_0$	$\dot{U}_K+\alpha\dot{I}_K Z_{set}$	$\dot{U}_K-\dot{I}_K Z_{set}$
方向阻抗继电器	$\frac{1}{2}\dot{I}_K Z_{set}$	$\dot{U}_K-\frac{1}{2}\dot{I}_K Z_{set}$	$\dot{U}_K$	$\dot{U}_K-\dot{I}_K Z_{set}$
启动条件	$|\dot{A}|\geq|\dot{B}|$		$270°\geq\arg\dfrac{\dot{C}}{\dot{D}}\geq 90°$	

(4) 实用化动作方程（动作判据）：

$$90°\leq\arg\left(\frac{\dot{U}'}{\dot{U}_m}\right)\leq 270°，\text{或 } 90°\leq\arg\left(\frac{\dot{U}_m-Z_{set}\dot{I}_m}{\dot{U}_m}\right)\leq 270°$$

3.4 方向性阻抗继电器的死区及其消除方法

1) 死区定义

保护出口处发生相间短路时，母线电压降到零或很小，加到继电器的电压为零或者小于继电器动作所需的最小电压时，方向继电器会出现死区。此时，任何具有方向性的继电器将因加入的电压为零而不能动作，从而出现保护装置的"死区"。

2) 方向性阻抗继电器动作死区的解决方法

(1) 记忆回路：相当于"记住"了故障前极化电压的相位。

(2) 引入非故障相电压：在各种两相短路时，非故障相间电压仍然很高，参照功率方向继电器广泛采用的 90°接线方式，在极化电压中附加非故障相电压。不能解决三相短路时的死区问题。

(3) 高 Q 值 50 Hz 带通有源滤波器：利用滤波器响应特性的时间延迟，起到"记忆回路"的作用。

3) 精确工作电流

(1) 工作电流对继电器的影响：当加入继电器的电流较小时，继电器的启动阻抗将下降，使阻抗继电器的实际保护范围缩短，将影响到与上级相邻线路阻抗元件的配合，可能引起非选择性动作。

(2) 精工电流定义：为了把启动阻抗的误差限制在一定范围内，引出了精确工作电流这一指标。精确工作电流就是指继电器的电流 $I_k=I_{pw}$ 时的动作阻抗 $Z_{Kact}=0.9Z_{Kset}$，整定阻抗缩小 10%，$Z_{act}=Z_{set}-\dfrac{\dot{U}_0}{K_U\dot{I}_m}$。其关系如图 3-11 所示。

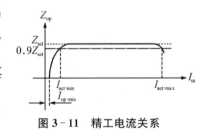

图 3-11 精工电流关系

3.5 影响距离保护正确工作的因素及防止方法

1) 短路点过渡电阻 R_t 对距离保护的影响及措施

相间短路的过渡电阻主要是电弧电阻。相间短路 R_t 随 t 变化，R_t 短路初期，弧阻很小，几乎为 0，几个周期后弧阻迅速增大。

接地短路的过渡电阻主要是中间物质电阻，例如金属杆塔接地电阻、绝缘子表面污垢电阻、树枝或树干电阻等。虽然也可能存在电弧电阻，但电弧电阻远小于中间物质电阻。接地短路 R_t 基本不随时间 t 变化。

(1) 单侧电源线路上短路点过渡电阻的影响

① 短路点过渡电阻的存在总是使继电器的测量阻抗增大,保护范围缩短。
② 保护装置距离短路点越近,受过渡电阻影响越大,有可能导致保护无选择性动作。
③ 整定值越小,受过渡电阻的影响越大。

(2) 双侧电源线路上短路点过渡电阻的影响

① 短路点过渡电阻对测量阻抗的影响取决于两侧电源提供的短路电流的大小以及它们的相位关系。
② 两侧电源线路、过渡电阻可能使测量阻抗增大,也可能使测量阻抗减小。
③ 送电端感受电阻偏容性,测量阻抗减小,容易发生超范围(保护范围之外)误动。
④ 受电端感受电阻偏感性,测量阻抗增大,容易发生欠范围(保护范围之内)拒动。

(3) 对不同圆特性阻抗继电器的影响

① 全阻抗继电器受过渡电阻的影响最小。
② 方向阻抗继电器受过渡电阻的影响最大。

短路点过渡电阻对距离保护的影响与短路点的位置、继电器的特性等有密切的关系。

在整定值相同的情况下,动作特性在+R轴方向所占的面积越小,受过渡电阻的影响越大。因此,为了克服过渡电阻的影响,在保护范围不变的前提下,采用动作特性+R轴方向上有较大面积的阻抗继电器。

2) TV二次断线对距离保护的影响及措施

(1) 对距离保护的影响

TV二次断线,阻抗继电器所测阻抗与线路出口短路相同 $Z_m \approx 0$,将引起保护误动作。

(2) 措施:增加断线闭锁回路,断线时闭锁保护

由于断线闭锁回路不能保证长期可靠闭锁,因此当保护给出TV二次断线信号后,运行人员必须将动作判断原理与电压有关的保护临时退出,待TV二次回路恢复正常后再将这些保护重新投入。

3) 系统振荡对距离保护的影响及振荡闭锁回路

系统振荡是两个系统间功角δ摆动。引起系统振荡的主要是静稳定或动稳定破坏等原因。振荡属于严重的不正常运行状态,保护不应动作跳闸。振荡只发生在两侧都有电源的系统。

系统振荡时测量阻抗的变化情况:振荡时,为 E_M 绕 E_N 摆动或旋转(E_M 与 E_N 的夹角δ最大在0°~360°间变化),保护的测量电流和电压及阻抗随δ周期性变化,因此相应保护的电流元件、低电压元件以及阻抗元件将周期性启动和返回,其原理如图3-12所示。

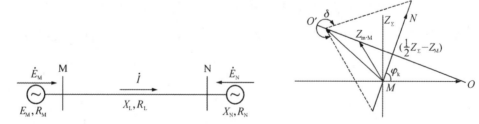

图3-12 系统振荡对距离保护的影响原理图

(1) 电力系统振荡的特征

① 振荡中心在保护范围内时,则距离保护会误动。
② 当保护安装点越靠近振荡中心时,受到的影响越大。
③ 振荡中心在保护范围以外或位于保护的反方向时,则距离保护不会误动。

(2) 系统振荡对不同特性的阻抗继电器的影响

① 继电器的动作特性在阻抗平面方向上所占面积越大,受振荡的影响就越大。
② 在距离保护整定值相同的情况下,全阻抗继电器所受振荡影响最大,方向阻抗继电器受影响最小。

③ 从原理上,差动保护基本不受振荡影响,对距离保护Ⅰ、Ⅱ段受影响可能会误动;对距离保护Ⅲ段可躲过振荡的影响。通常最大振荡周期为1.5 s。

(3) 振荡和短路的区别

① 振荡时,电流和各点电压的幅值周期性变化;而短路后,在不计衰减时是不变的。

② 振荡时,电流和各点电压幅值的变化速度较慢;而短路时,幅值是突然改变的,变化速度很快。

③ 振荡时,各点电流和电压之间的相位关系随振荡角的变化而改变;而短路时,是不变的。

④ 振荡时,三相完全对称,系统没有负序分量;而短路时,总会出现长期(不对称短路)或瞬间(在三相短路开始时)的负序分量。

(4) 振荡闭锁的基本要求

① 当系统只发生振荡而无故障时,应可靠闭锁保护。

② 区外故障引起系统振荡时,应可靠闭锁保护。

③ 区内故障,不论系统是否振荡,都不应闭锁保护。

(5) 振荡闭锁措施

① 利用短路时出现负序分量,而振荡时无负序分量。

② 利用振荡和短路时电气量变化速度不同。

③ 利用动作的延时实现振荡闭锁。

4) 分支电流的影响及分支系数

(1) 助增电源情况: $Z_{ml}\uparrow \rightarrow$ 在 Z_{set} 已定的情况下,保护范围↓。

(2) 外汲电流情况: $Z_{ml}\downarrow \rightarrow$ 在 Z_{set} 已定的情况下,保护范围↑。

注:若某些因素(如过渡电阻或分支电路等)造成:

(1) 测量阻抗增大,则保护范围缩小,可能造成保护拒动。

(2) 测量阻抗减小,则保护范围增大,可能造成保护误动。

精选习题

1. 阻抗继电器通常采用0°接线方式,是因为( )。
   A. 可以躲过振荡　　　　　　　　　　B. 可以提高阻抗继电器的灵敏性
   C. 在各种相间短路时,测量阻抗均为Z_L　D. 灵敏度高

2. 从减少系统振荡的影响出发,距离保护的测量元件应采用( )。
   A. 全阻抗继电器　　　　　　　　　　B. 方向阻抗继电器
   C. 偏移特性阻抗继电器　　　　　　　D. 圆阻抗继电器

3. 相间短路的电阻主要是电弧电阻,其特点是随时间而变化,在短路初始瞬间,其值( )。
   A. 最大　　　　　　　　　　　　　　B. 最小
   C. 介于最大与最小之间　　　　　　　D. 不确定

4. 在距离保护的Ⅰ段、Ⅱ段整定计算中乘一个小于1的可靠系数,目的是保证保护的( )。
   A. 选择性　　　　B. 可靠性　　　　C. 灵敏性　　　　D. 速动性

5. 当阻抗继电器刚好动作时,加入继电器中的电压和电流的比值称为继电器的( )。
   A. 测量阻抗　　　B. 整定阻抗　　　C. 启动阻抗　　　D. 零序阻抗

6. 系统发生振荡时,距离Ⅲ段保护不受振荡影响,其原因是( )。
   A. 保护动作时限小于系统的振荡周期　B. 保护动作时限大于系统的振荡周期
   C. 保护动作时限等于系统的振荡周期　D. 以上都不对

7. 距离Ⅲ段保护,采用方向阻抗继电器比采用全阻抗继电器(　　)。
   A. 灵敏度高　　　B. 灵敏度低　　　C. 灵敏度一样　　　D. 保护范围小

8. 当系统频率高于额定频率时,方向阻抗继电器最大灵敏度(　　)。
   A. 变大
   B. 变小
   C. 不变
   D. 与系统频率变化无关

9. 距离保护采用三段式,分为相间距离保护和(　　)。
   A. 零序电流保护
   B. 低电流保护
   C. 电流保护
   D. 接地距离保护

10. 距离保护中阻抗继电器,需要加记忆回路和引入第三相电压的是(　　)。
    A. 全阻抗继电器
    B. 方向阻抗继电器
    C. 偏移特性阻抗继电器
    D. 偏移阻抗继电器和方向阻抗继电器

11. 三种圆特性阻抗元件中,(　　)元件的动作阻抗与测量阻抗的阻抗角无关。
    A. 方向阻抗
    B. 全阻抗
    C. 偏移特性阻抗
    D. 圆特性阻抗

12. 下列阻抗继电器中,没有方向性的是(　　)。
    A. 全阻抗继电器
    B. 偏移阻抗继电器
    C. 方向阻抗继电器
    D. 特性阻抗继电器

13. (多选)关于距离保护受系统振荡的影响,下列说法正确的有(　　)。
    A. 保护安装点越靠近振荡中心时,受的影响越大
    B. 振荡中心在保护范围以外时,距离保护不会误动
    C. 振荡中心在保护的反方向时,距离保护不会误动
    D. 当保护的动作有较大的延时时,如距离保护的Ⅲ段,可以利用延时躲开振荡的影响

14. (多选)当负序电压过滤器输入端加入三相正序电压时,输出端会有一个不平衡电压,不平衡电压产生的原因有(　　)。
    A. 各元件的参数制作不准确
    B. 阻抗随环境温度的变化而变化
    C. 阻抗随外加电压和频率的变化而变化
    D. 五次谐波的影响

15. (多选)对断线闭锁装置的主要要求包括(　　)。
    A. 当电压回路发生各种可能使保护动作的故障发生时,应能可靠地将保护闭锁
    B. 当被保护线路故障时,不因故障电压的畸变错误地将保护闭锁,保证保护动作可靠
    C. 必须首先满足灵敏性要求
    D. 以上都不对

16. (多选)电力系统振荡时,两侧等值电动势夹角做 0°~360° 变化,其电气量特点为(　　)。
    A. 离振荡中心越近,电压变化越大
    B. 测量阻抗中的电抗变化率大于电阻变化率
    C. 测量阻抗中的电抗变化率小于电阻变化率
    D. 两侧电动势夹角偏离 180° 越大,测量阻抗变化率越小

17. 距离保护接线复杂,可靠性比电流保护高,这也是它的主要优点。(　　)
    A. 正确　　　B. 错误

18. 长线路的测量阻抗受过渡电阻的影响比短线路大。（　　）

    A. 正确　　　　　　B. 错误

19. 阻抗继电器一般采用幅值比较和相位比较两种方式。（　　）

    A. 正确　　　　　　B. 错误

习题答案

1. C　2. C　3. B　4. A　5. C　6. B　7. A　8. A　9. D　10. B
11. B　12. A　13. ABCD　14. ABCD　15. AB　16. AC　17. B　18. B　19. A

第 4 章　输电线路纵联电流差动保护原理

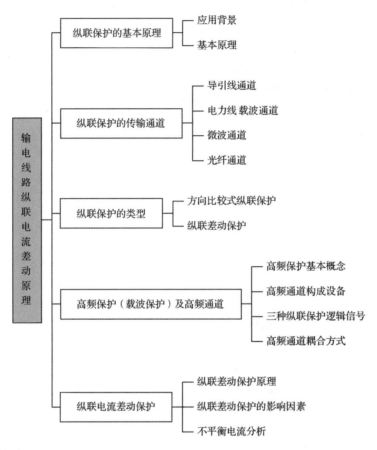

4.1　纵联保护的基本原理

1）应用背景

220 kV 及以上线路的主保护要求实现全线速动（且要求主保护双重配置，即 2 套主保护），因此其主保护必须采用纵联保护。

纵联保护从原理上不能作为变电站母线和下级线路的远后备。纵联保护可以实现全线速动，各种纵联保护都作为主保护。其基本原理如图 4-1 所示。

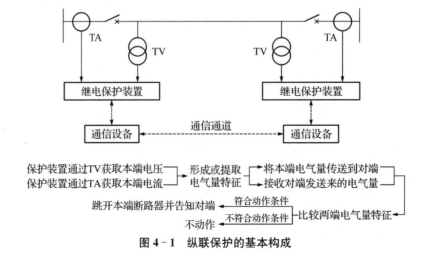

图 4-1　纵联保护的基本构成

阶段式保护(三段式电流保护、三段式距离保护、多段式零序电流保护)不能实现全线速动,不能作为220 kV 及以上线路的主保护,只能作为其后备保护(或主保护的补充)。

2) 基本原理

利用通信通道将两端保护装置纵向连接起来,将两端的电气量比较,以判断故障是在本线路范围内还是范围外。

理论上具有绝对的选择性,能够实现全线速动。两侧电流量特征,区内故障时:$\Sigma \dot{I} = \dot{I}_M + \dot{I}_N = \dot{I}_{k1}$;正常运行或区外故障时:$\Sigma \dot{I} = \dot{I}_M + \dot{I}_N = 0$(图 4-2)。

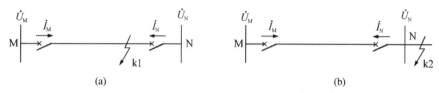

图 4-2　纵联保护区内、区外故障工作原理

差动的含义:正常运行或者外部故障时,两个电流相减,有"差"的概念,实际上是两侧电流的相量之和。

4.2　纵联保护的传输通道

1) 导引线通道——导引线纵联差动保护

优点:不受电力系统振荡的影响,不受非全相运行的影响,单侧电源运行时仍能正确工作。

缺点:保护装置的性能受导引线参数和使用长度影响,且导引线造价高。

适用范围:只适用小于 15 km 的短线路,在发电机、变压器、母线保护中应用得更广泛。

2) 电力线载波通道——载波(高频)保护

优点:无中继通信距离长、经济、使用方便、工程施工比较简单。

缺点:高压输电线路会对载波通信造成干扰。

适用范围:适用于传输方向或相位信息。

3) 微波通道——微波保护

优点:输电线路对通信没有干扰,通道检修也不影响输电线路运行,频带宽,需采用脉冲编码调制。

缺点:衰减受气候影响较大,传输距离受限制,通道价格较贵。

适用范围:适用于数字式保护。

4) 光纤通道——光纤保护

优点:通信容量大,节约金属材料,光信号不受外界电磁干扰。

缺点:通信距离不够长,长距离通信时要用中继器及其附加设备。

适用范围:适用于传输较多的数字信息。

对于短线路比较容易实现;对于长线路,目前采用的方法有两种:一种是高频保护,还有一种是基于光缆的纵差保护,目前被广泛使用。

4.3　纵联保护的类型

按照保护动作原理,输电线路纵联保护可分为如下两类:

1) 方向比较式纵联保护

这类保护的保护继电器仅反映本侧的电气量,利用通道将故障方向判别结果传送到对侧,每侧保护根据两侧保护继电器的动作经过逻辑判断区分是区内故障还是区外故障。按照保护判别方向所用的继电器又可分为方向纵联保护与距离纵联保护(测电流,测电压;比较状态信息即逻辑信号,对通道要求低)。

2) 纵联差动保护

它是利用通道将本侧电流的波形或代表电流的信号传送到对侧,每侧保护根据对两侧电流的幅值和相位比较的结果区分是区内故障还是区外故障。这类保护在每侧都直接比较两侧的电气量,类似于差动保护,因此被称为纵联差动保护。

从原理上讲,输电线路的差动纵联保护又分为以下两种:

① 纵联电流差动保护:这种保护利用正常运行和区外短路时 $\Sigma\dot{I}=0$,区内短路时 $\Sigma\dot{I}=\dot{I}_k$ 的原理构成,(测电流,不测电压;比较全信息即电气量本身,对通道要求高)。

② 纵联电流相位差动保护:这种保护比较被保护线路两侧电流的相位(测电流,不测电压;比较状态信息即逻辑信号,对通道要求低)。

4.4 高频保护(载波保护)及高频通道

1) 高频保护基本概念

高频保护是利用输电线路本身作为保护信号的传输通道,在输送 50 Hz 工频电能的同时叠加传送 50~400 kHz 的高频信号(保护信号),以进行线路两端电气量的比较而构成的保护。若频率低于 50 kHz,受工频电流的干扰太大,且通道设备构成困难;若频率过高,载波信号衰耗大为增加,且容易造成与中波广播相互干扰。

由于高频通道的干扰及衰耗较大,不能准确传送线路两端电量全信息,因此只传送两端状态信息,按传送状态信息的不同分为:

方向纵联高频是比较线路两端功率方向(测 $\dot{U}_m$ 及 $\dot{I}_m$)。

纵联距离高频是比较线路两端方向距离元件动作状态(测 $\dot{U}_m$ 及 $\dot{I}_m$)。

纵联电流相差高频是比较线路两端电流相位(只测 $\dot{I}_m$)。

2) 高频通道构成设备

高频通道设备包括阻波器、耦合电容器、结合滤波器、高频电缆、高频收发信机等(图 4-3)。

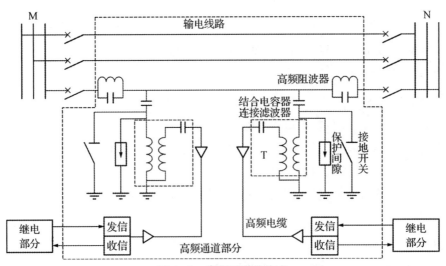

图 4-3 高频通道的构成

(1) 阻波器(L、C 组成的并联电路):通工频,阻高频。

对高频:并联谐振,呈大阻抗(约 1 000 Ω),不能通过,使高频信号被限制在本段输电线范围内。

对工频:无谐振,呈小阻抗(0.04 Ω),能顺利通过,不影响工频电能传输。

(2) 耦合电容器(或称结合电容器):其电抗 $X_C=1/(\omega C)$;通高频,阻工频(同时起到隔离高压线路与高频收发信机的作用)。

(3) 连接滤波器(或称结合滤波器,由可调空心变和高频电缆侧电容组成)。

① 连接滤波器与耦合电容器构成带通滤波器(提取所需高频信号,滤除其余高频干扰)。

② 实现波阻抗的匹配(消除高频波反射,减小高频能量损耗),带通滤波器的波阻抗:输电线侧与输电线波阻抗(400 Ω)匹配;高频电缆侧与电缆波阻抗(100 Ω 或 75 Ω)匹配。

③ 同时也起到进一步隔离高压部分的作用,接地刀闸用于检修连接滤波器,保证人身安全。

(4) 高频电缆

带屏蔽层以减小高频泄漏和干扰。高频电缆在进入收、发信机前不应经过任何其他端子,以免破坏屏蔽层而引起较大的泄漏和干扰。

(5) 高频收、发信机

发信机:由继电保护控制。收信机:可收到对端(闭锁式也可收到本端)发信机所发高频信号。

发信方式包括:故障发信,长期发信和移频方式。

① 故障发信方式(平常不发信,故障时才根据情况可能发信。普遍采用,需要定时检查通道完好性)。

② 长期发信方式(平常发信,故障时才根据情况可能停信。较少采用)。

③ 移频发信方式(平常发 f_1,故障时发 f_2,f_1 有监视通道作用)。

3) 三种纵联保护逻辑信号

(1) 闭锁信号(构成闭锁式高频保护,无闭锁信号是跳闸的必要条件。故障时,闭锁信号主要在非故障线路上传输,防拒动能力强,防误动能力差)如图 4-4(a)所示。

(2) 允许信号(构成允许式高频保护,允许信号是跳闸的必要条件。故障时,允许式信号主要在故障线路上传输,防误动能力强,防拒动能力差)如图 4-4(b)所示。

(3) 跳闸信号(一般构成欠范围式纵联保护,高频信号是跳闸的充分必要条件),如图 4-4(c)所示。

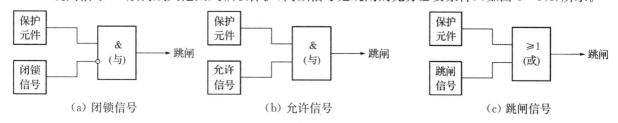

(a) 闭锁信号　　　　　(b) 允许信号　　　　　(c) 跳闸信号

图 4-4　纵联保护逻辑信号

4) 高频通道耦合方式

(1) "相-地"耦合式(利用一相导线和大地构成高频来回通道)

特点:本线路故障时,高频通道容易阻通(作为高频通道的这一相发生接地短路,高频通道就会阻塞);但构成相对简单,造价低。

(2) "相-相"耦合式(利用两相导线构成高频来回通道)

特点:本线路故障时,高频通道不易阻塞(出现概率较高的单相接地短路不会造成阻塞,只有当作为通道的这两相发生短路,高频通道才会阻塞);但构成相对复杂,造价较高。

4.5　纵联电流差动保护(导引线纵联差动保护和光纤差动保护)

1) 纵联差动保护原理

纵联电流差动保护是通过比较被保护线路本端和对端电流幅值、相位进行工作的(即比较全信息为了尽量减小两端测量的相对误差对纵差保护的影响),应在线路两侧装设型号、变比、特性完全相同的差动保护专用的"D"级电流互感器,如图 4-5 所示。

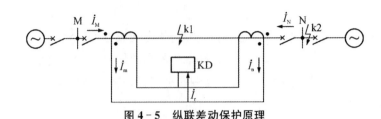

图 4-5 纵联差动保护原理

制动的基本思想:根据不平衡电流和短路电流的关系,优先保证外部故障时保护不会因不平衡电流而误动,所以动作门槛根据故障电流进行调整。

动作判据 $I_{\text{diff}} > K_{\text{res}} I_{\text{res}}$, $I_{\text{diff}} = |\dot{I}_M + \dot{I}_N|$, $I_{\text{res}} = \frac{1}{2}|\dot{I}_M - \dot{I}_N|$

当线路正常运行或外部 k 点短路时,差动电流为 0(两端电流大小相等,相位相反)

$$\dot{I}_r = \dot{I}_{\text{I}2} - \dot{I}_{\text{II}2} = \frac{1}{K_{\text{TA}}}(\dot{I}_{\text{I}} - \dot{I}_{\text{II}}) \approx 0,\text{保护不动}$$

当线路内部 k 点短路时,差动电流总为内部短路点的短路电流 I_k(若双端电源情况,则两端皆有电流且相位相同,差动电流很大;若单端电源情况,则电源端有电流而负荷端没有电流,差动电流相对偏小)。

$$\dot{I}_r = \dot{I}_{2M} + \dot{I}_{2N} = \frac{\dot{I}_{1M}}{K_{\text{TA}}} + \frac{\dot{I}_{1N}}{K'_{\text{TA}}} = \frac{\dot{I}_K}{K_{\text{TA}}},\text{其值较大,保护动作瞬时跳闸}$$

(1) 导引线差动:通道的可靠性不高(存在一定的电磁干扰,通道导引线纵向阻抗或横向对地导纳会增大测量误差等等)且不经济,现已基本淘汰。导引线差动为节省二次电缆芯线,一般通过综合变流器将三相电流按 $\dot{I}_1 + \dot{K}\dot{I}_2$ 形成一个综合电流与对端的综合电流进行比较(其中 $\dot{I}_1$ 为正序分量,$\dot{I}_2$ 为负序分量)。

(2) 光纤差动:通道干扰小可靠性高(无电磁干扰,衰耗很小)、通信容量大。目前光纤差动皆采用分相差动:A 相、B 相、C 相、零序,共四组差动,具有自选相功能;且动作特性采用比率制动特性(具体比率制动特性详见变压器差动保护)。

2) 纵联差动保护的影响因素

(1) 电流互感器的误差和不平衡电流。

(2) 输电线路的分布电容电流。

(3) 通道传输电流数据的误差。

(4) 通道的工作方式和可靠性能。

3) 不平衡电流分析

在纵差保护中,在正常运行和外部故障时,由于线路两端的电流互感器的励磁特性不完全相同,产生不平衡电流。外部故障时,由于电流互感器的传变误差,也会产生不平衡电流。

不平衡电流过大会使保护装置的灵敏性降低。为减小不平衡电流,对于纵联差动保护应采用型号相同、磁化特性一致、剩磁小的高精度的电流互感器。

精选习题

1. 高频保护使用的频率,最低的是( )。
   A. 50 kHz　　　　　B. 50 Hz　　　　　C. 100 kHz　　　　　D. 500 Hz
2. 纵差动保护适用于( )线路。
   A. 短　　　　　　B. 长　　　　　　C. 所有　　　　　　D. 中等长度

3. 输电线路纵差保护稳态情况下的不平衡电流产生的原因是（   ）。
   A. 两端电流互感器计算变比与实际变比不同   B. 两端电流互感器磁化特性的差异
   C. 两端电流互感器型号相同   D. 两端电流互感器变比相同
4. 实现输电线路纵差保护必须考虑的中心问题是（   ）。
   A. 差动电流   B. 励磁涌流   C. 不平衡电流   D. 冲击电流
5. 相差高频保护是比较线路两侧（   ）。
   A. 短路电流相位   B. 高频电路相位   C. 负荷电流相位   D. I_1+KI_2 的相位
6. 差动保护只能在被保护元件的内部故障时动作，而不反映外部故障，具有绝对的（   ）。
   A. 选择性   B. 速动性   C. 灵敏性   D. 可靠性
7. 闭锁式纵联保护跳闸的必要条件是（   ）。
   A. 正向元件动作，反向元件不动作，没有收到闭锁信号
   B. 反向元件动作，反向元件不动作，收到闭锁信号然后又消失
   C. 正、反向元件均动作，没有收到闭锁信号
   D. 正、反向元件均不动作，收到闭锁信号然后信号又消失
8. 纵联保护电力线路载波通道用（   ）方式来传送被保护线路两侧的比较信号。
   A. 卫星传输   B. 微波通道
   C. 相-地高频通道   D. 电话线路
9. 纵联差动保护的通道最好选择（   ）。
   A. 导引线   B. 光纤   C. 微波   D. 电力线载波
10. 纵联差动保护不能适用于长输电线路的原因是（   ）。
    A. 不经济   B. 不满足灵敏性要求
    C. 不能保护线路全长   D. 灵敏性不高
11. （多选）在纵联差动保护原理图中，隔离变换器的作用有（   ）。
    A. 将保护装置回路与导引线回路隔离
    B. 对导引线的完好性进行监督
    C. 将电压升到一定的数值，以减小长期运行状态下导引线中的电流和功率损耗
    D. 将大电流变为小电流
12. （多选）对于输电线路纵联差动保护，为了减少不平衡的电流，可以采用的措施有（   ）。
    A. 采用型号相同、磁化特性一致的电流互感器   B. 采用铁芯截面积较大的高精度的电流互感器
    C. 采用铁芯磁路中有小气隙的电流互感器   D. 以上都不对
13. （多选）目前广泛采用的高频保护，按照其工作原理分为（   ）。
    A. 方向高频保护   B. 相差高频保护   C. 距离保护   D. 以上都对
14. 高频闭锁方向保护中有两套灵敏度不同的启动元件，灵敏度高的用于发出信号，灵敏度低的用于跳闸。（   ）
    A. 正确   B. 错误

习题答案

1. A   2. A   3. B   4. C   5. A   6. A   7. B   8. C   9. B   10. A   11. ABC   12. ABC   13. AB
14. A

第 5 章 输电线路自动重合闸的作用和要求

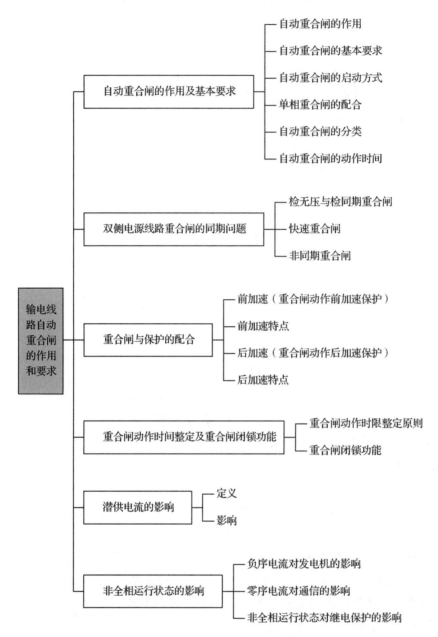

5.1 自动重合闸的作用及基本要求

1）自动重合闸的作用

自动重合闸装置是将因故障跳开后的断路器按需要自动投入的一种自动装置。其作用是：

（1）对于瞬时性故障（架空线路大多数故障是瞬时性的70%以上），可迅速恢复供电，从而提高供电的可靠性。

（2）对双侧电源的线路，可提高系统并列运行的稳定性，从而提高线路的输送容量。

（3）可以纠正由于断路器或继电保护误动作引起的误跳闸。

但是，当重合于永久性故障时，会带来不利影响。它会使电力系统又一次受到故障的冲击，使断路器的工作条件恶化（因为在短时间内连续两次切断短路电流）。

2) 自动重合闸的基本要求

(1) 故障发生后才允许重合闸。

(2) 重合闸应动作迅速。

(3) 不允许任意多次重合闸,动作次数应符合预先规定。

(4) 应能和继电保护配合,在重合闸前后应能加速保护动作。

(5) 双侧电源重合闸应考虑电源同步问题。

(6) 动作后应能自动复归,准备好再次动作。

(7) 手动跳闸时不应重合闸。

(8) 断路器不正常状态时不重合。

3) 自动重合闸的启动方式

(1) 不对应启动方式。利用控制开关位置和断路器位置不对应启动重合闸的方式称作位置不对应启动方式。用不对应方式启动重合闸既可在人员误碰装置造成开关分闸,也可在断路器"偷跳"以后启动重合闸。

对于 500 kV 一个半断路器接线方式下,重合闸均由保护启动,开关偷跳不会启动重合。如果一相或两相偷跳,三相不一致保护动作,跳开三相。

(2) 保护启动方式。当本保护装置发出单相跳闸命令且检查到该相线路无电流,或本保护装置发出三相跳闸命令且三相线路均无电流时启动重合闸。

4) 单相重合闸的配合

(1) 单相重合闸的影响:在单相重合闸的过程中,会出现非全相运行的过程,在这个过程中会出现零序、负序分量,会影响由零序、负序特征分量构成的保护误动作,因而重合闸要考虑这一可能引起保护误动的情况。

(2) 解决方法:在单相重合闸过程中使重合过程中非全相导致可能造成误动的那一类保护功能闭锁。

"N"端子:接入在非全相运行时仍能继续工作的保护(不误动的一类)。

"M"端子:接入在非全相运行中因零序电流可能误动作的保护。在重合闸启动以后闭锁保护。当断路器被重合而恢复全相运行时,这些保护立即恢复工作(会误动的一类)。

5) 自动重合闸的分类

(1) 按接通和断开的电力元件分为:线路重合闸、变压器重合闸和母线重合闸。

(2) 根据重合闸控制断路器连续跳闸次数不同分为:多次重合闸和一次重合闸。

(3) 按重合闸控制断路器的相数不同分为:

① 三相重合闸(一般用于 110 kV 及以下架空线路)。各种故障时保护跳开三相,然后进行三相重合,若为永久性故障保护再跳三相。

② 单相重合闸(用于 220 kV 及以上架空线路)。单相接地故障时:保护首次只跳开故障相,然后重合该相,若为永久性故障保护再跳三相。相间故障时:保护跳开三相并不进行重合。

③ 综合重合闸(用于 220 kV 及以上架空线路)。单相故障时:采用单相重合闸方式。相间故障时:采用三相重合闸方式。

④ 四种工作方式:综合重合闸方式、单相重合闸方式、三相重合闸方式、停用重合闸。

5.2 双侧电源线路重合闸的同期问题

在双侧电源的输电线路上实现重合闸时,除前述的基本要求外,还必须考虑两侧保护装置的时间配合问题和两侧电源的同期问题。我国双侧电源输电线路重合闸方式有以下三种。

1) 检无压与检同期重合闸

双侧电源线路上,一侧设为检无压重合方式(检无压元件$[U<]$,即检测到线路侧无电压则重合该侧断

路器),另一侧设为检同期(也称检同步)重合方式(检同期元件[U-U],即检测到母线侧与线路侧皆有电压且满足同期条件则重合该侧断路器)。其配置关系如图5-1所示。

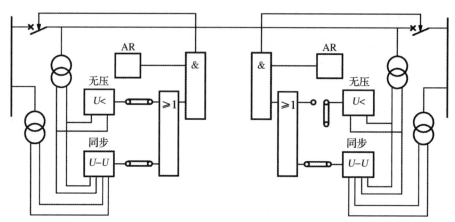

图5-1 采用同步和无压检定的重合闸的配置关系图

线路上短路两端保护跳闸后,检无压侧先满足条件而重合,若该侧重合成功,则检同期侧再在满足同期条件下重合。

几点特殊说明:

① 检无压方式投入后,一般检同期方式同时投入。

② 由于检无压重合侧在线路永久性故障时其断路器要连续切断两次短路电流,为了防止长期工作导致断路器损坏,一般两侧的检无压与检同期重合方式应定期调换。

③ 对于发电厂侧一般不采用检无压方式,以避免发电机在短时间内遭受两次短路电流冲击。

2) 快速重合闸(重合时由于速度快,两侧还基本保持为同期,则不需检查同期)

当线路两侧采用全线速动的快速保护且采用快速断路器QF时,若线路故障,保护快速断开QF后,重合闸不检查同期而快速重合。由于从断开到重合的时间很短(0.5~0.6 s),两侧电源电势之间的夹角摆开不大,重合时的冲击不大,且系统会很快拉入同步。

3) 非同期重合闸(重合时允许非同期,则不需检查同期)

在满足以下条件且认为有必要时,才采用非同期重合闸:

(1) 两侧电源电势之间的夹角δ摆开最大时,重合造成的冲击电流$I=\frac{2E}{Z_\Sigma}\sin\frac{\delta}{2}$不超过允许值($E$为两侧电势的有效值,$Z_\Sigma$为两侧电势之间的总阻抗,$\delta$取$180°$)。

(2) 非同期重合产生的振荡过程中对重要负荷的影响小。

(3) 重合后系统可较快地恢复同步运行。

(4) 在非同步运行过程中,对可能误动的保护已采取了相应措施。

5.3 重合闸与保护的配合

1) 前加速(重合闸动作前加速保护)

每条线路(L1、L2、L3)上均只配置动作时限按阶梯原则配合的定时限过流保护,且只在靠电源的变压器出口线路L1上配置重合闸ARC并设置重合闸前加速保护(其保护范围一般包含末级线路L3,但不宜延伸太长,一般不超出后接变压器T2的另一侧母线),如图5-2所示。

当任一级线路上发生故障时,首先由最靠近电源的变压器出口线路L1的前加速保护无选择性瞬时跳闸(同时前加速功能退出),L1的重合闸重合1QF后,若故障仍存在(即永久性故障),各级保护再按选择性(正常的延时配合)由故障线路的保护按相应的动作时限跳闸(即保护第二次动作有选择性)。

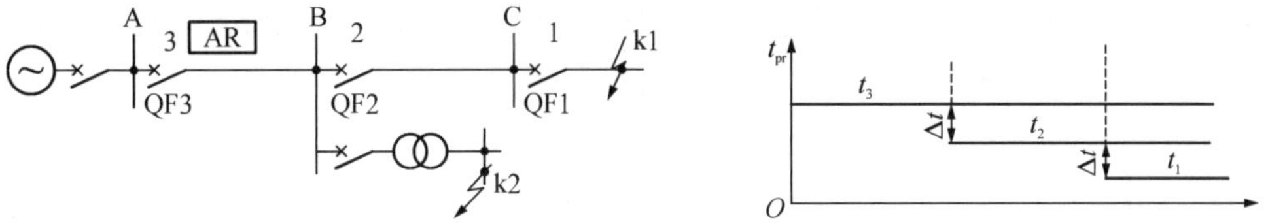

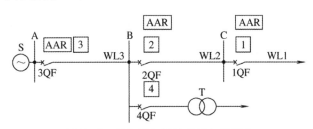

图 5-2 重合闸与保护的前加速配合

2) 前加速特点

(1) 能快速切除线路上的瞬时性故障,迅速恢复正常供电;同时由于速度快,使瞬时性故障来不及发展成永久性故障,从而提高了重合闸的成功率。

(2) 靠近电源的出口线路上重合闸拒动时,将扩大停电范围。

(3) 装设有重合闸且靠近电源的出口线路上的断路器工作条件恶劣。

(4) 用于 35 kV 及以下由发电厂或变电站引出的直配线路上,能保证发电厂和重要变电站的母线电压在 0.7 倍额定电压以上,从而保证厂用电和重要用户的电能质量。

3) 后加速(重合闸动作后加速保护)

每条线路上均装有具有选择性的保护和重合闸,当某线路上发生故障时,保护第一次动作按相应动作时限有选择性地动作于故障线路跳闸,相应保护处的重合闸重合后,若故障仍存在(永久性故障),相应保护加速动作(重合闸后加速继电器 KAT 一般是加速第Ⅱ段的动作,有时也可以加速第Ⅲ段的动作。即保护第二次动作不需再容延时来判断选择性)(图 5-3)。

图 5-3 重合闸与保护的后加速配合

4) 后加速特点

(1) 保护首次动作就保证了选择性,不会扩大停电范围。

(2) 保护第一次切除故障可能带有延时。

(3) 用于 110 kV 及以上电网或重要负荷的输电线路。

5.4 重合闸动作时间整定及重合闸闭锁功能

1) 重合闸动作时限整定原则

(1) 考虑躲过故障点熄弧及周围介质的去游离时间(要考虑电动机负荷的反馈电流对熄弧时间的影响)。

(2) 断路器及操作机构已准备好再次动作。

(3) 确保保护已返回。

(4) 双侧电源的线路上,要考虑两端主保护动作时限不同(例如本端保护以Ⅰ段动作而对端保护以Ⅱ段动作),只有在两端保护都已跳闸后才开始熄弧和去游离,即重合闸动作时限中还需增加两端主保护的动作时限差及两端断路器的跳闸时限差。

(5) 采用单相重合闸功能时,单相故障而跳开单相后,由于相间耦合电容及互感的影响,使断开相的故障点弧光通道中仍有潜供电流,潜供电流将延缓熄弧及去游离的时间,故重合闸动作时限应适当延长。

(6) 考虑到单相故障而跳开单相后,在重合闸重合之前,健全相又发生相继故障而跳三相,为确保故障点充分去游离,综合重合闸的动作时限应从相继故障跳闸后算起。

自动重合闸动作时限一般为 0.5~1.5 s。

2) 重合闸闭锁功能

(1) 运行人员手动操作(就地或遥控)断开断路器时,闭锁重合闸。

(2) 手动合闸合于故障线路而导致保护跳闸时,闭锁重合闸(手合于故障,则一定是永久性故障,不允许重合)。

5.5 潜供电流的影响

1) 定义:当线路故障相自两侧断开后,由于非故障相与断开相之间存在着静电(通过电容)和电磁(通过互感)的联系,虽然短路电流已被切断,但故障点弧光通道中仍有一定数值的电流流过,此电流称为潜供电流。

2) 影响:潜供电流的存在会使熄弧时间变长。因此单相重合闸的动作时间必须考虑它的影响。

单相重合闸的动作时间都是由实测试验确定的,一般应比三相重合闸的动作时间长。

5.6 非全相运行状态的影响

采用单相自动重合闸后,系统会出现非全相运行状态,产生负序和零序电流、电压,这将给电力系统本身和继电保护带来不利影响,主要表现在以下几个方面:

1) 负序电流对发电机的影响

在转子中产生倍频交流分量,引起发电机转子附加发热。转子中的偶次谐波也将在定子绕组中感应出偶次电动势,与基波叠加,有可能产生危险的高电压。因此,对于允许长期非全相运行的系统应考虑其影响。

2) 零序电流对通信的影响

它会对邻近的通信线路直接产生干扰,可能造成通信设备的过电压。

3) 非全相运行状态对继电保护的影响

保护性能变坏,甚至不能正确动作。对可能误动的保护应采取闭锁措施。

精选习题

1. 下列不属于"瞬时性故障"的是( )。
   A. 雷电引起的绝缘子表面闪络 B. 大风引起的碰线
   C. 鸟类在线路上引起的短路 D. 由于线路倒杆引起的故障
2. 重合闸后加速保护的特点是( )。
   A. 第一次动作有选择性 B. 第一次动作没有选择性
   C. 使用设备复杂不经济 D. 以上都不对
3. 重合闸后加速保护的适用范围是( )。
   A. 35 kV 以上的网络及对重要负荷供电的送电线路
   B. 35 kV 及以下的发电厂或变电站的直配线路
   C. 任何电压等级的输电线路
   D. 以上都不对
4. 单相重合闸主要应用于( )。
   A. 220~500 kV 的线路 B. 110 kV 的线路
   C. 任何电压等级的线路 D. 以上都不对

5. 当发生单相接地短路时,对综合重合闸的动作描述,正确的是( )。
   A. 跳开单相,然后进行单相重合,重合不成功则跳开三相而不再重合
   B. 跳开三相,不再重合
   C. 跳开三相,重合三相
   D. 以上都不对

6. 在任何情况下,自动重合闸的动作次数应( )。
   A. 自动重合一次
   B. 自动重合二次
   C. 符合规定的次数
   D. 自动重合三次

7. 电力系统中母线和变压器发故障,一般( )重合闸。
   A. 必须采用
   B. 不采用
   C. 根据实际情况采用
   D. 不确定

8. (多选)重合闸前加速保护的缺点有( )。
   A. 断路器工作条件恶劣,动作次数较多
   B. 重合于永久性故障时,切除故障的时间较长
   C. 如果重合闸装置拒绝合闸,则可能扩大停电范围
   D. 重合于瞬时性故障时,切除故障的时间较长

9. (多选)重合闸后加速保护的缺点有( )。
   A. 第一次切除故障带有延时
   B. 每个断路器上都需要装设一套重合闸,与前加速相比较为复杂
   C. 设备装置复杂,与前加速相比不经济
   D. 重合于瞬时性故障时,切除故障的时间较长

10. 前加速保护的优点是第一次跳闸有选择性地动作,不会扩大事故。( )
    A. 正确   B. 错误

习题答案

1. D 2. A 3. A 4. A 5. A 6. C 7. B 8. ABC 9. ABC 10. B

第 6 章　变压器、母线的主要故障类型和保护配置

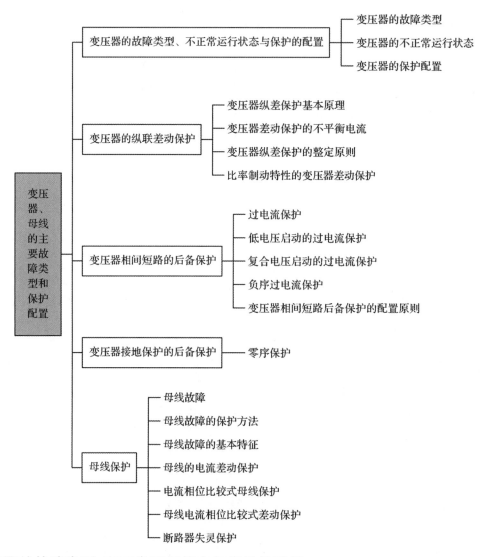

6.1　变压器的故障类型、不正常运行状态与保护的配置

1) 变压器的故障类型

变压器的故障是指油箱内和油箱外的各种短路故障。

油箱内的短路故障包括相间短路、接地短路以及绕组匝间短路。油箱外的短路故障包括套管和引出线的相间短路和接地短路。

2) 变压器的不正常运行状态

变压器的不正常运行状态包括外部短路引起的过电流、中性点过电压、过负荷、过励磁、油面下降等。

3) 变压器的保护配置

(1) 气体保护

气体保护俗称瓦斯保护，它是反映变压器油箱内各种短路故障和油面下降的保护，对容量在 800 kVA 及以上的室外油浸式变压器、400 kVA 及以上的室内油浸式变压器都应该安装瓦斯保护。

瓦斯保护有重瓦斯和轻瓦斯之分，重瓦斯保护在油箱内发生严重短路故障及产生大量气体时，动作于

断路器跳闸。轻瓦斯保护在油面下降、因轻微故障(如绕组匝间短路)或过负荷引起少量气体时动作于信号。

(2) 电流速断保护

电流速断保护可作为终端变压器内部和引出线相间短路的主保护。其构成原理和整定计算方法与线路电流速断保护类似。

(3) 纵联差动保护

简称纵差保护,以下情况的变压器应装设纵联差动保护:

① 电压为 10 kV 以上,容量在 10 000 kVA 及以上的单独运行的变压器和 6 300 kVA 及以上的并列运行的变压器。

② 容量小于 10 000 kVA 的重要变压器。

③ 电压为 10 kV 的重要变压器或容量在 2 000 kVA 及以上的变压器,当电流速断保护不符合要求时。

(4) 过电流保护

(5) 接地短路保护

(6) 过负荷保护

(7) 过励磁保护

6.2 变压器的纵联差动保护

1) 变压器纵差保护基本原理

差动继电器反映变压器两侧电流之差。当变压器正常运行或外部故障时,保护装置不动作;只有当变压器内部及引出线发生故障时,保护装置才动作。

2) 变压器差动保护的不平衡电流

(1) 变压器励磁涌流产生的不平衡电流

正常情况下,变压器励磁电流很小,通常为额定电流的 2%～10%。空载投入变压器或外部故障切除后电压恢复时,则可能产生很大的励磁电流,这种暂态过程中出现的励磁电流称为励磁涌流,其数值最大可达额定电流的 6～8 倍。

① 励磁涌流的特点:有很大成分的非周期分量;有大量的高次谐波,尤以二次谐波为主;波形出现间断。

② 影响励磁涌流特征主要因素:合闸时电压的初相位;铁芯中剩磁的大小和方向;变压器铁芯的饱和磁通。

③ 防止励磁涌流影响的方法:采用具有速饱和铁芯的差动继电器;采用间断角原理的差动保护;利用二次谐波制动;利用波形对称原理的差动保护。

(2) 三相变压器接线产生的不平衡电流

YNd11 接线变压器,一、二次侧线电流存在 30°的相位差,为消除两侧电流相位差引起的不平衡电流,应将变压器 Y 接线侧的电流互感器接成△,变压器△接线侧的电流互感器接成 Y。

对于微机变压器差动保护,可将 YNd11 连接变压器的两侧 TA 均采用星形连接,由软件实现 TA 变比和相位的调整。

(3) 计算变比与实际变比不同产生的不平衡电流

在变压器纵联差动保护中,高、低压两侧电流互感器电流比的比值应等于变压器的变比,但实际上,由于电流互感器电流比在制造上的标准化,不容易满足这个条件,因而就会产生不平衡电流。故利用差动继电器的平衡线圈进行磁补偿,但是由于平衡线圈匝数的选择必须取整数,所以采用平衡线圈后仍要考虑剩余的不平衡电流。

(4) 电流互感器变换误差产生的不平衡电流

(5) 变压器带负荷调整分接头产生的不平衡电流

3) 变压器纵差保护的整定原则

变压器纵差保护动作电流（启动电流）按躲开外部短路时的最大不平衡电流整定，即

$$I_{set}=K_{rel}I_{unb.max}$$

式中：K_{rel}——可靠系数，可取 1.3。

灵敏度按下式校验：

$$K_{sen}=\frac{I_{k\cdot min\cdot R}}{I_{set}}\geqslant 2$$

式中：$I_{k\cdot min\cdot R}$——保护范围内部故障时流过继电器的最小短路电流。

4) 比率制动特性的变压器差动保护

为减小变压器外部故障时，不平衡电流对差动保护造成的影响，常采用比率制动式差动保护（图 6-1）。

规定正方向：每端以流向本设备中间为正（即：母线→T 为正）。

差动电流取：$\dot{I}_d=|\dot{I}_m+\dot{I}_n|$；制动电流取：$\dot{I}_{res}=\frac{1}{2}|\dot{I}_m-\dot{I}_n|$

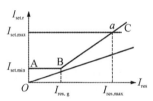

图 6-1 比率制动特性

特点：动作电流不是常数，随着制动电流的增大而增大：$I_{res}\uparrow \to I_{set}$。

常规保护的制动线圈接于小电源侧或无电源侧。保证在内部短路时制动作用较小或没有，有利于内部短路时保护的灵敏动作。

6.3 变压器相间短路的后备保护

1) 过电流保护

2) 低电压启动的过电流保护

3) 复合电压启动的过电流保护

4) 负序过电流保护

5) 变压器相间短路后备保护的配置原则

(1) 对于单侧电源的变压器，后备保护装设在电源侧，作为纵差保护、气体保护或相邻元件的后备。

(2) 对于多侧电源的变压器，主电源侧后备保护应作为纵差保护和气体保护的后备。且能对变压器各侧的故障满足灵敏度要求；其他各侧后备保护只作为各侧母线和线路的后备保护，动作后跳开本侧断路器。

6.4 变压器接地保护的后备保护

电力系统中，接地故障常常是故障的主要形式，因此，大电流接地系统中的变压器，一般要求在变压器上装设接地（零序）保护，作为变压器本身主保护的后备保护和相邻元件接地短路的后备保护。

6.5 母线保护

1) 母线故障

(1) 引起母线故障的原因

① 断路器套管及母线绝缘子的闪络。

② 母线电压互感器的故障。

③ 运行人员的误碰和误操作。

(2) 母线故障的危害

① 母线故障时,连接在故障母线上的所有支路停电。

② 若枢纽变电站母线故障,可能引起系统稳定性破坏,造成大面积停电事故。

2) 母线故障的保护方法

(1) 利用相邻元件的保护切除母线故障

① 利用发电机的过电流保护切除母线故障。

② 利用变压器的过电流保护切除低压母线故障。

其缺点是延时较长,当双母线或单母线分段时,无选择性。

(2) 装设专门的母线保护

① 110 kV 及以上的双母线和分段单母线。

② 110 kV 及以上的单母线,重要发电厂的 35 kV 母线或高压侧为 110 kV 及以上的重要降压变电所的 35 kV 母线。

3) 母线故障的基本特征

(1) 电流幅值

① 正常运行和区外故障时:$\Sigma \dot{I}=0$,流入差动继电器的只是不平衡电流。

② 母线故障时:$\Sigma \dot{I}=\dot{I}_k$,流入差动继电器的是全部短路电流。

(2) 电流相位

① 正常运行和区外故障时,流入、流出电流反相位。

② 母线故障时,流入电流同相位。

4) 母线的电流差动保护

母线的电流差动保护原理简单,适用于单母线或双母线经常只有一组母线运行的情况(图 6-2)。整定计算原则是:

(1) 躲过外部短路可能产生的不平衡电流

$$I_{r.set}=K_{rel}I_{unb.max}=K_{rel}\times 0.1I_{k.max}/n_{TA}$$

式中,K_{rel} 为可靠系数,一般取 1.3。

(2) 电流互感器二次回路断线时不误动

$$I_{r.set}=K_{rel}I_{l.max}/n_{TA}$$

取(1)、(2)中较大者为整定值。

灵敏度按下式校验 $K_{sen}=\dfrac{I_{k.min}}{I_{set}}\geqslant 2$。

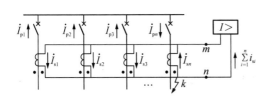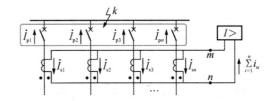

图 6-2 母线的电流差动保护原理图

5）电流相位比较式母线保护

根据母线在内部故障和外部故障时各连接元件电流相位的变化来实现的。

特点：不考虑电流互感器饱和引起的电流幅值误差，提高了保护的灵敏性；母线连接支路的 TA 型号不同或变比不同时仍然可以使用。

缺点：当固定连接方式被破坏时，任一母线的故障都将导致切除两组母线，保护失去选择性。

6）母线电流相位比较式差动保护

比较母联电流与总差电流的相位，选择出故障母线。

特点：母联相位差动保护要求正常运行时母联断路器必须投入运行。

缺点：当单母线运行时，母线失去保护，必须配置另一套单母线运行的保护。

7）断路器失灵保护

断路器失灵保护指当故障线路的继电器动作发出跳闸指令后，断路器拒动时，能够以比较短的时限切除同一母线上其他所有支路的断路器，将故障部分隔离，并使停电范围限制为最小的一种近后备保护。

（1）断路器失灵保护的装设：

① 110 kV 及以上的双母线和分段单母线。

② 110 kV 及以上的单母线，重要发电厂的 35 kV 母线或高压侧为 110 kV 及以上的重要降压变电所的 35 kV 母线。

（2）装设断路器失灵保护的条件：

① 相邻元件保护的远后备保护灵敏度不够时，应装设断路器失灵保护。

② 根据变电所的重要性和装设失灵保护作用大小来决定是否装设断路器失灵保护。

精选习题

1. 变压器过负荷保护动作后，（　　）。
   A. 延时动作于信号　　　　　　　　　B. 跳开变压器各侧断路器
   C. 给出轻瓦斯信号　　　　　　　　　D. 不跳开变压器断路器

2. 瓦斯保护是变压器的（　　）。
   A. 主后备保护　　　　　　　　　　　B. 内部故障的主保护
   C. 外部故障的主保护　　　　　　　　D. 外部故障的后备保护

3. 具有二次谐波制动的差动保护，为了可靠躲过励磁涌流，（　　）。
   A. 增大"差动速断"动作电流的整定值
   B. 适当增大差动保护的二次谐波制动比
   C. 适当减小差动保护的二次谐波制动比
   D. 以上都不对

4. 主变压器重瓦斯保护和轻瓦斯保护的正电源，正确接法是（　　）。
   A. 使用同一保护正电源
   B. 重瓦斯保护接保护电源，轻瓦斯保护接信号电源
   C. 使用同一信号正电源
   D. 重瓦斯保护接信号电源，轻瓦斯保护接保护电源

5. 变压器比率制动差动保护设置制动线圈的主要原因是（　　）。
   A. 躲避励磁涌流

B. 在内部故障时提高保护的可靠性
C. 在外部故障时提高保护的安全性
D. 以上都不对

6. 电流比相式母线保护的工作原理是（　　）。
   A. 比较电流相位的变化
   B. 比较电流大小的变化
   C. 比较功率因数角的变化
   D. 以上都不对

7. （多选）母线故障的保护方法包括（　　）。
   A. 利用相邻元件的保护切除母线故障
   B. 利用变压器的过电流保护切除低压母线故障
   C. 利用电源侧的线路保护切除母线故障
   D. 装设专门的母线保护

8. 对于双母线接线方式的变电所，当某一出线发生故障是断路器拒动的，应由（　　）切除电源。
   A. 断路器失灵保护
   B. 母线电流差动保护
   C. 过电流保护
   D. 距离保护

9. 母线运行方式的切换对母线保护的影响是（　　）。
   A. 母线运行方式变化时，母线上各种连接元件在运行中需要经常在两条母线上切换
   B. 母线运行方式切换时需要把保护退出
   C. 母线运行方式的切换会导致母线保护误动
   D. 以上都不对

10. （多选）下列关于变压器励磁涌流的说法，正确的有（　　）。
    A. 变压器空载合闸会导致出现励磁涌流
    B. 单相变压器空载合闸时，励磁涌流的大小与合闸角有关
    C. 变压器外部故障切除后，电压恢复时会出现励磁涌流
    D. 三相变压器空载合闸时，三相励磁涌流不会相同

11. （多选）变压器差动电流保护的整定计算原则有（　　）。
    A. 躲开外部短路时最大不平衡电流
    B. 躲开内部短路时最大不平衡电流
    C. 躲开变压器最大的励磁涌流
    D. 躲开电流互感器二次回路断线引起的差电流

12. （判断）母线完全电流差动保护需要和其他保护在时限上进行配合（　　）。
    A. 正确
    B. 错误

习题答案

1. A　2. B　3. C　4. B　5. C　6. A　7. ABCD　8. A　9. A　10. ABCD　11. ACD　12. B

第5篇 电机学

第 1 章 电机学基本理论

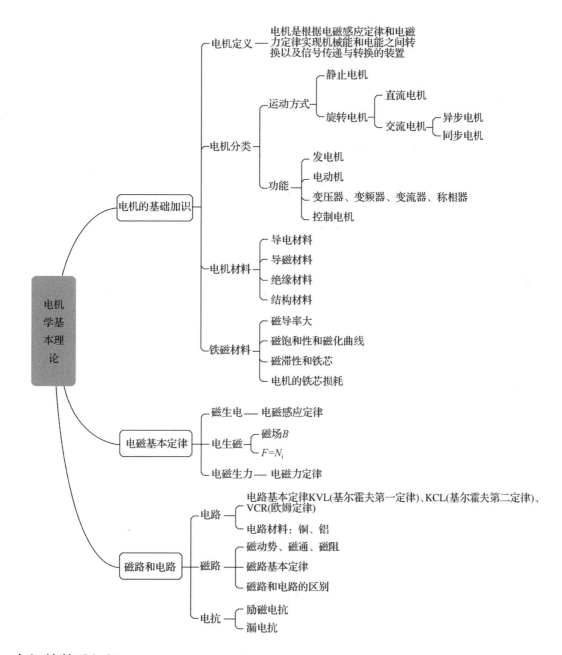

1.1 电机的基础知识

1）电机定义

依据电磁感应定律和电磁力定律实现机械能和电能之间转换以及信号传递与转换的装置。

2）电机分类

（1）按功能分为发电机，电动机，变压器、变频器、变流器、称相器，控制电机。其能量转换关系如下：

① 发电机　　机⟶电

② 电动机　　电⟶机

③ 变压器、变频器、变流器、移相器　　电⟷电

④ 控制电机　　进行信号的传递和转换,控制系统中的执行、检测或解算元件。

(2) 按运动方式分类

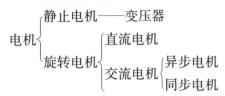

3) 电机的结构与制造材料

(1) 电机的电磁结构

电机的功能是由其电磁结构决定的。电机的电磁结构由一条主磁路和与它相关连的两条或两条以上电路组成(图 1-1)。电机种类不同,其主磁路和电路的结构就有所不同。

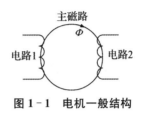

图 1-1　电机一般结构

(2) 电机的制造材料

① 导电材料:铜、铝、银;

② 导磁材料:铁磁材料(重点介绍);

③ 结构材料:铸铁、铸钢和钢板等;

④ 绝缘材料:天然材料(纸张、油漆、麻布),目前主要用有机合成材料(塑料)。

4) 铁磁材料

(1) 铁磁性物质的磁化

① 铁磁材料:铁、镍、钴及其合金;

② 起始磁化曲线:$B=f(H)$(图 1-2);

③ 特性:高导磁性 $\mu_{Fe}=(2\,000\sim6\,000)\mu_0$、磁饱和性和磁滞性。

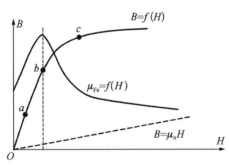

图 1-2　铁磁材料的起始磁化曲线分析

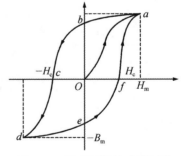

图 1-3　铁磁材料的磁滞回线

(2) 磁滞回线

① 磁滞现象:B 的变化总是滞后于 H 的变化,$H=0$ 时,B 的值称为剩磁 B_r;

② 磁滞回线、基本磁化曲线:$B=f(H)$(图 1-3);

③ 铁磁材料 $\begin{cases}\text{软磁材料}:\mu\text{ 高},B_r\text{ 小},\text{磁滞回线窄而长},\text{例如铸钢、硅钢、坡莫合金},\text{制作电机铁芯};\\\text{硬磁材料}:\mu\text{ 不高},B_r\text{ 大},\text{磁滞回线宽而胖},\text{制造永久磁铁}。\end{cases}$

(3) 磁滞损耗和涡流损耗

① 磁滞损耗:磁畴之间产生摩擦而产生的,$P_h = C_h f B_m^n V$
② 涡流损耗:涡流与铁芯电阻相互作用产生的损耗,$P_e = C_e \Delta^2 f^2 B_m^2 V$
③ 铁芯损耗:磁滞损耗+涡流损耗,$P_{Fe} \approx C_{Fe} f^{1.3} B_m^2 G$

1.2 电机中的基本电磁定律

电场、磁场分开处理,均以磁场作为耦合场。电路:由电机内的线圈(或绕组)构成电机的电路。磁路:常把磁场问题简化成磁路问题来处理。

1) 电磁感应定律

处在变化的磁场中的导体中将产生感应电动势,简称磁生电。也称电磁感应定律。当导体形成闭合回路时,感应电动势产生的电流(称为感应电流)所产生的磁场将阻碍(抵抗)原磁场的变化(楞次)。这种阻碍作用就是电抗的概念,即电抗对应于交变场。

感应电动势的一般表达式:

$$e = -\frac{d\psi}{dt}$$

式中:ψ——磁通链,简称磁链。

一般说来,磁链是时间和位置的函数,即 $\psi = f(x, t)$,故感应电动势 e 可表达为

$$e = -\frac{d\psi}{dt} = \left(-\frac{\partial \psi}{\partial x} \cdot \frac{dx}{dt}\right) + \left(-\frac{\partial \psi}{\partial t}\right)$$

式中:前一项称为运动电动势,后一项称为变压器电动势。

2) 电磁力定律

载流导体的周围将产生磁场,简称电生磁。此外,旋转电机中还用到安培电磁力定律——毕奥-萨法尔定律

电机中,通电导体(转子上)在磁场中会受到切向方向的力(以后分析),当转子半径为 R 时,就会在转子上产生转矩,即电磁转矩 $T_{em} = F \cdot R$

3) 磁场、磁感应强度

运动电荷(电流)的周围空间存在着一种特殊形态的物质,称之为磁场。磁感应强度 B 是描述磁场中各点磁场强弱的物理量,单位为 T(特斯拉)。

4) 磁通

磁通与电路中电流的作用相当。普通电机中,磁通是由绕组通电流产生的,其中绝大部分同时匝链(或穿越)电机的所有绕组,所以称为主磁通 Φ;另有很小一部分仅与该绕组自身匝链,故称为漏磁通 Φ_σ。

5) 磁场强度、磁导率

磁场强度是描述磁场中各点磁场强弱的物理量,H 表示,其单位为 A/m。

$$B = \mu H$$

式中:μ——磁导率,是描述材料导磁性能优劣的物理量。

1.3 磁路和电路

1) 电路中的三个基本定律

(1) 基尔霍夫第一定律:$\Sigma i = 0$

(2) 基尔霍夫第二定律:$\Sigma E = \Sigma U$

(3) 欧姆定律: $U = IR$

2) 电感

$$\Psi = N\Phi$$

$$\Psi = LI$$

$$L = \frac{\Psi}{I} = \frac{N\Phi}{I} = \frac{N\Lambda F}{I} = \frac{N\Lambda IN}{I} = \Lambda N^2$$

式中：N——绕组匝数；

L——自感。

3) 磁路

磁路是磁场能量产生、传输和消耗的路径，简单地说，磁路是指磁通的路径。

(1) 磁路与电路的区别是

① 电路中有电流 I 时，就有功率损耗 I^2R；而在直流磁路中，维持一定的磁通量 Φ 时，铁芯中没有功率损耗。

② 在电路中可以认为电流全部在导线中流通，导线外没有电流；在磁路中，则没有绝对的磁绝缘体，除了铁芯中的磁通之外，实际上总有一部分漏磁通散布在周围空气中。

③ 电路中导体的电阻率在一定温度下是不变的，但是磁路中铁芯的磁导率却不是一个常值，而是磁通密度的函数。

④ 对线性电路，计算时可以应用叠加原理，但对于铁芯磁路，饱和时磁路为非线性，计算时不能应用叠加原理。所以磁路与电路仅是一种数学形式上的类似，而不是物理本质的相似。

(2) 电磁类比关系(表 1-1)

表 1-1 电磁类比关系

比较内容	电学	磁学
场及其主要物理量	电场：是一种存在于电荷周围的特殊物质。特征是它由场源（即电荷）产生，并且在场源处最强，离开场源按照一定的梯度分布	磁场：是一种存在于载流导体或者永磁体周围的特殊物质。它由载流导体或永磁体产生，并且在场源处最强，离开场源按照一定的梯度分布
	电力线：描述电场问题的一种假想线。它起始于正电荷而终止于负电荷，习惯上用电力线的疏密来表述电场中各点电场的强弱	磁力线：描述磁场问题的一种假想线。它在磁铁外由 N 指向 S 而内部则相反，是一条闭合曲线，习惯上用磁力线的疏密来表述各点磁场的强弱
	电场强度 E(V/m)	磁场强度 H(A/m)
	电导率 γ：反映导体传导电流的能力	磁导率 μ：反映磁性材料传导磁通的能力
	电流密度 J(A/m²)：$J = \gamma E$	磁通密度 B(T=Wb/m²)：$B = \mu H$
路及其主要物理量	电路：指电流流通的路径。它是分析电场问题的简化方法	磁路：指磁通流通的路径。它是分析磁场问题的简化方法
	电流 I(A)：它由电荷定向移动形成，是电能传送的载体，描述某个截面上电荷总体移动情况	磁通 Φ(Wb)：它描述通过某个截面的磁力线总体数量
	电动势 ε(V)：指产生电流的本领。用单位正电荷从电场中一点移动到另一点外力所做的功表示	磁动势 F(A)：指产生磁通的本领。用磁路所包围的总电流表示
路及其主要物理量	电压降 U(V)：$U = \int_l E \cdot \mathrm{d}l$	磁压降 U_m(A)：$U = \int_l H \cdot \mathrm{d}l$
	电阻 $R = \dfrac{l}{\gamma S}(\Omega)$	磁阻 $R_m = \dfrac{l}{\mu S}$
	电导 $G = \dfrac{1}{R}$	磁导 $\Lambda = \dfrac{1}{R_m}$

续表

比较内容	电　学		磁　学	
路的定律	基尔霍夫第一定律	$\Sigma i = 0$	磁路节点定律	$\Sigma \phi = 0$
	基尔霍夫第二定律	$\Sigma U = \Sigma E$	全电流定律	$\Sigma Hl = \Sigma I$
	电路欧姆定律	$U = IR$	磁路欧姆定律	$U_m = \phi R_m$

精选习题

1. 下列不属于电机的是(　　)。
   A. 电动机　　　　B. 发电机　　　　C. 变压器　　　　D. 电抗器

2. (多选)铁磁材料的磁导率是(　　);非铁磁材料的磁导率可看成(　　)。
   A. 常数　　　　B. 变量　　　　C. 视工作磁场而定

3. 电机铁芯一般工作在磁化曲线的(　　)。
   A. 线性区前半区　　B. 饱和区后半部分　　C. 线性区后半区　　D. 膝点

4. 铁芯叠片采用的硅钢片越厚其损耗(　　)。
   A. 越大　　　　B. 越小　　　　C. 不变　　　　D. 不确定

5. 交变磁场的磁通幅值减小 5%,铁磁材料的铁芯损耗(　　)。
   A. 增大　　　　B. 减小　　　　C. 不变　　　　D. 不确定

习题答案

1. D　2. AB　3. D　4. A

5. B　**解析**:铁芯损耗为 $P_{Fe} \approx C_{Fe} f^{1.3} B_m^2 G$,磁通幅值减小 5%,则铁芯损耗减小。

第 2 章 变压器的结构与工作原理

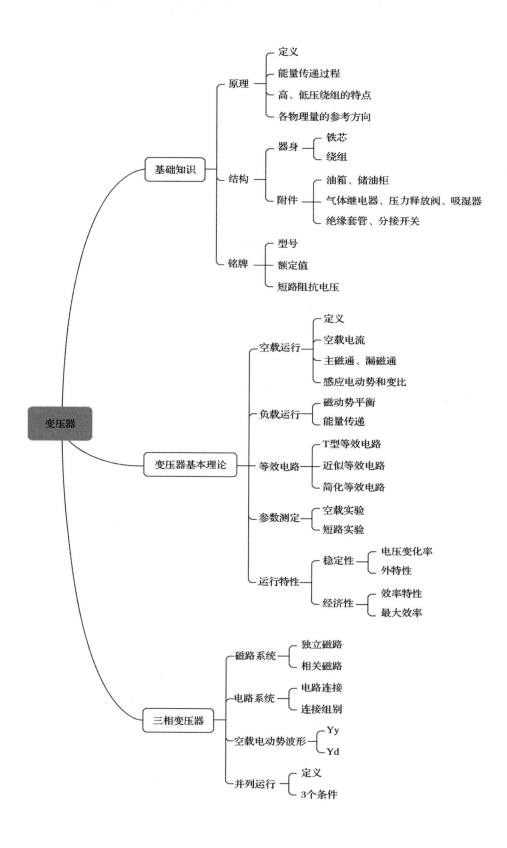

2.1 变压器的分类、结构与额定值

1) 变压器的定义

变压器是一种静止的电机,利用电磁感应原理,将某一等级的交流电能转换为同频率的另一等级的交流电能。

2) 变压器的分类

(1) 用途分:电力变压器、试验变压器、测量及特殊用途变压器;

(2) 相数分:单相、三相和多相变压器;

(3) 绕组数:自耦(单绕组)、双绕组、三绕组和多绕组变压器;

(4) 铁芯结构:心式、壳式;

(5) 冷却介质和冷却方式:油浸式变压器和干式变压器等;

(6) 容量大小:小型变压器、中型变压器、大型变压器和特大型变压器。

3) 基本结构

(1) 电磁部件(也称器身)

这部分是变压器工作的核心部件,包括绕组和铁芯。

① 铁芯:铁芯通常是用 0.35 mm 或 0.5 mm 厚的硅钢片(为了减小铁耗)叠压而成的闭合框体,它可分成心柱式和铁壳式两种型式。铁芯中套有绕组的部分称为铁芯柱;其余部分称为磁轭,用来连通主磁路。铁芯的基本作用是导磁,同时兼作器身的机械支承,所以要求它具有良好的导磁性能和足够的机械强度。

② 绕组:绕组是用带绝缘的铜导体绕制而成的线圈或线圈组合,有多种形式。绕组作用是导电并产生磁场,同时感应电动势,并通过磁场耦合把电能从一次侧传递到二次侧。对绕组的要求有:a. 每相(匝链同样的主磁通)至少有两个匝数不同的绕组(供变压用);b. 在高压绕组上引出若干分接抽头(供调压用)。

(2) 冷却部件

① 油箱:用钢板焊接而成,用来盛放变压器油,器身浸在变压器油中。变压器油是变压器的冷却介质,这是一种无色透明的矿物油,它盛放在油箱中,变压器的器身浸在油中。变压器油起冷却与加强绝缘双重作用。

② 散热管:装在油箱表明,与油箱内部相通,以增大散热面积。

③ 散热器:用薄铜片组合而成,装在与油箱连通的油管上,以增大散热面积,散热器的外面装一组风扇,以提高散热效果。

④ 冷却器。用于特大型变压器。

(3) 保护部件

① 储油柜(俗称油枕):钢板焊接成的油桶,放在变压器某侧上部,其中大部分冲油,以保证器身可靠浸在变压器油中。储油柜的一个端面上装在油位计(俗称油标),用来指示油量,供运行人员观察,以及时补油或放油。储油柜下部装一个呼吸器。

② 气体继电器:装在连通油箱与油枕的管道上,对气体的压力敏感。

③ 安全气道(俗称防爆管)

④ 绝缘套管等

4) 变压器的型号和额定值

(1) 型号:表示一台变压器的结构、额定容量、电压等级、冷却方式等内容。

例如:OSWPSZL-120000/220:表示三相强迫油循环水冷三绕组有载调压铝线的电力自耦变压器,额定容量为 120 000 kVA,高压侧额定电压为 220 kV 级的电力变压器。

S 三相或三绕组、F 风冷、W 水冷、P 强迫油循环、O 自耦变压器、Z 有载调压、L 铝线(铜线不标)。

(2) 额定值：是指变压器正常使用时应满足的一组规定值，包括：

① 额定容量 S_N，单位 kVA；基本含义 $S_{1N}=S_{2N}=S_N$。

② 一次额定电压 U_{1N}，单位 V 或 kV；一次额定电流 I_{1N}，A。三相指线值。

③ 二次额定电压 U_{2N}，指一次为额定电压下的二次开路电压，即 $U_{2N}=U_{20}\big|_{U_1=U_{1N},I_2=0}$，单位 V；二次额定电流 I_{2N}，A。三相指线值。

额定值的相互关系：

单相变压器满足 $\qquad S_N=U_{1N}I_{1N}=U_{2N}I_{2N}$

三相变压器满足 $\qquad S_N=\sqrt{3}U_{1N}I_{1N}=\sqrt{3}U_{2N}I_{2N}$

2.2 变压器的工作原理和等效电路

1) 变压器的电磁过程（物理现象）

(1) 空载运行：是指变压器一次侧绕组接到额定电压、额定频率的电源上，二次侧绕组开路时的运行状态（图 2-1）。

(2) 物理现象：磁动势和磁通的情况：$u_1 \to i_1 \to \Phi_0 \to \begin{cases} \to e_1 \\ \to e_2 \to i_2 \end{cases}$

式中：$e_1=-N_1\dfrac{\mathrm{d}\Phi_0}{\mathrm{d}t}$；$e_2=-N_2\dfrac{\mathrm{d}\Phi_0}{\mathrm{d}t}$

$E_1=4.44fN_1\Phi_m$，$E_2=4.44fN_2\Phi_m$

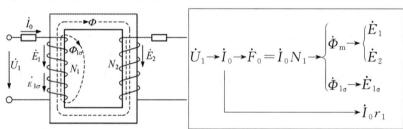

图 2-1 单相双绕组变压器物理模型

(3) 空载电流 $\dot{I}_0$：变压器空载时的一次电流，称为空载电流。

① 作用：一是用来激磁，产生主磁通；二是提供空载损耗。

② 组成：$\dot{I}_0=\dot{I}_\mu+\dot{I}_{Fe}$

③ 性质：感性无功。

④ 大小：0.6%～5%；$\because I_\mu \gg I_{Fe} \therefore I_0 \approx I_\mu$，称为激磁电流。

I_0 为什么越小越好？

⑤ 波形：由于导磁材料的非线性磁化特性，用来建立磁场的励磁电流的大小和波形与铁芯的饱和程度有直接关系。

(4) 变压器负载运行：一次侧接交流电源，二次侧接负载 Z_L，二次侧中便有负载电流流过，这种情况称为负载运行（图 2-2）。

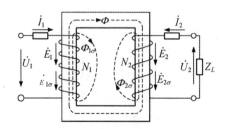

图 2-2 变压器的负载运行

(5) 一次侧电动势平衡

$$\dot{E}_1 = -j4.44fN_1\dot{\Phi}_m, \quad j=0+1j=1\angle 90°$$

同理可得：
$$\dot{E}_2 = -j4.44fN_2\dot{\Phi}_m$$

结论：大小：$E_1 = 4.44fN_1\Phi_m$，$E_2 = 4.44fN_2\Phi_m$；相位：$\dot{E}_1$、$\dot{E}_2$ 滞后 $\dot{\Phi}$ 90°相位，即感应电动势滞后相应的磁通90°。

$$\dot{E}_{1\sigma} = -j4.44fN_1\dot{\Phi}_{1\sigma m}$$

若 i_0 随时间正弦变化，
$$\dot{E}_{1\sigma} = -j\omega\dot{I}_0 L_{1\sigma} = -j\dot{I}_0 x_{1\sigma}$$

式中：$x_1 = 2\pi f \dfrac{N_1^2}{R_{m\sigma}} = 2\pi f N_1^2 \dfrac{\mu A}{l} =$ 常数，为一次绕组的漏电抗。

一次侧：$\dot{U}_1 = -\dot{E}_1 + \dot{I}_0 r_1 + j\dot{I}_0 x_1 = -\dot{E}_1 + \dot{I}_0 Z_1$

当负载电流很小（轻载）时，空载时 $I_0 Z_1$ 很小（小于0.2%），漏阻抗压降 $\dot{I}_1 Z_1$ 可忽略不计，即 $\dot{U}_1 \approx -\dot{E}_1$，于是可得重要关系式：

$$U_1 \approx E_1 = 4.44fN_1\Phi_m$$

结论：影响主磁通大小的因素是：电源电压 U_1、电源频率 f 和一次侧绕组匝数 N_1，与铁芯材质及几何尺寸基本无关。

2) 磁动势平衡和能量传递

(1) 磁动势平衡：变压器的主磁通是基本不随负载变化的，这就要求产生主磁通的磁动势也不变，即在空载时磁动势 $\dot{F}_0 = N_1\dot{I}_0$ 等于负载时磁动势 $\dot{F}_1(=N_1\dot{I}_1) + \dot{F}_2(=N_2\dot{I}_2)$。这就是磁动势平衡，即有

$$N_1\dot{I}_0 = N_1\dot{I}_1 + N_2\dot{I}_2 \qquad \dot{F}_1 + \dot{F}_2 = \dot{F}_m \approx \dot{F}_0$$

整理得：
$$\dot{I}_1 = \dot{I}_0 + \left(-\dfrac{N_2}{N_1}\right)\dot{I}_2 = \dot{I}_0 + \dot{I}_{1L}$$

(2) 能量传递：负载后，一次侧电流由两部分组成，一部分维持主磁通的 I_0。另一部分用来抵消二次侧的负载分量，能量由一次侧传到二次侧。

$$i_{1L} = -\dfrac{N_2}{N_1}\dot{I}_2, I_2\uparrow \to I_{1L}\uparrow \to I_1\uparrow$$

3) 电动势平衡方程式

一、二次侧电压方程如下：

$$\dot{U}_1 = -\dot{E}_1 + \dot{I}_1 R_1 - \dot{E}_{1\delta} = I_1(R_1 + jx_{1\delta}) - E_1 = I_1 Z_{1\delta} - E_1$$

$$\dot{U}_2 = -\dot{E}_3 + \dot{I}_2 R_2 - \dot{E}_{2\delta} = I_2(R_2 + jx_{2\delta}) - E_2 = I_2 Z_{2\delta} - E_2$$

式中：$Z_{1\sigma}$, $Z_{2\sigma}$——一、二次侧绕组漏磁抗；

R_1, R_2——一、二次侧绕组漏电阻；

$x_{1\delta}$, $x_{2\delta}$——一、二次侧绕组漏电抗。

4) 励磁阻抗

$$-\dot{E}_1/\dot{I}_m = \dfrac{1}{g_m - jb_m} = r_m + jx_m = Z_m$$

式中：r_m——变压器的励磁电阻，反映铁耗；

x_m——变压器的励磁电抗，反映励磁过程；

Z_m——变压器的励磁阻抗。

空载时等效电路见图2-3。

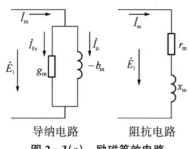

图2-3(a) 励磁等效电路　　　　图2-3(b) 变压器空载时的等效电路

当频率一定时,若外加电压升高,则主磁通 Φ_m 增大,铁芯饱和度程度增加,磁导 Λ_m 下降,$x_m=\omega L_m=\omega N_1^2 \Lambda_m$ 减小。

同时铁耗 p_{Fe} 增大,但 p_{Fe} 增大的程度比 I_0 增大的程度小,由 $p_{Fe}=I_0^2 R_m$,则 R_m 亦减小。反之,若外加电压降低,则 R_m、x_m 增大。

5) 绕组的折算

(1) 折算概念:用一个和一次侧绕组匝数相等的等效绕组,代替原来实际的二次侧绕组。

(2) 折算条件:① 归算前后的磁势平衡关系不变(只要 F_2 不变,副边对原边的影响效应不变);② 保持能量传递关系不变(不改变变压器的性能);③ 通常将二次侧折算到一次侧(反之亦然)。

(3) 折算方法:将二次侧的各个物理量折算到一次侧时的方法就是电流除以变比;电压(电势)乘以变比;电阻、电抗、阻抗乘以变比的平方。

$$I_2'=I_2/K \quad U_2'=U_2 K \quad R_2'=R_2 K^2 \quad x_{2\sigma}'=x_{2\sigma}K^2$$

6) T 型等效电路

(1) 基本方程式,折算后得基本方程式为:

$$\begin{cases}\dot{U}_1=-\dot{E}_1+\dot{I}_1 Z_1 \\ \dot{U}_2'=\dot{E}_2'-\dot{I}_2' Z_2' \\ \dot{E}_1=\dot{E}_2' \\ \dot{I}_1+\dot{I}_2'=\dot{I}_0 \\ -\dot{E}_1=\dot{I}_0 Z_m \\ \dot{U}_2'=\dot{I}_2' Z_L'\end{cases}$$

(2) T 型等效电路见图2-4。

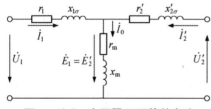 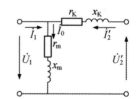

图2-4(a) 变压器 T 形等效电路　　　图2-4(b) 变压器近似(Γ形)等效电路

(3) 等效电路的简化。由于 $I_m \ll I_1$,在工程可忽略 I_m 不计,将激磁之路去掉,变为简化等效电路(图2-5),从简化等效电路中看出,当 $Z_L=0$ 时,可将一二次侧参数合并起来,此时为短路阻抗。短路电阻 $R_K=R_1+R_2'$;短路电抗 $X_k=x_{1\sigma}+x_{2\sigma}'$;短路阻抗 $Z_K=R_K+jX_K$

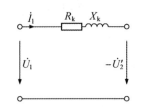

图 2-5 变压器简化等效电路

2.3 变压器的参数测定

1) 变压器的变比

$$K=\frac{E_1}{E_2}=\frac{N_1}{N_2}\approx\frac{U_1}{U_{20}}=\frac{U_{1NP}}{U_{2NP}}$$ ＊降压 $K>1$；升压 $K<1$；＊＊三相变压器(相电压之比)。

2) 空载实验

(1) 试验目的：测参数变比 K、空载损耗和励磁阻抗以及绝缘监测。

(2) 原理接线和计算：用大写字母表示高压端，小写字母表示低压端。空载试验可在任一边作。但考虑到空载试验所加电压较高，其电流较小，为试验的安全和仪器仪表选择方便，一般在低压侧作(图 2-6)。

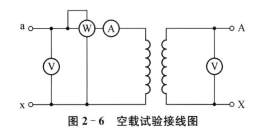

图 2-6 空载试验接线图

测定方法：在低压方加 U_1，高压侧开路，都取 I_0、P_0、U_{20}。由空载试验等效电路可知：

$$\frac{U_1}{I_0}=Z_0=Z_1+Z_m$$

$\because Z_m \gg Z_1$ 可近似认为 $Z_0=Z_m$

$$\therefore Z_m=\frac{U_{1N}}{I_m} \qquad Z_0=Z_m$$

$$x_m=\sqrt{Z_m^2-R_m^2} \qquad R_m=\frac{P_0}{I_0^2} \qquad K=\frac{U_1}{U_{20}}$$

3) 短路试验

(1) 试验目的。测参数：负载损耗、短路阻抗和短路电压。

(2) 原理接线和计算：因短路试验电流大，电压低，一般在高压侧做(图 2-7)，从等效电路可见。

$Z'_L=0$，外加电压仅用来克服变压器本身的漏阻抗压降，所以当 U_k 很低时，电流即到达额定，该电压为 $(5\%-10\%)U_N$。

因为 $Z_m \gg Z_1$，且电压很低，所以 Φ 很小，Z_m 大。绝大部分电流流经 Z'_2，可忽略激磁支路不计。

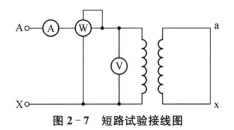

图 2-7 短路试验接线图

此时由电源输入的功率 P_K 完全消耗在一、二次绕组铜耗上,即:

$$P_K = I_1^2 R_1 + I_2'^2 R_2' = I_K^2 R_K$$

$$Z_K = \frac{U_K}{I_K} \quad R_K = \frac{P_K}{I_K^2} \quad X_K = \sqrt{Z_K^2 - R_K^2}$$

可按

$$R_1 = R_2' = \frac{R_K}{2} \quad X_{1\delta} = X_{2\sigma}' = \frac{X_K}{2}$$

注意:① $I_K = I_N$,读取 P_K,U_K 计算短路参数。② 由于绕组的电阻随温度而高。而短路试验一般在室温下进行,所以计算的电阻必须换算到额定工作时的数据,按国际规定换算到 75 ℃ 的数据。

$$R_{K(75℃)} = R_K \frac{T_0 + 75}{T_0 + \theta} \quad Z_{K(75℃)} = \sqrt{R_{K(75℃)}^2 + X_K^2}$$

上式:θ——室温;

T_0——对铜线 234.5,对铝线 228。

4)标幺值

一个物理量的标幺值是指其有名值除以该值的同名基准值,即 $x^* = \frac{x}{x_B}$。＊实际值与基准值必须具有相同的单位。表示法:在各物理量符号右上角加"＊"号。

在电机和变压器中,常用各物理量的额定值作为基值。

(1) 线电压、线电流的基值选用额定线值;相电压、相电流的基值选用额定相值。

(2) 电阻、电抗和阻抗共用一个基值。

$$阻抗基值:Z_{1N} = \frac{U_{1N}}{I_{1N}}, Z_{2N} = \frac{U_{2N}}{I_{2N}}$$

(3) 有功、无功和视在功率共用一个基值,以额定视在功率为基值 S_N。

(4) 变压器高低压侧,各物理量的基值,应选择各自侧的额定值。

5)短路电压(阻抗电压)

(1) 定义:短路试验时,使短路电流为额定电流时一次侧所加的电压,称为短路电压 U_K 即 $U_{KN} = I_{1N} Z_{K75℃}$ ＊＊记作:额定电流在短路阻抗上的压降,亦称作阻抗电压。

(2) 短路电压百分值:$u_K(\%) = \frac{U_{KN}}{U_{1N}} \times 100\% = \frac{I_{1N} Z_{K75℃}}{U_{1N}} \times 100\%$

(3) u_K 对变压器运行性能的影响:短路电压大小反映短路阻抗大小。① 正常运行时希望小些,电压波动小;② 限制短路电流时,希望大些。

2.4 变压器的运行特性

1)电压变化率

原因:内部漏阻抗压降的影响;

(1) 定义式:

$$\Delta u = \frac{U_{20} - U_2}{U_{2N}} = \frac{U_{2N} - U_2}{U_{2N}} = \frac{U_{1N} - U_2'}{U_{1N}} = 1 - U_2^*$$

(2) 参数表达式。由简化相量图,可得:(推导过程)$\Delta u = \beta(r_K^* \cos\varphi_2 + x_K^* \sin\varphi_2)$ 式中:$\beta = \frac{I_2}{I_{2N}} = I_2^*$ 称为负载系数,直接反映负载的大小,如 $\beta = 0$,表示空载;$\beta = 1$,表示满载。

影响 Δu 的因数:① 负载大小 β;② 短路阻抗标幺值;③ 负载性质 φ_2。

$$\begin{cases} \cos\varphi_2=1 & \sin\varphi_2=0 & \Delta u \text{ 很小} \\ \varphi_2>0 & \cos\varphi_2 \text{ 和 } \sin\varphi_2 \text{ 均为正}. & \Delta u \text{ 较大} \\ \varphi_2<0 & \sin\varphi_2<0, \cos\varphi_2>0 & \text{如 } |R_K^* \cos\varphi_2|<|X_K^* \sin\varphi_2| \end{cases}$$

(3) 外特性(图 2-8)

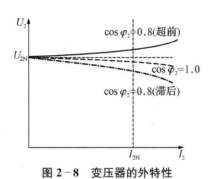

图 2-8 变压器的外特性

2) 损耗和效率

(1) 损耗分为铜损(基本铜损:原副线圈直流电阻的损耗;附加铜损:漏磁场引起的)和铁损(基本铁损:磁滞和涡流损耗;附加铁损:铁芯、叠片间引起的)。

**铁损——不变损耗;铜损——可变损耗。

(2) 效率:$\eta = \dfrac{P_2}{P_1} \times 100\%$

*变压器的效率比较高,一般在(95~98)%之间,大型可达99%以上。

$$\eta = \left(1 - \dfrac{\sum p}{P_1}\right) \times 100\% = \left(1 - \dfrac{p_{Fe} + p_{Cu}}{P_2 + p_{Fe} + p_{Cu}}\right) \times 100\%$$

$$\therefore \eta = \left(1 - \dfrac{p_0 + \beta^2 p_{KN}}{\beta S_N \cos\varphi_2 + p_0 + \beta^2 p_{KN}}\right) \times 100\% = \dfrac{\beta S_N \cos\varphi_2}{\beta S_N \cos\varphi_2 + p_0 + \beta^2 p_{KN}} \times 100\%$$

**结论:效率大小与负载大小、性质及空载损耗和短路损耗有关。

(3) 最大效率

令 $\dfrac{d\eta}{d\beta}=0$ 得 $\beta_m=\sqrt{\dfrac{p_0}{p_{KN}}}$ 即 $\beta^2 p_{KN}=p_0$ (或铜损=铁损)时,有 $\eta_{max}=1-\dfrac{2p_0}{\beta_m S_N \cos\varphi_2 + 2p_0}$

2.5 三相变压器

1) 三相变压器的磁路系统

按铁芯结构可分为组式变压器和芯式变压器(图 2-9)。

(1) 组式变压器:各相磁路彼此无关,即三相磁路是独立的;原边外施三相对称电压→三相对称磁通→由于磁路对称→产生三相对称的空载电流。

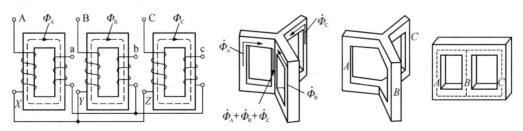

图 2-9 三相变压器磁路结构

(2) 芯式变压器:各相磁路彼此相关,有电和磁的联系;原边外施三相对称电压→三相对称磁通→但由于磁路不对称(B相较短)→产生的三相空载电流不对称,且中间电流小。

* 组式和芯式变压器的比较：

① 组式变压器：受运输条件或备用容量限制采用；

② 芯式变压器：省材料，效率高，占地少，成本低，运行维护简单，广泛应用。

2) 三相变压器的电路系统

(1) 变压器绕组的首、末端标志(人为标志)见表2-1

表2-1 绕组首、末端标志

绕组名称	单相变压器		三相变压器		
	首端	末端	首端	末端	中点
高压绕组	A	X	A B C	X Y Z	N
低压绕组	a	X	a b c	x y z	n
中压绕组	A_m	X_m	$A_m\ B_m\ C_m$	$X_m\ Y_m\ Z_m$	N_m

(2) 绕组连接(作图)。画法总结：① AX定位；② 定等位点；③ ABC正三角形顺时针。绕组连接方法及其端头标记绕组连接方法(见图2-10)。

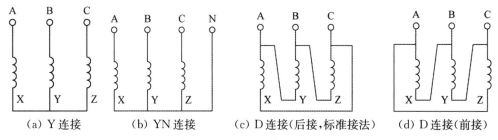

图2-10 三相变压器电路连接

(3) 极性(客观存在)：同极性端——每相(同一铁芯柱上)两个(或两个以上)绕组间的，交流瞬时电压极性相同的端头，互为同名端。本质是一相的各绕组从一个同名端到另一个同名端的电压相位相同。由绕组的绕向和首末端标志决定。当同一铁芯柱上高、低压绕组首端的极性相同时，其电动势相位相同。如图2-11(a)所示。当首端性不同时，高、低压绕组电动势相位相反，如图2-11(b)所示。

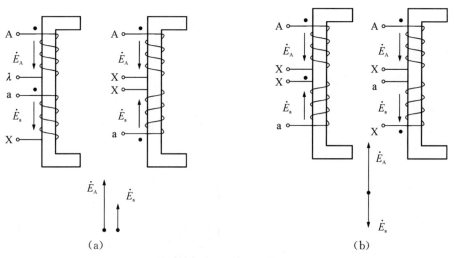

图2-11 绕组的标志、极性和相量图

3) 单相变压器的联结组别

(1) 变压器的联结组：三相变压器高、低压绕组对应的线电动势之间的相位差，通常用时钟法来表示，称为变压器的联结组。

(2) 时钟法：通常用时钟法来表示，称为变压器的联结组。

分针：高压绕组的线电动势相量，固定指向12点钟的位置。

时针：对应的低压绕组的线电动势相量。

钟点数：时针所指的钟点数称为变压器的联结组号。

单相变压器的联结组别：$I,I_0;I,I_6$

＊＊① $I,I_0;I,I_6$ 的意义；② 国标规定：I,I_0 为标准联结组别。

4）三相变压器绕组的联结组别

(1) 作图步骤：① 先画出高压绕组的位形图；② 便于比较，将 A,a 连成等电位点；③ 找出 AX 平行线；④ 确定同极性端；⑤ abc 顺时针旋转，为正三角形；⑥ 比较 E_{AB} 和 E_{ab} 的相位。

5）三相变压器空载电动势的波形

Y,y 连接

一次侧 Y 接，使得 3 次谐波电流无法流通，励磁电流近似为正弦形。磁通波形畸变为平顶波，含有 3、5、7 等次谐波。3 次谐波作用更大。

(1) 三相组式变压器：由于磁路独立，三次谐波与主磁通流过同样路径，在原副边绕组中感应电动势，可以达到基波幅值的 45%～60%，相电动势中的谐波含量非常大，可能会烧毁绝缘。而线电动势仍然近似正弦（因为 Y 接法）。三相组式变压器不能采用 Yy 接法。

(2) 三相芯式变压器：由于磁路相关，三相同相位的三次谐波磁通不能沿着主磁路铁芯闭合，只能沿着油、油箱壁闭合。三次谐波作用很小，使得主磁通为正弦形，感应相电动势也为正弦形。三次谐波磁通通过油箱壁或其他铁构件闭合，会产生涡流损耗，效率降低。容量低于 1 800 kVA 变压器采用这种联结组。

6）变压器的并联运行

(1) 定义：几台变压器的原、副绕组分别连接到原、副边的公共母线上，共同向负载供电。

(2) 优点：① 可靠性；② 经济性。

(3) 缺点：占地面积大，操作复杂。

(4) 理想条件

① 理想情况：空载时副边无环流；负载后负载系数相等；各变压器的电流与总电流同相位。

② 理想条件：各变压器的原、副边的额定电压分别相等，即变比相等；各变压器的联结组号相同；各变压器的短路阻抗（短路电压）标幺值相等，且短路阻抗角也相等。

精选习题

1. 三相变压器的二次侧额定电压是指一次绕组加额定电压时的二次侧的（　　）电压。
   A. 空载相　　　　　B. 空载线　　　　　C. 额定负载线　　　　　D. 额定负载相

2. 一台 Yd 连接的三相变压器，额定容量 $S_N=3\,150$ kVA，$U_{1N}/U_{2N}=35/6.3$ kV，则二次侧额定电流为（　　）。
   A. 202.07 A　　　　B. 288.68 A　　　　C. 166.67 A　　　　D. 51.96 A

3. 原边电压和供电频率均增加 10% 时，变压器的主磁通将（　　）。
   A. 减少　　　　　　B. 增加　　　　　　C. 基本不变　　　　　D. 不确定

4. 若将变压器一次侧接到电压大小与铭牌相同的直流电源上，变压器的电流比额定电流（　　）。
   A. 小一些　　　　　B. 不变　　　　　　C. 大一些　　　　　　D. 大几十倍甚至上百倍

5. 变压器制造时，硅钢片接缝变大，那么此台变压器的激磁电流将（　　）。
   A. 减少　　　　　　B. 不变　　　　　　C. 增大　　　　　　　D. 不确定

6. 单相降压变压器一次侧额定电压为220 V,如果一次侧接380 V,则空载运行的主磁通将(　　)。
   A. 增加　　　　　　B. 不变　　　　　　C. 减小　　　　　　D. 不确定

7. 变压器采用从二次侧向一次侧折合算法的原则是(　　)。
   A. 保持二次侧电流不变　　　　　　B. 保持二次侧磁动势不变
   C. 保持二次侧绕组漏阻抗不变　　　D. 保持二次侧电压为额定电压

8. 变压器由一次侧向二次侧进绕组折算,折算后一次侧阻抗折算后为原阻抗的(　　)倍。
   A. k　　　　　　B. k^2　　　　　　C. $1/k$　　　　　　D. $1/k^2$

9. 变压器负载运行时,若负载增大,其铁芯损耗(　　)。
   A. 增加　　　　　　B. 减少　　　　　　C. 基本不变　　　　D. 不确定

10. 一台单相变压器进行空载试验,在高压侧加额定电压测得损耗与在低压侧的额定电压测得损耗的关系为(　　)。
    A. 相等　　　　　　B. k倍　　　　　　C. k^2倍　　　　　　D. $1/k$

11. 变压器的空载损耗(　　)。
    A. 全部为铜损耗　　B. 全部为铁损耗　　C. 主要为铜损耗　　D. 主要为铁损耗

12. 一台三相变压器进行短路试验,在高压侧加额定电流测得短路损耗与在低压侧加额定电流测得短路损耗的关系为(　　)。
    A. 相等　　　　　　B. k倍　　　　　　C. k^2倍　　　　　　D. $1/k$

13. 额定电压为380/220 V的三相变压器负载运行时,若副边电压为230 V,负载的性质为(　　)。
    A. 电阻　　　　　　B. 电阻电感　　　　C. 电阻电容　　　　D. 电感电容

14. 要使变压器在最高效率状态下运行,需保证不变损耗(　　)可变损耗。
    A. 等于　　　　　　B. 小于　　　　　　C. 大于　　　　　　D. 不确定

15. 下列联结组号表示不正确的是(　　)。
    A. Yy0　　　　　　B. Yd2　　　　　　C. Dy11　　　　　　D. Yd11

16. (多选)关于三相变压器,以下说法正确的是(　　)。
    A. 三相组式变压器各磁路相互独立
    B. 三相芯式变压器各磁路相互独立
    C. 1 800 kVA以下的三相组式变压器可以采用Yy连接
    D. 1 800 kVA以下的三相芯式变压器可以采用Yy连接

17. (多选)消除三相芯式变压器中的三次谐波磁通的主要方法是(　　)。
    A. 采用YNy连接　　B. 采用Yd连接　　C. 采用Yy连接　　D. 采用Dy连接

18. 联结组号不同的变压器,二次侧电压相量的相位至少相差(　　)。
    A. 180°　　　　　　B. 90°　　　　　　C. 60°　　　　　　D. 30°

19. 并联运行时为了不浪费设备容量,要求任两台变压器容量之比(　　)。
    A. 小于3　　　　　　B. 大于3　　　　　　C. 等于3　　　　　　D. 小于2

20. 对于容量相差不大的两台变压器,并联运行时负载系数仅决定于(　　)。
    A. 输出电压与输入电压相角差　　　　B. 短路阻抗标幺值的模值
    C. 短路阻抗相角差　　　　　　　　　D. 短路阻抗

习题答案

1. B　解析:额定值是线值。

2. B　解析：利用 $S_N=\sqrt{3}U_{1N}I_{1N}=\sqrt{3}U_{2N}I_{2N}$ 计算。

3. C　解析：电压决定磁通 $U_1\approx E_1=4.44fN_1\Phi_m$，电源电压 U_1、电源频率 f 同向变化，所以磁通不变。

4. D　5. C　6. A　7. B　8. D　9. C

10. A　解析：电压决定磁通 $U_1\approx E_1=4.44fN_1\Phi_m$，磁通不变，铁损耗不变。

11. D

12. A　解析：短路损耗 $\beta^2 p_{KN}$。电流为额定，则 $\beta=1$。

13. C　解析：电压变化率为负，则只能是容性负载。如果电感电容不一定是容性的。

14. A

15. B　解析：字母一致的联结组号为偶数，否则是奇数。

16. AD

17. ABD　解析：YN 和 D 接法可以消除三次谐波磁通。

18. D　19. A

20. B　解析：负载系数与短路阻抗标幺值之模成反比。

第 3 章 同步电机的结构、原理及运行特性

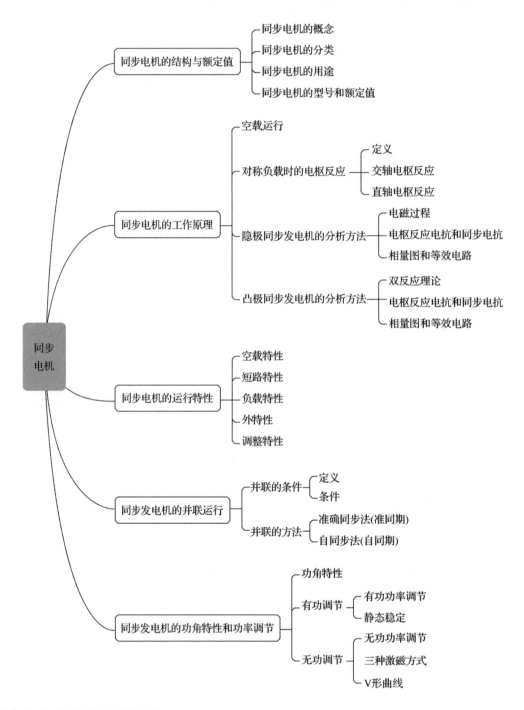

3.1 同步电机的结构与额定值

1) 同步电机的定义

(1) 同步电机定义：同步电机转速 n 与定子电流频率 f 和极对数 p 保持严格不变的关系，即 $n=\dfrac{60f}{p}$。

(2) 工作原理：主磁极励磁（励磁绕组通入直流电）后，在原动机的驱动下转子磁场切割定子对称三相绕组，从而产生对称的三相空载电动势 e_0。

(3) 空载电动势 e_0

波形：$\because e=BLv$，$\therefore$ 由 B 的波形决定

大小：$E_0=4.44fK_{w1}N_1\Phi_0$

频率：$f=\dfrac{pn}{60}$

相位：与时间即转子位置(时—空统一)有关，不确定因素。

相序：由转子转向决定，与主磁极极性无关(三相特有)。

2) 同步电机的分类

(1) 按运行方式，同步电机可分为发电机、电动机和调相机三类。

(2) 按结构型式，同步电机可分为旋转电枢式和旋转磁极式两种。

(3) 按原动机类别，同步电机可分为汽轮发电机、水轮发电机和柴油发电机等。

(4) 按冷却介质和冷却方式：空气冷却、氢气冷却和水冷却、水内冷等。

冷却方式的命名方法：冷却介质(空气、氢气、水)＋介质与发热体(绕组和铁芯)的接触方式(一是直接接触——内冷；二是隔着绝缘——外冷)。

3) 同步电机的用途

同步电机主要用作发电机运行，把机械能转化成电能。向电网出交流电，是同步电机最主要的运行方式。

同步电动机：大型同步电动机可以提高运行效率。小型同步电动机在变频调速系统应用。

同步调相机：改善电网功率因数或者调节电网电压的目。

4) 同步电机的额定值

(1) 额定容量 S_N（或额定功率 P_N）—指输出功率 $\begin{cases}\text{发电机用视在功率(kVA)或有功功率}\\\text{电动机用有功功率(kW)表示}\\\text{补偿机用无功功率(kvar)表示}\end{cases}$

(2) 额定电压 U_N—定子线电压(V)

(3) 额定电流 I_N—定子线电流(A)

(4) 其他：$\cos\varphi_N,\eta_N,f_N,n_N,\theta_N,U_{fN},I_{fN}$ 等

三相同步发电机 $P_N=\sqrt{3}U_NI_N\cos\varphi_N$ 三相同步电动机 $P_N=\sqrt{3}U_NI_N\eta_N\cos\varphi_N$

5) 型号

例如：QFQS-200-2 ├── 极数
　　　　　　└── 额定容量为200 MW

3.2 同步电机的工作原理

1) 空载运行

(1) 定义：$n=n_N$、$I=0$ 时 $E_0=f(I_f)$

(2) 空载电磁过程：

$$I_f\to F_f\begin{cases}\Phi_0\to E_0=4.44fNk_{w1}\Phi_0（\text{频率为 }f=\dfrac{pn}{60}）\\\Phi_{f\sigma}\to\text{只增加磁极部分的饱和程度}\end{cases}$$

(3) 空载特性曲线：$E_0=f(I_f)$，见图 3-1

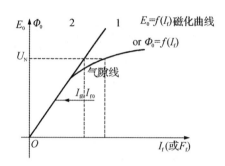

图 3-1 同步电机的空载特性

分析：I_f 较小时，磁路不饱和，$E_0 \propto I_f$ 直线；I_f 较大时，磁路饱和，E_0 与 I_f 不成比例；不考虑饱和，$E_0 = f(I_f)$ 为气隙线。

饱和系数的求取：$k_\mu = \dfrac{F_0}{F_\delta} = \dfrac{E'_0}{U_N}(1.1 \sim 1.25)$

2) 对称负载时的电枢反应

(1) 电枢反应的定义

F_a 对 F_f 的影响，称为电枢反应；包括去磁、助磁、交磁三种情况。它会使气隙磁场畸变。

空载：$F_\delta = F_f$

负载：$F_\delta = F_f + F_a$

**实质：研究同步发电机负载时内部的电磁情况。

(2) F_a 和 F_f 性质比较：(对比变压器、异步电机)

① 定子三相对称绕组中对称三相电流产生基波电枢磁动势。由交流电流激励产生的，故称为交流激励的旋转磁场。同步电机的定子绕组又称为电枢绕组，又常称为电枢磁势，相应的磁场称为电枢磁场。

a. 大小：$F_a = 1.35 \dfrac{N_1 I_1 k_{w1}}{p}$ (A)

b. 转速：$n_1 = \dfrac{60 f_1}{p}$ (r/min)

c. 转向：沿通电相序 A、B、C 的方向，它与转子转向相同

d. 极对数：和转子极对数 p 相同，决定于绕组的节距 y_1。

② 转子励磁绕组通入直流产生基波励磁磁动势。由直流电流激磁，又因为它随转子一起旋转，常称为直流激磁的旋转磁场或机械旋转磁场。

a. 大小：$F_{f1} = \dfrac{1}{2} k_f N_f i_f$ (A)

b. 转速：$n_1 = \dfrac{60 f_1}{p}$ (r/min)

c. 转向：与转子转向相同

d. 极对数：和转子极对数 p 相同。

结论：转速、转向、极对数均相同，F_a 和 F_f 在空间相对静止。因此两者的合成磁动势将是一个同样转向、转速、极对数的旋转磁动势，由它们合成在电机中产生气隙磁场。

(3) 几个概念

① 内功率因数角 Ψ：空载电动势 E_0 和电枢电流 I_a 之间的夹角，与电机本身参数和负载性质有关；

② 外功率因数角 φ：与负载性质有关；

③ 功率角(功角)δ：E_0 和 U 之间的夹角，且有 $\Psi = \varphi + \delta$ (电感性负载)；

④ 直轴(d 轴):主磁极轴线(纵轴);
⑤ 交轴(q 轴):转子相邻磁极轴线间的中心线为交轴(横轴)。

(4) 电枢反应的性质(不同负载)

① $\psi=0°$的电枢反应——交轴电枢反应(F_a在交轴上)特点是:主极磁场F_f与电枢磁场F_a不重合,电机有有功功率输出,见图 3-2。

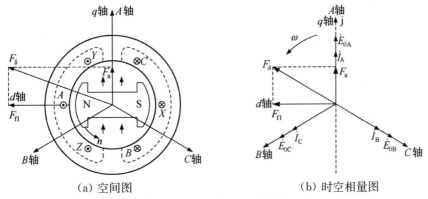

(a) 空间图　　　　　(b) 时空相量图

图 3-2　$\psi=0°$时的电枢反应

② $\psi=90°$的电枢反应——直轴去磁电枢反应(F_a在直轴负向),特点是:主极磁场F_f与电枢磁场F_a重合,电机仅输出感性无功功率,见图 3-3。

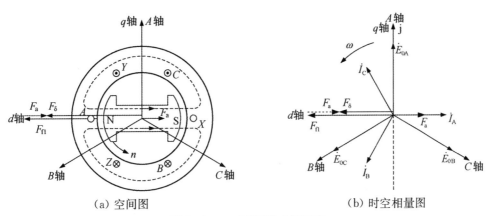

(a) 空间图　　　　　(b) 时空相量图

图 3-3　$\psi=90°$时的电枢反应

③ $\psi=-90°$的电枢反应——直轴增磁电枢反应(F_a在直轴正向),特点是:主极磁场F_f与电枢磁场F_a重合,电机仅输出容性无功功率,即吸收感性无功功率,见图 3-4。

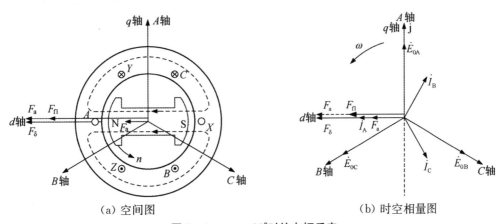

(a) 空间图　　　　　(b) 时空相量图

图 3-4　$\psi=-90°$时的电枢反应

④ $0°<\psi<90°$的电枢反应——既有直轴去磁电枢反应,又有交轴电枢反应,见图 3-5。

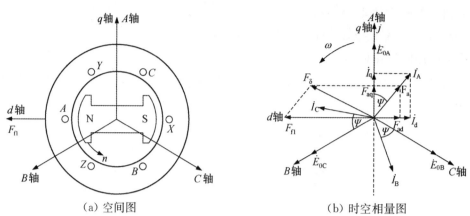

(a) 空间图　　　　　　　　(b) 时空相量图

图 3-5　$0°<\psi<90°$时的电枢反应

$F_a = F_{ad} + F_{aq}$，对应：$\dot{I} = \dot{I}_d + \dot{I}_q$

而：$\begin{cases} F_{ad} = F_a\sin\psi \\ F_{aq} = F_a\cos\psi \end{cases}$；对应：$\begin{cases} I_{ad} = I\sin\psi \\ I_{aq} = I\cos\psi \end{cases}$ 分别为直轴和交轴分量。

作发电机运行（上平面）　　　　　$-\dfrac{\pi}{2} < \psi < \dfrac{\pi}{2}$

作电动机运行（下平面）　　　　　$-\dfrac{\pi}{2} > \psi > \dfrac{\pi}{2}$

电枢反应交轴作用，电磁力与旋转方向相反，为了维持发电机的转速不变，必须随着有功负载的变化调节原动机的输入功率

电枢反应直轴作用，图3-3为去磁，图3-4为助磁，为保持发电机的端电压不变，必须随着无功负载的变化相应地调节转子的激磁电流。

① 有功电流产生电磁力，并形成电磁转矩。
② 无功电流产生电磁力，而不形成电磁转矩。
**注意：一般发电机所带负载既有功负载又有无功负载，是①和②两种情况的综合。
**结论：调有功，调汽门大小；
调无功，调激磁电流。

3）隐极同步发电机的分析方法

（1）不考虑磁饱和时的电磁过程

不计磁饱和（磁路线性），则可应用叠加原理，把F_f和F_a的作用分别单独考虑，再把它们的效果叠加起来。

$$\begin{array}{l}
主极\ I_f \to F_f \to \dot{\Phi}_0 \to \dot{E}_0 \\
电枢\ \dot{I} \to F_a \to \dot{\Phi}_a \to \dot{E}_a \\
\phantom{电枢\ \dot{I} \to F_a \to} \dot{\Phi}_\sigma \to \dot{E}_\sigma (E_\sigma = -j\dot{I}X_\sigma)
\end{array} \Bigg\} \dot{E}$$

（2）电压平衡方程式

采用发电机惯例，以输出电流作为电枢电流的正方向时，电枢的电压方程为

$$\sum\dot{E} = \dot{E}_0 + \dot{E}_a + \dot{E}_\sigma = \dot{U} + \dot{I}R_a$$

（3）电枢反应电抗和同步电抗

隐极机（气隙均匀）

$$\dot{I}(A,B,C) \to F_a \to \Phi_a \to \dot{E}_a = -j\dot{I}x_a\ (E_a = Ix_a)$$

大小：$E_a \propto \Phi_a$，不考虑饱和时及定子铁耗时 $\Phi_a \propto F_a \propto I$，可见 $E_a \propto I$。

相位：$\dot{I}$ 同相的 F_a，Φ_a 与 F_a 同相位（当忽略铁耗则 $\alpha_{Fe}=0$），F_m 和 B_m 同相（F_a 和 B_{a1} 同相），而 Φ_a 与 B_{a1} 同相，故 Φ_a 与 F_a 同相，由此 $\dot{E}_a$ 滞后 $\dot{I}$ 90°相角。

电枢反应电抗 x_a 意义：① 反映了电枢反应作用的强弱；

② 三相综合影响的参数，x_a 很大，相当于异步机中的 x_m。

电势方程式便可改写成

$$\dot{E}_0 = \dot{U} + \dot{I}R_a + j\dot{I}X_a + j\dot{I}X_\sigma = \dot{U} + \dot{I}R_a + j\dot{I}X_s$$

式中：X_s——同步电机的同步电抗，它等于电枢反应电抗和定子漏抗之和，即

$$X_s = X_a + X_\sigma$$

同步电抗是表征对称稳态运行时电枢旋转磁场和电枢漏磁场的一个综合参数。

（4）相量图和等效电路

已知条件：电压 U 和电流 I 的大小、功率因数 $\cos\varphi$、同步电抗 x_t

① 画法：a. 以 $\dot{U}$ 为参考相量，画出 $\dot{U}$、$\dot{I}$，两者相位差为功率因数角 φ；

b. 根据电压方程 $\dot{E}_0 = \dot{U} + j\dot{I}x_s$，画出 $\dot{E}_0$，完成相量图（图 3-6）。

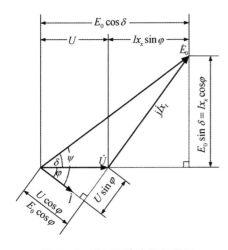

图 3-6 隐极同步电机相量图

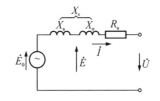

图 3-7 隐极同步电机等效电路

② 相量图中的几何关系（由相量图找出）见图 3-7。

3.3 同步电机的运行分析

1) 空载特性

(1) 定义：$U_0 = E_0 = 4.44fN_1K_{W1}\Phi_0 = f(I_f)|n=C, I=0$

受哪些因素影响（电机结构，即 p、K_{W1}；转速 n）

(2) 步骤：$I_f \uparrow \rightarrow U_0 = 0 \sim 1.25U_N \uparrow$，注意：只能单方向调磁；

(3) 曲线：特点（剩磁、饱和现象、磁滞现象）、形状见图 3-8。

2) 短路特性

(1) 定义：$n = n_1, U = 0, I_k = f(I_f)$

(2) 步骤：$n = n_1$，调 I_f，使 $I_k = 0 \rightarrow 1.25I_N$

(3) 曲线见图 3-9。

分析：磁路不饱和，$F_\delta \propto \Phi \propto E \propto I_k$，$I_f \propto F_{f1} = F_\delta - F_a \propto I_k$

短路特性为一条直线。

(1) 特性的:含义(见表达式);受哪些因素影响(电机结构);特点、形状(直线)。

(2) 短路时的电枢反映情况——直轴去磁电枢反应。

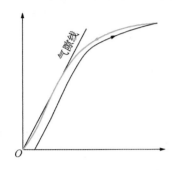

图 3-8 同步电机空载特性

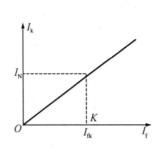

图 3-9 同步电机短路特性

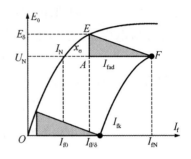

图 3-10 同步电机零功率因数特性

因为 $\dot{I}=\dfrac{\dot{E}_0}{jx_d}=\dot{I}_d$,即 $\psi=90°$ 稳态短路时,电枢反应为纯去磁作用,电机的磁通和感应电势较小,短路电流不大,三相稳态短路运行没有危险。

3) 负载特性

(1) 定义: $I=\text{const}$,$\cos\varphi=\text{const}$ 时的 $U=f(I_f)$

$I=I_N$,$\varphi=90°$,$\cos\varphi=0$ 时的 $U=f(I_f)$ 曲线称为零功率因数曲线

(2) 曲线见图 3-10。

$$F_\delta=F_f-k_{ad}F_{ad}$$
$$U=E_0-Ix_s=E-Ix_\sigma$$

4) 外特性

(1) 定义:$n=n_1$ $I_f=C$ $\cos\varphi=C$ $U=f(I)$

(2) 曲线见图 3-11。当容性负载且内功率因数超前时,电枢反映是助磁作用,特性可以呈上升形状。影响因数:电枢反应;漏抗压降。

(3) 电压变化率:$\Delta U\%=\dfrac{E_0-U_N}{U_N}\times100\%$

水轮机:18%~30%;汽轮机:30%~48%。ΔU 是发电机的性能指标之一,按国家标准规定应不大于 50%。通过采用快速励磁调节器,可以自动改变激磁电流使发电机端电压保持不变。

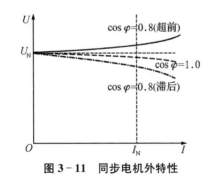

图 3-11 同步电机外特性

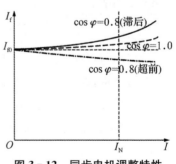

图 3-12 同步电机调整特性

5) 调整特性

(1) 定义:$n=n_1$ $U=C$ $\cos\varphi=C$ $I_f=f(I)$

(2) 曲线见图 3-12。

物理意义:维持端电压不变,励磁电流需随负载电流的大小变化进行调节。

(3) 分析：在感性负载时，随负载增大，需增加励磁以抵消电枢反应的去磁作用；在容性负载时，随负载增大，需减小励磁以平衡电枢反应的助磁影响。

3.4 同步发电机的并网

(1) 定义：使发电机每相电势瞬时值与电网电压瞬时值保持相等。

(2) 条件：① $\dot{U}_g=\dot{U}_s$；② 波形相同；③ $f_g=f_s$；④ 相序相同。

**说明：②和④可以在设计、制造上保证；①和③要在并网运行时满足的条件。因激磁可以自由调节、空载电势可以不相同（同步电抗的数值并不能决定负载电流的分配——与变压器并联运行对照）。

3.5 同步发电机的功率调节

1）功角特性

(1) 功角特性

发电机并联到无限大电网，磁路不饱和，I_f 不变时，$P_{em}=f(\delta)$

① 隐极同步发电机的功角特性：$P_{em}=mUI\cos\varphi=m\dfrac{E_0 U}{x_s}\sin\delta$

$$Q=mUI\sin\varphi=m\dfrac{E_0 U}{x_s}\cos\delta-m\dfrac{U^2}{x_s}$$

凸极同步发电机的功角特性：

$$P_{em}\approx P_2=mUI\cos\varphi=m\dfrac{E_0 U}{x_d}\sin\delta+m\dfrac{U^2}{2}\left(\dfrac{1}{x_q}-\dfrac{1}{x_d}\right)\sin 2\delta$$

② 功角特性曲线如图 3-13 所示。

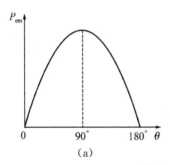

图 3-13 功角特性曲线

③ 功率极限值：$P_{emmax}=\dfrac{E_0 U}{x_s}$

(2) 功角的物理意义

① 是电动势 $\dot{E}_0$ 和电压 $\dot{U}$ 间的时间相角差；

② 是励磁磁势 $\overline{F_f}$ 和合成磁势 $\overline{F_\delta}$ 间的空间相角差或 $\dot{\Phi}_\delta$ 与 $\dot{\Phi}_0$ 之间夹角。

2）同步发电机有功功率调节

(1) 功率调节：调节原动机的输出功率（改变汽门或水门大小）→有功功率输出变化→功角 δ 变化，无功功率 Q 也变化。

$$P_1 增大(\uparrow)\rightarrow \delta\uparrow \begin{cases} P_2(P)\uparrow \\ E_0 \text{ 不变} \\ I\uparrow \\ Q\downarrow \end{cases}$$

(2) 静态稳定

当电网或原动机偶然发生微小扰动时,若在扰动消失后发电机能自行回复到原运行状态稳定运行,则称发电机是静态稳定的;反之,就是不稳定的。

同步转矩系数或比整步功率,用 P_{syn} 表示。其值愈大,表明保持同步的能力愈强,发电机的稳定性愈好。

$$P_{syn} = m\frac{E_0 U}{x_s}\cos\delta, k_M = \frac{P_{emmax}}{P_N} = \frac{1}{\sin\delta}, k_c = k_\mu \frac{1}{x_d^*}$$

对反映并网同步发电机静态稳定性能的指标有三个:同步转矩系数,过载能力,短路比,其值越大静态稳定性越高,运行点的功率角越小静态稳定性越高。

3) 同步发电机无功功率调节

(1) 无功功率调节:调节励磁电流 $I_f\uparrow \to$ 功角 $\delta\downarrow \to Q\uparrow$(有功功率 P 不变)。

**调无功 $Q\to\delta$ 变化$\to P$ 不变;调有功 $P\to\delta$ 变化$\to P$ 改变,Q 变化

$$I_f \text{增大}(\uparrow)\to\delta\downarrow\to\begin{cases}P_2(P)\text{不变}\\E_0\uparrow\\I\downarrow(\text{欠励}),\uparrow(\text{过励})\\Q\downarrow\end{cases}$$

(2) 三种激磁方式:① 正常激磁:$\varphi=0,\cos\varphi=1,Q=0$,全部为有功;
　　　　　　　② 过激磁:$\varphi>0,\cos\varphi$(滞后),发出 Q(感性),$I_f\uparrow\to K_M\uparrow$;
　　　　　　　③ 欠励磁:$\varphi<0,\cos\varphi$(超前),发出 Q(容性),$I_f\downarrow\to K_M\downarrow$;

**结论:调无功也是提高系统稳定性的一个有效手段。

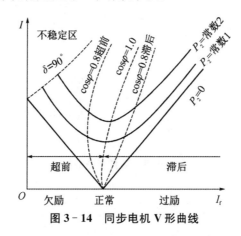

图 3-14　同步电机 V 形曲线

(3) V 形曲线:并联于无穷大电网运行的同步发电机,输出有功功率为定值时,定子电流随激磁电流变化的规律,像个 U 形,即:$I=f(I_f)$(图 3-14)。

分析:

① 曲线最低点的连线,即 $\cos\varphi=1$,向右倾斜;
② 不稳定区域,边缘连线向右倾斜,$\delta=90°\to$不稳定区$\to$失去同步;
③ 过激$\to$又称为迟相;欠激$\to$进相;
④ 励磁电流增大时,定子电流变化的规律。

精选习题

1. 一台三相同步发电机在对称阻容性负载下稳定运行,此时电枢反应性质为(　　)。

A. 直轴助磁电枢反应

B. 既有直轴去磁电枢反应,又有交轴电枢反应

C. 既有直轴助磁电枢反应,又有交轴电枢反应

D. 既有直轴电枢反应(去磁、助磁不定),又有交轴电枢反应

2. 相应于变压器的激磁电抗 x_m,在同步电机中有( )。

A. 漏电抗 B. 电枢反应电抗

C. 同步电抗 D. 没有相应的电抗与之对应

3. 同步发电机漏抗 X_σ、电枢反应电抗 X_a、同步电抗 X_s 的大小关系是( )。

A. $X_a > X_s > X_\sigma$ B. $X_s > X_\sigma > X_a$ C. $X_s > X_a > X_\sigma$ D. $X_a > X_\sigma > X_s$

4. 测定同步发电机短路特性时,如果转速降低到 $0.9n_1$ 时,测得的短路特性( )。

A. 不变 B. 提高到 0.9 倍 C. 降低到 1/0.9 D. 不确定

5. 当同步发电机与电网准同步并列时,除发电机电压仅小于电网电压 5% 之外,其他条件均满足,此时若合闸并列,发电机将( )。

A. 产生巨大电流,发电机不能并列

B. 发电机产生不太大的电流,此电流是感性电流

C. 发电机产生不太大的电流,此电流是容性电流

D. 发电机产生不太大的电流,此电流是有功电流

6. 一台运行于无穷大电网的同步发电机,在电流落后于电压一相位角时,原动机输入转矩不变,逐渐减小励磁电流,则电枢电流( )。

A. 渐大 B. 先增大后减小 C. 渐小 D. 先减小后增大

7. 同步电机运行于发电状态,其( )。

A. $E_0 > U$ B. $E_0 < U$ C. F_f 超前 F_δ D. F_f 滞后 F_δ

8. 同步电机作为调相机运行,忽略本身的损耗,过励时,其电枢电流( )电压 90°。

A. 超前 B. 滞后

C. 采用发电机惯例时,超前 D. 采用电动机惯例时,超前

习题答案

1. D **解析:** 容性负载大小不确定,所以直轴电枢反应不确定。

2. B

3. C

4. A **解析:** 短路特性的两个量关系与转速无关。

5. B **解析:** 电网电压恒定,画出相量图分析。

6. D **解析:** 阻感性负载,结合 V 形曲线分析。

7. C **解析:** 功角的双重物理意义和运行状态的关系。

8. D

第4章 异步电机的结构、原理及运行特性

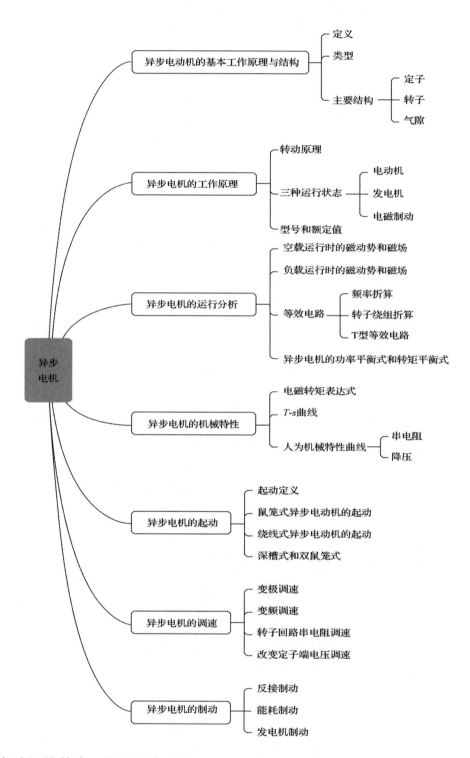

4.1 异步电动机的基本工作原理与结构

1) 异步电机的定义

（1）定义：异步电机是一种交流旋转电机，它的转速随负载而变，与电网频率无严格不变关系。转子电流是依据电磁感应原理由定子磁场感应产生的，所以也称为感应电机。

(2) 优点：结构简单、制造、使用和维护方便，运行可靠，效率较高、价格较低。

(3) 缺点：① 功率因数总是滞后的，增加了电力系统的无功负担；② 调速和启动性能不佳。

2) 异步电动机的类型

(1) 按定子相数分为：单相异步电动机、两相异步电动机和三相异步电动机。

(2) 按转子结构分为：绕线式异步电动机和鼠笼式异步电动机。

(3) 按电压的高低分为：高压异步电动机和低压异步电动机。

3) 异步电动机的主要结构

(1) 定子分为：① 定子铁芯：磁路一部分，低硅钢片 0.5 mm；② 定子绕组：电路一部分，铜线；③ 机座：固定和支撑定子铁芯。

(2) 转子分为：① 转子铁芯：磁路一部分，低硅钢片 0.5 mm；② 转子绕组（笼型绕组和绕线式绕组）；③ 转轴。

(3) 气隙：对于中小型异步电机，气隙一般为 0.1～1 mm；为了降低电机的空载电流和提高电机的功率，气隙应尽可能小。

4.2 异步电机的工作原理

1) 基本工作原理

(1) 电生磁：定子绕组接到三相电源上，定子绕组中将流过三相对称电流，气隙中将建立基波旋转磁动势，从而产生基波旋转磁场，转速为：$n_1 = \dfrac{60f}{p}$。

(2) 动磁生电：转子绕组产生电动势并在转子绕组中产生相应的电流；转子自身闭合。

(3) 电磁力定律：转子带电导体在磁场中受电磁力的作用，并形成电磁转矩，推动电机旋转起来。

转动原理：定子通电后，产生以同步速旋转的磁场（图 4-1 中 N、S 极表示），它切割闭合（短路）的转子绕组产生转子电动势和电流，转子电流（产生的磁场）与定子磁场相互作用产生电磁力 F 及电磁转矩 M，电磁转矩克服负载转矩做功，驱动转子沿着旋转磁场方向以转速 n 转动。

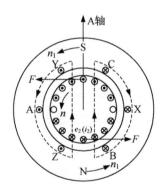

图 4-1 转动原理图

2) 三种运行状态

(1) 转差率定义

① 转差 $\Delta n = n_1 - n$，含义：旋转磁场（定子、转子磁场相对静止，即都是同步速）转速与转子转速的差。

② 转差率 $s = \dfrac{n_1 - n}{n_1}$，含义：转差与同步速的比值称为转差率。

启动瞬间：$n=0, s=1$；理想空载：$n \approx n_1, s \approx 0$；正常运行：$s_N = 0.01 \sim 0.06$；

∴ $n = (1-s)n_1$

(2) 三种运行状态

转差率与电机工作状态的关系(图4-2):对电动机,$0<s<1$,通常 s 约为百分之几,n、n_1、T 三者同方向,并且负载重,转速低,转差率大;对发电机,$s<0$,n、n_1 与 T 反方向;在电磁制动状态下,$s>1$,n_1、T 与 n 反方向。

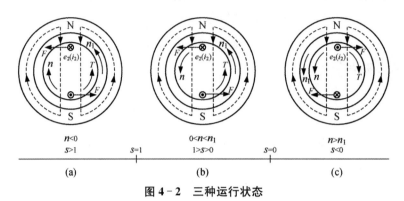

图4-2 三种运行状态

(3) 改变电动机转向

方法:改变通电相序,即交换任意两相接线;

原理:电动机转向由旋转磁场转向决定,而旋转磁场转向由通电相序决定。

3) 型号和额定值

(1) 型号

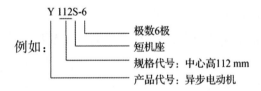

(2) 额定值

① 额定功率 P_N:电动机在额定情况下运行,由轴端输出的机械功率,单位为 W,kW。

② 额定电压 U_N:电动机在额定情况下运行,施加在定子绕组上的线电压,单位为 V。

③ 额定频率 f_N:50 Hz。

④ 额定电流 I_N:电动机在额定电压、额定频率下轴端输出额定功率时,定子绕组的线电流,单位为 A。

⑤ 额定转速 n_N:电动机在额定电压、额定频率、轴端输出额定功率时,转子的转速,单位为 r/min。

对于三相异步电动机,额定功率:

$$P_N=\sqrt{3}U_N I_N \eta_N \cos\varphi_N$$

(3) 接线

对于三相异步电动机定子绕组可以接成星形或三角形。

定子接线方式如图4-3所示:

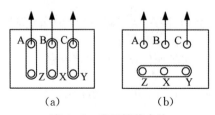

图4-3 定子接线方法

4) 等效电路

(1) 频率折算

① 折算原则：a. 保持 F_2 不变，只要使等效前后转子电流的大小和相位相等即可；b. 等效前后转子电路的功率和损耗相等。

② 折算方法：$\dot{I}_2 = \dfrac{\dot{E}_{2S}}{r_2 + jx_{2S}} = \dfrac{s\dot{E}_2}{r_2 + jsx_2} = \dfrac{\dot{E}_2}{\dfrac{r_2}{s} + jx_2} = \dfrac{\dot{E}_2}{r_2 + jx_2 + \dfrac{1-s}{s}r_2}$

＊＊a. 附加电阻 $\dfrac{1-s}{s}r_2$ 的物理意义：模拟转轴上总的机械功率；b. 转子方程为：$\dot{U}_2 = \dot{E}_2 - \dot{I}_2(r_2 + jx_2)$，$\dot{U}_2 = \dot{I}_2\dfrac{1-s}{s}r_2$

(2) 转子绕组折算

说明：原则和方法与变压器相同。

① 电流折算：$I'_2 = \dfrac{m_2 N_2 k_{w2}}{m_1 N_1 k_{w1}} I_2 = \dfrac{I_2}{k_i}$

② 电动势折算：$E'_2 = \dfrac{N_1 k_{w1}}{N_2 k_{w2}} E_2 = k_e E_2$

③ 电阻和电抗折算：$r'_2 = k_e k_i r_2$

$x'_2 = k_e k_i x_2$

(3) 等效电路

① 折算后的基本方程组：

$$\dot{U}_1 = -\dot{E}_1 + \dot{I}_1(r_1 + jx_{1\sigma})$$

$$\dot{E}'_2 = \dot{I}'_2\left(\dfrac{r'_2}{s} + jx'_{2\sigma}\right)$$

$$\dot{E}_1 = \dot{E}'_2 = -\dot{I}_m Z_m \quad Z_m = r_m + jx_m$$

$$\dot{F}_1 + \dot{F}_2 = \dot{F}_m \text{ 或 } \dot{I}_1 = \dot{I}_m + (-\dot{I}'_2)$$

② T 形等效电路

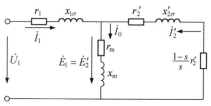

图 4-4 T 型等效电路图

由图 4-4 等效电路可得下述结论：a. 电机的负载越重，则模拟电阻越小，转差率 s 越大，而转速 n 越低；定子电流 I_1 和转子电流 I_2 都越大。b. 当电机处于理想空载，即 $n=n_1$ 时，此时 $s=0$，模拟电阻为无穷大，相当于转子开路（$I_2=0$），I_1 最小且比空载电流 I_0 还小。c. 当电机处于堵转（短路），即 $n=0$ 时，此时 $s=1$，模拟电阻等于 0，相当于转子短路，I_1 和 I_2 最大可达额定电流的数倍，可能烧坏电机。

③ 简化等效电路：与变压器的近似等效电路相同，但须引入一修正系数 C_1。$C_1 \approx 1 + \dfrac{x_1}{x_m}$，对于 40 kW 以上，可取 $C_1=1$。＊＊注意：异步电动机的等效电路与变压器的区别。

5) 异步电机的功率平衡式和转矩平衡式

(1) 功率平衡式

输入电功率：$P_1 = m_1 U_1 I_1 \cos\varphi_1$

定子铜耗：$p_{Cu1} = m_1 I_1^2 r_1$

定子铁耗：$p_{Fe} = m_1 I_m^2 r_m$

转子铜耗：$p_{Cu2} = m_1 I_2'^2 r_2'$

总的机械功率：$P_{mec} = m_1 I_2'^2 r_2' \dfrac{1-s}{s}$

总的机械功率又称内功率。

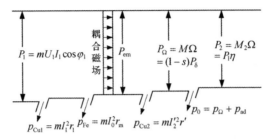

图 4-5 异步电动机的功率流程图

异步电动机总的功率（图 4-5）：

$$P_1 = P_2 + p_{Cu1} + p_{Fe} + p_{Cu2} + p_{mec} + p_{ad} = P_2 + \sum p$$

$$\sum p = p_{Cu1} + p_{Fe} + p_{Cu2} + p_{mec} + p_{ad}$$

正常运转的时候转子铁芯中磁通的变化的频率很低，仅有 1~3 Hz，所以转子铁耗可以略去不计。

两个重要关系：因为

电磁功率：$P_{em} = m_1 E_2' I_2' \cos\varphi_2' = m_1 I_2'^2 \dfrac{r_2'}{s}$

转子铜耗：$p_{Cu2} = m_1 I_2'^2 r_2'$

机械功率：$P_{mec} = m_1 I_2'^2 r_2' \dfrac{1-s}{s}$

所以：$\begin{cases} P_{mec} = (1-s) P_{em} \\ p_{cu_2} = s P_{em} \end{cases}$ 转差功率关系

(2) 转矩平衡式

旋转电机的机械功率 = 电机的转矩与它的机械角速度乘积。

总机械功率 P_i 即 $P_{mec} = P_2 + p_{mec} + p_{ad}$

除以转子角速度得到转矩平衡式，即

$$T_{em} = T_2 + T_{mec} + T_\Delta \approx T_2 + T_0$$

式中：$T_2 = \dfrac{P_2}{\Omega}$，为电动机轴上的输出机械转矩，即负载转矩；

$T = \dfrac{P_{mec}}{\Omega}$，为电动机轴上的总机械转矩 T_{em}，即电磁转矩；

$T_0 = T_{mec} + T_{ad}$ 为电动机空（制）转矩。

4.3 异步电机的机械特性

1)电磁转矩表达式

$$\because T_{em}=\frac{P_{em}}{\Omega_0}=\frac{1}{\Omega_0}m_1 I_2'^2 \frac{r_2'}{s}$$

$$\therefore T_{em}=\frac{m_1}{\Omega_0}\cdot \frac{U_1^2 \frac{r_2'}{s}}{\left(r_1+\frac{r_2'}{s}\right)^2+(x_1+x_2')^2}$$

2)$T\text{-}s$ 曲线

由上式可画出 $T\text{-}s$ 曲线如图 4-6 所示：

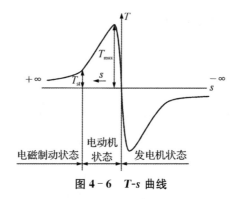

图 4-6 $T\text{-}s$ 曲线

该曲线是按电动机运行方式导出按照转差率划分电机有三种状态：

(1) $0<s<1, n_1>n>0, T>0$，T 与 n 方向相同，为电动机状态。
(2) $s<0, n>n_1, T<0, n>n_0$，T 与 n 方向相反,制动转矩,为发电机状态。
(3) $s>1, n<0, T>0$，T 与 n 方向相反,为制动状态。

三个特征转矩

① 额定转矩 T_N：额定负载时 $T_N=\frac{P_N}{\Omega_N}=9.55\cdot\frac{P_N}{n_N}\times 10^3(\text{N}\cdot\text{m})$

**注：P_N 的单位为 kW。

② 最大电磁转矩 T_{max}：

$$T_{max}=\pm\frac{m_1 p U_1^2}{4\pi f_1[\pm r_1+\sqrt{r_1^2+(x_1+x_2')^2}]}\approx\pm\frac{m_1 p U_1^2}{4\pi f_1(x_1+x_2')}$$

$$s_m=\pm\frac{r_2'}{\sqrt{r_1^2+(x_1+x_2')^2}}\approx\pm\frac{r_2'}{x_1+x_2'}$$

临界转差率,其中"±"号,电动机取"+"号,发电机取"－"号。

特点：a. T_{max} 与 U_1^2 成正比,而 S_m 与 U_1^2 无关；b. T_{max} 与转子电阻无关,而 S_m 与转子电阻有关；c. f_1 一定时,x_1+x_2' 越大,T_{max} 越小；d. 过载能力(或最大转矩倍数)$k_M=\frac{T_{max}}{T_N}$ 一般为 1.6~2.5,越大,过载能力越强。

③ 启动转矩 T_{st}

$n=0, S=1$,得 $T_{st}=\frac{m_1 p U_1^2 r_2'}{2\pi f_1[(r_1+r_2')^2+(x_1+x_2')^2]}$

当转子回路电阻为：$r_2'+r_{st}'=x_1+x_2'$ 时,启动转矩达到最大电磁转矩。

启动转矩倍数：$k_{st}=\dfrac{T_{st}}{T_N}$，$k_{st}\uparrow$，$T_{st}\uparrow$，启动能力强。

3) 人为机械特性曲线（图 4-7，图 4-8）

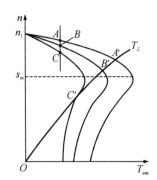

图 4-7 改变定子端电压时机械特性

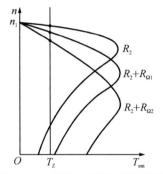

图 4-8 转子串电阻时机械特性

4.4 异步电机的启动

1) 启动概述

（1）启动定义：指电动机从通电开始到转速稳定的过渡过程。启动是一个机电暂态过程，由于机械暂态的时间常数比电气暂态的时间常数大得多，故分析时认为电量为常数。

（2）启动电流：$n=0$，$s=1$ 时的电流。

$$I_{st}=\dfrac{U_1}{\sqrt{(r_1+r_2')^2+(x_1+x_2')^2}}=\dfrac{U_1}{Z_k}$$

启动电流倍数：$k_i=\dfrac{I_{st}}{I_N}=5\sim 7$

（3）启动转矩：为什么异步电机启动电流大，启动转矩并不大？

$\because P_M=m_1 E_2' I_2' \cos\theta_2$

$\therefore T=\dfrac{P_M}{\Omega_0}=C_T \Phi_m I_2' \cos\theta_2$

$\because I_2'=\dfrac{E_2'}{\sqrt{(r_2'/s)^2+x_2'^2}} \xrightarrow{s=1} \dfrac{E_2'}{\sqrt{r_2'^2+x_2'^2}}$（很大）

$\cos\theta_2=\dfrac{r_2'/s}{\sqrt{(r_2'/s)^2+x_2'^2}} \xrightarrow{s=1} \dfrac{r_2'}{\sqrt{r_2'^2+x_2'^2}}$（很小）

$\therefore T$ 不大

（4）启动电流大的原因：此时处于短路。

（5）启动转矩不大的原因：① Φ_m 减少；② $\cos\varphi_2$ 减小；$\Big\}$ 使 T_{st} 不大。

（6）启动要求：① 启动电流尽量小，以减小对电网的冲击；② 启动转矩尽量大，以缩短启动时间；③ 启动设备简单，可靠。

2) 鼠笼式异步电动机的启动

（1）直接启动

① 优点：设备简单，操作方便；

② 缺点：启动电流大，须足够大的电源；

③ 适用条件：小容量电动机带轻载的情况启动。

(2) 降压启动

① 定子回路串电抗器启动。相当于定子电抗 $x_1=x_{1\sigma}+x_L$ 增大，在此理解成电抗器消耗一定的电压而使加到电机的实际电压 $U_1'=kU_1$，$k<1$，启动电流减小为 $I_{st}'=kI_{st}$、启动转矩减小为 $T_{st}'=k^2T_{st}$。

② Y-△启动：启动时绕组接成 Y，相当于电压降为 $U_1'=U_1/\sqrt{3}$，启动电流和启动转矩均减小为直接启动的三分之一。只有正常为△接线的电动机才可以。

$$I_{stY}=\frac{1}{3}I_{st\triangle}; \qquad T_{stY}=\frac{1}{3}T_{st\triangle}$$

③ 补偿器（即降压自耦变压器）启动：设变比 $k_A>1$，则启动电流（自耦变压器的一次侧电流，电机从线路中吸收的电流）$I_{st}'=I_{st}/k_A^2$、启动转矩 $M_{st}'=M_{st}/k_A^2$，电机吸收的电流 $I_{st}''=I_{st}/k_A$。优点：一般有三个抽头，有不同的选择。缺点：设备费用较高。

综上所述，降压启动是以牺牲启动转矩为代价来降低启动电流的，但笼形电动机只能如此。

3）绕线式异步电动机的启动

转子：一般均接成 Y 形，正常三相绕组通过滑环短接，若转子绕组直接短接情况下启动，与鼠笼一样，I_{st} 大，T_{st} 不大。

(1) 在转子回路串启动变阻器启动

转子串入分级电阻启动过程中，切除每段电阻均会造成转矩突变，对机组有机械冲击，且切换设备多，控制较复杂。

(2) 在转子回路串接频敏变阻器启动

频敏变阻器是一铁损耗很大的三相电抗器，在启动过程中，能自动、无级的减小电阻保持转矩近似不变，使启动过程平稳、迅速。结构简单，运行可靠，维护方便，应用广泛。

4.5 异步电机的调速

异步电动机特点：结构简单，价格便宜，运行可靠，维护方便。其转速公式：$n=(1-s)n_1=\frac{60f_1}{p}(1-s)$。异步电机调速方法：变极调速、变频调速和改变转差率 s 调速三种。其调速性能：调速范围；调速的稳定性；调速的平滑性；调速的经济性。

1）变极调速

可以采用两套绕组，但为了提高材料的利用率，一般采用单绕组变极，即通过改变一套绕组的连接方式而得到不同极对数的磁动势，以实现变极调速。说明：变极调速方法简单、运行可靠、机械特性较硬，但只能实现有极调速。单绕组三速电机绕组接法已经相当复杂，故变极调速不适宜超过三种速度。

2）变频调速

异步电动机的转速：$n=\frac{60f_1}{p}(1-s)$；当转差率 s 变化不大时，n 近似正比于频率 f_1，可见改变电源频率就可改变异步电动机的转速。

优点：调速范围广，平滑性好。

缺点：价格比较贵。

3）转子回路串电阻调速

串电阻前后保持转子电流不变，则有：$\frac{R_2}{S_N}=\frac{R_2+R_\Omega}{S}$；$\cos\varphi_2=\cos\varphi_{2N}$；

电磁转矩为：$T_{em}=C_M\Phi_mI_2\cos\varphi_2$ 保持不变，即属于恒转矩调速。

优点：简单、可靠、价格便宜；

缺点：效率低。为克服这一缺点，可采用串级调速。

4）改变定子端电压调速

适应于泵与风机类负载其缺点是电动机效率低，温升高。

4.6 异步电机的制动

电动机产生的电磁转矩的方向与转子转向相反的运行状态称为制动。

异步电动机电气制动的主要方法有反接制动、能耗制动和发电机制动

1）反接制动

异步电动机运行时，若转子的转向与气隙旋转磁场的转向相反，这种运动状态称为反接制动。反接制动又可分为正转反接和正接反转两种。

2）能耗制动

利用转子惯性转动切割磁场而产生制动转矩，把转子的动能变为电能消耗在转子的电阻上，这种运行状态称为能耗制动。

3）发电机制动

在电动机工作过程中，由于外来因素的影响，使电动机转速 n 超过旋转磁场的同步转速 n_1，电动机进入发电机状态，此时电磁转矩的方向与转子转向相反，变为制动转矩，电机将机械能转变成电能向电网反馈，故称为发电机制动，又称为再生制动或回馈制动。

精选习题

1. 三相异步电动机的空载电流比同容量变压器大的原因是（　　）。
   A. 异步电动机存在转差率　　　　　　　B. 异步电动机的损耗大
   C. 异步电动机有气隙　　　　　　　　　D. 异步电动机的漏抗大

2. 一台 50 Hz 三相异步电动机的额定转速为 720 r/min，该电机的极数和同步转速为（　　）。
   A. 4 极，1500 r/min　　B. 6 极，1000 r/min　　C. 8 极，750 r/min　　D. 10 极，600 r/min

3. 三相六极异步电动机，额定转差率为 0.02，接到工频电网上则额定转速为（　　）转/分。
   A. 1000　　　　　　　B. 980　　　　　　　C. 20　　　　　　　D. 0

4. 异步电动机转子转速减小时，转子磁势在空间的转速（　　）。
   A. 增大　　　　　　　B. 减小　　　　　　　C. 保持不变　　　　　　　D. 无法判断

5. （多选）若有一台三相异步电动机运行在转差率 $s=0.042$，则此时通过气隙传递的功率有（　　）。
   A. 4.2%是电磁功率　　　　　　　　　　B. 4.2%是转子铜耗
   C. 95.8%是总机械功率　　　　　　　　　D. 4.2%是机械损耗

6. 如果一台三相异步电动机因磁路饱和程度降低，漏抗变小，这时电机的最大转矩（　　）。
   A. 不变　　　　　　　B. 增加　　　　　　　C. 减小　　　　　　　D. 无法判断

7. 笼形异步电动机降压启动与直接启动时相比（　　）。
   A. 启动电流和启动转矩均变大　　　　　　B. 启动电流减小，启动转矩增加
   C. 启动电流和启动转矩均减小　　　　　　D. 启动电流减小，启动转矩减小

8. 一台三角形连接的三相异步电动机在额定电压下启动时的启动电流为 300 A，现采用星-三角降压启动，启动电流为（　　）。
   A. 100 A　　　　　　B. 173 A　　　　　　C. 150 A　　　　　　D. 212 A

9. 绕线式异步电动机转子回路串电阻启动时,其特点为:启动电流(　　),启动转矩(　　)。
   A. 增加,增加　　　B. 减小,增加　　　C. 减小,减小　　　D. 增加,减小

10. 三相绕线式感应电动机拖动恒转矩负载运行时,转子回路串入电阻增大,则(　　)。
    A. 转差率减小　　B. 转子转速不变　　C. 转子转速减小　　D. 转子转速提高

11. 一台 50 Hz、380 V 异步电动机,若运行于 60 Hz、380 V 电网上,当输出功率保持不变时,则同步转速及电机实际转速将(　　)。
    A. 增大,减小　　B. 增大,增大　　C. 减小,减小　　D. 减小,增大

12. 笼形异步电动机的转子磁极数(　　)定子绕组的磁极数。
    A. 等于　　　　　B. 小于　　　　　C. 大于　　　　　D. 不确定

13. (多选)以下(　　)调速方式属于变转差率调速。
    A. 变频　　　　　B. 降压　　　　　C. 转子串电阻　　D. 变极

习题答案

1. C
2. C　**解析**：同步速度 $n=\dfrac{60f}{p}$。p 是极对数。
3. B
4. C　**解析**：定转子磁势在空间的转速均为同步速度。
5. BC　**解析**：$\begin{cases}P_{mec}=(1-s)P_{em}\\p_{cu_2}=sP_{em}\end{cases}$ 转差功率。
6. B
7. C　**解析**：降压调速是牺牲转矩,来降低启动电流。
8. A　**解析**：星-三角启动电流转矩均有 1/3 的关系。
9. B
10. C
11. B　**解析**：相当于变频调速。n 近似正比于频率 f_1。
12. A
13. BC

第6篇　配电设备

第1章 配电设备与系统

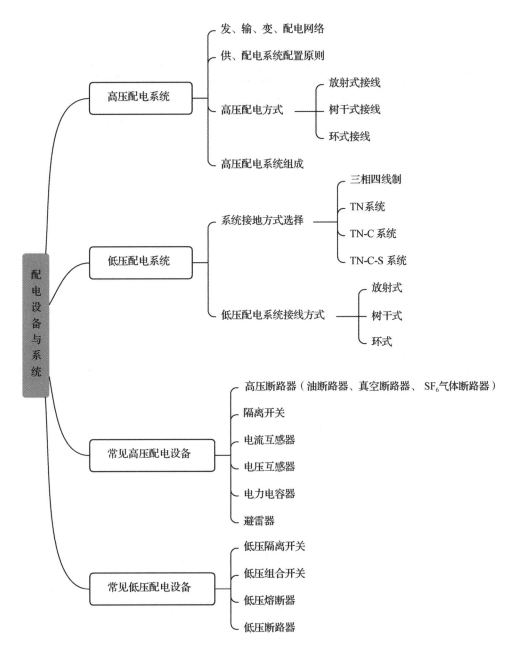

1.1 高压配电系统

1) 概述

由不同电压等级的变电所和电力线路连接成汇集、输送、变换和分配电能的网络称为电力网(简称电网)(图1-1)。电网主要作用为输送和分配电能。

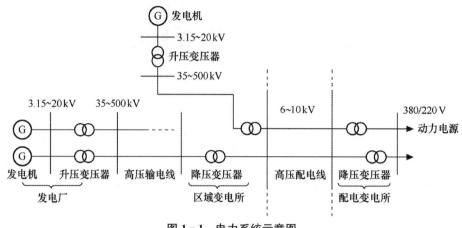

图 1-1 电力系统示意图

电压等级可划分如下：

输电网 { 特高压(±800 kV、1 000 kV)
         超高压(330 kV、500 kV、750 kV)
         高压(220 kV)

配电网 { 高压配电网(35 kV、110 kV、220 kV)
         中压配电网(6 kV、10 kV、20 kV)
         低压配电网(380 V/220 V)

发电厂发出的电能经升压向远方输送，从 110 kV 至 0.4～20 kV，逐级降压、逐级分配，构成一个庞大的配电网络。其中，10～110 kV 称为高压配电网。0.4～20 kV 称为中低压配电网。高压配电主要是传输、分配电能。中低压配电则直接向用户供电。

2）供、配电系统配置原则

（1）电源一般取自电力系统，也可取自企业自发自用系统。

（2）每一个企业一般应有两回独立电源线路供电，当任一回线路因发生故障停止供电时，另一回线路应能担负企业的全部一类负荷及部分二类负荷。

（3）对大、中型企业应由两个独立电源供电：当由 6～10 kV 电压供电时，一般不少于两回线路；当 35 kV 以上电压供电时，可只设一回线路。

（4）由两回及以上线路供电时，其中一回停止运行，其余线路应保证全部一类负荷的供电，对其他用电负荷应保证其全部负荷的 75% 的供电。

（5）企业送电线路的导线均应按经济电流密度选择，按允许电压损失及允许载流量的条件验算。

3）高压配电方式

高压配电方式是指从区域变电所将 35 kV 以上的高压降到 6～10 kV 高压送至企业变电所及高压用电设备的接线方式，称为高压配电。配电网的基本接线方式有三种：放射式、干线式及环式（按接线布置方式划分），按照对负荷供电可靠性要求分为无备用和有备用。

（1）放射式配电方式（图 1-2）

所谓放射式，就是从区域变电所的 6～10 kV 母线上引出一路专线，直接接用户的配电变电所配电，沿线不接其他负荷，各配电变电所无联系。

放射式配电方式的优点是线路敷设简单，维护方便，供电可靠，不受其他用户干扰，适用于一级负荷。

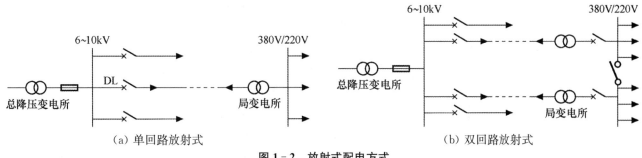

(a) 单回路放射式　　　　　　　　　(b) 双回路放射式

图 1-2　放射式配电方式

(2) 树干式配电方式(图 1-3)

所谓树干式配电方式,是指由总降压变电所引出的各路高压干线沿市区街道敷设,各中小企业变电所都从干线上直接引入分支线供电。

这种高压配电方式的优点是降压变电所 6～10 kV 的高压配电装置数量减少,投资可以相应减少。缺点是供电可靠性差,只要线路上任一段发生故障,线路上变电所都将断电。

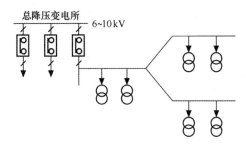

图 1-3　树干式配电方式

(3) 环式配电方式(图 1-4)

环式系统的优点是运行灵活,供电可靠性较高,当线路的任何地方出现故障时,只要将故障邻近的两侧隔离开关断开,切断故障点,便可恢复供电。为了避免环式线路上发生故障时影响整个电网,通常将环式线路中某个隔离开关断开,使环式线路呈"开环"状态。

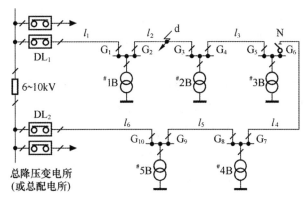

图 1-4　环式配电方式

4) 高压配电系统的组成

市电一般均从附近现有公用电网上引入馈电线,采用专用电力电缆。应根据附近电网中变电所的位置、电压等级、供电质量、局站重要性等情况选取合适可靠的市电(图 1-5)。

电力变压器有油浸式和干式两种类型。在室内安装变压器时,应考虑变压器室的布置、高低压进出线位置以及操作机构的安全等问题。目前大容量变压器广泛采用了干式变压器。

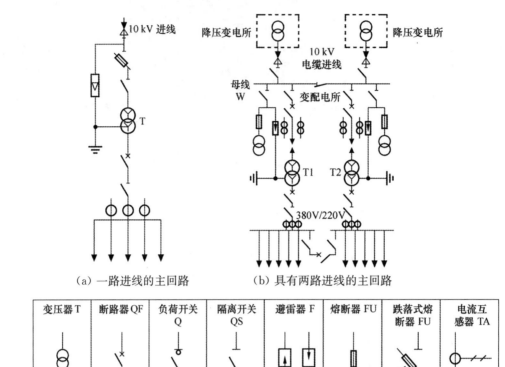

图 1-5 配电系统图

1.2 低压配电系统

1) 系统接地方式选择

对于 380/220 V 低压配电系统,我国广泛采用中性点直接接地的运行方式,而且引出中性线 N 和保护线 PE。中性线 N 的功能为:① 用于需要 220 V 相电压的单相设备;② 用来传导三相系统中的不平衡电流和单相电流;③ 减少负荷中性点的电位偏移。保护线 PE 的功能是防止发生触电事故,保证人身安全。通过公共的保护线 PE,将电气设备外露的可导电部分连接到电源的接地中性点上,当系统中的设备发生单相接地故障时,便形成单相短路,使保护动作,开关跳闸,切除故障设备,从而防止人身触电,这种保护称保护接零。

按国家标准规定,凡含有中性线的三相系统通称为三相四线制系统,即"TN"系统;若中性线与保护线共用一根导线(保护中性线 PEN),则称为 TN-C 系统;若中性线与保护线完全分开,各用一根导线,则称为 TN-C-S 系统。

2) 低压配电系统

低压配电系统是指从终端降压变电站的低压侧到用户内部低压设备的电力线路,其电压一般为 380/220 V。

其接线形式也主要包括放射式接线、树干式接线和环网接线。

1.3 常见高压配电设备

1) 高压断路器

(1) 高压断路器的技术特性

高压断路器是高压配电网的关键元件,其断流容量可达几百到几千兆伏安,分断能力可达几千安。并且,配电网的安全运行、自动化水平以及供电可靠性也几乎由高压断路器决定。

高压断路器主要根据灭弧介质分类,故高压断路器分为油断路器、真空断路器和 SF_6 气体断路器。高压断路器的技术参数如下:

① 额定电压。额定电压表示断路器在运行中能长期承受的工作电压。它不是所在系统的最高电压。如 0.4 kV 系统设备额定电压为 0.38 kV,10 kV 系统设备额定电压为 10 kV。

② 额定电流。额定电流表示断路器能够正常运行的负荷电流,为考虑其热稳定性,选取一个额定值,即经生产厂商优选配合确定的值,切不可误解为持续运行的负荷电流。

③ 额定短路开断电流。额定短路开断电流是指额定短路电流中的交流分量的有效值。

④ 额定短路关合电流。额定短路关合电流是指额定短路电流中最高峰值,它等于额定短路开断电流值的 2.5 倍。

⑤ 额定短时耐受电流。额定短时耐受电流等于额定短路开断电流。

⑥ 额定峰值耐受电流。额定峰值耐受电流等于额定短路关合电流。当断路器用作保护变压器时,为额定短路开断电流值的 2.5 倍。

⑦ 额定短路持续时间。不同电压等级的电网额定短路持续时间规定值不同。

(2) 高压油断路器

高压油断路器(图 1-6)的冷却灭弧介质是高纯度变压器油,由于绝缘油易老化,分断一定次数短路电流后就得更换,增加了运行中的维护检修工作量,现已逐渐被淘汰。

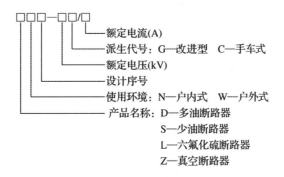

图 1-6 高压油断路器型号及含义

(3) 真空断路器

真空是一种理想的绝缘介质。在很小的真空间隙中就具有很高的介电强度。10 kV 真空断路器的陶瓷灭弧室中,动静触头间的开距只有 6~13 mm。

在真空断路器分断电路瞬间,两触头间电容的存在使触头间绝缘击穿,产生真空电弧。由于触头形状和结构的原因,真空电弧柱迅速向弧柱体外的真空区域扩散。

当被分断的电流"过零"时,触头间电弧的温度和压力急剧下降,使电弧不能继续维持而熄灭,电弧熄灭后的几微秒内,两触头间的真空间隙耐压水平迅速恢复。同时,触头间也达到了一定的距离,能承受很高的恢复电压。所以,一般电流过零以后,不会发生电弧重燃而被分断。

① 真空断路器的结构

真空断路器的关键部件是真空灭弧室,也叫真空开关管,它由外壳、屏蔽罩、波纹管、动静触头和动导电杆组成。

A. 外壳。外壳是真空灭弧室的密封容器,一般采用硬质玻璃、高氧化铝瓷等无机绝缘材料。有的真空灭弧室外壳用金属材料做外部圆筒,以无机绝缘材料制成绝缘端盖。金属圆筒既起到机械承力作用,又起到屏蔽作用。

B. 屏蔽罩。屏蔽罩起到吸附真空电弧产生的金属蒸气分子的作用。金属蒸气分子在罩壳上冷却并恢复为固体状态,灭弧后,灭弧室内的真空度得以迅速恢复。屏蔽罩体积越大,开断过程中金属蒸气分子吸附得越快,温升变化越小,冷凝速度越快,真空度恢复时间越短。

C. 波纹管。金属波纹管起着动触头运动时的真空密封作用。波纹管的一端固定在灭弧室的一个端面上,另一端与动触头的导电杆连接,随导杆的运动而伸缩。真空灭弧室每分合一次,波纹管随其产生一次机械形变。波纹管制造材料多用不锈钢,有的还用磷青铜、镀青铜等,其中以用 FeCrNi 不锈钢最佳。

D. 触头。触头是真空灭弧室内最重要的元件。动静触头是对接式的,动触头行程为 6～12 mm。真空断路器的开断能力由触头系统的结构决定。触头分为平板式触头、横向磁场触头和纵向磁场触头。我国应用较多的是纵向磁场触头式的灭弧室,10 kV 的开断能力已提高到 70 kA,开断能力不断提高,灭弧室的体积逐渐缩小。

② 真空断路器的特性

A. 真空断路器的触头是在真空中开断的,利用真空作为绝缘和灭弧介质。它的优点如下:

a. 灭弧能力强,燃弧时间短,全分断时间短。

b. 触头开距小,机械寿命较长。

c. 适合于频繁操作和快速切断,特别适合切断容性负载电路。

d. 体积小、质量轻,维护工作量小,真空灭弧室与触头不需要维修。

e. 没有易燃、易爆介质,无爆炸和火灾危险。

B. 它也存在着如下缺点:

a. 易产生操作过电压。主要是开断小电流时,易产生截流过电压和高频多次重燃过电压。所以,采用真空断路器时一般应采取有效的抑制操作过电压措施。比如,并联安装避雷器与断路器等。

b. 真空灭弧室的真空度在运行中不能随时检查,只能通过专门耐压试验或使用专门仪器来检查。

常用的 ZWG-12 系列适用于 10 kV 系统。

(4) SF_6 高压断路器

SF_6 高压断路器采用惰性气体 SF_6 做绝缘灭弧介质。SF_6 是一种负电性很强的气体,它具有吸收自由电子而成为负离子的特性,介质绝缘恢复强度高,且 SF_6 气体在一定压力下比热容比较高。因此,其对流散热的能力高,易于灭弧。所以,SF_6 气体具有良好的绝缘特性和灭弧性能。

常用的 LW3-12 系列适用于 10 kV 系统。

选用断路器时,断路器的开断、关合电流值应大于或者等于所在网络短路电流的计算值。高压断路器的额定电压与所在网络的额定电压相同,最高工作电压应与所在网络的最高电压一致。

3) 隔离开关

隔离开关也叫刀闸,它是用来隔离电压并造成明显的断开点,以保证电气设备在检修或备用时与母线或其他正在运行的电气设备隔离。由于隔离开关没有特殊的灭弧装置,所以不能用来直接接通、切断负荷电流和短路电流。但运行经验表明,隔离开关可以用来开闭电压互感器、避雷器、母线和母线直接相连设备的电容电流,开闭阻抗很低的并联电路的转移电流,可以开闭励磁电流不超过 2 A 的变压器空载电流和不超过 5 A 的电容电流。隔离开关的主要用途是保证电路中检修部分与带电体间的隔离以及进行电路的切换工作或者关合空载电路。

隔离开关的操作要求如下:(1) 操作隔离开关时,应先确保相应回路断路器在断开位置,防止带负荷拉、合隔离开关。(2) 停电操作时,先拉断路器,后拉线路侧隔离开关,再拉母线侧隔离开关。送电时顺序相反。(误操作时,按这个顺序可缩小事故范围,避免人为扩大事故)

4) 电流互感器

(1) 电流互感器的工作特点

① 一次绕组串接在主电路中,一次电流完全取决于被测电路的负荷电流,与二次电流大小无关。

② 二次绕组所接仪表和继电器的电流线圈阻抗很小,所以二次侧近似短路。

③ 电流互感器的二次侧不允许开路,也不允许二次侧安装熔断器。

(2) 电流互感器的主要参数

① 额定电流比 K_i:电流互感器额定一、二次电流之比即 $K_i = \dfrac{I_{1N}}{I_{2N}} \approx \dfrac{N_2}{N_1}$。

式中:I_{1N}、I_{2N}——一、二次绕组的额定电流;

N_1、N_2——一、二次绕组的匝数。

② 额定容量:电流互感器在额定二次电流 I_{2N} 和额定二次阻抗 Z_{2N} 运行时,二次绕组输出的容量,即 $S_{2N} = I_{2N}^2 Z_{2N}$。由于电流互感器的二次电流为标准值(5 A 或 1 A),故其额定容量也常用额定二次阻抗来表示。

(3) 误差及影响因素

由于电流互感器本身存在励磁损耗和磁饱和等影响,故一次电流在数值和相位上都有差异,即测量结果有误差。

电流误差:$f_i = \dfrac{k_i I_2 - I_1}{I_1} \times 100\%$

相位误差:$\delta_i = (\dot{I}_2 \dot{I}_1)$ 的夹角

其实用公式如下:

电流误差:$f_i \approx -\dfrac{(Z_2 + Z_{2L}) L_{av}}{222 N_2^2 S \mu} \sin(\psi + \alpha) \times 100\%$

相位误差:$\delta_i \approx \dfrac{(Z_2 + Z_{2L}) L_{av}}{222 N_2^2 S \mu} \cos(\psi + \alpha) \times 3440$

其中:S、L_{av}——铁芯截面积、磁路平均长度;

μ——铁芯磁导率;

Z_2——二次绕组阻抗;

Z_{2L}——负荷阻抗。

影响误差的因素有:

① 电流误差和相位误差与二次负荷阻抗成正比,即在二次负荷功率因数角不变的情况下,二次负荷阻抗增加时,电流误差和相位误差均增大。

② 二次负荷功率因数角增大(α 增大)时,电流误差增大,相位误差减小。

③ 一次电流对电流误差和相位误差的影响:一次电流减小,铁芯的磁导率下降,电流误差和相位误差均增大。一次电流在额定值附近时误差最小。

④ 电流误差和相位误差与磁导率成反比,所以选用高导磁材料。

(4) 电流互感器的接线方式

① 单相接线:常用于对称三相负荷电流测量,测量一相电流。

② 星形接线:可测量三相电流,能反映各种相间、接地故障,常用于 110 kV 及以上系统(中性点直接接地的电力系统)。

③ 不完全星形接线:只测量 A、C 两相电流,能反映各种相间故障,但不能完全反映接地故障,常用于 35 kV 及以下系统(中性点非直接接地的电力系统)。(图 1-7)

(5) 电流互感器的选择

① 种类和形式的选择:根据安装地点(如屋内、屋外)和安装方式(如穿墙式、支持式、装入式等)选择形

式;当一次电流较小(在400 A及以下)时,宜优先选用一次绕组多匝式,以提高准确度;当采用弱电控制或配电装置距离控制室较远时,二次额定电流应尽量采用1 A,而强电用5 A。

② 一次回路额定电压和电流的选择:$U_N \geqslant U_{Ns}$,$I_{1N} \geqslant I_{max}$。I_{1N}应尽可能与最大工作电流接近。

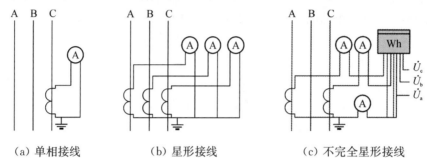

(a) 单相接线　　(b) 星形接线　　(c) 不完全星形接线

图1-7　电流互感器的接线

③ 准确级和额定容量的选择:为保证测量仪表的准确度,电流互感器的准确级不得低于所供测量仪表的准确级。当所供仪表要求不同准确级时,应按相应最高级别来确定电流互感器的准确级。

互感器按选定准确级所规定的额定容量S_{2N}应大于或等于二次侧所接负荷$I_{2N}^2 Z_{2L}$,即$S_{2N} \geqslant I_{2N}^2 Z_{2L}$。

④ 热稳定和动稳定校验:对本身带有一次回路导体的电流互感器进行热稳定校验。电流互感器热稳定能力常以1 s允许通过的热稳定电流I_t或一次额定电流I_{1N}的倍数K_t来表示,热稳定校验式为$I_t^2 \geqslant Q_k$或$(K_t I_{1N})^2 \geqslant Q_k$。

动稳定校验包括由同一相的电流相互作用产生的内部电动力校验,以及不同相的电流相互作用产生的外部电动力校验。

5) 电压互感器

(1) 电磁式电压互感器

电压互感器分为电磁式电压互感器和电容式电压互感器。电磁式电压互感器的工作原理和变压器相似,其主要区别在于电压互感器的容量很小,通常只有几十到几百伏安。如图1-8所示,当在一次绕组上施加一个交流电压U_1时,在铁芯中就会感生出一个磁通Φ。根据电磁感应定律,则在二次绕组中就会产生一个交变的二次电压U_2。改变一次或二次绕组的匝数,可以产生不同的一次电压与二次电压,这样就可以组成不同比的电压互感器。

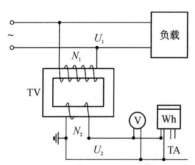 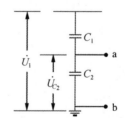

图1-8　电磁式电压互感器原理图　　图1-9　电容式电压互感器原理图

特点:① 一次绕组匝数N_1很多,二次绕组匝数N_2较少;
② 二次绕组所接负载阻抗较大,TV近似运行于空载状态;
③ 电压互感器的一、二次电压之比称为电压互感器的额定变比。

(2) 电容式电压互感器

工作原理图如图1-9所示,其实质上是一个电容分压器。

当a、b间开路时,按反比分压,有$U_{C2} = \dfrac{U_1 C_1}{C_1 + C_2} = K U_1$,$K = \dfrac{C_1}{C_1 + C_2}$——分压比

188

当 a、b 间接上负荷时，由于 C_1、C_2 有内阻压降，使 U_{C2} 小于电容分压值，而且负荷电流越大，误差越大。

(3) 电压互感器的工作特点

① 一次绕组并接在主电路中。

② 电压互感器的二次侧不允许短路。

③ 电压互感器的一、二次侧通常都应装设熔断器作为短路保护，因此电压互感器不需要校验热稳定性。

④ 电压互感器的二次侧必须有一端接地，防止一、二次侧击穿时，高压窜入二次侧，危及人身和设备安全。二次侧接地方式有 B 相接地和中性点接地两种。

(4) 电压互感器的额定电压比和电压误差

① 电压互感器的额定电压比：电压互感器一、二次绕组的额定电压之比即 $K_u = \dfrac{U_{1N}}{U_{2N}} \approx \dfrac{N_1}{N_2}$。其中二次侧的额定电压统一规定为 100 V 或 $100/\sqrt{3}$ V。

② 电压误差 f_u：$f_u = \dfrac{K_u U_2 - U_1}{U_1} \times 100\%$。其中 U_1、U_2 为一、二次电压实测值。

(5) 电压互感器的接线方式（图 1-10）

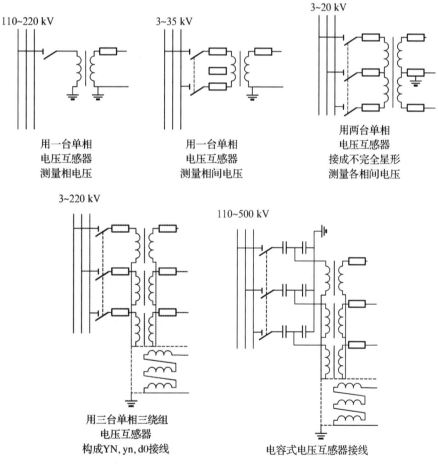

图 1-10　电压互感器接线方式

① 单相接线：用于 35 kV 及以下中性点不接地系统时，只能测量相间电压（线电压），不能测量相对地电压（相电压）；用于 110 kV 及以上中性点接地系统时，测量相对地电压。

② 两个单相电压互感器接成不完全星形（V-V 形）：用来测量各相间电压，但不能测量相对地电压，广泛应用在 20 kV 以下中性点不接地或经消弧线圈接地的系统中。

③ 三个单相电压互感器接成 Y0/Y0/d：可测量相间电压或相对地电压。

④ 三个单相三绕组电压互感器或一个三相五柱式电压互感器接成 Y0/Y0/△(第三绕组为开口三角形):二次绕组可用于测量相间电压或相对地电压,第三绕组(附加二次绕组)接成开口三角形,用来测量零序电压。

(6) 电压互感器的分类

① 按安装地点分:户内型、户外型。

② 按相数分:单相,35 kV 及以上;三相,35 kV 以下(三相五柱式)。

③ 按绕组数分:双绕组、三绕组。

④ 按绝缘方式分

浇注式:用环氧树脂绝缘,3~35 kV;

油浸式:用油绝缘,110 kV 及以上。

⑤ 按结构分

普通式:同变压器,3~35 kV;

串级式:采用分级绝缘,110 kV 及以上。

(7) 电压互感器的选择

① 种类和型式的选择

根据装设地点和使用条件选择种类和型式。

A. 在 6~35 kV 屋内配电装置中,一般采用油浸式或浇注式电压互感器;110~220 kV 配电装置特别是母线上装设的电压互感器,通常采用串级式电磁式电压互感器;当容量和准确级满足要求时,通常多在出线上采用电容式电压互感器。

B. 在 500 kV 配电装置中,配置有双套主保护,并考虑到后备保护、自动装置和测量的要求,电压互感器应具有三个二次绕组,即两个主二次绕组和一个辅助二次绕组。

C. 为节省投资,在 20 kV 及以下配电装置中,可选用三相式电压互感器(选用三相五柱式,而不是三相三柱式)。

D. 用于接入精度要求较高的计费电能表时,不宜采用三相式电压互感器。

② 一次额定电压和二次额定电压的选择

电压互感器二次绕组电压通常供额定电压为 100 V 的仪表和继电器使用。

当一次绕组接线电压,则 $U_{1N}=U_{Ns}$,$U_{2N}=100$ V;当一次绕组接相电压,则 $U_{1N}=U_{Ns}/\sqrt{3}$,$U_{2N}=100/\sqrt{3}$ V。

对于三绕组电压互感器的第三绕组电压的确定:110 kV 及以上中性点直接接地系统,附加二次绕组的额定电压为 100 V(供接地保护使用);35 kV 及以下中性点不接地系统,附加二次绕组的额定电压为 100/3 V(供交流电网绝缘监视仪表与信号装置用)(表 1-1)。

表 1-1 互感器额定电压选择

互感器型式	接入系统方式	系统额定电压 U_{Ns}/kV	互感器额定电压		
			初级绕组/kV	次级绕组/V	第三绕组/V
三相五柱三绕组	接于线电压	3~10	U_{Ns}	100	100/3
三相三柱双绕组	接于线电压	3~10	U_{Ns}	100	无此绕组
单相双绕组	接于线电压	3~35	U_{Ns}	100	无此绕组
单相三绕组	接于相电压	3~63	$U_{Ns}/\sqrt{3}$	$100/\sqrt{3}$	100/3
单相三绕组	接于相电压	110J~500J*	$U_{Ns}/\sqrt{3}$	$100/\sqrt{3}$	100

* J 指中性点直接接地系统。

③ 容量和准确级的选择

根据仪表和继电器的接线要求选择电压互感器的接线方式,并尽可能将负荷均匀分布在各相上。然后计算各相负荷大小,按照所接仪表的准确级和容量选择互感器的准确级和额定容量。

6) 电力电容器

(1) 电容器的类型和用途

并联电容器主要用于补偿感性无功功率以改善功率因数。

按结构和使用材料分,并联电容器有浸渍剂型、金属氧化膜型、密集型。

① 浸渍剂型并联电容器

浸渍剂型并联电容器主要由箱壳和芯子组成。箱壳用薄钢板密封焊接制成。芯子由元件、绝缘件和紧箍件组成整体,可根据不同的电压等级将元件进行适当的串联与并联。浸渍剂型并联电容器适用于频率为 50 Hz 的交流电力系统,以提高系统的功率因数。

② 金属氧化膜型电容器

金属氧化膜型电容器由芯子、过压力保护装置、箱壳三部分组成。芯子中的三相电容器单元可根据不同的规格要求分别连接成双星形、三角形和星形,每相电容器单元两端均并接放电电阻。过电压保护装置串联在芯子和线路端子之间,并固定在箱壳内壁上。线路端子设在箱壳顶部,安装脚和接地端子设在箱壳底部。

金属氧化膜型电容器采用金属化聚丙烯薄膜作为电极和介质,具有自愈性,并同时具有质量轻、体积小、损耗低等优点。电容器内部装有过压力保护装置和放电电阻,能提高其安全性和可靠性。金属氧化膜型电容器适用于在工频额定电压为 690 V 及以上的交流电力系统中与负载并联,以提高系统的功率因数。

③ 密集型并联电容器

密集型并联电容器有单相和三相两种结构,主要由内部单元电容器、框架、箱体和出线套管组成。

密集型电容器将多个单元电容器组合在一个箱体内。与普通构架式电容器相比,密集型并联电容器具有占地面积小、安装方便、运行维护工作量小等优点。

(2) 电容器容量的选择

并联电容器的无功补偿原理如图 1-11 所示。

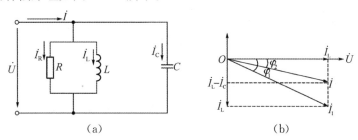

图 1-11 电容器补偿原理

根据图 1-11 可以计算所需电容 $C = P/(\omega U^2)(\tan\varphi_1 - \tan\varphi_2)$。

(3) 电容器接线方式及其保护

① 并联电容器组的基本接线

并联电容器组的基本接线分为星形(Y)、三角形(△)两种,经常采用的还有星形(Y)派生出的双星形接线。并联电容器组的接线类型如图 1-12 所示。

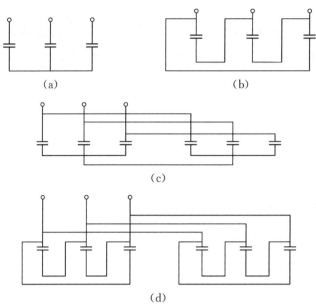

图 1-12 并联电容器组基本接线

② 并联电容器组每相内部接线方式

当单台并联电容器的额定电压不能满足电网正常工作电压要求时，需由两台或多台并联电容器串联后达到电网正常工作电压的要求。为达到要求的补偿容量，又需要用若干台电容并联组成并联电容器组。并联电容器组每相内部的接线方式如图 1-13 所示。

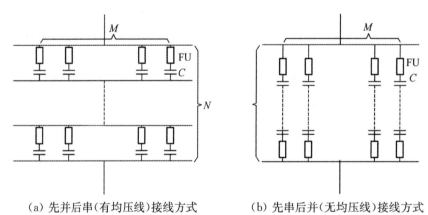

(a) 先并后串(有均压线)接线方式　　(b) 先串后并(无均压线)接线方式

图 1-13 并联电容器组内部接线

③ 并联电容器组保护

A. 保护的设置。根据一次接线方式的不同，电容器通常采用内部熔丝或外部熔断器来保护。低压电容器内部元件有熔丝保护，运行安全，故障少。高压电容器则采用外部快速熔断器来保护。另外，对高压电容器组，还可采用电压纵差、开口三角零序电压或中性点不平衡电流等方法来保护。

B. 保护熔丝的选择。熔断器的额定电压不应低于被保护电容器的电压，断流量不低于电容器的短路故障电流。熔断器的额定电流一般为电容器额定电流的 1.5~2.5 倍。

(4) 电容器的运行

① 电力电容器的接通和断开

A. 电力电容器组在接通前应用绝缘电阻表检查放电网络。

B. 接通和断开电容器组时，必须考虑以下几点：

a. 当汇流排(母线)上的电压超过 1.1 倍额定电压最大允许值时，禁止将电容器组接入电网。

b. 在电容器组自电网断开后 1 min 内不得重新接入，但自动重复接入情况除外。

c. 在接通和断开电容器时，要选用不能产生危险过电压的断路器，并且断路器的额定电流不应低于

1.3倍电容器组的额定电流。

7) 避雷器

避雷器是连接在电力线路和大地之间,使雷云向大地放电,从而保护电气设备的器具。当雷电过电压或操作过电压来临时,避雷器会迅速将其引导至大地中。当电压降到发电机、变压器或线路的正常电压时,则避雷器会阻止正常电流向大地流通(图1-14)。

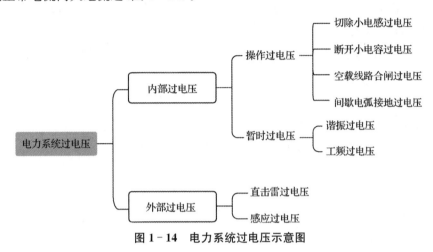

图1-14 电力系统过电压示意图

(1) 金属氧化物避雷器

金属氧化物避雷器(又称ZnO避雷器)一般可分为无间隙和有串联间隙两类。由于无间隙氧化锌避雷器使用越来越广泛,并且取得了很好的运行效果,而有串联间隙的氧化锌避雷器未发挥出氧化锌避雷器的优异性能,其结构又类似于阀型避雷器,故在此主要介绍无间隙氧化锌避雷器。

① 结构

10 kV无间隙硅橡胶外套氧化锌避雷器结构如图1-15所示,其放电特性如图1-16所示。氧化锌避雷器阀片具有优异的非线性电压—电流特性,高电压导通,而低电压不导通,不需要串联间隙,可避免传统避雷器因火花间隙放电特性变化而带来的问题。氧化锌避雷器具有保护特性好、吸收过电压能量大、结构简单等特点。

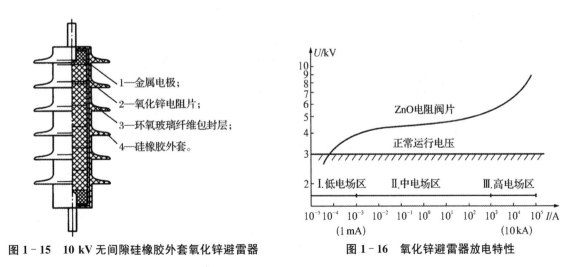

图1-15 10 kV无间隙硅橡胶外套氧化锌避雷器　　图1-16 氧化锌避雷器放电特性

一方面,氧化锌避雷器在冲击过电压下动作后,没有工频续流通过,故不存在灭弧问题,保护水平只由氧化锌阀片的残压决定,避免了间隙放电特性变化的影响;另一方面,由于没有串联间隙的绝缘隔离,氧化锌阀片不仅要承受雷电过电压、操作过电压,还要承受工频过电压和持续运行正常相电压,在这些电压作用下,氧化锌阀片的特性将会劣化。此外,由于在小电流区域内,氧化锌阀片的电阻温度系数为负值,运行中吸收过电压能量后,所引起的温升可能会导致避雷器热稳定的破坏。

氧化锌避雷器有四个特点:无间隙,无续流,通流容量大,保护性能优越。

主要电气参数如下:

A. 额定电压。无间隙氧化锌避雷器的额定电压为系统施加到其两端子间的最大允许工频电压有效值,它不等于系统的标称电压。如 10 kV 电网中性点不接地或经消弧线圈接地的系统所采用的无间隙氧化锌避雷器的额定电压为 17 kV。

B. 持续运行电压。无间隙氧化锌避雷器的持续运行电压为允许持久地施加在氧化锌避雷器端子间的工频电压有效值。

C. 冲击电流残压。指放电电流通过金属氧化物避雷器时,端子间出现的电压峰值,包括陡波冲击电流残压、雷击冲击电流残压和操作冲击电流残压。

D. 直流 1 mA 参考电压是避雷器在通过直流 1 mA 时测出的避雷器上的电压。

② 应用

在安装无间隙氧化锌避雷器时,应考虑系统中性点的接地方式,以及与被保护设备的配合。长期放置后安装或带电安装,应先进行直流 1 mA 参考电压试验或进行绝缘电阻的测量。对 10 kV 避雷器用 2 500 V 绝缘电阻表测量,绝缘电阻应不低于 1 000 MΩ,合格后方可安装。

(2) 阀型避雷器

① 结构

阀型避雷器主要由瓷套、火花间隙和阀型电阻片组成,其外形结构如图 1-17 所示,阀型避雷器的优点是运行经验成熟,缺点是密封不严,易受潮失效,甚至引发爆炸。

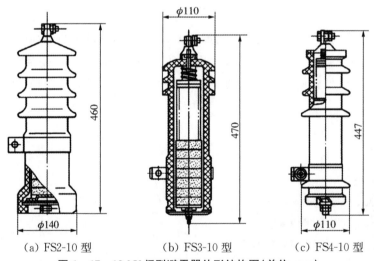

(a) FS2-10 型　　　(b) FS3-10 型　　　(c) FS4-10 型

图 1-17　10 kV 阀型避雷器外形结构图(单位:mm)

② 工作原理

在正常情况下,火花间隙有足够的绝缘强度,不会被正常工作电压击穿,如图 1-18 所示。当有雷电过电压时,火花间隙就被击穿放电。雷电压作用在阀型电阻上,电阻值会变得很小,把雷电电流汇入大地。之后,作用在阀型电阻上的电压为正常的工作电压时,电阻值变得很大,限制工频电流通过,因此线路又恢复了正常对地绝缘。

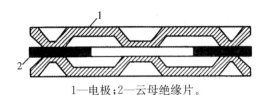

1—电极；2—云母绝缘片。
图 1-18　10 kV 阀型避雷器单位火花间隙

③ 主要电气参数

A. 避雷器额定电压。避雷器能够可靠地工作并能完成预期动作的负荷试验的最大允许工频电压，称为避雷器的额定电压。

B. 工频放电电压。这是与火花间隙的结构、工艺水平有关的参数，具有一定的分散性，一般将工频放电电压的平均值（7%～10%）规定为其上限。

C. 冲击放电电压和冲击电流残压。这是供绝缘配合计算用的重要数据。选取标准冲击放电电压和标称放电电流残压中的一个最大者作为避雷器的保护水平。保护水平与避雷器额定电压（峰值）之比称为保护比，它是避雷器保护特性的一个指标，其值越低，保护性能越优越。

1.4　常见低压配电设备

1）低压隔离开关

低压隔离开关的主要用途是隔离电源，在电气设备维护检修需要切断电源时，使之与带电部分隔离，并保持安全距离，保证检修人员的人身安全。低压隔离开关分为不带熔断器式（隔离电源作用）和带熔断器式，带熔断器式隔离开关具有短路保护作用。

HD、HS 系列隔离开关适用于交流频率 50 Hz、额定电压 380 V、直流电压 440 V、额定电流 1 500 A 的成套配电装置中，作不频繁手动接通和分断交、直流电路或隔离开关用。

HR 系列隔离开关适用于交流电压 380 V（45～62 Hz）、额定发热电流 630 A，具有高短路电流的配电电路和电动机电路中。正常情况下，电路的接通、分断由隔离开关完成，故障情况下，由熔断器完成分断电路。

2）低压组合开关

组合开关又称转换开关，一般用于交流 380 V、直流 220 V 以下的电气线路，供手动不频繁地接通与分断电路，用于小容量感应电动机的正、反转和星-三角降压启动控制中。

3）低压熔断器

在串联电路中，当电路发生短路或过负荷时，低压熔断器熔体熔断，自动切断故障电路，使其他电气设备免遭损坏。低压熔断器工作特性如下：

(1) 电流—时间特性。熔断器熔体的熔化时间与通过熔体电流之间的关系曲线如图 1-19 所示，称为熔体的电流—时间特性，又称安秒特性。熔断器的安秒特性由制造厂家给出，通过熔体的电流和熔断时间呈反时限特性，即电流越大，熔断时间就越短。图中为额定电流不同的熔体 1 和熔体 2 的安秒特性曲线，熔体 2 的额定电流小于熔体 1 的额定电流，熔体 2 的截面积小于熔体 1 的截面积，同一电流通过不同额定电流的熔体时，额定电流小的熔体先熔断，例如同一短路电流 I_d 流过两熔体时，$t_2 < t_1$，熔体 2 先熔断。

(2) 熔断器保护选择性。选择性是指当电网中有几级熔断器串联时，如果某一线路或设备发生故障，应当由保护该设备的熔断器动作，切断电路，即为选择性熔断。如果保护该设备的熔断器不动作，而由上一级熔断器动作，即为非选择性熔断。发生非选择性熔断时，扩大了停电范围，会造成不应有的损失。在一般情况下，如果上一级熔断器的熔断时间为下一级熔断器熔断时间的 3 倍时，就有可能保证选择性熔断。当熔体为同一材料时，上一级熔体的额定电流应为下一级熔体额定电流的 2～4 倍。

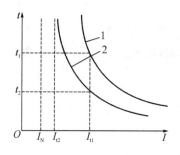

1—熔体1；2—熔体2。

图1-19 熔断器安秒特性

4）低压断路器

低压断路器又称自动空气开关、自动开关，是低压配电网和电力拖动系统中常用的一种配电电器。低压断路器的作用是在正常情况下，不频繁地接通或开断电路；在故障情况下，切除故障电流，保护线路和电气设备。低压断路器具有操作安全、安装使用方便、分断能力较强等优点。

低压断路器是利用空气作为灭弧介质的开关电器，低压断路器按用途分为配电用和保护电动机用。

低压断路器按结构形式分为塑壳式和框架式（万能式）。目前我国塑壳式断路器主要有DZ20（图1-20）、TM30系列，框架式断路器主要有DW15、DW16、DW17等系列。

塑壳式一般用于配电馈线的控制和保护及小型配电变压器的低压侧出线总开关、动力配电终端的控制和保护。框架式断路器容量较大，额定电流为630～5 000 A，一般用于变压器400 V侧出线总开关母线联络断路器或大容量馈线断路器及大型电动机控制断路器。

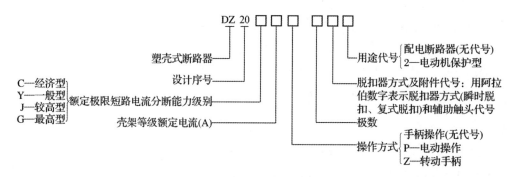

图1-20 DZ20型塑壳断路器

第 2 章　配电装置的类型及特点

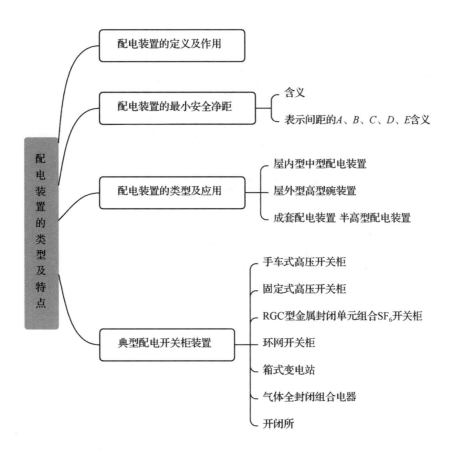

2.1　概述

配电装置是根据电气主接线的连接方式,由开关电器、保护和测量电器、母线和必要的辅助设备组建而成的总体装置,作用是在正常运行情况下接受和分配电能,而在系统发生故障时迅速切断故障部分,维持系统正常运行。

配电装置应满足下述基本要求:运行可靠,便于操作、巡视和检修,保证工作人员的安全,力求提高经济性,具有扩建的可能。

2.2　配电装置的最小安全净距

最小安全净距是指在这一距离下,无论是在正常最高工作电压还是出现内、外部过电压时,都不致使空气间隙被击穿。屋内配电装置安全净距校验图及屋外配电装置安全净距校验图分别如图 2-1 和图 2-2 所示。

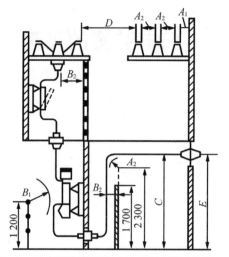

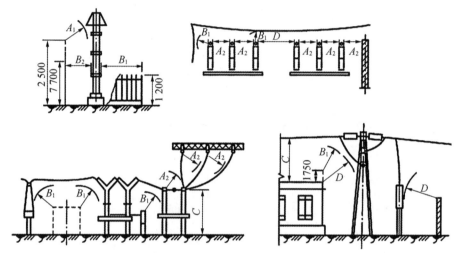

图 2-2 屋外配电装置安全净距校验图(单位:mm)

A、B、C、D、E 的含义分别为：

1) A 值

A 值是各种间隔距离中最基本的最小安全净距，分为两项，即 A_1 和 A_2。A_1 为带电部分至接地部分之间的最小电气净距，A_2 为不同相的带电导体之间的最小电气净距。A 值与电极的形状、冲击电压波形、过电压及其保护水平、环境条件以及绝缘配合等因素有关。一般来说，220 kV 及以下的配电装置，大气过电压起主要作用；330 kV 及以上的配电装置，内过电压起主要作用。当采用残压较低的避雷器(如氧化锌避雷器)时，A_1 和 A_2 值可减小。当海拔超过 1 000 m 时，按每升高 100 m 绝缘强度增加 1% 来增加 A 值。

2) B 值

B 值分为两项，即 B_1 和 B_2。B_1 为带电部分至栅状遮栏间的距离和可移动设备的外廓在移动中至带电裸导体间的距离，即

$$B_1 = A_1 + 750 \text{(mm)}$$

750 为考虑运行人员手臂误入栅栏时手臂的长度(mm)。

B_2 为带电部分至网状遮栏间的电气净距，即

$$B_2 = A_1 + 30 + 70 \text{ (mm)}$$

30 为考虑在水平方向的施工误差(mm);70 为运行人员手指误入网状遮栏时,手指长度不大于此值(mm)。

3) C 值

C 值为无遮栏裸导体至地面的垂直净距。保证人举手后,手与带电裸体间的距离不小于 A_1 值,即

$$C = A_1 + 2\ 300 + 200\ (\text{mm})$$

2 300 为运行人员举手后的总高度(mm);200 为屋外配电装置在垂直方向上的施工误差,在积雪严重地区,此距离还应适当加大(mm)。

对屋内配电装置,可不考虑施工误差,即 $C = A_1 + 2\ 300\ (\text{mm})$

4) D 值

D 值为不同时停电检修的平行无遮栏裸导体之间的水平净距,即

$$D = A_1 + 1\ 800 + 200\ (\text{mm})$$

1 800 mm 为考虑检修人员和工具的允许活动范围(mm);200 为考虑屋外条件较差而取的裕度(mm)。

对屋内配电装置不考虑此裕度,即 $D = A_1 + 1\ 800\ (\text{mm})$。

5) E 值

E 值为屋内配电装置通向屋外的出线套管中心线至屋外通道路面的距离。35 kV 及以下取 $E = 4\ 000$ mm;60 kV 及以上,$E = A_1 + 3\ 500\ (\text{mm})$,并取整数值,其中 3 500 为人站在载重汽车车厢中举手的高度(mm)。

2.3 配电装置的类型及应用

1) 配电装置的类型

配电装置按电器装设地点不同可分为屋内配电装置和屋外配电装置,按其组装方式又可分为装配式和成套式。在现场将电器组装成套的称为装配配电装置,在制造厂按要求预先将开关电器、互感器等组成各种成套电路后运至现场安装使用的称为成套配电装置。

(1) 屋内配电装置的特点

① 由于允许安全净距小和可以分层布置,所以占地面积较小。

② 维修、巡视和操作在室内进行,可减轻维护工作量,不受气候影响。

③ 外界污秽空气对电器影响较小,可以减少维护工作量。

④ 房屋建筑投资较大,建设周期长。但可采用价格较低的户内型设备。

(2) 屋外配电装置的特点

① 土建工作量和费用较小,建设周期短。

② 与屋内配电装置相比,扩建比较方便。

③ 相邻设备之间距离较大,便于带电作业。

④ 与屋内配电装置相比,占地面积大。

⑤ 受外界环境影响,设备运行条件较差,须加强绝缘。

⑥ 不良气候对设备维修和操作有影响。

(3) 成套配电装置的特点

① 电器布置在封闭或半封闭的金属(外壳或金属框架)中,相间和对地距离可以缩小,结构紧凑,占地面积小。

② 所有电器元件已在工厂组装成一体,如 SF_6 全封闭组合电器、开关柜等,大大减少现场安装工作量,有利于缩短建设周期,也便于扩建和搬迁。

③ 运行可靠性高,维护方便。

④ 耗用钢材较多,造价较高。

2) 配电装置的应用

35 kV 及以下的配电装置多采用屋内配电装置,其中 3～10 kV 的配电装置大多采用成套配电装置,110 kV 及以上大多采用屋外配电装置。对 110～220 kV 配电装置有特殊要求时,也可以采用屋内配电装置。

成套配电装置一般布置在屋内,3～35 kV 的各种成套配电装置已被广泛应用,110～1 000 kV 的 SF_6 全封闭组合电器也已得到应用。

3) 屋内配电装置

(1) 屋内配电装置概述

发电厂和变电站的屋内配电装置按其布置型式一般可以分为三层式、二层式和单层式。

① 三层式是将所有电器依其轻重分别布置在各层中,它具有安全、可靠性高、占地面积少等特点,但其结构复杂,施工时间长,造价较高,检修和运行维护不太方便,目前已较少采用。

② 二层式是将断路器和电抗器布置在第一层,将母线、母线隔离开关等较轻设备布置在第二层。

③ 单层式占地面积较大,通常采用成套开关柜,以减少占地面积。

(2) 装置图

电气工程中常用配电装置配置图(也称布置图)、平面图和断面图来描述配电装置的结构、设备布置和安装情况。

配置图是一种示意图,按选定的主接线方式,用来表示进线(如发电机、变压器)、出线(如线路)、断路器、互感器、避雷器等合理分配于各层、各间隔中的情况,并表示出导线和电器在各间隔的轮廓外形,但不要求按比例尺寸绘出。

平面图是在平面上按比例画出房屋及其间隔、通道和出口等处的平面布置轮廓,平面上的间隔只是为了确定间隔数及排列,故可不表示所装电器。

断面图是用来表明所取断面的间隔中各种设备的具体空间位置、安装和相互连接的结构图,断面图应按比例绘制。

(3) 屋内配电装置的布置原则

① 尽量将电源布置在每段母线的中部,使母线截面通过较小的电流。但有时为了连接的方便,根据主厂房或变电站的布置而将发电机或变压器间隔设在每段母线的端部。

② 同一回路的电器和导体应布置在一个间隔内,以保证检修和限制故障范围。

③ 较重的设备(如电抗器)布置在下层,以减轻楼板的荷重并便于安装。

④ 充分利用间隔的位置。

⑤ 设备对应布置,便于操作。

⑥ 布置对应有利于扩建。

4) 屋外配电装置

根据电气设备和母线布置的高度,屋外配电装置可分为中型配电装置、高型配电装置和半高型配电装置。

(1) 中型配电装置

中型配电装置是将所有电气设备都安装在同一水平面内,并装在一定高度的基础上,使带电部分对地保持必要的高度,以便工作人员能在地面上安全活动;中型配电装置母线所在的水平面稍高于电气设备所在的水平面,母线和电气设备均不能上、下重叠布置。

中型配电装置优点是布置比较清晰,不易误操作,运行可靠,施工和维护方便,造价较省,并有多年的运行经验;其缺点是占地面积过大。

中型配电装置分类:按照隔离开关的布置方式可分为普通中型配电装置和分相中型配电装置。所谓分相中型配电装置系指隔离开关是分相直接布置在母线的正下方,其余的均与普通中型配电装置相同。

(2) 高型配电装置

高型配电装置是将一组母线及隔离开关与另一组母线及隔离开关上下重叠布置的配电装置,可以节省占地面积50%左右,但耗用钢材较多,造价较高,操作和维护条件较差。

高型配电装置按结构的不同可分为单框架双列式、双框架单列式和三框架双列式三种类型。

(3) 半高型配电装置

半高型配电装置是将母线置于高一层的水平面上,与断路器、电流互感器、隔离开关上下重叠布置,其占地面积比普通中型减少30%。

半高型配电装置介于高型和中型之间,具有两者的优点,除母线隔离开关外,其余部分与中型布置基本相同,运行维护较方便。

5) 成套配电装置

按照电气主接线的标准配置或用户的具体要求,将同一功能回路的开关电器、测量仪表、保护电器和辅助设备都组装在全封闭或半封闭的金属壳(柜)体内,形成标准模块,由制造厂按主接线成套供应,各模块在现场装配而成的配电装置称为成套配电装置。

成套配电装置分为低压配电屏(或开关柜 220 V/380 V)、高压开关柜(3~35 kV)和 SF_6 全封闭组合电器三类。按安装地点不同,又分为屋内型和屋外型。低压配电屏只做成屋内型。高压开关柜有屋内和屋外两种,由于屋外有防水、防锈蚀问题,故目前大量使用的是屋内型,SF_6 全封闭组合电器也因屋外气候条件较差,大多布置在屋内。

(1) 低压配电屏

图 2-3 所示为 PGL 系列低压配电屏结构示意图,其框架用角钢和薄钢板焊成,屏面有门,维护方便。在上部屏门上装有测量仪表,中部面板上设有闸刀开关的操作手柄和控制按钮等,下部屏门内有继电器、二次端子和电能表。母线布置在屏顶,并设有防护罩。其他电器元件都装在屏后。屏间装有隔板,可限制故障范围。

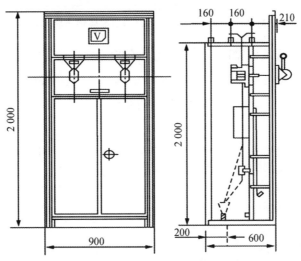

图 2-3 PGL-1 低压配电屏结构示意图(单位:mm)

低压配电屏结构简单、价廉,并可双面维护,检修方便,在发电厂(或变电站)中,作为厂(站)用低压配电装置。一般几回低压线路共用一块低压配电屏。

(2) 高压开关柜(高压成套配电装置)

作用:用于3~35 kV电力系统,起接受、分配电能及控制的作用。

高压成套配电装置是将电气主电路分成若干单元,每个单元即一条回路,将每个单元的断路器、隔离开关、电流互感器、电压互感器,以及保护、控制、测量等设备集中装配在一个整体柜内(通常称为一面或一个高压开关柜),由多个高压开关柜在发电厂、变电所或配电所安装后组成的电力装置称为高压成套配电装置。

高压成套配电装置(也称开关柜)是以开关为主的成套电器。

优点:可满足各种主接线的要求,并具有占地少,安装、使用方便,适于大量生产的特点,应用广泛。

分类:按结构特点分,有金属封闭式、金属封闭铠装式、金属封闭箱式和SF_6封闭组合电器等;按断路器的安装方式分,有固定式、手车式;按安装地点分,有户外式和户内式;按柜体结构形式分,有开启式和封闭式。

(3) 手车式高压开关柜

手车式高压开关柜为单母线接线,一般由下述几部分组成:手车室、继电器仪表室、母线室、出线室、小母线室(图2-4,图2-5)。

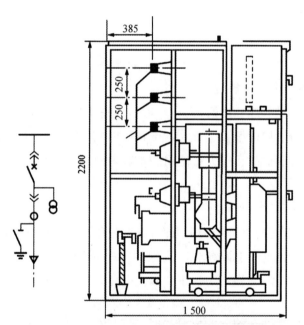

图2-4 JYN2-10/01~05高压开关柜内部结构示意图(单位:mm)

KYN××800-10型高压开关柜(简称开关柜)为具有"五防"联锁功能的中置式金属铠装高压开关柜,用于额定电压为3~10 kV、额定电流为1 250~3 150 A、单母线接线的发电厂、变电所和配电所中。

五防:防误分、合断路器;防带负荷拉合隔离刀闸;防带电合接地刀闸;防带接地线合断路器;防误入带电间隔。

五防联锁功能常采用断路器、隔离开关、接地开关与柜门之间的强制性闭锁方式或电磁闭锁方式实现。

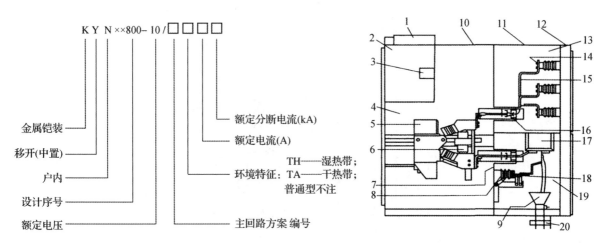

1—小母线室；2—低压室；3—继电器；4—断路器室；5—断路器手车；6—断路器；7—金属活动帘门；
8—接地开关；9—电缆；10—断路器室压力释放装置；11—母线室压力释放装置；12—电缆室压力释放装置；
13—母线室；14—主母线；15—分支母线；16—一次插头；17—电流互感器；
18—电压轴绝缘子；19—电缆室；20—零序电流互感器。

图 2-5　KYN××800-10 型高压开关柜结构示意图

① 开关柜结构

小车室：左轨道上设有开合主回路触头盒遮帘板的机构和小车运动横向限位装置，右轨道上设有小车的接地装置和防止小车滑脱限位机构。主回路静触头盒用以保证各功能小室的隔离和作为静触头的支持件。小车在柜内移动和定位是靠矩形螺纹和螺杆实现的。

主母线室：室内安装三相矩形主母线。

电缆室：室中可安装接地开关和零序互感器。

② 闭锁装置

推进机构与断路器联锁：当移动小车未进入定位位置或推进摇把未及时拔出时，车无法由移动状态转变为定位状态。同时，小车的机构联锁通过断路器内的机械联锁。

小车与接地开关联锁：将小车由试验位置的定位状态转变为移动状态时，如果接地开关处于合闸状态或接地开关摇把还没有取下，机械联锁将阻止小车状态的变化。

隔离小车联锁：断路器合闸时小车无法推拉。

③ 固定式高压开关柜

图 2-6 所示为 XGN2-10 型固定式高压开关柜，由断路器室、母线室、电缆室和仪表室等组成。

本开关柜适用于 3～10 kV 三相交流 50 Hz 单母线或单母线带旁路母线，作为接受和分配电能之用。

开关柜结构新颖，相与相、相与地之间采用空气自然绝缘，工作安全可靠，操作简单，运行、维护、检修方便，适用面广，因而得到广泛应用。

④ RGC 型金属封闭单元组合 SF_6 开关柜

RGC 型高压开关柜为金属封闭单元组合 SF_6 式高压开关柜，常用于额定电压 3～24 kV、额定电流 630 A 单母线接线的发电厂、变电所和配电所中（图 2-7）。

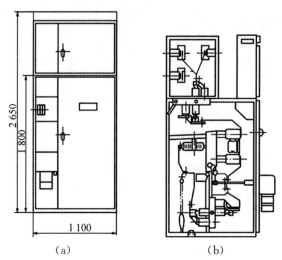

图 2-6 XGN2-10 型高压开关柜示意图(单位:mm)

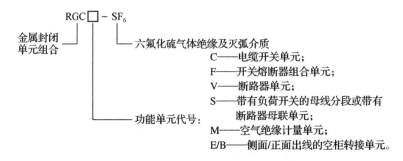

图 2-7 RGC-SF₆ 开关柜型号含义

⑤ 环网开关柜

为了提高供电可靠性,使用户可以从两个方向获得电源,通常将供电网连接成环形,如图 2-8 所示,这种供电方式简称为环网供电。

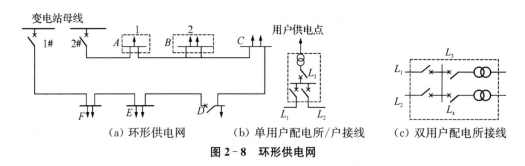

图 2-8 环形供电网

6) 箱式变电站

(1) 箱式变电站的分类

箱式变电站是一种将高压开关设备、变压器和低压配电装置按一定接线方式组成一体,在制造厂预制的紧凑型中压配电装置,即将高压受电、变压器降压和低压配电等功能有机组合在一起。

箱式变电站按产品结构可分为组合式变电站和预装式变电站,按安装场所分为户内和户外,按高压接线方式分为终端接线、双电源接线和环网接线,按箱体结构分为整体和分体。

组合式变电站是将高压开关设备设为一室(称为高压室),变压器设为一室(称为变压器室),低压配电装置设为一室(称为低压室),这三个室组成的变电站可有两种布置,即"目"字形布置和"品"字形布置,直接装于箱内,使之成为一个整体。

(2) 箱式变电站的接线和特点

箱式变电站按产品结构分为组合式变电站和预装式变电站,如 ZBW 型为组合式变电站,YB27 型为预装式变电站。图 2-9 所示为 ZBW 型组合式变电站的电气一次接线。

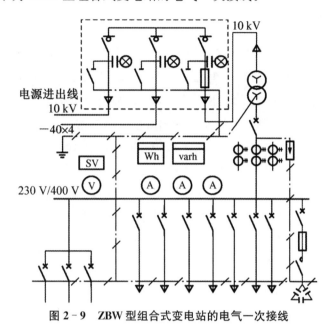

图 2-9 ZBW 型组合式变电站的电气一次接线

箱式变电站具有以下特点:

① 组合式变电站箱体材料采用非金属玻纤增强特种水泥制成,它具有易成形、隔热效果好、机械强度高、阻燃特性好以及外形美观、易与周围建筑群体形成一体化的环境等优点。

② 箱体内部用金属钢板分为高压开关室、变压器室和低压开关室,各室间严格隔离。

③ 高压室采用完善可靠的紧凑型设计,具有全面的防误操作联锁功能,性能可靠,操作方便,检修灵活。

④ 变压器可选用 SC 系列干式变压器和 S7、S9 型油浸式变压器以及其他低损耗变压器。

⑤ 低压室有配电柜、计量柜和无功补偿柜,满足不同用户的需求,方便变电站和变压器的正常运行。

⑥ 箱式变电站适用于环网供电系统,也适用于终端供电和双线供电等供电方式,并且这三种供电方式的互换性极好。

⑦ 高压侧进线方式推荐采用电缆进线,在特殊情况下与厂方协商可采用架空进线。

⑧ 10 kV 侧采用真空断路器替代传统的负荷开关加熔断器,易于设置保护和快速消除故障,可迅速恢复供电,从而减少由于更换熔断器的熔丝而造成的停电损失。

7) 气体全封闭组合电器

气体全封闭组合电器的英文全称为 Gas Insulated Switchgear,简写为 GIS。它是由断路器、隔离开关、快速或慢速接地开关、电流互感器、电压互感器、避雷器、母线和出线套管等元件,按电气主接线的要求依次连接,组合成一个整体,并且全部封闭于接地的金属外壳中,壳体内充一定压力 SF_6 气体,作为绝缘和灭弧介质。

SF_6 全封闭组合电器按绝缘介质可以分为全 SF_6 气体绝缘型封闭式组合电器(FGIS,常简写为 GIS)和部分 SF_6 气体绝缘型封闭式组合电器(HGIS)两类。而后者则有两种情况:一种是除母线、避雷器和电压互感器外,其他元件均采用 SF_6 气体绝缘,并构成以断路器为主体的复合电器(HGIS);另一种则相反,只有母线、避雷器和电压互感器采用 SF_6 气体绝缘的封闭母线,其他元件均为常规的空气绝缘的敞开式电器（AIS）。

SF_6 全封闭组合电器按主接线方式分，有单母线、双母线、一个半断路器接线、桥形和角形等接线方式。

8）开闭所

开闭所从字面上理解为只含纯粹开关设备的电气场所，它对电能只起分流作用，不改变进出线的电压等级。随着负荷密度的增加，城市高压变配电所的数量也随之增多，而变电所的中压馈电数量由于路径条件而受到限制，因而影响了变电站的输出容量。为解决这个问题，在城市负荷密集区推行"卫星网络"，即在城市变电所中压配电馈线设置开闭所。开闭所根据负荷密集程度设置，电源分别来自变电所的两台主变压器，采用单母线分段接线方式。开闭所每段母线可以有10~20路馈线，从而扩大了变电所的中压馈电间隔。

第3章 配电变压器的运行

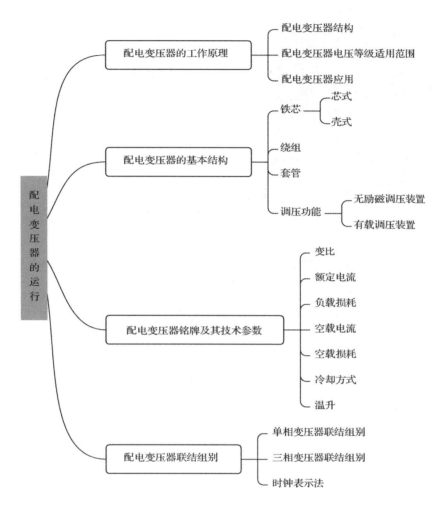

3.1 配电变压器的工作原理

用于配电系统将中压配电电压的功率变换成低压配电电压的功率，以供各种低压电气设备用电的电力变压器叫配电变压器。配电变压器容量较小，一般在 2500 kV·A 及以下，一次电压也较低，都在 110 kV 及以下，本节所指配电变压器均为 10 kV 电压等级。配电变压器可安装在电杆上、平台上、配电所内、箱式变压器内。配电变压器是根据电磁感应原理工作的电气设备。变压器工作原理如图 3-1 所示，油浸式变压器结构图如图 3-2 所示。

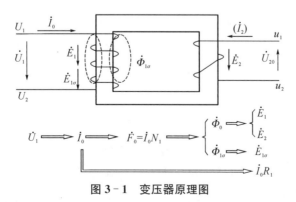

图 3-1 变压器原理图

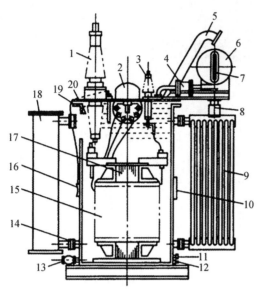

1—高压套管；	11—接地螺栓；
2—分接开关；	12—油样阀门；
3—低压套管；	13—放油阀门；
4—气体继电器；	14—阀门；
5—安全气道(防爆管)；	15—绕组(线圈)；
6—油枕(储油柜)；	16—信息温度计；
7—油表；	17—铁芯；
8—呼吸器(吸湿器)；	18—净油器；
9—散热器；	19—油箱；
10—铭牌；	20—变压器油。

图 3-2 油浸式变压器结构图

在一个闭合的铁芯上，绕有两个匝数分别为 N_1 和 N_2 且相互绝缘的绕组，其中接入电源的绕组 N_1 叫一次绕组，输出电能的绕组 N_2 叫二次绕组。当交流电源电压 U_1 加到一次绕组后，就有交流电流 I_1 通过绕组 N_1，铁芯中产生与电源频率相同的交变磁通 Φ。由于一、二次绕组均绕在同一铁芯上，因此交变磁通同时交链一、二次绕组。根据电磁感应定律，应在两个绕组两端分别产生频率相同的感应电动势 E_1 和 E_2。如果此时二次绕组与负荷 Z_L 接通，便有电流 I_2 流入负载，并在负载端产生电压 U_2，从而输出电能。

一次绕组与二次绕组匝数之比叫变压器变比，用 K 表示，即 $K=N_1/N_2$。忽略漏阻抗压降和励磁电流时，一、二次电流、电压与变比的关系为 $K=N_1/N_2=U_1/U_2=I_1/I_2$。

3.2 配电变压器的基本结构

构成变压器的基本部件是铁芯和绕组。套管和调压装置也是配电变压器的主要元件。另外，不同的绝缘介质、不同的冷却介质有相应的不同结构。

1) 铁芯

铁芯是变压器的基本部件之一，既是变压器的主磁路，又是变压器器身的机械骨架。

铁芯结构型式分为芯式和壳式两种。绕组被铁芯包围的结构型式称为壳式铁芯，铁芯被绕组包围的结构型式称为芯式铁芯。

(1) 铁芯的材质对变压器的噪声和损耗、励磁电流有很大影响。为减少铁芯产生的变压器噪声和损耗及励磁电流，目前主要采用厚度为 0.23～0.35 mm 的冷轧取向硅钢片，近年又开始采用厚度仅为 0.02～0.06 mm 的薄带状非晶合金材料。

(2) 铁芯的装配一般有叠积和卷绕两种工艺。传统铁芯采用叠积工艺制成，近年出现卷绕铁芯制作工艺。用卷绕铁芯制成的变压器具有空载损耗小(可降低 20%～30%)、噪声低、节省硅钢片(约减少 30%)等优点。铁芯通常采用一点接地，以消除因不接地而在铁芯或其他金属构件上产生的悬浮电位，避免造成铁芯对地放电。

2) 绕组

绕组是变压器的基本部件之一，是构成变压器电路的部件。

(1) 变压器绕组分为层式和饼式两种形式。层式绕组有圆筒式和箔式两种，饼式绕组有连续式、纠结式、内屏蔽式、螺旋式、交错式等。配电变压器主要采用圆筒式、箔式、连续式、螺旋式绕组。

(2) 变压器绕组一般由导电率较高的钢导线和铜箔绕制而成。导线有圆导线、扁导线，铜箔一般厚 0.1～2.5 mm。

(3) 芯式变压器采用同芯式绕组，一般低压绕组靠近铁芯，高压绕组套在外面。高、低压绕组之间，低压绕组与铁芯柱之间留有一定的绝缘间隙和油道（散热通道），并用绝缘纸筒隔开。

3) 套管

套管是变压器的主要部件之一，用于将变压器内部绕组的高、低压引线与电力系统或用电设备进行电气连接，并保证引线对地绝缘。

配电变压器低压套管主要采用复合瓷绝缘式，高压套管主要采用单体瓷绝缘式。复合瓷绝缘套管如图 3-3(a)所示，套管上部接线头有杆式和板式两种，下部接线头有一件软接线片、两件软接线片和板式三种。单体瓷绝缘式套管分为导电杆式和穿缆式两种，穿缆式套管如图 3-3(b)所示。

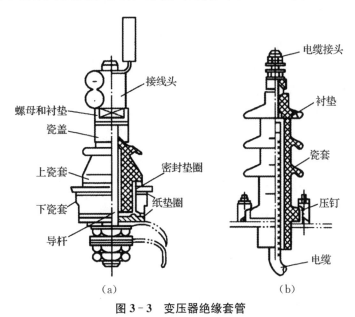

图 3-3 变压器绝缘套管

套管在油箱上排列的顺序，一般从高压侧看，由左向右，三相变压器为高压 U_1-V_1-W_1、低压 N-U_2-V_2-W_2，单相变压器为高压 U_1、低压 U_2。

4) 调压装置

调压装置是变压器主要元件之一，是控制变压器输出电压在指定范围内变动的调节组件，又称分接开关。工作原理是通过改变一次与二次绕组的匝数比来改变变压器的电压变比，从而达到调压的目的。调压装置分为无励磁调压装置和有载调压装置两种。

无励磁调压装置也叫无励磁分接开关，俗称无载分接开关，是在变压器不带电条件下切换绕组中线圈抽头以实现调压的装置。有载调压装置也叫有载分接开关，是在变压器不中断运行的带电状态下进行调压的装置。工作原理是通过由电抗器或电阻构成的过渡电路限流，把负荷电流由一个分接头切换到另一个分接头上去，从而实现有载调压。目前主要采用电阻型有载分接开关。有载分接开关电路由过渡电路、选择电路和调压电路三部分组成，如图 3-4 所示。

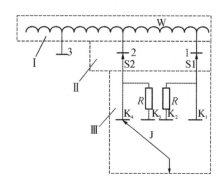

Ⅰ—有载调压电路;Ⅱ—选择电路;Ⅲ—过渡电路;W—调压绕组;1、2、3—定触头;

S_1、S_2—动触头;$K_1 \sim K_4$—定触头;J—动触头;R—过渡电阻器。

图 3-4 有载分接开关电路

3.3 配电变压器铭牌及其技术参数

配电变压器在规定的使用环境和运行条件下,主要技术数据标注在变压器铭牌中,并将铭牌固定在明显可见的位置上。其主要技术数据包括相数、额定频率、额定容量、额定电压、额定电流、阻抗电压、负载损耗、空载电流、空载损耗和联结组别等。

(1) 相数:变压器分为单相、三相两种。

(2) 额定频率:指变压器设计时所规定的运行频率,用 f 表示,单位赫兹(Hz)。我国规定额定频率为 50 Hz。

(3) 额定容量:指变压器额定(额定电压、额定电流、额定使用条件)工作状态下的输出功率,用视在功率表示,符号为 S,单位为千伏安(kVA)或伏安(VA)。

单相变压器:$S_N = U_N I_N$

三相变压器:$S_N = \sqrt{3} U_N I_N$

(4) 额定电压:指单相或三相变压器出线端子之间指定施加的(或空载时感应出的)电压值,用 U_N 表示,单位为 kV 或 V,指定施加的电压为一次额定电压,用 U_{N1} 表示,空载时感应出的电压为二次额定电压,用 U_{N2} 表示。

(5) 变比:指变压器高压侧绕组与低压侧绕组匝数之比,可用高压侧与低压侧额定电压之比表示,即 U_{N1}/U_{N2}。

(6) 额定电流:指在额定容量和允许温升条件下,流过变压器一、二次绕组出线端子的电流,用 I_N 表示,单位为千安(kA)或安(A)。流过变压器一次绕组出线端子的电流用 I_{N1} 表示,流过变压器二次绕组出线端子的电流,用 I_{N2} 表示。

(7) 负载损耗:也叫短路损耗、铜损,是指当带分接的绕组接在其主分接位置上并接入额定频率的电压,另一侧绕组的出线端子短路,流过绕组出线端子的电流为额定电流时,变压器所消耗的有功功率,用 P_k 表示,单位为瓦(W)或千瓦(kW)。负载损耗的大小取决于绕组的材质等,运行中的负载损耗大小随负荷的变化而变化。

(8) 空载电流:指变压器空载运行时的电流,即当以额定频率的额定电压施加于一侧绕组的端子上,另一侧绕组开路时,流过进线端子的电流,用 I_0 表示。通常用空载电流占额定电流的百分数表示,即 $I_0\% = (I_0/I_N) \times 100\%$,变压器容量越大,其值越小。

(9) 空载损耗:也叫铁损,指当以额定频率的额定电压施加于一侧绕组的端子上,另一侧绕组出线开路时,变压器所吸取的有功功率,用 P_0 表示,单位为瓦(W)或千瓦(kW)。空载损耗主要为铁芯中磁滞损耗和涡流损耗,其值大小与铁芯材质、制作工艺密切相关,一般认为一台变压器的空载损耗不会随负荷大小的变化而变化。

(10) 联结组别:具体内容在下述文字中介绍。

(11) 冷却方式:指绕组及油箱内外的冷却介质和循环方式。

(12) 温升:指所考虑部位的温度与外部冷却介质温度之差。对于空气冷却变压器是指所考虑部位的温度与冷却空气温度之差。

3.4 配电变压器联结组别

单相变压器高、低压绕组中同时产生感应电动势,在任何瞬间,两绕组中同时具有相同电动势极性的端子,称为同极性端(或同名端)。也就是当一次绕组的某一端的瞬时电位为正时,二次绕组也同时有一个电位为正的对应端子,这两个对应端子就称为同极性端。同理,一次、二次绕组余下绕组另两个端子也称为同极性端。通常两绕组采取同极性标志端,接线绕组标号为 1in,如图 3-5 所示。由于需求及变压器容量不同,铁芯采用壳式或芯式,绕组采用一组线圈或两组线圈,采用两组线圈时多采取并联连接。

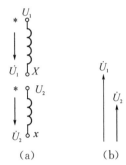

图 3-5 单相变压器 1in 接线组

三相变压器绕组联结方式主要有星形、三角形两种,联结组别也称联结组标号,通常联结组标号用时钟表示法表示。把变压器高压侧的线电压相量作为时钟的长针(分针),并固定在 0 点的位置上,把低压侧相对应的线电压相量作为时钟的短针(时针),短针指在几点钟的位置上就以此钟点数作为联结组标号。常用三相配电变压器的联结组标号有 Yyn0、Dyn11 两种。

(1) 星形接线,是指将三相绕组的末端(或首端)联结在一起形成中性点,另外 3 个线端为引出端线,低压侧有中性线引出时用 n 表示,Yyn0 联结组别如图 3-6 所示。

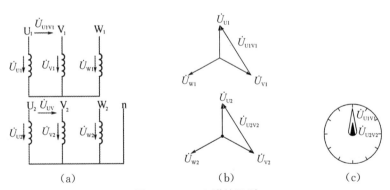

图 3-6 Yyn0 联结组别

(2) 三角形接线,用 △ 表示,是将一相绕组首端与另一相绕组的末端联结在一起,在联结处引出端线。通常在绕组联结线图中,由一个绕组的首端向另一个绕组的末端巡行时,采用联结线的走向自左向右,即左行△接线,Dyn11 联结组别如图 3-7 所示。

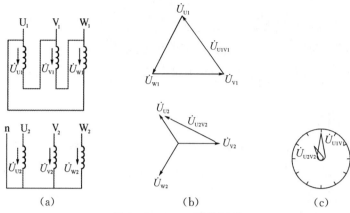

图 3-7 Dyn11 联结组别

第4章 高压熔断器

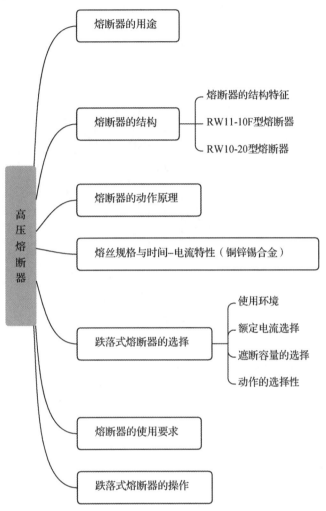

1) 熔断器的用途

10 kV跌落式熔断器一般安装在柱上配电变压器高压侧，用以保护10 kV架空配电线路不受配电变压器故障影响。也有农村、山区的长线路在变电站继电保护达不到的线路末端或线路分支处安装跌落式熔断器进行保护的。安装在农村、山区长线路上的跌落式熔断器可采用负荷熔断器(带消弧栅型)，如RW10-10F型熔断器，如图4-1所示，上端装有灭弧室和弧触头，具备带电操作分合闸的能力，能达到分合10 kV线路100 A，开断短路电流11.55 kA。

2) 熔断器的结构

跌落式熔断器一般由绝缘子、上下接触导电系统和熔管等构成。安装熔丝、熔管时，用熔丝将熔管上的弹簧支架绷紧，将熔管推上，熔管在上静触头的压力下处于合闸位置。跌落式熔断器应有良好的机械稳定性，一般的跌落式熔断器应能承受200次连续合分操作，负荷

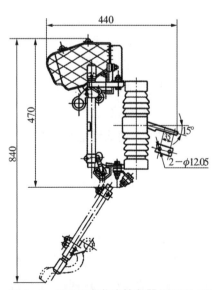

图4-1 10 kV跌落式熔断器(RW10-10F型)(单位：mm)

熔断器应能承受300次连续合分操作。

目前常用的跌落式熔断器型号有RW11-10F型（可选择带或不带消弧栅型，如图4-2所示）和RW10-20型。两种型号各有其特点，前者构造主要利用圈簧的弹力压紧触头，而后者主要利用片簧的弹力压紧触头。两种型号跌落式熔断器的熔管及上下接触导电系统结构尺寸略有不同，为保证事故处理时熔管、熔丝的互换性，减少事故处理备件数量，一个维护区域宜固定使用一种型号的跌落式熔断器。

当带电作业时，为方便更换跌落式熔断器，RW11-10F型跌落式熔断器在引线、接线、端子设计上采用固定螺母、螺栓和可旋转带紧压线板的结构。

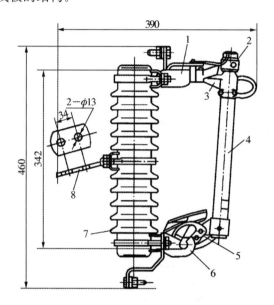

1—上静触头；2—释压帽；3—上动触头；4—熔管；5—上动触头；6—下支座；7—绝缘子；8—安装板。

图4-2 RW11-10F型跌落式熔断器（单位：mm）

其各部分功能如下：

(1) 导电部分：上、下接线端子，用以串联接于被保护电路中；上静触头、下静触头，用来分别与熔丝管的上、下动触头相接触，下静触头与轴架组装在一起。

(2) 熔丝管部分：由熔管、熔丝、管帽、操作环、上动触头、下动触头、短轴等组成。熔管外层为酚纸管或环氧玻璃布管，管内壁套为消弧管，它的作用是灭弧和防止熔丝熔断时产生的高温电弧烧坏熔管。

(3) 绝缘部分：采用瓷质绝缘或硅橡胶绝缘材料浇铸而成的棒式绝缘，利用它将导电的动、静触头分开。

(4) 固定部分：在棒式绝缘体的腰部有固定安装板，以固定安装在横担上。

(5) 熔丝结构：在熔体的两端压接上多股软铜线制的软引线，熔丝中间为熔体。

(6) 技术参数

① 跌落式熔断器主要技术参数有：额定电压、额定电流、额定开断电流、最小开断电流、额定雷电冲击耐受电压、额定1min工频耐受电压、爬电比距、能够开断负荷电流的水平等。

② 熔丝的主要技术参数有：熔体的额定电流、熔体的材料、熔体的熔断特性曲线等。

3) 熔断器的动作原理

当过电流使熔丝熔断时，断口在熔管内产生电弧，熔管内衬的消弧管产气材料在电弧作用下产生高压力喷射气体，吹灭电弧。随后，弹簧支架迅速将熔丝从熔管内弹出，同时熔管在上、下弹性触头的推力和熔管自身重量的作用下迅速跌落，形成明显的隔离空间。

在熔管的上端还有一个释放压力帽，放置有一低熔点熔片。当开断大电流时，上端帽的薄熔片熔化，形成双端排气；当开断小电流时，上端帽的薄熔片不动作，形成单端排气。

4) 熔丝规格与时间-电流特性

与 10 kV 跌落式熔断器配套使用的熔丝有 T 型和 K 型两种规格，熔丝的外形尺寸如图 4-3 所示，熔体材料一般采用铜锌锡合金。T 型熔丝的熔化速率较高，$SR=10\sim13$，而 K 型熔丝的熔化速率较低，$SR=6\sim8$（SR 的定义为熔体在 0.1 s 时的电流 $I_{0.1s}$ 与在 300 s 时的电流 I_{300s} 的比值，即 $SR=I_{0.1s}/I_{300s}$），熔丝应能承受的静拉力不小于 50 N，当熔丝采用低熔点合金时，在热态受力情况下，应有防止伸长的措施（如并联细钢丝）。

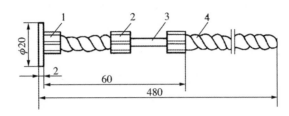

1—纽扣帽；2—铜夹子；3—熔体；4—铜辫子线。

图 4-3 喷射式跌落式熔断器的熔丝外形尺寸（单位：mm）

5) 跌落式熔断器的选择

(1) 使用环境

10 kV 跌落式熔断器适宜用于四周空气无导电粉尘、无腐蚀性气体及易烧、易爆等危险性环境，年度温差变比在 40 ℃ 以内的户外场所。其选择是按照额定电压和额定电流两项参数进行，也就是熔断器的额定电压必须与被保护设备（线路）的额定电压相匹配。

(2) 额定电流选择

跌落式熔断器的额定电流必须大于或等于熔丝元件的额定电流，熔丝元件一般按以下原则进行选择：

① 配电变压器：当配电变压器容量在 100 kVA 及以下时，按变压器额定电流的 2～3 倍选择元件；当变压器容量在 100 kVA 以上时，按变压器额定电流的 1.5～2.5 倍选择元件。

② 电力电容器：容量在 30 kvar 以下，电力电容一般采用跌落式熔断器保护。熔丝元件一般按电流电容器额定电流的 2～2.5 倍选择。

③ 10 kV 用户进线：熔丝元件一般不小于用户最大负荷的 1.5 倍，用户配电变压器（或其他高压设备）一次侧熔断器的熔丝应按进口跌落式熔断器元件小一级考虑。

④ 分支线路：分支线路安装跌落式熔断器，熔丝元件一般不应小于所带负荷电流的 1.5 倍，并且至少应比分支线路所带配电变压器一次侧熔丝元件大一级。

(3) 遮断容量的选择

跌落式熔断器安装地点的短路容量必须小于跌落式熔断器额定遮断容量的上限，确保设备不损坏；但又需大于熔丝元件额定遮断容量的下限，确保跌落故障时熔丝能熔断。

(4) 动作的选择性

熔断器的动作应具有选择性，熔断器的熔丝元件在满足可靠性的前提下，首先必须满足前后两级熔断器之间或元件与继电保护动作时间的选择，上、下必须配合。

熔断时间：熔断器的熔断时间必须尽可能得短，当本段保护范围内发生短路故障时，熔断器应在最短的时间内切断故障设备，以防止时间过长而加剧保护设备的损坏程度。

6) 熔断器的使用要求

(1) 熔管一般采用内置消弧管（铜纸管）的环氧玻璃布管制成。熔断器应配置专用的细扣式熔丝，熔管上端应封闭，以防止进雨水而使熔管内衬的钢纸管受潮失效。有的跌落式熔断器（如 RW11-10 型跌落式熔断器)为保证可靠熄灭过载电流电弧,在熔丝上还套有小直径动辅助熄弧钢纸管,以保证对过负荷小电流(如开断 15 A)也能可靠灭弧。

(2)当跌落式熔断器的隔离断口与熔管上下导电触头尺寸不配套时,反复操作推合熔管有可能对腰部瓷绝缘体造成损伤裂纹或断裂。跌落式熔断器安装支架可采用外箍式或胶装式,采用胶装式应选配好胶装混凝土等材料。

(3)当熔管或熔丝配置不合适或安装不牢固时,有可能发生单相掉管,对无缺相保护的电动机可能造成影响。如果掉管时负荷电流过大,还有可能造成拉弧引发相间短路故障。

7)跌落式熔断器的操作

一般情况下不允许带负荷操作跌落式熔断器。

(1)操作时由两人进行(一人监护,一人操作),操作人员必须戴经试验合格的绝缘手套,穿绝缘靴,戴护目镜,使用电压等级相匹配的合格绝缘操作棒,在雷雨交加或者大雨的气候下禁止操作。

(2)当拉闸操作时,一般规定为先拉中相,再拉背风的边相,最后拉断迎风的边相。

(3)合闸的时候先合迎风边相,再合背风边相。

第5章 低压成套配电装置知识

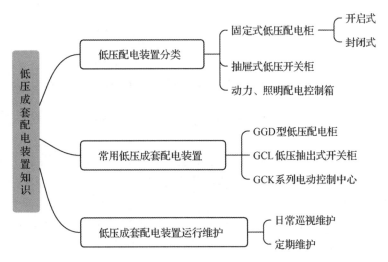

5.1 低压配电装置分类

低压配电装置按结构特征和用途的不同,分为固定式低压配电柜(又称屏),抽屉式低压开关柜以及动力、照明配电控制箱等。

固定式低压配电柜按外部设计不同可分为开启式和封闭式。开启式低压配电柜正面有防护作用面板遮拦,背面和侧面仍能触及带电部分,防护等级低,目前已不再提倡使用。封闭式低压配电柜,除安装面外,其他所有侧面都被封闭起来。配电柜的开关、保护和监测控制等电气元件,均安装在一个用铜或绝缘材料制成的封闭外壳内,可靠墙或离墙安装,柜内每条回路之间可以不加隔离措施,也可以采用接地的金属板或绝缘板进行隔离。通常门与主开关操作有机械联锁,以防止误入带电间隔操作。

抽屉式低压开关柜采用钢板制成封闭外壳,进出线回路的电器元件都安装在可抽出的抽屉中,构成能完成某一类供电任务的功能单元。功能单元与母线或电缆之间,用接地的金属板或塑料制成的功能板隔开,形成母线、功能单元和电缆三个区域。每个功能单元之间也有隔离措施。抽屉式低压开关柜有较高的可靠性、安全性和互换性,是比较先进的开关柜,目前生产的开关柜,多数是抽屉式低压开关柜。

动力、照明配电控制箱多为封闭式垂直安装,因使用场合不同,外壳防护等级也不同,它们主要作为工矿企业生产现场的配电装置。

低压配电系统通常包括受电柜(即进线柜)、馈电柜(控制各功能单元)和电容补偿柜等。受电柜是配电系统的总开关,从变压器低压侧进线,控制整个系统。馈电柜直接对用户的受电设备,控制各用电单元。电容补偿柜根据电网负荷消耗的感性无功量,自动地控制并联补偿电容器组的投入,使电网的无功消耗保持到最低状态,从而提高电网电压质量,减少输电系统和变压器的损耗。

5.2 常用低压成套配电装置

常用的低压成套配电装置有 PGL、GGD 型低压配电柜和 GCL 低压抽出式开关柜,以及 GCK 系列电动控制中心等。

1) GGD 型低压配电柜

GGD 型低压配电柜适用于发电厂、变电站、工业企业等电力用户,在交流 50 Hz、额定工作电压 380 V、额定电流 3 150 A 的配电系统中,作为动力、照明及配电设备的电能转换、分配与控制之用,具有分断能力高、动热稳定性好、结构新颖合理、电气方案灵活适用性强、防护等级高等特点。

(1) 型号及含义如图 5-1 所示。

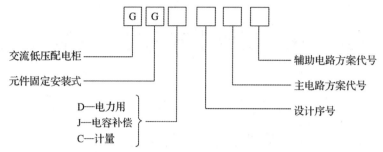

图 5-1 GGD 型低压配电柜型号及含义

GGD 型低压配电柜按其分断能力不同可分为 1、2、3 型，1 型的最大开断能力为 15 kA，2 型为 30 kA，3 型为 50 kA。

(2) 结构特点。GGD 型低压配电柜的柜体框架采用冷弯型钢焊接而成，框架上分别有 $E=20$ mm 和 $E=100$ mm 模数化排列的安装孔，可适应各种元器件装配。柜门的设计考虑到标准化和通用化。柜门采用整体单门和不对称双门结构，清晰美观，柜体上都留有一个供安装各类仪表、指示灯、控制开关等元件用的小门，便于检查和维修。柜体的下部、后上部与柜体顶部均留有通风孔，并加网板密封，使柜体在运行中自然形成一个通风道，达到散热的目的。

GGD 型低压配电柜使用的 ZMJ 型组合式母线卡由高阻燃 PPO 材料热塑成型，采用积木式组合，具有机械强度高、绝缘性能好、安装简单、使用方便等优点。GGD 型低压配电柜根据电路分断能力要求可选用 DW15(DWX15)～DW45 等系列断路器，选用 HD13BX（或 HS13BX）型旋转槽式隔离开关以及 CJ20 系列接触器等电器元件。GGD 型低压配电柜的主、辅电路采用标准化方案，主电路方案和辅助电路方案之间有固定的对应关系，一个主电路方案应有若干个辅助电路方案。GGD 型低压配电柜主电路一次接线方案如表 5-1 所示。

表 5-1 GGD 型低压配电柜主电路一次接线方案

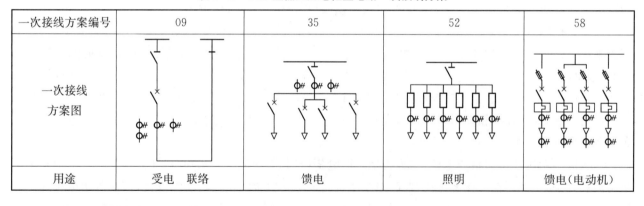

2) GCL 低压抽出式开关柜

(1) 型号及含义如图 5-2 所示。

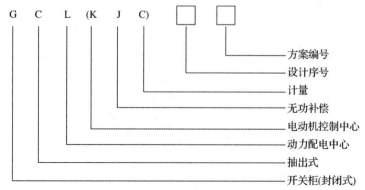

图 5-2 GCL 低压抽出式开关柜型号及含义

(2) 结构特点。GCL 低压抽出式开关柜用于交流 50(60) Hz、额定工作电压 660 V 及以下、额定电流 400～4 000 A 的电力系统,作为电能分配和电动机控制使用。

(3) 开关柜属同隔型封闭结构,一般由薄钢板弯制、焊接组装。也可采用由异型钢材,采用角板固定、螺栓连接的无焊接结构。选用时,可根据需要加装底部盖板。内外部结构件分别采取镀锌、磷化、喷涂等处理手段。

(4) GCL 低压抽出式开关柜柜体分为母线区、功能单元区和电缆区,一般按上、中、下顺序排列。母线室、互感器室内的功能单元均为抽屉式,每个抽屉均有工作位置、试验位置、断开位置,为检修、试验提供方便。每个隔室用隔板分开,以防止事故扩大,保证人身安全。GCL 低压抽出式开关柜根据功能需要可选用 DZX10(或 DZ10)系列断路器、CJ20 系列接触器、JR 系列热继电器、QM 系列熔断器等电器元件。其主电路有多种接线方案,以满足进线受电、联络、馈电、电容补偿及照明控制等功能需要。GCL 低压抽出式开关柜主电路一次接线方案如表 5-2 所示。

表 5-2 GCL 低压抽出式开关柜主电路一次接线方案

一次接线方案编号	09	30	73	77
一次接线方案图				
用途	受电 联络	馈电	电容补偿	照明控制

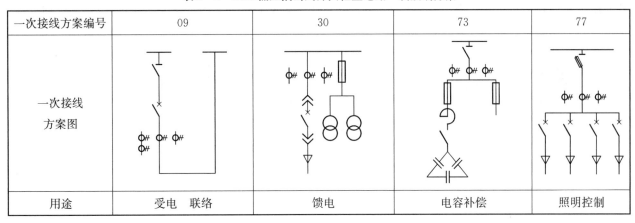

3) GCK 系列电动控制中心

GCK 系列电动控制中心由各功能单元组合而成为多功能控制中心,这些单元垂直重叠安装在封闭式的金属柜体内。柜体共分水平母线区、垂直母线区、电缆区和设备安装区 4 个互相隔离的区域,功能单元分别安装在各自的小室内。当任何一个功能单元发生事故时,均不影响其他单元,可以防止事故扩大。所有功能单元均能按规定的性能分断短路电流,且可通过接口与可编程序控制器或微处理机连接,作为自动控制的执行单元。GCK 系列电动控制中心的主电路一次接线方案如表 5-3 所示。

表 5-3 GCK 系列电动控制中心的主电路一次接线方案

一次接线方案编号	BZf21S00	BLb63S00	GRk51S20	BQb14S00	HQj3IS20
一次接线方案图					
用途	可逆	照明	馈电	不可逆	星-三角

5.3 低压成套配电装置运行维护

1）日常巡视维护

建立运行日志，实时记录电压、电流、负荷、温度等参数变化情况，巡视检查设备应认真仔细，不放过疑点。日常巡视维护内容如下：

（1）设备外观有无异常现象，各种仪表、信号装置的指示是否正常等。

（2）导线、开关、接触器、继电器线圈、接线端子有无过热及打火现象；电气设备的运行噪声有无明显增加和有无异常音响。

（3）设备接触部位有无发热或烧损现象，有无异常振动、响声，有无异常气味等。

（4）对负荷骤变的设备要加强巡视、观察，以防意外。

（5）当环境温度变化时（特别是高温时），要加强对设备的巡视，以防设备出现异常情况。

2）定期维护

配电室应每周进行一次维护，主要内容为清洁室内卫生并对电气设备进行全面检查。每季度应对配电室进行停电检修一次，主要内容如下：

（1）检查开关、接触器触点的烧蚀情况，必要时修复或更换。

（2）导体连接处是否松动，紧固接线端子、检查导线接头，如过热氧化严重应修复。

（3）检查导线，特别是导线出入管口处的绝缘是否完好。

（4）遥测装置线路的绝缘电阻及接地装置的接地电阻。

（5）接触部位是否有磨损，对磨损严重的应及时维修或更换。

第6章 漏电保护装置的工作原理及配置原则

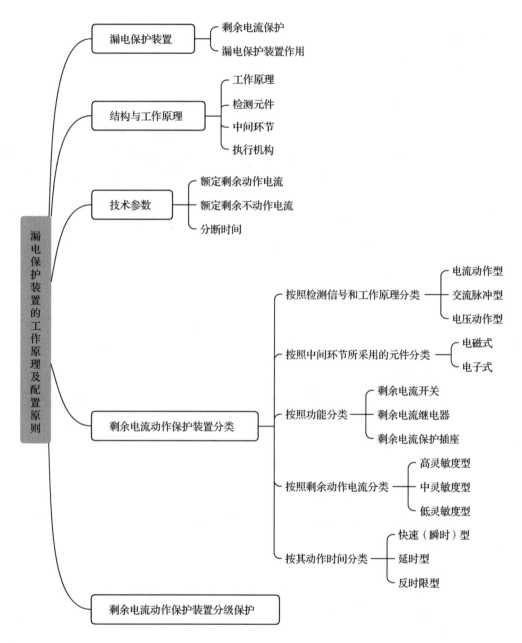

6.1 概述

1）剩余电流保护

低压配电线路中各相（含中性线）电流矢量和不为零而产生的电流称为剩余电流。

通常所说的接地故障电流即漏电电流就是一种常见的剩余电流。

剩余电流保护是利用剩余电流动作保护装置来防止电气事故的一种安全技术措施。

2）作用

（1）用于防止由剩余电流引起的单相电击事故。

（2）用于防止由剩余电流引起的火灾和设备烧毁事故。

(3) 用于检测和切断各种一相接地故障。

(4) 有的剩余电流保护装置还可用于过载、过压、欠压和缺相保护。

6.2 结构与工作原理

1) 结构

剩余电流动作保护装置的结构主要由三个基本部分构成,即检测元件、中间环节(包括放大元件和比较元件)和执行机构,如图 6-1、图 6-2 所示。

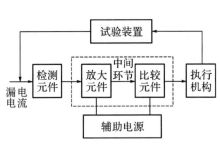
图 6-1 剩余电流动作保护装置的结构

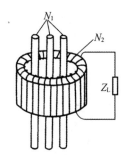
图 6-2 剩余电流互感器结构

(1) 检测元件(剩余电流互感器)

如图 6-2 所示,剩余电流保护装置的电流互感器一般采用空心式的环形互感器。它的主要功能是把一次回路检测到的剩余电流 I_1 变换成二次回路的输出电压 E_2、E_2 施加到剩余电流脱扣器的脱扣线圈上,推动脱扣器动作,或通过信号放大装置,将信号放大以后施加到脱扣线圈上,使脱扣器动作。

(2) 信号放大装置(放大元件)

剩余电流互感器二次回路的输出功率很小,一般仅达到 mVA 的等级。在剩余电流互感器和脱扣器之间增加一个信号放大装置,不仅可以降低对脱扣器的灵敏度要求,而且可以减少对剩余电流互感器输出信号要求,减轻互感器的负担,从而可以大大地缩小互感器的重量和体积,使剩余电流保护装置的成本大大降低。信号放大装置一般采用电子式放大器。

(3) 脱扣器(比较元件)

剩余电流保护装置的脱扣器是一个比较元件,用它来判别剩余电流是否达到预定值,从而确定剩余电流保护装置是否应该动作。

(4) 执行机构

根据剩余电流保护装置的功能不同,执行机构也不同。对剩余电流断路器,其执行机构是一个可开断主电路的机械开关电器。对剩余电流继电器,其执行机构一般是一对或几对控制触头,输出机械开闭信号。

2) 工作原理

(1) 电子式剩余电流动作保护装置的工作原理

如图 6-3 所示,为电子式剩余电流动作保护装置原理图。在零序电流互感器的二次回路和脱扣器之间接入一个电子放大线路 E。

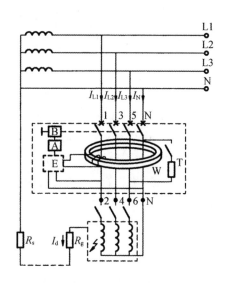

A—判别元件；B—执行元件；E—电子信号放大器；R_s—工作接地的接地电阻；
R_g—电源接地的接地电阻；T—试验装置；W—检测元件。

图 6-3 电子式剩余电流动作保护装置的工作原理

在正常情况下，电路中没有发生人身电击、设备漏电或接地故障时，剩余电流保护装置通过电流互感器一次侧电路的电流矢量和等于零，即 $I_{L1}+I_{L2}+I_{L3}+I_N=0$。

此时，电流 I_{L1}、I_{L2}、I_{L3} 和 I_N 在电流互感器中产生磁通的矢量和等于零，即 $\Phi_{L1}+\Phi_{L2}+\Phi_{L3}+\Phi_N=0$。这样在电流互感器的二次线圈中没有感应电压输出，因此剩余电流保护装置保持正常供电。

当电路中发生人身电击、设备漏电、故障接地时，通过设备接地电阻 R_A 有一个接地电流 I_N 流过，则通过互感器电流的矢量和不等于零，为 $I_{L1}+I_{L2}+I_{L3}+I_N\neq 0$，剩余电流互感器中产生磁通矢量和也不等于零，即 $\Phi_{L1}+\Phi_{L2}+\Phi_{L3}+\Phi_N\neq 0$。

此时，互感器二次回路中有一个感应电压输出，此电压直接或通过电子信号放大器施加在脱扣线圈上，产生一个工作电流。二次回路的感应电压输出随着故障电流的增大而增大，当接地故障电流达到额定值时，脱扣线圈中的电流足以推动脱扣机构动作，使主开关断开电路，或使报警装置发出报警信号。

（2）电磁式剩余电流动作保护装置的工作原理

如图 6-4 所示，电磁式剩余电流动作保护装置的检测元件是零序电流互感器，中间环节是由电磁铁（放大器）、衔铁、弹簧（比较器）、脱扣机构组成；执行机构是断路器，SB 是试验按钮。

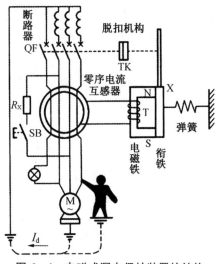

图 6-4 电磁式漏电保护装置的结构

① 正常工作时：各相电流的相量和等于零，零序电流互感器的环形铁芯所感应磁通的相量和也为零，零序电流互感器的二次绕组中没有感应电压输出，极化电磁铁 T 线圈没有电流流过，T 的吸力克服弹簧反作用力，使衔铁 X 保持在闭合位置，脱扣机构 TK 不动作，漏电保护断路器 QF 不动作，保持电路正常供电。

② 保护动作时：当因某种原因产生剩余电流时，通过零序电流互感器一次侧各导线电流的相量和不再为零（此时产生的电流被称作"剩余"电流）。这时环形铁芯将有交变磁通产生，在互感器二次绕组中有感应电压输出，电磁铁 T 线圈中将有交流电流通过，并产生交变磁通与永久磁铁的磁通叠加使电磁铁去磁，从而使其对衔铁 X 的吸力减小，于是衔铁被弹簧的反作用力拉开，脱扣机构 TK 动作，断路器 QF 断开电源。

③ 试验时：按下试验按钮 SB，相间出现电流，模拟剩余电流，同样使通过零序电流互感器一次侧各导线电流的相量和不再为零，而使装置动作。

6.3 技术参数

1）关于漏电动作性能的技术参数

（1）额定剩余动作电流（$I_{\Delta n}$）：是指在规定的条件下，剩余动作保护装置必须动作的漏电动作电流值。它反映了剩余动作保护装置的灵敏度。

（2）额定剩余不动作电流（$I_{\Delta n_0}$）：是指在规定的条件下，剩余动作保护装置必须不动作的剩余电流值。

（3）分断时间：指剩余电流动作保护装置从突然加上动作电流时起，至被保护电路切断为止的全部时间。

2）其他技术参数

（1）额定频率：50 Hz。

（2）额定电压：220 V 或 380 V。

（3）额定电流（$I_{\Delta n}$）：6 A、10 A、16 A、20 A、25 A、32 A、40 A、50 A(60 A)、63 A(80 A)、100 A(125 A)、160 A、200 A、250 A（带括号值不推荐优先采用）。

6.4 剩余电流动作保护装置分类

1）按照检测信号和工作原理分类

可分为电流动作型、交流脉冲型、电压动作型。目前广泛使用的是反映零序电流的电流型剩余电流动作保护装置。

2）按照中间环节所采用的元件分类

可分为电磁式、电子式两种。我国生产的剩余电流动作保护装置绝大部分为电子式的，约占 90%。电磁式剩余电流动作保护装置因制造成本高、价格贵，使用量较少。

（1）电磁式剩余电流动作保护装置的工作特点

零序电流互感器的二次回路输出电压不经任何放大，直接激励剩余电流脱扣器，其动作功能与线路电压无关，因此不会因线路电压降低而影响动作可靠性。

（2）电子式剩余电流动作保护装置的工作特点

零序电流互感器的二次回路和脱扣器之间接入一个电子放大线路，互感器二次回路的输出电压经过电子线路放大后再激励剩余电流脱扣器，其动作功能与线路电压有关。

以上两类剩余电流动作保护装置的具体工作特点如表 6-1 所示。

表 6-1 电子式剩余电流动作保护装置与电磁式剩余电流动作保护装置特性

项目	电磁式	电子式
辅助电源	不需要	需要
电压波动对特性影响	无	有(采取稳压措施可减少影响)
电源故障时工作状况	不受影响	电源故障时不能动作(电压跌落或电源线断开)
温度对特性的影响	很小	有(有温度补偿措施可减少影响)
绝缘耐压能力	强	弱
耐过电压能力	强	弱(有过电压吸收器可提高耐过电压能力)
外界电磁场的影响	抗电磁干扰性能好	抗电磁干扰性能差(电路中采用抗干扰措施可减少影响)
结构	较复杂	简单
工艺要求	高	低
接线要求	进出线可反接	进出线不能反接(电子回路有断开装置可反接)
电流等级	大额定电流等级制造困难,一般在 125 A 以下	大额定电流等级制造方便,可以制成高灵敏度(例如额定剩余动作电流为 5 mA),一般额定电流 200 A 及以上均为电子式
价格	较高	低
安装规程	不受限制	欧洲及其他一些国家限制使用

3) 按照功能分类

(1) 剩余电流开关(剩余电流动作断路器,用于接通、承载和分断正常工作条件下电流,以及在规定条件下当剩余电流达到一个规定值时,使触头断开的机械开关电器)。

(2) 剩余电流继电器(组合式剩余电流动作保护装置,在规定的条件下,当剩余电流达到一个规定值时,发出动作指令的电器)。

(3) 剩余电流保护插座(插头)等。

① 剩余电流开关(剩余电流断路器),是指不仅与其他断路器一样可将主电路接通或断开,而且具有对剩余电流检测和判断的功能,当主回路中发生剩余电流或绝缘破坏时,剩余电流保护开关可根据判断结果将主电路接通或断开的开关元件。它与熔断器、热继电器配合可构成功能完善的低压开关元件。目前这种形式的剩余电流保护装置应用最为广泛,就是常说的剩余电流保护器。剩余电流开关结构特点是检测装置、脱扣装置、跳闸机构都装配在一个绝缘外壳内,如图 6-5 所示。

(a)

电子线路板 零序电流互感器 漏电脱扣器
(b)

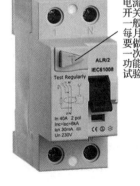
(c)

图 6-5 剩余电流开关结构

② 剩余电流继电器(组合式剩余电流保护装置),是指具有对漏电流检测和判断的功能,而不具有直接切断和接通主回路功能的漏电保护装置。它可与大电流的自动开关配合,作为低压电网的总保护或主干路的剩余电流、接地或绝缘监视保护。剩余电流保护继电器由零序互感器、脱扣器和输出信号的辅助接点组成,如图6-6所示。

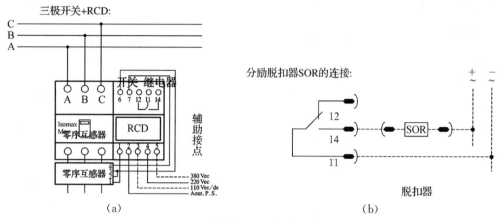

图 6-6 剩余电流保护继电器组成

③ 剩余电流保护插座(插头),是指具有对剩余电流检测和判断并能切断回路的电源插座。其额定电流一般为20 A以下,剩余动作电流为6~30 mA,灵敏度较高,常用于手持式电动工具和移动式电气设备的保护及家庭、学校等民用场所。

4) 按照剩余动作电流分类

我国标准规定的额定剩余动作电流值为:6 mA、10 mA(15 mA)、30 mA(50 mA、75 mA)、100 mA、200 mA、300 mA、500 mA、1 000 mA、3 000 mA、5 000 mA、10 000 mA、20 000 mA共15个等级(带括号的值不推荐优先采用)。

① 高灵敏度型:额定剩余动作电流为30 mA及以下者属于高灵敏度[6 mA、10 mA(15 mA)、30 mA],主要用于防止各种人身触电事故。

② 中灵敏度型:额定剩余动作电流为30 mA以上至1 000 mA[(50 mA、75 mA)、100 mA、200 mA、300 mA、500 mA、1 000 mA]都属于中灵敏度,用于防止触电事故和漏电火灾。

③ 低灵敏度型:额定剩余动作电流为1 000 mA以上(3 000 mA、5 000 mA、10 000 mA、20 000 mA)都属于低灵敏度,用于防止剩余电流火灾和监视一相接地事故。

5) 按其动作时间分类

① 快速(瞬时)型:快速型剩余电流保护装置没有人为的延时,适用于单级保护或分级保护的末级保护。用于直接接触保护时其剩余动作电流小于30 mA,选用快速型剩余电流保护器,其动作时间与动作电流的乘积不应超过30 mA·s。

② 延时型:延时剩余电流保护装置有人为的延时部件,适用于分级保护的首级保护,因此它只适用于间接接触保护,其剩余动作电流大于30 mA。延时时间的优选值为:0.2 s、0.4 s、0.8 s、1 s、1.5 s、2 s。

③ 反时限型:反时限型剩余电流保护装置是为了更好地配合电流-时间曲线而设计的产品,其特点是剩余电流越大,分断时间越短;剩余电流越小,分断时间越长。其适用于直接接触保护。但目前我国没有进行推广。

通过大量的动物试验和研究表明,引起心室颤动不仅与通过人体的电流(I)有关,而且与电流在人体中持续的时间(t)有关,即由通过人体的安全电量$Q=I\times t$来确定,一般为50 mA·s。就是说当电流不大于50 mA,电流持续时间在1 s以内时,一般不会发生心室颤动。但是,如果按照50 mA·s控制,当通电时间很短而通入电流较大时(例如 500 mA×0.1 s),仍然会有引发心室颤动的危险。虽然低于 50 mA·s 不会发生触电致死的后果,但也会导致触电者失去知觉或发生二次伤害事故。

实践证明,用 30 mA·s 作为电击保护装置的动作特性,无论从使用的安全性还是制造方面来说都比较合适,与 50 mA·s 相比较有 1.67 倍的安全率($K=50/30\approx1.67$)。

从"30 mA·s"这个安全限值可以看出,即使电流达到 100 mA,只要剩余电流动作保护装置在 0.3 s 之内动作并切断电源,人体尚不会引起致命的危险。故 30 mA·s 这个限值也成为剩余电流保护器产品的选用依据。

6.5　剩余电流动作保护装置分级保护

1) 什么是分级保护

根据线路和负载的情况,按照不同的保护要求,在低压干线、分支线路和线路末端,分别安装具有不同剩余电流动作特性的保护装置,形成分级剩余电流保护网。

2) 目的

低压供用电系统中剩余电流动作保护装置采用分级保护的目的就是在保证安全的同时,缩小发生人身电击事故和接地故障切断电源时引起的停电范围。

3) 为什么要分级保护

低压供配电一般都采用分级配电。

如果只在线路末端(开关箱内)安装剩余电流动作保护装置,虽然发生剩余电流时,能断开故障线路,但保护范围小;同样,若只在分支干线(分配箱内)或干线(总配电箱内)安装剩余电流保护器,虽然保护范围大,如果某一用电设备因剩余电流跳闸时,将造成整个系统全部停电,既影响无故障设备的正常运行,又不便查找事故,显然这些保护方式都有不足之处。

4) 分级保护的形式与作用

分级保护方式的选择:应根据用电负荷和线路具体情况的需要,一般可分为两级或三级保护。在总电源端、分支线首端和线路末端都安装剩余电流动作保护装置就是三级保护,如图 6-7 所示。

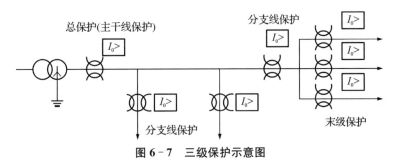

图 6-7　三级保护示意图

(1) 第一级保护(总保护)

安装在变压器低压侧的第一级保护(总保护)仅对网络中出现的间接接触触电进行保护,不具备防止人身直接接触触电的功能。其主要作用是在达到动作整定值时可靠跳闸,保证低压主干线的安全运行,防止接地故障引起电气火灾和电气设备损坏。另外,还可具备在架空线路发生断线、过负荷、短路等情况时动作于跳闸的功能。

(2) 第二级保护(中级保护)

为了缩小故障停电范围,提高供电可靠性,在分支较长、负荷较大或用户较多的线路上宜装设分支线第二级保护(中级保护)。在总保护与末端保护之间设立的剩余电流保护均属于中级保护。第二级保护的作用是当保护范围内发生故障性剩余电流时,将因故障剩余电流引起的停电范围控制在该分支线路内。

(3) 末级保护

安装在用户侧的末级保护装置的主要作用就是实现直接接触电击保护,保证人身安全。在不同的使用场所,当保护范围内出现大于额定剩余动作电流 30 mA 时,能瞬时迅速切断电源。

各级剩余电流和分断时间的配合如表 6-2 所示。

表 6-2 各级剩余电流和分断时间的配合

分级	剩余电流/mA	分断时间/s	备注
总保护	300~500	<0.5	无重合闸
中级保护	100~300	<0.3	有重合闸
末级保护	30	<0.1	$5I_{\Delta n} \leqslant 0.4$ s

6.6 剩余电流动作保护装置在电击防护方面的应用

1) 应用于电击防护的原则

(1) 应用于直接接触电击防护的原则

在直接接触电击事故的防护中,剩余电流保护只作为直接接触电击事故基本防护措施(绝缘防护、屏护、安全距离、特低电压等)的附加保护措施,但不能替代应有的直接接触电击防护措施。但剩余电流保护不适用对相与相、相与 N 线间形成的直接接触电击事故的保护,因此带电导体间相与相间及相与 N 线间的短路应靠保护电器切断电源。

(2) 应用于间接接触电击防护的原则

间接接触电击事故防护的主要措施应是自动切断电源的保护(即过电流保护)。当电路发生绝缘损坏造成接地故障,其故障电流值小于过电流保护装置的动作电流值,自动切断电源的过电流保护不起作用时,应采用剩余电流保护。

(3) 分级保护必须有末端保护的原则

剩余电流动作保护装置的分级保护应以末端保护为基础。为防止发生人身电击事故,无论两级或三级保护,都必须有末端保护。

2) 必须安装剩余电流保护装置末端保护的设备和场所

(1) 属于Ⅰ类的移动式电气设备及手持式电动工具。

(2) 生产用的电气设备。

(3) 施工工地的电气机械设备。

(4) 安装在户外的电气装置。

(5) 临时用电的电气设备。

(6) 机关、学校、宾馆、饭店、企事业单位和住宅等除壁挂式空调电源插座外的其他电源插座或插座回路。

(7) 游泳池、喷水池、浴池的电气设备。

(8) 安装在水中的供电线路和设备。

(9) 医院中可能直接接触人体的医用电气设备。

(10) 其他需要安装剩余电流保护装置的场所。

第7篇 配电线路

第1章 配电线路的基本知识

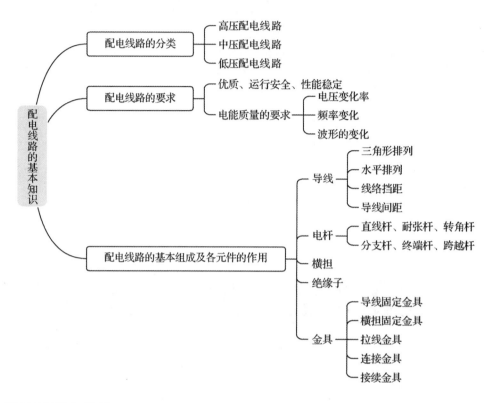

1.1 配电线路的基本结构

1) 配电线路的分类

按照电力网的性质及其在电力系统中的作用和功能区别,我国将电压等级划分为输电电压与配电电压两大类。其中,输电电压主要有:

(1) 高压输电电压:220 kV、330 kV;

(2) 超高压输电电压:500 kV、750 kV;

(3) 特高压输电电压:1 000 kV 及以上的交流电压或±800 kV 及以上的直流电压。根据《配电网规划设计技术导则》(DL/T 5729—2016)的规定,配电网电压分别为:

① 高压配电电压:35~110 kV;

② 中压配电电压:10(20、6) kV;

③ 低压配电电压:380 V、220 V。

根据上述电压的划分,输电线路是以传输电能为工作目的的电力线路,配电线路则是以分配电能为工作目的的电力线路。其中:

① 高压配电线路,主要用于区域内的电能分配,其线路主要在 35 kV、110 kV 变电站之间进行电能的分配传送。

② 中压配电线路,主要用于小区域内的电能分配,其线路主要在 35 kV 变电站与 10 kV 变台、箱式变压器之间进行电能的分配传送。

③ 低压配电线路,主要用于直接对用电设备的电能分配,其线路主要实现 10 kV 整台、箱式变压器与低压用户用电设备的连接,从而达到电能分配的目的。

2) 架空配电线路的基本要求

（1）电网的额定电压

能使电力设备正常工作的电压叫做额定电压。各种电力设备，在额定电压运行，其技术性能和经济效果最好。电力线路的正常工作电压应该与线路直接相连的电力设备额定电压相等。由于线路中有电压降或者有电压损耗存在，因此线路末端电压比首端要低，沿线各点电压也不相等，而电力设备的生产必须是标准化的，不可能随线路压降而变。为使设备端电压与电网额定电压尽可能接近，取 $U_N=(U_1+U_2)/2$ 为电网的额定电压。其中，U_1、U_2 分别为电网首、末端电压。

（2）对配电线路的要求

① 保证供电可靠性。为用户提供可靠的电力、实行不间断供电，是衡量现代电力系统和现代化电网的第一质量指标。为提高电力系统的供电可靠率，必须采取以下措施：

A. 采用优质、运行安全、性能稳定，在使用期不检修或少检修的电气设备。

B. 采用具有多次重合功能的重合器和线路分段器，以缩小停电面积和减少停电时间。

C. 改革现行的管理制度和管理方法，包括检修制度、清扫制度、量检制度和试验制度等，同时还要加强可靠性统计和可靠性管理。

② 保证良好的电能质量。所谓电能质量，是指电压、频率、波形变化率的各项指标。

A. 电压变化率。电压变化率是衡量电网对负荷吞吐能力的一项指标。当系统的负荷变化时，过大的电压变化将会导致运行在系统中的电气设备的电压极大地偏离其额定电压，使其运行特性劣化，导致损耗增加。我国规定的允许电压偏移标准为：a. 35 kV 及以上用户为 ±5%；b. 10 kV 及以下用户和低压电力用户为 ±7%；c. 低压照明用户为 -10%～+7%。

B. 频率变化。频率是电力系统运行稳定性的质量指标。过大的频率变化将会导致系统稳定性下降，甚至会造成系统的瓦解。同时，频率降低会引起电动机转速降低，乃至引起其拖动的生产机械的效率下降。我国电力系统的频率标准是 50 Hz，其偏差值要求对于 300 万 kW 及以上的系统不得超过 ±0.2 Hz，300 万 kW 以下的系统不得超过 ±0.5 Hz。

C. 波形的变化。近代电力系统中引入了大量的整流负荷，诸如电弧炉、电解炉、晶闸管控制的电动机等。这些设备形成了各种高次谐波源，向系统输送大量的高次谐波。高次谐波不但会使电源电压的正弦波发生畸变，而且会导致计量仪表产生较大的误差，使计量不准确，发生大量丢失电量的现象。因此，相关规程中要求，系统中任一高次谐波的瞬时值不得超过同相基波电压瞬时值的 5%。除此之外，还要求配电线路的运行必须经济，在保证对负荷正常供电的前提下，线路的运行成本最低。

1.2 配电线路的基本组成及各元件的作用

架空配电线路主要由基础（卡盘、底盘、检盘）、架空地线、导线、电杆、横担、拉线、绝缘子和线路金具等元件组成。

1) 导线

（1）低压架空配电线路导线

① 导线的主要作用及基本要求。导线是架空线路的主要元件之一，配电线路中的导线肩负着向用户分配传送电能的作用。因此，导线应具备良好的导电性能以保证有效传导电流。另外，还要保证导线能够承受自身的重量和经受风、雨、冰、雪等外力的作用，同时应该具有抵御周围空气所含化学杂质侵蚀的性能。所以，用于低压架空电力线路的导线要具有足够的机械强度、较高的导电率和抗腐蚀能力，并且尽可能的质轻、价廉。

② 导线材料的基本物理特性。导线常用的材料一般是铜、铝、钢和铝合金等，这些材料的物理特性如表 1-1 所示。

表1-1 导线常用材料的物理特性

材料	20℃时的电阻率 /[(Ω·mm²)·m⁻¹]	密度 /(g·cm⁻³)	抗拉强度 /(N·mm⁻²)	抗化学腐蚀能力及其他
铜	0.018 2	8.9	390	表面易形成氧化膜,抗腐蚀能力强
铝	0.029	2.7	160	表面氧化膜可防继续氧化,但易受酸碱腐蚀
钢	0.103	7.85	1 200	在空气中易锈蚀,须镀锌
铝合金	0.033 9	2.7	300	抗化学腐蚀性能好,受震动时易损坏

由表1-1可见,这些材料中,钢是比较理想的导线材料,它导电性能好、机械强度高、镀锌后耐腐蚀性能强。当能量损耗和电压损耗相同时,钢导线截面比其他金属导线截面都小,并且有良好的机械强度和抗腐蚀性能(镀锌后),但由于钢的质量大、价格较贵、产量较少,而其他工业需求量大,因此架空电力线路的导线多采用铝线或钢芯铝绞线,一般都不采用钢线。

③ 导线的型号。架空线路导线的型号是用导线材料、结构和载流截面积三部分表示的。导线的材料和结构用汉语拼音字母表示,如 T—铜,L—铝,G—钢,J—多股绞线,TJ—铜绞线,LJ—铝绞线,GJ—钢绞线,HLJ—铝合金绞线,LGJ—钢芯铝绞线。

(2) 导线在电杆上的排列方式

① 导线的排列方式。高压架空配电线路一般采用三角形排列或水平排列,大多采用三角形排列。低压架空线路一般采用水平排列。多回路导线可采用三角形排列、水平排列或垂直排列。

② 三相导线排列的次序。三相导线排列的次序为:面向负荷侧从左至右,高压配电线路为A、B、C相,低压配电线路为A、N、B、C相。当电压等级不同的电力线路进行同杆架设时,通常要求将电压较高的线路架设在上层,将电压较低的架设在下层,并尽可能使三相导线的位置对称。分相敷设的低压绝缘线宜采用水平排列或垂直排列。

(3) 线路挡距及导线间的距离

根据《农村低压电力技术规程》(DL/T 499—2001)的规定,结合农村低压配电线路的特点,线路所经区域及导线所用的材料不同,对线路挡距和导线间距的要求也不同。

① 线路挡距。农村低压架空配电线路挡距的大小,可参照表1-2所规定的数值进行设置。农村架空绝缘线路的挡距不宜大于50 m,其中,10 kV架空绝缘线路的耐张段长度不宜大于1 km。

表1-2 农村低压架空配电线路挡距 单位:m

导线类型	挡距	
铝绞线、钢芯铝绞线	集镇和村庄:40~50	田间:40~60
架空绝缘电线	一般:30~40	最大:不应超过50

一般,架空配电线路的挡距见表1-3。为确保导线的受力平衡,导线弧度应力求一致,弧度误差不得超过设计值的-5%或+10%。一般,挡距导线弧度相差不应超过50 mm。

表1-3 架空配电线路挡距 单位:m

线路电压等级	线路所经地区	
	城区	郊区
高压(1~10 kV)	40~50	60~100
低压(1 kV以下)	40~50	40~60

② 导线间距

A. 导线水平线间距离。低压架空配电线路导线间的距离,在无设计规定的条件下,通常是根据运行经验按线路的挡距大小来确定。在一般情况下,导线间的水平距离应不小于表 1-4 中所列的数值。

表 1-4 低压架空配电线路不同挡距时最小线间距离　　　　　　　　　　　　　单位:m

挡距	40 及以下		50		60	70
导线类型	铝绞线	绝缘线	铝绞线	绝缘线	铝绞线	
线间距离	0.4	0.3	0.4	0.35	0.5	

根据《农村低压电力技术规程》(DL/T 499—2001)的规定,农村低压架空配电线路导线间的水平距离应不小于表 1-5 规定的要求。

表 1-5 农村低压架空配电线路不同挡距时最小水平距离　　　　　　　　　　　单位:m

导线类型	导线的水平间距离			
	挡距 40 m 及以下	挡距 40～50 m	挡距 50～60 m	靠近电杆处
架空绝缘电线	0.3	0.35	—	0.4

10 kV 绝缘配电线路的线间距离应不小于 0.4 m,采用绝缘支架紧凑型架设不应小于 0.25 m。

B. 导线的垂直及导线与其他构件的净空距离。当低压线路与高压线路同杆架设时,横担间的垂直距离:直线杆不应小于 1.2 m,分支和转角杆不应小于 1.0 m。沿建筑物架设的低压绝缘线,支持点间的距离不宜大于 6 m。

C. 导线过引线、引下线对电杆构件、拉线、电杆间的净空距离:1～10 kV 不应小于 0.2 m,1 kV 以下不应小于 0.05 m。每相导线过引线、引下线对邻相导体、过引线、引下线的净空距离:1～10 kV 不应小于 0.3 m,1 kV 以下不应小于 0.15 m。

D. 同杆架设的中、低压绝缘线路横担之间的最小垂直距离和导线支承点间的最小水平距离,见表 1-6。

表 1-6 中、低压绝缘线路横担之间的最小垂直距离和导线支承点间的最小水平距离表　　　单位:m

类别	中压与中压	中压与低压	低压与低压
水平距离(m)	0.5	—	0.3
垂直距离(m)	0.5	1.0	0.3

2) 电杆

电杆是架空配电线路中的基本设备之一。在架空配电线路中,电杆用于支持横担、导线、绝缘子等元件,是使导线对地面和其他交叉跨越物保持足够的安全距离的主要构件。按所用材质的不同,用于低压架空配电线路的电杆有水泥杆和金属杆两种。自完成农网改造以后,农村低压架空线路多采用的是钢筋混凝土电杆(简称"水泥电杆")。钢筋混凝土电杆,有使用寿命长、维护工作量小等优点,使用较为广泛。

(1) 钢筋混凝土电杆的基本结构

目前,配电线路中广泛使用的钢筋混凝土电杆,一般是环形断面、空心圆柱式,采用离心法浇筑而成。

(2) 电杆的种类

电杆按其在线路中的用途可分为直线杆、耐张杆、转角杆、分支杆、终端杆和跨越杆等。

① 直线杆。又称中间杆或过线杆,用在线路的直线部分,主要承受导线重量及线路覆冰的重量和侧面风力,故杆顶结构较简单,一般不装拉线。

② 耐张杆。为限制倒杆或断线的事故范围,需把线路的直线部分划分为若干耐张段,在耐张段的两侧安装耐张杆。耐张杆除承受导线重量和侧面风力外,还要承受邻挡导线拉力差所引起的沿线路方面的拉力。为平衡此拉力,通常在其前后方各装一根拉线。

③ 转角杆。转角杆主要用在线路改变方向的地方。转角杆的结构随线路转角不同而不同,转角在 15°

以内时，可仍用原横担承担转角合力；转角在15°～30°时，可用两根横担，在转角拉力的反方向各装一根拉线；转角在31°～45°时，除用双横担外，两侧导线应用跳线连接，同时在导线拉力反方向各装一根拉线；转角在46°～90°时，用两对横担构成双星，两侧导线用跳线连接，同时在拉力反方向各装一根拉线。

④ 分支杆。分支杆设在分支线路连接处。分支杆上应装拉线，用来平衡分支线拉力。分支杆可分为T字分支和十字分支两种。T字分支是在横担下方增设一层双横担，以耐张方式引出分支线；十字分支是在原横担下方设两根互成90°的横担，然后引出分支线。

⑤ 终端杆。其设在线路的起点和终点处，承受导线的单方向拉力。为平衡此拉力，需在导线的反方向装拉线，如图1-1所示。

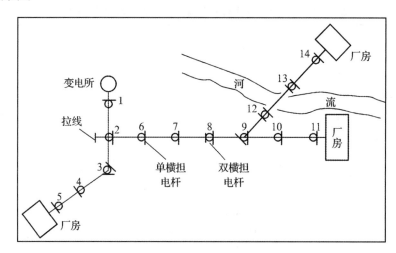

1、5、11、14—终端杆；2、9—分支杆；3—转角杆；4、6、7、10—直线杆（中间杆）；
8—分段杆（耐张杆）；12、13—跨越杆。

图1-1 配电线路连接示意图

按杆塔用途分类，以下各字母的含义为：Z—直线杆塔；D—终端杆塔；ZJ—直线转角杆塔；F—分支杆塔；N—耐张杆塔；K—跨越杆塔；J—转角杆塔；H—换位杆塔。

杆塔材料和结构代号含义：G—钢筋混凝土电杆；T—自立式铁塔；X—拉线式铁塔。

(3) 电杆荷载

电杆在运行中要承受导线、金具、风力所产生的拉力、压力、弯力、剪力的作用，这些作用力称为电杆的荷载。一般情况下，电杆的荷载主要分为下列几种：

① 垂直荷载，由导线、绝缘子、金具、覆冰以及检修人员和工具及电杆的重量等垂直荷重在电杆垂直方向所引起的荷载。

② 水平荷载，主要是由导线、电杆所受风压以及转角等在电杆水平横向所引起的荷载。

③ 顺线路方向的荷载。顺线路方向的荷载包括断线时所受的张力、正常运行时所受到的不平衡张力、斜向风力、顺线路方向的风力等。

3) 横担

横担的作用是支持绝缘子、导线等设备，并使导线间保持一定电气安全距离，从而保证线路安全运行。配电线路常用的横担有角铁横担和瓷横担两种。目前，农村低压配电线路的横担多采用镀锌角铁横担及瓷横担。

(1) 镀锌角铁横担

钢筋混凝土电杆多采用镀锌角铁制成的横担，其规格应根据线路电压等级和导线截面的具体规格通过计算确定，但农村低压配电线路中所用角铁横担的规格不应小于以下数值。

① 直线杆：一根 L 50 mm×50 mm×5 mm；

② 承力杆：两根 L 50 mm×50 mm×5 mm。

(2) 瓷横担

瓷横担具有良好的电气绝缘性能,可以同时起到横担及绝缘子的作用。瓷横担造价较低,耐雷水平较高,自然清洁效果好,事故率也低,可减少线路维护工作。在污秽地区使用,其比针式绝缘子可靠。当线路发生断线时,瓷横担可以自动偏转,避免事故扩大。同时,瓷横担比较轻,便于施工、检修和带电作业。

(3) 横担的支撑方式及要求

中低压配电线路横担的支撑方式与导线的排列方式如图1-2所示。

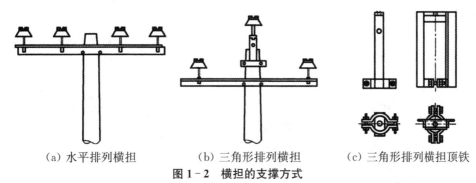

(a) 水平排列横担　　(b) 三角形排列横担　　(c) 三角形排列横担顶铁

图1-2　横担的支撑方式

① 水平排列横担。农村低压三相四线制及单相架空配电线路的横担通常采用水平排列方式,其中有单横担、双横担、多回路及分支线路的多层横担等,如图1-2(a)所示。单横担通常安装在电杆线路编号的大号(受电)侧;分支杆、转角杆及终端杆应装拉线侧;30°及以下的转角杆的横担应与角平分线方向一致。另外,15°以下的转角杆采用单横担,15°~45°的转角杆采用双横担,45°以上的转角杆采用十字横担。

② 三角形排列横担。图1-2(b)所示为三角形排列的横担安装方式,主要用于三相三线制架空电力线路。采用三角形排列时,电杆头部应安装头铁,头铁的结构根据电压等级、电杆位置的要求有所不同。图1-2(c)所示为两种较为典型的横担顶铁。

4) 绝缘子

绝缘子是架空电力线路的主要元件之一,通常用于保持导线与杆塔间的绝缘。用于电力线路中的绝缘子通常有陶瓷绝缘子、玻璃钢绝缘子和合成绝缘子等。中、低压配电线路中所用的绝缘子主要是陶瓷绝缘子和合成绝缘子。陶瓷绝缘子简称绝缘子,俗称瓷瓶,内部结构如图1-3所示。其中,瓷体主要用于元件的绝缘,水泥在瓷体与钢件间起连接黏合作用,钢脚和钢帽用于与其他构件的连接。

(1) 针式绝缘子又叫直瓶或立瓶,如图1-3(a)所示,用于直线杆。导线则用金属线绑扎在绝缘子顶部的槽中,以使之固定。

(2) 蝶式绝缘子又叫茶台,如图1-3(b)所示,它主要用在低压配电线路直线或耐张横担上来固定绝缘导线。

(3) 悬式绝缘子通常由多片串联成绝缘子串,用于低压线路的耐张杆或10 kV及以上线路的直线杆上,对导线起绝缘保护作用,结构如图1-3(c)所示。

(4) 拉线绝缘子,如图1-3(d)所示。安装拉线绝缘子的目的是防止拉线在穿越或靠近导线时万一带电而造成人身触电事故。拉线绝缘子应安装在最低导线以下,且当拉线断开后,距地面不应小于2.5 m,且装设的拉线绝缘子必须与线路等级相同。

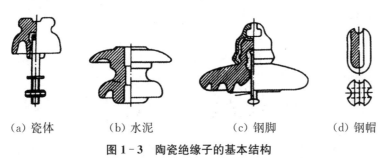

(a) 瓷体　　(b) 水泥　　(c) 钢脚　　(d) 钢帽

图1-3　陶瓷绝缘子的基本结构

5）金具

在架空配电线路中,用于电杆、横担、控线及导线。绝缘子间连接与固定的金属附件被称为电力线路中的金具。配电线路中的金具通常有导线固定金具、横担固定金具、拉线金具、连接金具、接续金具。

(1) 导线固定金具

导线固定金具主要包括悬垂线夹和耐张线夹两部分。

① 悬垂线夹。悬垂线夹用于将导线固定在绝缘子串上,并通过悬垂绝缘子与电杆的横担相连接。同时,悬垂线夹还具有对架空导线的保护功能,其基本结构如图 1-4(a)所示。

② 耐张线夹。耐张线夹用于将导线固定在非直线电杆的耐张绝缘子上,常用的有倒装式、螺栓式耐张线夹,如图 1-4(b)所示。

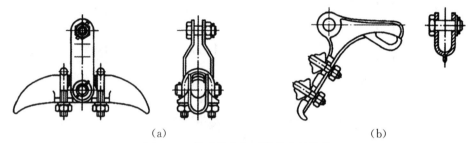

图 1-4 悬垂线夹和耐张线夹结构图

(2) 横担固定金具

横担固定金具主要用于电杆上导线横担的支撑固定,通常由扁钢等制作而成,经镀锌防腐处理。低压配电线路中常用的横担金具有横担拖抱箍、垫铁、U 形螺钉等。

(3) 拉线金具

拉线金具是用于拉线支撑、调整、固定、连接的金属构件。

(4) 连接金具

配电线路中的连接金具主要有下列几种：

① 球头挂环。球头挂环是用来连接球形绝缘子上端铁帽(碗头)的。根据使用条件的不同,分别用于圆形连接的 Q 形球头挂环如图 1-5(a)所示,专用于螺栓平面接触的 QP 形球头挂环如图 1-5(b)所示。

② 碗头挂板。碗头挂板是用来连接球形绝缘子下端钢脚(球头)的。根据使用条件的不同,碗头挂板有单联碗头挂板和双联碗头挂板两种形式,如图 1-5(c)和图 1-5(d)所示。

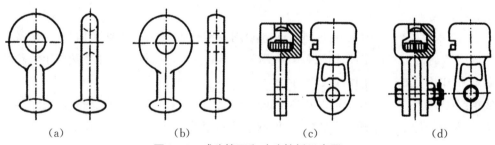

图 1-5 球头挂环和碗头挂板示意图

③ 直角挂板。直角挂板是一种转向金具,可按使用要求去改变绝缘子串的连接方向。常用螺栓式直角挂板的形状如图 1-6(a)和图 1-6(b)所示。

④ 平行挂板。平行挂板用于单板与单板、单板与双板的连接,也可用于连接槽形悬式绝缘子。平行挂板有三腿式(PS 形)和四腿式(P 形)两种,形状如图 1-6(c)和图 1-6(d)所示。

⑤ 直角挂环。直角挂环是专门用来连接悬式 X-4.5C 或 C-5 等型号的槽形绝缘子,其形状如图 1-7(a)所示。

⑥ U 形挂环。U 形挂环是一种最常用的金具,它可以单独使用,也可以几个组装起来使用,形状如图

1-7(b)所示。

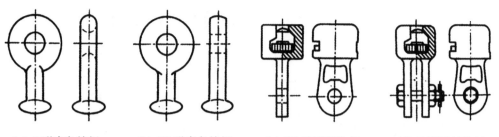

(a) Z形直角挂板　　(b) ZS形直角挂板　　(c) PS形平行挂板　　(d) P形平行挂板

图1-6　直角挂板和平行挂板的基本结构

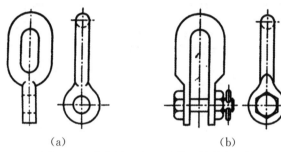

(a)　　　　　　　　(b)

图1-7　直角挂环和U形挂环的基本结构

(5) 接续金具

接续金具主要用于架空线路的导线、非直线杆塔跳线的接续及导线补修等。常用的接续金具如下：

① 钳压管。中、低压配电线路中使用较多的钳压管有供中小截面的铝绞线及钢芯铝绞线用的两种，形状如图1-8所示。

(a) 钢芯铝绞线钳压管　　　　　　　　(b) 铝绞线钳压管

图1-8　导线接续管的基本结构(1)

②并沟线夹。并沟线夹适用于在不承受拉力的部位接续，如在耐张杆塔的弓子线处连接导线，如图1-9所示。

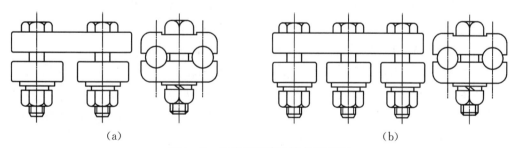

(a)　　　　　　　　　　　(b)

图1-9　导线接续管的基本结构(2)

第 2 章　配电线路的常用材料

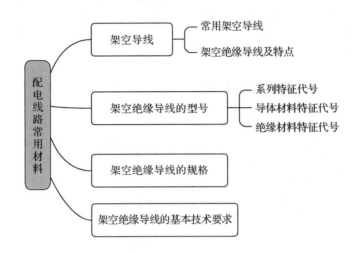

1) 架空导线

低压架空配电线路中常用的导线主要有裸导线和绝缘导线。

（1）常用裸导线。裸导线具备结构简单，线路工程造价成本低，施工、维护方便等特点。架空配电线路中常用的裸导线主要有铝绞线、钢芯铝绞线、合金铝绞线等。

（2）架空绝缘导线（或称架空绝缘电缆）。目前，架空配电线路中广泛地采用架空绝缘线。相对裸导线而言，采用架空绝缘导线的配电线路运行的稳定性和供电可靠性要更好，且线路故障明显降低。线路与树木的矛盾问题基本得到解决，同时也降低了维护工作量，提高了线路运行的安全可靠性。

① 架空绝缘导线的主要特点。与用裸导线架设的线路相比，绝缘导线电力线路的主要优点有：

A. 有利于改善和提高配电系统的安全可靠性，减少人身触电伤亡危险，防止外物引起的相间短路，减少双回或多回线路时的停电次数，减少维护工作量，减少了因检修而停电的时间，提高了线路的供电可靠性。

B. 有利于城镇建设和绿化工作，减少线路沿线树木的修剪量。

C. 可以简化线路杆塔结构，甚至可沿墙敷设，既节约了线路材料，又美化了环境。

D. 节约了架空线路所占空间。缩小了线路走廊，与架空裸线相比较，线路走廊可缩小 1/2。

E. 节约线路电能损失，降低电压损失，线路电抗仅为普通裸导线线路电抗的 1/3。

F. 减少导线腐蚀，因而相应提高线路的使用寿命和配电可靠性。

G. 降低了对线路支持件的绝缘要求，增加了同杆线路回路数。

缺点是：架空绝缘导线的允许载流量比裸导线小，易遭受雷电流侵害。加上塑料层以后，导线的散热较差。因此，架空绝缘导线选型时通常应比平时提高一个档次，这样就导致其线路的单位造价高于裸导线。

② 架空绝缘导线的型号。表示架空绝缘导线的型号特征的符号主要由三部分组成。

第一部分表示系列特征代号，主要有：JK—中、高压架空绝缘线（或电缆）；J—低压架空绝缘线。

第二部分表示导体材料特征代号，主要有：T—铜导体（可省略不写）；L—铝导体；LH—铝合金导体。

第三部分表示绝缘材料特征代号，主要有：V—聚氯乙烯绝缘；Y—聚乙烯绝缘；YJ—交联聚乙烯绝缘。

③ 架空绝缘导线的规格。

A. 线芯。架空绝缘导线有铝芯和铜芯两种。在配电网中，铝芯应用比较多，铜芯线主要是作为变压器及开关设备的引下线。

B. 绝缘材料。架空绝缘导线的绝缘保护层有厚绝缘（3.4 mm）和薄绝缘（2.5 mm）两种。厚绝缘的运行时允许与树木频繁接触，薄绝缘的运行时只允许与树木短时接触。绝缘保护层又分为交联聚乙烯和轻型聚乙烯。交联聚乙烯的绝缘性能更优良。目前,我国配电线路中常用的低压架空绝缘导线主要有表 2-1 中的几种型号,常用的 10 kV 架空绝缘导线有表 2-2 中的几种型号。

表 2-1 常用低压架空绝缘导线型号

编号	型号	名称	主要用途
1	JV 型	铜芯聚氯乙烯绝缘线	
2	JLV 型	铝芯聚氯乙烯绝缘线	
3	JY 型	铜芯聚乙烯绝缘线	架空固定敷设,下、接户线等
4	JLY 型	铝芯聚乙烯绝缘线	
5	JYJ 型	铜芯交联聚乙烯绝缘线	
6	YLYJ 型	铝芯交联聚乙烯绝缘线	

表 2-2 常用 10 kV 架空绝缘导线型号

型号	名称	常用截面积/mm^2	主要用途
JKTRYJ	软铜芯交联聚乙烯架空绝缘导线	35~70	
JKLYJ	铝芯交联聚乙烯架空绝缘导线	35~300	
JKTRY	软铜芯聚乙烯架空绝缘导线	35~70	架空固定敷设,下、接户线等
JKLY	铝芯聚乙烯架空绝缘导线	35~300	
JKLYJ/Q	铝芯轻型交联聚乙烯薄架空绝缘导线	15~300	
JKLY/Q	铝芯轻型聚乙烯薄架空绝缘导线	35~300	

④ 架空绝缘线的基本技术要求。根据《架空绝缘配电线路施工及验收规程》(DL/T 602—1996)的规定。

A. 中低压架空绝缘线必须符合规程的规定。

B. 安装导线前,应先进行外观检查,且符合下列要求:a. 导体紧压,无腐蚀;b. 绝缘线端部应有密封措施;c. 绝缘层紧密挤包,表面平整圆滑,色泽均匀,无尖角、颗粒,无烧焦痕迹。

2) 电杆

电杆是架空配电线路的基本设备之一,由于钢筋混凝土电杆具有使用寿命长、维护工作量小等优点,在低压配电线路中使用较为广泛。

钢筋混凝土电杆的基本技术要求如下:

(1) 电杆表面应光滑、平整,壁厚均匀,无偏心、混凝土脱落、露筋、跑浆等缺陷。

(2) 预应力混凝土电杆及构件不得有纵向、横向裂缝。

(3) 普通钢筋混凝土电杆及细长预制构件不得有纵向裂缝,横向裂缝宽度不应超过 0.1 mm(允许宽度在出厂时为 0.05 mm,运行中为 0.2 mm,但运至现场时不得超过 0.1 mm),长度不超过 1/3 周长。

(4) 平放地面检查时,不得有环向或纵向裂缝,但网状裂纹、龟裂、水纹不在此限。

(5) 杆身弯曲不应超过杆长的 1‰。

(6) 电杆的端部应用混凝土密封。

3) 配电线路的常用绝缘子

配电线路常用的绝缘子主要有针式绝缘子、蝶式绝缘子、悬式绝缘子和拉线绝缘子。农村低压架空配电线路中常用的有针式绝缘子、蝶式绝缘子和拉线绝缘子等。

(1) 针式绝缘子。针式绝缘子主要用于中、低压配电线路,特别是在直线杆塔上,以及那些不需要承受大张力的转角杆塔上。针式绝缘子按耐压能力可分为 1 号和 2 号两种,其典型应用如图 2-1(a)所示。

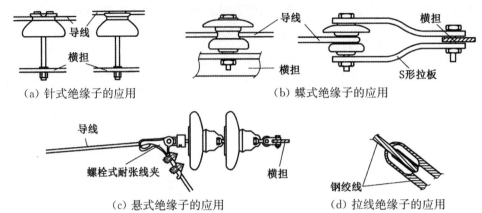

图 2-1 绝缘子在配电线路中的典型应用

低压针式绝缘子的符号为 PD,常用 PD 型低压针式绝缘子规格型号见表 2-3。

表 2-3 常用 PD 型低压针式绝缘子规格型号表

型号	机电破坏负荷（不小于 kN）	质量/kg	型号	机电破坏负荷（不小于 kN）	质量/kg	结构示意图
PD-1	9.8	0.32	PD-2M	5.9	0.79	
PD-1T	9.8	0.45	PD-2W	5.9	0.85	
PD-1M	9.8	0.55	PD-3	3	0.27	
PD-1W	9.8	0.55	PD-3T	7	0.7	
PD-2	5.9	0.42	PD-3M	7	0.76	
PD-2T	5.9	0.69	—	—	—	

(2) 蝶式绝缘子。蝶式绝缘子主要用于低压绝缘配电线路,在直线杆或接户线终端杆上通常用穿心螺栓固定在横担上,也可用铁夹板夹在中间连接在耐张横担上,如图 2-1(b)所示。蝶式绝缘子的符号为 ED,蝶式绝缘子按尺寸大小可分为 1 号、2 号、3 号、4 号共 4 种。ED 低压蝶式绝缘子规格型号见表 2-4。

表 2-4 ED 低压蝶式绝缘子规格型号表

型号	机电破坏负荷（不小于 kN）	质量/kg	型号	机电破坏负荷（不小于 kN）	质量/kg	结构示意图
ED-1	11.8	0.75	ED-2C	13.2	0.5	
ED-2	9.8	0.65	ED-2-1	11.8	0.45	
ED-3	7.8	0.25	ED-3-1	7.8	0.15	
ED-4	4.9	0.14	ED-3A	13.2	0.5	
ED-2B	12.7	0.48	—	—	—	

(3) 悬式绝缘子。悬式绝缘子的外形如图 2-1(c)所示,悬式绝缘子通常是多片串联使用。悬式绝缘子的符号为"XP"。当低压线路采用大截面导线时,其耐张可选用悬式绝缘子,如图 2-1(c)所示。

(4) 拉线绝缘子。设置拉线绝缘子的目的是防止拉线万一带电可能造成人身触电事故。图 2-2 为拉线绝缘子的三种基本外形。

(5) 绝缘子的使用要求。绝缘子不仅要使导线之间以及导线与大地之间绝缘,还要用来固定导线,并能承受导线的垂直荷载和水平荷载,同时对化学杂质的侵蚀要有足够的抵御能力,并能适应周围大气环境的变化。所以,绝缘子既要满足电气性能的要求,又应具有足够的机械强度。在空气污染比较严重的地区,配电线路的电瓷外绝缘应根据地区运行经验和所处地段的外绝缘污染等级,增大绝缘的泄漏距离或采取其他防污措施。

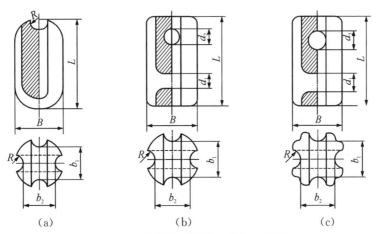

图 2-2 拉线绝缘子的三种基本外形

4）配电线路金具

(1) 横担固定金具。常用的横担固定金具有 U 形抱箍、圆凸形抱箍、横担垫铁、支撑扁铁。

(2) 拉线金具。常用的拉线金具有楔形线夹[图 2-3(a)]、UT 形线夹[图 2-3(b)]、拉线抱箍[图 2-3(c)]、延长环[图 2-3(d)]、钢线卡[图 2-3(e)]、U 形挂环[图 2-3(f)]等。

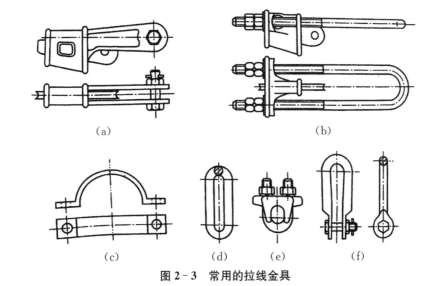

图 2-3 常用的拉线金具

(3) 导线固定金具。导线固定金具主要包括悬垂线夹、耐张线夹两部分，如图 2-4 所示。

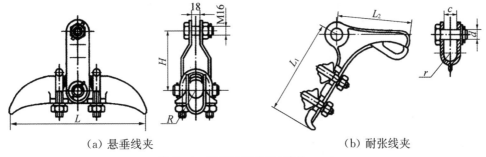

(a) 悬垂线夹　　　　　　　　(b) 耐张线夹

图 2-4 导线固定金具(单位：mm)

241

第3章 电力电缆的基本知识

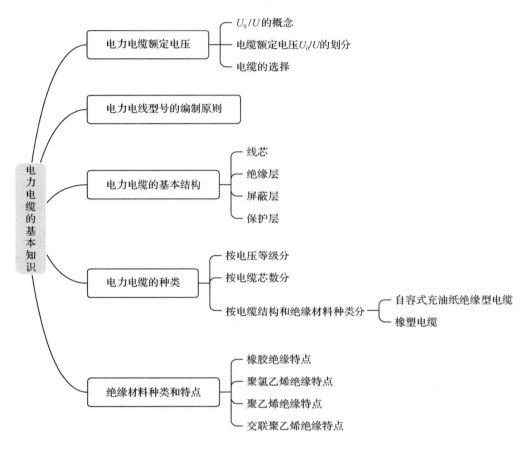

3.1 电力电缆概述

1) 电力电缆额定电压 U_0/U 及其划分

(1) U_0/U 的概念。U_0 是指设计时采用的电缆任一导体与金属护套之间的额定工频电压。U 是指设计时采用的电缆任两个导体之间的额定工频电压。为了完整地表达同一电压等级下不同类别的电缆,现采用 U_0/U 表示电缆的额定电压。

(2) 我国对电缆额定电压 U_0/U 的划分。电缆 U_0/U 的划分与类型的选择,实际是根据电网的运行情况、中性点接地方式和故障切除时间等因素来选择电缆绝缘的厚度。U_0 分为两类数值,见表 3-1。

表 3-1 我国电力电缆额定电压 U、U_0 单位:kV

U	U_0		U	U_0	
	Ⅰ	Ⅱ		Ⅰ	Ⅱ
3	1.8	3	20	12	18
6	3.6	6	35	21	26
10	6	8.7	110	64	—
15	8.7	12	220	127	—

2) 电力电线型号的编制原则

为了便于按电力电缆的特点和用途统一称呼,使设计、订货、缆盘标记更为简易以及防止出现差错,专

业单位用型号表示不同门类的产品,使其系列化、规范化、标准化、统一化。我国电力电缆产品型号的编制原则如下:

(1) 一般由有关汉字的汉语拼音字母的第一个大写字母表明电力电缆的类别特征、绝缘导体材料、内护层材料及其他特征,见表3-2。

(2) 外护层的铠装类型和外被层类型则在汉语拼音字母之后用两个阿拉伯数字表示,第一位数字表示铠装层,第二位数字表示外被层,见表3-3。

(3) 部分特点由一个典型汉字的第一个拼音字母或英文缩写来表示,如橡胶聚乙烯绝缘用"橡"的第一个字母 X 表示、铅包用 Q 表示等。为了减少型号字母的个数,最常见的代号可以省略,如导体材料型号中只用 L 标明铝芯,铜芯的"T"字省略,电力电缆符号省略。对于各种型号的电缆,在选型时,既要保证电缆安全运行,能适应周围环境、运行安装条件,又要经济、合理。

表3-2 电力电缆类别特征、材料

类别特征	绝缘种类	导体材料	内护层材料	其他特征
K—控制 C—船用 P—信号 B—绝缘电线 ZR—阻燃 NH—耐火	Z—纸 X—橡胶 V—聚氯乙烯(PVC) Y—聚乙烯(PE) YJ—交联聚氯乙烯(XLPE)	T—铜芯(省略) L—铝芯	Q—铅包 L—铝包 Y—聚乙烯护套(PE) V—聚氯乙烯护套(PVC)	D—不滴漏 F—分相金属套 P—屏蔽 CY—充油

表3-3 电力电缆护层代号

代号	加强层	铠装层	外被层或外护套
0	—	无	—
1	径向铜带	联锁钢带	纤维外被
2	径向不锈钢带	双钢带	聚氯乙烯外护套
3	径、纵向铜带	细圆钢丝	聚乙烯外护套
4	径、纵向不锈钢带	粗圆钢丝	—

例如,(1) 铜芯交联聚乙烯绝缘钢带铠装聚氯乙烯护套电力电缆,额定电压为 0.6/1 kV,3+1 芯,标称截面积 95 mm²,中芯线标称截面积 50 mm²,表示为 YJV22—0.6/1—3×95+1×50。(2) 铝芯交联聚乙烯绝缘钢带铠装聚氯乙烯护套电力电缆,额定电压为 8.7/10 kV,三芯,标称截面积 300 mm²,表示为 YJLV22—8.7/10—3×300。说明:标号两位数字,第一位中的 2 表示钢带铠装、3 表示细圆钢丝铠装;第二位中的数字 2 为聚氯乙烯外护套、3 为聚乙烯外护套(参照表3-3)。

3.2 电力电缆的基本结构、种类及特点

1) 电力电缆的基本结构

电力电缆是指外包绝缘的绞合导线,有的还包有金属外皮并加以接地(图3-1)。因为是三相交流输电,所以必须保证三相送电导体相互间及对地间的绝缘,因此必须有绝缘层。为了保护绝缘和防止高电场对外产生辐射干扰通信等,又必须有金属屏蔽护层。另外,为防止外力损坏还必须有铠装和护套等。因此,电力电缆的基本结构必须有线芯(又称导体)、绝缘层、屏蔽层和保护层四部分,这四部分结构上的差异就形成了不同的电缆种类,它们的作用和要求用途如下:

(1) 线芯。它是电缆的导电部分,用来输送电能。应采用导电性能好、机械性能良好、资源丰富的材料,以适宜制造和大量应用。

(2) 绝缘层。它将线芯与大地以及不同相的线芯在电气上彼此隔离,从而保证电能输送,因此绝缘层也

是电缆结构中不可缺少的组成部分。

（3）屏蔽层。6 kV及以上的电缆一般都有导体屏蔽层和绝缘屏蔽层。导体屏蔽层的作用是消除导体表面的不光滑（多股导线绞合会产生的尖端）所引起的导体表面电场强度的增加，使绝缘层和电缆导体有较好的接触。同样，为了使绝缘层和金属护套有较好接触，绝缘层外表面一般均包有外屏蔽层。

（4）保护层。保护层的作用是保护电缆免受外界杂质和水分的侵入以及防止外力直接损坏电缆，因此其质量对电缆的使用寿命有很大影响。保护层一般由内护套、外护层（内衬层、铠装层和外护层或外护套）等部分组合而成。

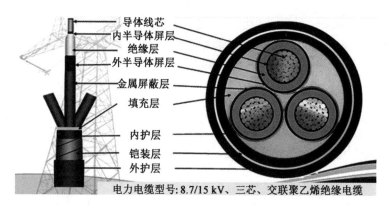

图3-1 电力电缆结构示意图

2）电力电缆的种类

（1）按电压等级可分为：1、3、6、10、20、35、60、110、220、330、500 kV等。

（2）按电缆芯数可分成：单芯（用于传输直流电及特殊场合，如高压电机引出线）、两芯（用于传输单相交流电或直流电）、三芯（用于三相交流电网中）、四芯（用于低压配电线路或中性点接地的三相四线制电网中）、五芯及以上（TN-S系统）。

（3）按电缆结构和绝缘材料种类的不同分为：

① 自容式充油纸绝缘型电缆，结构如图3-2所示。

② 橡塑电缆，如交联聚乙烯电缆，结构如图3-3所示。橡塑电缆的绝缘层采用可塑性材料，如橡胶、聚氯乙烯、聚乙烯和交联聚乙烯等绝缘强度高的可塑性材料，在一定的温度和压力下用挤注的方式制成。

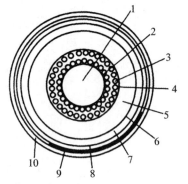

1—油道；2—螺纹管；3—线芯；4—线芯屏蔽；
5—绝缘层；6—绝缘屏蔽；7—铅护套；
8—内衬垫；9—加强铜带；10—外护套。

图3-2 单芯自容式充油电力电缆结构

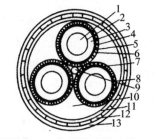

1—线芯；2—线芯屏蔽；3—交联聚乙烯绝缘；4—绝缘屏蔽；
5—保护带；6—铜丝屏蔽；7—螺旋铜带；8—塑料带；
9—中心填芯；10—填料；11—内护套；12—铠装层；13—外护层。

图3-3 交联聚乙烯电缆结构图

3）绝缘材料种类和特点

（1）橡胶绝缘（柔性低压电缆）

① 具有高的电气性能和化学稳定性；② 在很大的温度范围内具有高弹性；③ 气体、水（潮气）对其的渗

透性低;④ 在 65 ℃以下时热稳定性能良好。

（2）聚氯乙烯绝缘

① 电气性能较高;② 化学性能稳定;③ 机械加工性能好;④ 不易燃;⑤ 价格便宜;⑥ 介质损耗大;⑦ 耐热性和耐寒性差;⑧ 运行温度不能高于 65 ℃。此类绝缘材料一般只用在 6 kV 及以下的电力电缆绝缘层或作为电缆的外护层。

（3）聚乙烯绝缘

① 耐压强度高;② 介质损耗低;③ 化学性能稳定;④ 耐低温;⑤ 机械加工性能好;⑥ 耐电晕性能差;⑦ 耐温性能差,60 ℃以上时,其耐压强度急剧降低;⑧ 易燃、易熔和易产生环境应力而开裂。

（4）交联聚乙烯绝缘（在 10～35 kV 电压等级的电力电缆中占主导地位）

① 耐压强度高;② 介质损耗低;③ 化学性能稳定;④ 耐电晕;⑤ 耐环境应力开裂性能较聚乙烯好;⑥ 耐热性能好,长期允许运行温度可达 90 ℃,且能承受短路时 170～250 ℃的瞬时温度。

第 4 章　接地装置安装的基本知识

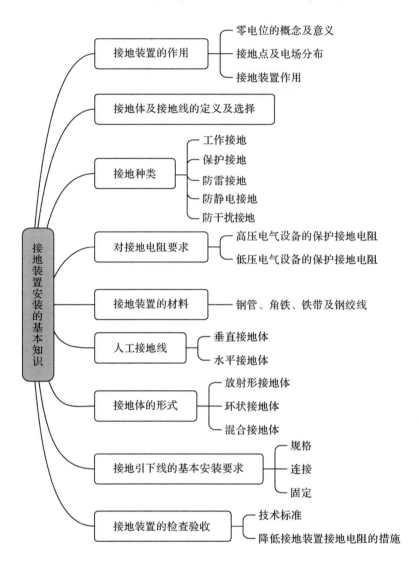

4.1　接地装置的基本概述

1) 接地装置的作用

电力系统为了保证电气设备的可靠运行和人身安全,不论在发电、供电、配电都需要符合规定的接地。接地装置的安装直接影响电气设备的运行安全和人身安全。所谓接地,就是将供用电设备、防雷装置等的某一部分通过金属导体组成接地装置与大地的任何一点进行良好的连接。与大地连接的点在正常情况下均为零电位。

根据电力系统中性点运行方式的不同,接地可分为两类:三相电网中中性点直接接地系统;中性点不接地系统。目前,我国三相三线制供电电压为 35、10、6、3 kV 的高压配电线路一般均采用中性点不接地系统。三相四线制供电电压为 0.4 kV 的低压配电线路,采用中性点直接接地系统,如图 4-1 所示。上述供电系统中的电气设备,凡因绝缘损坏而可能呈现对地电压的金属部位,均应接地。否则,该电气设备一旦漏电,将对人产生致命的危险。

接地的电气设备,因绝缘损坏而造成相线与设备金属外壳接触时,其漏电电流通过接地体向大地呈半球形流散。电流在地中流散时,所形成的电压降距接地体越近就越大,距接地体越远就越小。通常,当距接地体大于 20 m 时,地中电流所产生的电压降已接近于零值。因此,零电位点通常指远距离接地体 20 m 之外处,如图 4-2 所示。

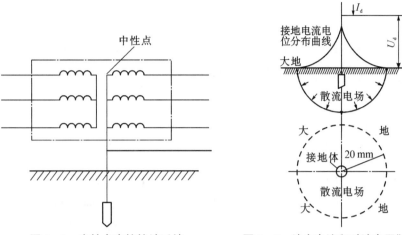

图 4-1 中性点直接接地系统　　图 4-2 地中电流和对地电压散流电场

电气设备接地引下导线和埋入地中的金属接地体的总和称为接地装置。通过接地装置,电气设备接地部分能与大地有良好的金属连接。

接地体又称为接地极,指埋入地中直接与土壤接触的金属导体或金属导体组,是接地电流流向土壤的散流件。利用地下金属构件、管道等作为接地体的称自然接地体,按设计规范要求埋设的金属接地体称为人工接地体。

接地线指电气设备需要接地的部位用金属导体与接地体相连接的部分,是接地电流由接地部位传导至大地的途径。接地线中沿建筑物面敷设的共用部分称为接地干线,电气设备金属外壳连接至接地干线的部分称为接地支线。

2) 接地种类

按照目的要求不同,接地可以分为下述几类。

(1) 工作接地。所谓工作接地,是因电气设备正常工作或排除事故的需要而进行的接地。(中性点接地)

(2) 保护接地。所谓保护接地,是为了防止电气设备金属外壳因绝缘损坏而带电所进行的接地。(保护接地、保护接零)

(3) 防雷接地。防雷接地是为了将雷电流引入大地而进行的接地,例如避雷器、避雷针和避雷线的接地。

(4) 防静电接地。防静电接地是为了防止由于静电聚集而形成火花放电的危险,把可能产生静电的设备接地,如易燃油、汽、金属储藏的接地。

(5) 防干扰接地。防干扰接地是为防止电干扰装设的屏蔽物的接地。

3) 对接地电阻要求

接地装置的接地电阻是指接地线电阻、接地体电阻、接地体与土壤之间的过渡电阻和土壤流散电阻的总和。

(1) 高压电气设备的保护接地电阻

① 大接地短路电流系统:在大接地短路系统中,由于接地短路电流很大,接地装置一般均采用棒形和带形接地体联合组成环形接地网,以均压的措施达到降低跨步电压和接触的目的,一般要求接地电阻小于等

于 0.5 Ω。

② 小接地短路电流系统:当高压设备与低压设备共用接地装置时,要求在设备发生接地故障时,对地电压不超过 120 V,要求接地电阻小于等于 4 Ω。当高压设备单独装设接地装置时,对地电压可放宽至 250 V,要求接地电阻不超过 10 Ω。

(2) 低压电气设备的保护接地电阻

在 1 kV 以下中性点直接接地与不接地系统中,单相接地短路电流一般都很小。为限制漏电设备外壳对地电压不超过安全范围,要求保护接地电阻不超过 4 Ω。

4) 接地装置的材料

接地装置的材料,一般由钢管、角铁、铁带及钢绞线等制成。

5) 人工接地线

人工接地线一般包括接地引线、接地干线和接地支线。人工接地线一般均采用镀锌扁钢或圆钢制作。人工接地体宜采用垂直接地体,多岩石地区可采用水平接地体。垂直埋设的接地体可采用直径为 40~50 mm 的钢管或 40 mm×40 mm×4 mm 至 50 mm×50 mm×5 mm 的角钢。垂直接地体可以成排布置,也可以作环形布置。水平埋设的接地体可采用 40 mm×4 mm 的扁钢或直径为 16 mm 的圆钢。水平接地体多呈放射形布置,也可成排布置或环形布置。

4.2 接地装置的安装施工

1) 接地体的埋设

(1) 接地体的形式

① 根据电气设备种类及土壤电阻率的不同,接地体的形式一般有以下几种。

a. 放射形接地体:采用一条至数条接地带敷设在接地槽中,一般应用在土壤电阻率较小的地区。

b. 环状接地体:用扁钢围绕杆塔构成的环状接地体。

c. 混合接地体:由扁钢和钢管组成的接地体。

② 根据接地体的埋设方式不同,接地体有水平埋设接地体和垂直插入式接地体之分。

a. 水平接地体:该接地体水平地埋入地中,其长度和根数按接地电阻的要求确定。接地体的选择优先采用圆钢,直径不应小于 8 mm。采用扁钢时,厚度不应小于 4 mm,截面面积不小于 48 mm^2。热带地区应选择较大截面,干旱地区应选择较小截面。

b. 垂直接地体:该接地体是垂直打入地中的,长度不宜小于 2 m。截面按机械强度考虑,钢管壁厚不应小于 3.5 mm,角钢厚度不应小于 4 mm。

(2) 接地体的埋设

进行接地体的埋设施工时,应根据接地装置的形式并结合当地地形情况进行定位。在选择接地槽位置时,应尽量避开道路、地下管道及电缆等。在进行地势的选择时,应避开接地体可能受到山水冲刷的地段,防止自然条件的侵害。

① 水平接地体的埋设。应保证接地槽的深度符合设计要求,一般为 0.5~0.8 m。可耕地应敷设在耕地深度以下,在使用机耕的农田中,接地体的埋深以不小于 0.8 m 为宜。接地槽的开挖宽度以工作方便为原则,为了减少土方工程量,一般宽度为 0.3~0.4 m。接地槽底面应平整,不应有石块或其他影响接地体与土壤紧密接触的杂物。接地体应平直,无明显弯曲。放射型接地体间不允许交叉,两相邻接地体间的最小水平距离应不小于 5 m。倾斜地形应沿等高线敷设。

② 垂直接地体的埋设。采用垂直接地体时,应垂直打入,并使其与土壤保持良好接触。钢管的规格及打入土壤中的深度应符合设计要求。打管时,应采用打管器将接地体垂直打入地中并应防止其晃动,以免

增加接地电阻。

2）接地体埋设的注意事项

（1）在挖水平接地槽的过程中，如遇大块石等障碍物可绕道避开，但必须符合下列两条规定。

① 接地装置为环形者，改变后仍保持环形。

② 接地装置为放射形者，改变后仍保持放射形。

（2）铁带敷设之前应予以矫正，在直线段上不应有明显的弯曲，而且要立着敷设。

（3）在山区及土壤电阻率大的地区，尽量少用管型接地装置，而采用表面埋入式的接地装置。

（4）接地装置的连接应可靠。连接前，应清除连接部位的铁锈及其附着物。

（5）接地沟的回填宜选取无石块及其他杂物的泥土，并应夯实。回填后的沟面应设有防沉层，其高度宜为 100～300 mm。

3）接地引下线的基本安装要求

（1）接地引下线的规格与接地体的连接方式应符合设计规定。

（2）接地引下线与接地体的连接，应便于解开，以测量接地电阻。

（3）杆塔的接地引下线应紧靠杆身，每隔一定距离与杆身固定一次。

（4）电气设备的接地引下线必须使用有效的金属连接（不允许以设备的外壳、电杆的构件等代替）。

4.3　接地装置的检查验收

接地体的埋设施工完成后，应按规定的要求进行接地装置的接地电阻测量。

1）接地装置接地电阻的技术标准

根据《农村低压电力技术规程》（DL/T 499—2001）的要求，低压电气设备工作接地和保护接地电阻（工频）在一年四季中均应符合规定的要求。具体要求如下：

（1）配电变压器低压侧中性点的工作接地电阻，一般不应大于 4 Ω。

（2）非电能计量装置电流互感器的工作接地电阻，一般可不大于 10 Ω。

（3）如图 4-3 所示，在变压器低压侧中性点不接地或经高阻抗接地、所有受电设备的外露可导电部分用保护接地线（PE 线）单独接地的 IT 系统中装设的高压击穿熔断器的保护接地电阻，不宜大于 4 Ω。在高土壤电阻率的地区（沙土、多石土壤），保护接地电阻可允许不大于 30 Ω。

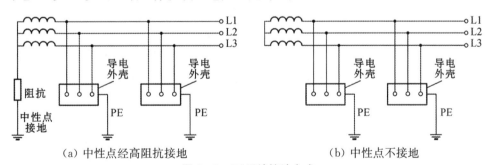

图 4-3　IT 系统接地方式

（4）如图 4-4 所示，在变压器低压侧中性直接接地、系统的中性线（N）与保护线（PE）是合一的，且系统内所有受电设备的外露可导电部分用保护线（PE）与保护中性线（PEN）相连接的 TN-C 系统中保护中性线需要重复接地电阻。当变压器容量不大于 100 kVA 且重复接地点不少于 3 处时，允许接地电阻不大于 30 Ω。

（5）如图 4-5 所示，在变压器低压侧中性点直接接地，系统内所有受电设备的外露可导电部分用保护接地线（PE）接至电气设备上与电力系统的接地点无直接关系连接地极上的 TT 系统中，在满足剩余电流保护器的动作电流的情况下，受电设备外露可导电部分的保护接地电阻可按下式确定：

$$R_e \leqslant U_{lom}/I_{op}$$

式中：R_e——接地电阻，Ω；

U_{lom}——通称电压极限，V，正常情况下可按 50 V（交流有效值）考虑；

I_{op}——剩余电流保护器的动作电流，A。

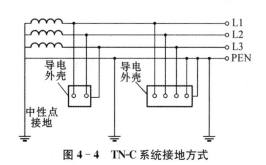

图 4-4　TN-C 系统接地方式

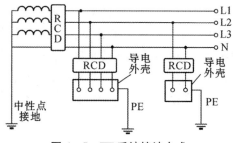

图 4-5　TT 系统接地方式

在 IT 系统中，受电设备外露可导电部分的保护接地电阻必须满足：

$$R_e \leqslant U_{lom}/I_k$$

式中：R_e——接地电阻，Ω；

U_{lom}——通称电压极限，V，正常情况下可按 50 V（交流有效值）考虑；

I_k——相线与外露可导电部分之间发生阻抗可忽略不计的第一次故障电流，I_k 值要计及泄漏电流，A。

（6）不同用途、不同电压的电力设备，除另有规定者外，可共用一个总接地体，接地电阻应符合其中最小值的要求。

2）降低接地装置接地电阻的措施

在部分高土壤电阻率的地带，在接地装置接地电阻达不到设计要求的情况下，为保证电气设备的运行安全，可采用如下措施达到降低接地装置接地电阻的目的。

（1）延伸水平接地体，扩大接地网面积。

（2）在接地坑内填充长效化学降阻剂，但不允许使用具有腐蚀性的盐类（如食盐）。

（3）如近旁有低土电阻率区，可引外接地，如将接地体延伸到潮湿低洼处。

第 5 章　低压配电系统的接地方式、特点

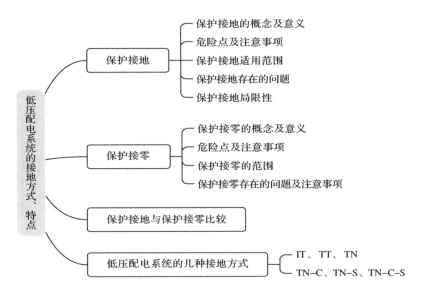

5.1　保护接地与保护接零

1) 保护接地

（1）保护接地的定义。正常情况下，将电气设备的金属外壳用导线与接地极可靠地连接起来，使之与大地做电气上的连接，这种接地的方式就叫保护接地（图 5-1）。

如果不采用保护接地，当发生人身触电时，由于触电电流不足以使熔断器或者自动开关动作，因此危险电压一直存在，如果电网绝缘下降，则存在生命危险（图 5-2）。

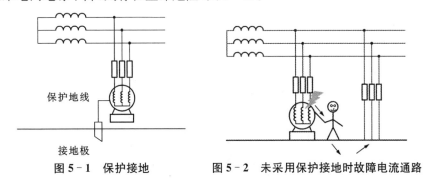

图 5-1　保护接地　　　　图 5-2　未采用保护接地时故障电流通路

采用保护接地之后，当发生人身触电时，由于保护接地电阻的并联，人身触电电压下降（图 5-3）。假设人体电阻 $R=1\,000\,\Omega$，接地电阻 $R_e=4\,\Omega$，电网对地绝缘电阻为 $r=19\,\text{k}\Omega$。

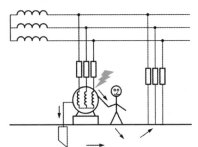

图 5-3　采用保护接地时故障电流通路

结论：保护接地实质是通过人体与保护接地体并联连接，降低人身接触电压。接地电阻越小，接触电压越小，流过人体的电流越小。

（2）保护接地适用范围。三相三线制中性点不接地系统采用保护接地可靠。

三相四线制系统，采用保护接地十分不可靠。一旦外壳带电时，电流将通过保护接地的接地极、大地、电源的接地极而回到电源（图5-4）。因为接地极的电阻值基本相同，则每个接地极电阻上的电压是相电压的一半。人体触及外壳时，就会触电。所以，三相四线制系统中的电气设备不推荐采用保护接地，最好采用保护接零（图5-5）。

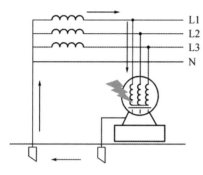

图5-4 三相四线制保护接地

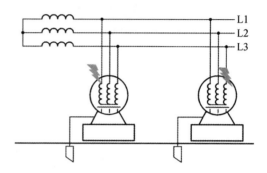

图5-5 三相四线制保护接零

（3）保护接地存在的问题：

① 如果两台设备同时进行保护接地，两者都发生漏电，但不为同一相，则设备外壳将带危险电压。

② 如果将多个接地体用导体连接在一起，则可以解决此问题，此称为等电位连接。连接线组成接地网。

③ 保护接地要耗费很多钢材，因为保护接地的有限性在于接地电阻小。

④ 保护接地局限性：在电源中性点直接接地的系统中，保护接地有一定的局限性。这是因为在该系统中，当设备发生碰壳故障时，便形成单相接地短路，短路电流流经相线和保护接地线、电源中性点接地装置。如果接地短路电流不能使熔丝可靠熔断或自动开关可靠跳闸时，漏电设备金属外壳上就会长期带电，也是很危险的。

2）保护接零

（1）保护接零定义：保护接零又叫保护接中线。在三相四线制系统中，电源中线是接地的，将电气设备的金属外壳或构架用导线与电源零线（即中线）直接连接，就叫保护接零（图5-6）。

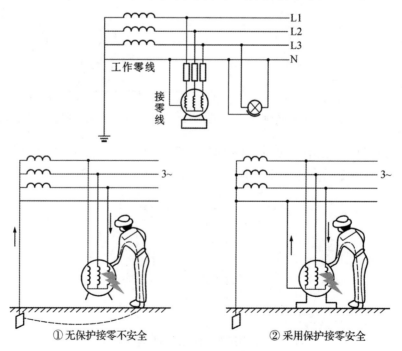

图5-6 保护接零安全示意图

保护接零(不采用情况):对三相四线制,如果不采用保护接零,设备漏电时,人的接触电压为火线电压,十分危险。人体触及外壳便造成单相触电事故。

保护接零(采用情况):对三相四线制,如果采用保护接零,当设备漏电时,将变成单相短路,造成熔断器熔断或者开关跳闸,切除电源,就消除了人的触电危险。因此,采用保护接零是防止人身触电的有效手段。

(2) 保护接零的范围:这种安全技术措施用于中性点直接接地、电压为 380 V/220 V 的三相四线制配电系统。三线制不可能进行保护接零,因为没有零线。

(3) 保护接零存在的问题:工作零线不允许断线,为防止可将工作零线重复接地。接零线一定要真正独立地接到零线上去。

(4) 保护接零的注意事项:同一电网中不宜同时用保护接地和接零。电机1漏电,形成单相接地短路时,如果短路电流不足以使其动作,则电机2的外壳将长期带电。如果电机1的接地电阻和电网中心点电阻相同,则外壳电压为 110 V,即所有采用保护接零的设备外壳都有危险电压,因此不允许(图 5-7)。

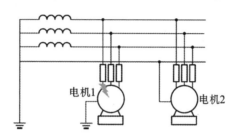

图 5-7 保护接零和保护接地示意图

(5) 保护接地和保护接零的比较

① 保护接地和保护接零是维护人身安全的两种技术措施。

② 保护原理不同。低压系统保护接地的基本原理是限制漏电设备对地电压,使其不超过某一安全范围;保护接零的主要作用是借接零线路使设备漏电形成单相短路,促使线路上保护装置迅速动作。

③ 适用范围不同。保护接地适用于一般的低压不接地电网及采取其他安全措施的低压接地电网。保护接零适用于低压接地电网。

④ 线路结构不同。保护接地系统除相线外,只有保护地线。保护接零系统除相线外,必须有零线和接零保护线;必要时,保护零线要与工作零线分开;其重要装置也应有地线。

发生漏电时,保护接地允许不断电运行,因此存在触电危险,但由于接地电阻的作用,人体接触电压大大降低。保护接零要求必须断电,因此触电危险消除,但必须可靠动作。

5.2 低压配电系统的接地方式及特点

按国际电工委员会(IEC)标准规定,低压配电接地,接零系统分有 IT、TT、TN 三种基本形式。在 TN 形式中,又分有 TN-C、TN-S 和 TN-C-S 三种派生形式。

说明:

第1个字母反映电源中性点接地状态:

T 表示电源中性点工作接地;I 表示电源中性点没有工作接地(或采用阻抗接地);

第2个字母反映负载侧的接地状态:

T 表示负载保护接地,但与系统接地相互独立;N 表示负载保护接零,与系统工作接地相连;

第3个字母:C 表示零线(个性线)与保护零线共用一线;

第4个字母:S 表示中性线与保护零线各自独立,各用各线。

IEC 规定,低压配电系统按接地方式的不同分为三类:IT 系统、TT 系统和 TN 系统。

IT方式供电系统:中性点不接地系统进行接地保护。

TT方式供电系统:中性点直接接地系统进行保护接地。TT系统中负载的所有接地都称为保护接地。

TN方式供电系统:中性点直接接地系统进行保护接零。其称为接零保护系统,分为TN-C系统和TN-S系统。

1) IT系统

I表示电源侧没有工作接地,T表示负载侧电气设备进行接地保护(图5-8)。

供电距离不长时,安全可靠。一般用于不允许停电或者要求严格连续供电的地方。因为电源中性点不接地,如果发生单相接地故障,单相漏电电流很小,不会破坏电源电压的平衡。所以,其比中性点接地系统还安全。但是如果供电距离很长时,电容不容忽略,危险性会增加。

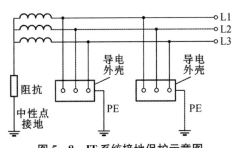 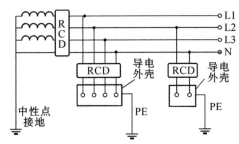

图5-8　IT系统接地保护示意图　　　　图5-9　TT系统接地保护示意图

2) TT系统

当电气设备的金属外壳带电时(相线碰壳或者设备绝缘损坏漏电时),由于有接地保护,可以大大减少漏电的危险性(图5-9)。但是,低压断路器(自动开关)不一定跳闸,造成漏电设备的外壳电压对地电压高于安全电压。当漏电比较小时,即使有熔断器也不一定熔断,所以还需要漏电保护器的保护,因此TT系统难以推广。系统耗费钢材,施工不方便。

3) TN系统

新国标规定,凡含有中性线的三相系统统称为三相四线制系统,即TN系统。这种系统将电气设备正常不带电的金属外壳与中性线相连接。我国380 V/220 V低压配电系统,广泛采用中性点直接接地的运行方式,而且引出有中性线(N)和保护线(PE)。TN系统按其PE线的形式又可分为三种:TN-C系统、TN-S系统、TN-C-S系统。

4) TN-S系统

系统的中性线(N)和保护线(PE)是分开的,所有设备的金属外壳均与公共PE线相连(图5-10)。正常时,PE线上无电流,因此各设备不会产生电磁干扰,所以适用于数据处理和精密检测装置使用。此外,N线和PE线分开,则当N断线也不影响PE线上设备防触电要求,故安全性高。缺点是使用材料多,投资大。在我国应用不多。

TN-S系统特点:

① 把工作零线和专用保护线严格分开的系统;

② 正常工作时,保护零线上没有电流,只有工作零线上有不平衡电流。PE线对地没有电压,电气设备金属外壳接在专用的保护线上,安全可靠;

③ 工作零线只用作单相负载回路;

④ 专用保护线(保护零线)不允许断线;

⑤ TN-S系统安全可靠,但造价高。

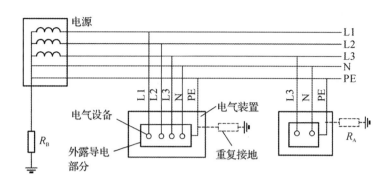

图 5-10　TN-S 系统接地保护示意图

5) TN-C-S 系统

这种系统前边为 TN-C 系统，后边为 TN-S 系统（或部分为 TN-S 系统）（图 5-11）。它兼有两系统的优点，适于配电系统末端环境较差或有数据处理设备的场所。

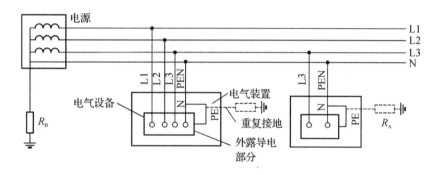

图 5-11　TN-C-S 系统接地保护示意图

6) TN-C 系统

系统的中性线（N）和保护线（PE）合为一根 PEN 线，电气设备的金属外壳与 PEN 线相连（图 5-12）。若开关保护装置选择适当，可满足供电要求，并且其所用材料少，投资小，故在我国应用最普遍。

TN-C 系统特点：

① 由于三相不平衡，工作零线上有不平衡电流，对地有电压，所以与保护线所连接的电气设备外壳对地有一定的电压；

② 如果工作零线断线，则保护接零的漏电设备外壳带电；

③ 如果电源的相线碰地，则设备的外壳电压升高，使中性线的危险电位蔓延；

④ 只适用于三相负载基本平衡情况。

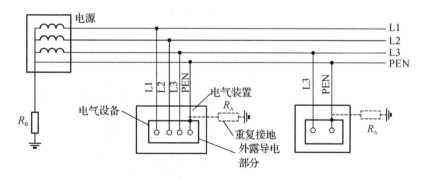

图 5-12　TN-C 系统接地保护示意

第8篇 无功补偿

第1章 电能质量的概念

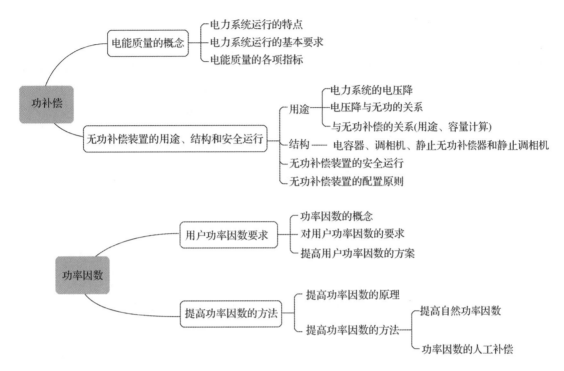

1.1 电力系统运行的特点

电力系统运行的特点主要有以下几方面：

(1) 电能与国民经济各部门之间关系密切；

(2) 电能不能大量储存；

(3) 电能的生产、输送、消费各个环节所组成的统一整体不可分割；

(4) 电能生产、输送、消费的工况改变十分迅速；

(5) 对电能质量的要求颇为严格。

1.2 电力系统运行的基本要求

电力系统运行的基本要求主要有以下几点：

(1) 保证可靠地持续供电；

(2) 保证良好的电能质量；

(3) 保证系统运行的经济性；

(4) 保证对环境的保护。

1.3 电能质量的各项指标

电能质量即电力系统中电能的质量，是指通过公用电网供给用户端的交流电能的品质。理想的电能应该是完美对称的正弦波，即公用电网应以恒定的频率、正弦波形和标准电压对用户供电。同时，在三相交流系统中各相电压和电流的幅值应大小相等、相位对称且互差120°。由于系统中的发电机、变压器和线路等设备非线性或不对称，负荷性质多变，加之调控手段不完善及运行操作、外来干扰和各种故障等原因，产生了电网运行、电力设备和供用电环节中的各种问题，使波形偏离对称正弦，从而产生了电能质量问题。

电能质量，从严格意义上讲，衡量的主要指标有电压、频率和波形；从普遍意义上讲是指优质供电，包括电压质量、电流质量、供电质量和用电质量四个方面的相关术语和概念。

电能质量的主要指标有：谐波、电压偏差、三相电压不平衡、供电可靠性等。围绕电能质量含义，从不同角度理解通常包括：

（1）电压质量：是以实际电压与理想电压的偏差，反映供电企业向用户供应的电能是否合格的概念。这个定义能包括大多数电能质量问题，但不能包括频率造成的电能质量问题，也不包括用电设备对电网电能质量的影响和污染。

（2）电流质量：反映了与电压质量有密切关系的电流的变化。电力用户除对交流电源有恒定频率、正弦波形的要求外，还要求电流波形与供电电压同相位以保证高功率因数运行。这个定义有助于电网电能质量的改善和线损的降低，但不能概括大多数因电压原因造成的电能质量问题。

（3）供电质量其技术含义是指电压质量和供电可靠性，非技术含义是指服务质量，包括供电企业对用户投诉的反应速度以及电价组成的合理性、透明度等。

（4）用电质量：包括电流质量与反映供用电双方相互作用和影响的用电方的权利、责任和义务，也包括电力用户是否按期、如数缴纳电费等。

1）谐波

（1）谐波的定义。从严格的意义来讲，谐波是指电流中所含有的频率为基波的整数倍的电量，一般是指对周期性的非正弦电量进行傅里叶级数分解，其余大于基波频率的电流产生的电量。从广义上讲，由于交流电网有效分量为工频单一频率，因此任何与工频频率不同的成分都可以称为谐波，这时"谐波"这个词的意义已经变得与原意有些不符。正是因为广义的谐波概念，才有了"分数谐波""间谐波""次谐波"等说法。

（2）谐波产生的原因。在电力系统中，谐波产生的根本原因是由于非线性负载所致，由于正弦电压加压于非线性负载，基波电流发生畸变产生谐波。所有的非线性负荷都能产生谐波电流，产生谐波的设备类型有：开关模式电源（SMPS）、电子荧光灯镇流器、调速传动装置、不间断电源（UPS）、磁性铁芯设备及某些家用电器如电视机等。

（3）谐波的危害。谐波使电能的生产、传输和利用的效率降低，使电气设备过热、产生振动和噪声，并使绝缘老化，使用寿命缩短，甚至发生故障或烧毁。谐波可引起电力系统局部并联谐振或串联谐振，使谐波含量放大，造成电容器等设备烧毁。谐波还会引起继电保护和自动装置误动作，使电能计量出现混乱。对于电力系统外部，谐波对通信设备和电子设备会产生严重干扰。

（4）常见谐波对居民生活用电的影响。谐波电流通过电动机使谐波附加损耗明显增多，引起电动机过热、机械振动和噪声大。当谐波电压通过电动机产生的电压波动的主要低频分量与电动机机械振动的固有频率一致时，会诱发谐振，会使电动机损坏，主要表现如下：

① 最直观的感觉就是引起照明灯光和电视画面忽明忽暗地闪烁，造成视觉疲劳。

② 引起冰箱、空调的压缩机承受冲击力，产生振动，降低使用寿命。

③ 影响有线电视、广播信号的正常传输，可能通过电磁感应和辐射造成干扰影响。

④ 引起电能计量误差，造成不必要的电费损失等。

（5）谐波治理基本方法。目前常用的谐波治理的方法有两种，即无源滤波和有源滤波。

无源滤波器的主要结构是将电抗器与电容器串联起来，组成LC串联回路，并联于系统中，LC回路的谐振频率设定在需要滤除的谐波频率上，例如5次、7次、11次谐振点上，达到滤除这次谐波的目的。其成本低，但滤波效果不太好，如果谐振频率设定得不好，会与系统产生谐振。

有源谐波滤除装置是在无源滤波的基础上发展起来的，它的滤波效果好，在其额定的无功功率范围内，滤波效果是100%的。它主要是由电力电子元件组成电路，使之产生一个和系统的谐波同频数、同幅度但相位相反的谐波电流，从而抵消系统中的谐波电流。

2) 电压偏差

电压偏差又称电压偏移,指供配电系统改变运行方式和负荷缓慢地变化使供配电系统各点的电压也随之变化,各点的实际电压与系统的额定电压之差称为电压偏差。电压偏差也常用系统标称电压的百分比表示。供电系统在正常运行下,某一节点的实际电压与系统标称电压(通常电力系统的额定电压采用标称电压去描述,对电气设备则采用额定电压的术语,它们其实是同一个数值)之差对系统标称电压的百分数称为该节点的电压偏差,数学表达式为:

电压偏差=(实际电压-系统标称电压)/系统标称电压×100%

(1) 电压质量标准

① 35 kV 及以上的电压供电的,电压偏差绝对值之和不超过额定电压值的 10%。
② 10 kV 电力用户电压允许偏差值,为系统额定电压的±7%。
③ 380 V 电力用户电压允许偏差值,为系统额定电压的±7%。
④ 220 V 电力用户电压允许偏差值,为系统额定电压的-10%～7%。
⑤ 农村用户电压允许偏差值,为系统额定电压的-10%～7%。
⑥ 特殊用户的电压允许偏差值,按供电合同商定的数值确定。

(2) 影响电压偏差的原因

① 供电距离超过合理的供电半径。
② 供电导线截面选择不当,电压损失过大。
③ 线路过负荷运行。
④ 用电功率因数过低,无功电流大,加大了电压损失。
⑤ 冲击性负荷、非对称性负荷的影响。
⑥ 调压措施缺乏或使用不当,如变压器分头摆放位置不当等。
⑦ 用电单位装用的静电电容器补偿功率因数没有采用自动补偿。

总之,无功电能的余、缺状况是影响供电电压偏差的重要因素。

(3) 电压偏差调节

一般采取无功就地平衡的方式进行无功补偿,并及时调整无功补偿量,从源头上解决问题。从技术上考虑,无功补偿只宜补偿到功率因数在 0.90～0.95 这个区间,仍有一部分无功需要电网供应;目前采用最广泛、最有效、最经济的措施是采用有载调压变压器对电压偏差及时进行调整。

3) 三相电压不平衡

(1) 三相电压不平衡的定义。三相电压不平衡是指三相系统中三相电压的不平衡,用电压或电流负序分量与正序分量的均方根百分比表示。三相电压不平衡(即存在负序分量)会引起继电保护误动、电机附加振动力矩和发热。额定转矩的电动机,如长期在负序电压含量 4% 的状态下运行,由于发热,电动机绝缘的寿命会减少一半,若某相电压高于额定电压,其运行寿命将下降得更加严重。目前我国执行的标准规定了电力系统公共连接点正常电压不平衡度允许值为 2%,同时规定短时的不平衡度不得超过 4%。短时允许值的概念是指任何时刻均不得超过的限制值,以保证继电保护和自动装置的正确动作。对接入公共连接点的每个用户引起该点正常电压不平衡度允许值一般为 1.3%。

(2) 三相负荷不平衡对配电变压器的影响

① 三相负荷不平衡将增加变压器的损耗:变压器的损耗包括空载损耗和负荷损耗。正常情况下变压器运行电压基本不变,即空载损耗是一个恒量。而负荷损耗则随变压器运行负荷的变化而变化,且与负荷电流的平方成正比。当三相负荷不平衡运行时,变压器的负荷损耗可看成三台单相变压器的负荷损耗之和。

从数学定理中可以知道:假设 a、b、c 3 个数都大于或等于零,那么 $a+b+c \geqslant 3(abc)^{1/3}$。

当 $a=b=c$ 时,代数和 $a+b+c$ 取得最小值:$a+b+c=3(abc)^{1/3}$。

② 三相负荷不平衡可能造成烧毁变压器的严重后果:上述不平衡时重负荷相电流过大,超载过多,可能造成绕组和变压器油的过热。绕组过热,绝缘老化加快;变压器油过热,引起油质劣化,迅速降低变压器的绝缘性能,减少变压器寿命(温度每升高 8 ℃,使用年限将减少一半),甚至烧毁绕组。

③ 三相负荷不平衡运行会造成变压器零序电流过大,局部金属件温升增高:在三相负荷不平衡运行下的变压器,必然会产生零序电流,而变压器内部零序电流的存在,会在铁芯中产生零序磁通,这些零序磁通就会在变压器的油箱壁或其他金属构件中构成回路。但配电变压器设计时不考虑这些金属构件为导磁部件,则由此引起的磁滞和涡流损耗使这些部件发热,致使变压器局部金属件温度异常升高,严重时将导致变压器运行事故。

(3) 三相负荷不平衡对高压线路的影响

① 增加高压线路损耗:低压侧三相负荷平衡时,6~10 kV 高压侧也平衡,设高压线路每相的电流为 I,其功率损耗为:$\Delta P_1 = 3I^2 R$。低压电网三相负荷不平衡将反映到高压侧,在最大不平衡时,高压对应相为 $1.5I$,另外两相都为 $0.75I$,功率损耗为:

$$\Delta P_2 = 2(0.75I)^2 R + (1.5I)^2 R = 1.125 \Delta P_1$$

即高压线路上电能损耗增加 12.5%。

② 增加高压线路跳闸次数、降低开关设备使用寿命:高压线路过流故障占相当比例,其原因是电流过大。低压电网三相负荷不平衡可能引起高压某相电流过大,从而引起高压线路过流跳闸停电,从而引发大面积停电事故,同时变电站的开关设备频繁跳闸将降低使用寿命。

(4) 对供电企业的影响

供电企业直管到户,低压电网损耗大,将降低供电企业的经济效益。变压器烧毁、线路烧断、开关设备烧坏,一方面增大供电企业的供电成本,另一方面停电检修、物资采购、设备更换造成长时间停电、少供电量。既降低供电企业的经济效益,又影响供电企业的声誉。

(5) 对客户的影响

三相负荷不平衡,一相或两相畸重,必将增大线路中的电压降,降低电能质量,影响用户的电器使用。

变压器烧毁、线路烧断、开关设备烧坏,影响用户供电,轻则带来不便,重则造成较大的经济损失,如停电造成养殖的动植物死亡,或不能按合同供电被惩罚等。此外,中性线烧断还可能造成用户大量低压电器被烧毁的事故。

(6) 低压三相负荷不平衡的改善措施

① 重视低压配电网的规划工作,加强与地方政府规划等部门的沟通,在配电网建设和改造中对低压台区进行合理的分区分片供电,配变布点尽量接近负荷中心,避免扇形供电和迂回供电,配电网络的建设要遵循"小容量、多布点、短半径"的配变选址原则。

② 在采用低压三相四线制供电的地区,要对有条件的配电台区采用三相四线直接供电至客户末端的方式,这样可以在低压线路施工中最大限度避免三相负荷出现偏相。同时,要做好低压装表接电工作,单相负荷在三相四线制线路上应尽量分布均匀,避免出现单相负荷集中在某一相或两相上,导致线路末端出现负荷偏相。

③ 在低压配电网中性线采用多点接地,降低中性线电能损耗。目前由于三相负荷的分布不能做到绝对平衡,因此会导致中性线出现电流,按照规程要求中性线电流不得超过相线电流的 25%,而在实际运行中,由于中性线截面积较细,电阻值较相同长度的相线要大,中性线电流过大在导线上会造成一定的电能损耗,所以建议在低压配电网公用中性线上采用多点接地,降低中性线电能损耗,避免因负荷不平衡出现的中性线电流产生的电压严重危及人身安全。此外,通过多点接地方式,可减少因为发热等原因造成的中性线断

股断线使得客户使用的相电压升高,损坏家用电器。

④ 对单相负荷占较大比重的供电地区可积极推广单相变供电。目前在城市居民小区内大部分的负载一般均采用单相供电,由于线路负荷大多为动力、照明混供,而电气设备使用的同时率较低,这样使得低压三相负荷在实际运行中的不平衡的幅度更大。另外从目前农村的生活用电情况看,在很多欠发达和不发达地区的农村存在着人均用电量小、居住分散、供电线路长等问题。对于用户较分散、用电负荷以照明为主、负荷不大的情况,采用单相变压器供电的方式,以达到减少损耗和建设资金的目的。目前单相变压器损耗比同容量三相变压器减少15%~20%,且个别单相变压器在低压侧还可以引出380 V和220 V两种电压等级。

⑤ 积极开展变压器负荷实际测量和调整工作。一是实测工作不能简单地测量配变低压侧三相引出线的负荷电流,而应同时测量中性线的工作电流,或者是测量中性线(排)对地电压,从而可以有效发现三相负荷不平衡情况。二是实测工作要向低压配电线路的末端和分支端延伸,进一步发现不平衡负荷的出现地点,确定调荷点。三是负荷实测调整工作既要定期开展也要不定期开展,尤其是在大负荷投运和高峰负荷期间,要增加实测的次数,通过及时地测量配变低压出线电流和线路末端电流,准确了解设备的运行情况,做好负荷的均衡调配和合理分配。

4)供电可靠性

供电可靠性是指供电系统持续供电的能力,是考核供电系统电能质量的重要指标,反映了电力工业对国民经济电能需求的满足程度,已经成为衡量一个国家经济发达程度的标准之一。即供电可靠性的实质是在电力系统设备发生故障时,衡量能使该故障设备供电的用户供电故障尽量减少,使电力系统本身保持稳定运行(包括运行人员的运行操作)的能力。供电可靠性可以用如下一系列指标加以衡量:供电可靠率、用户平均停电时间、用户平均停电次数、系统停电等效小时数等。

(1)供电可靠性指标的统计与计算

① 统计范围。供电企业对其全部管辖范围内的供电系统用户的供电可靠性进行统计、计算、分析和评价。所谓管辖范围内的供电系统是指本企业产权范围的全部以及产权属于用户而委托供电部门运行、维护、管理的电网及设施。农村用户的供电设施也在统计行列中。供电可靠性统计直接反映配电系统对用户供电能力,是配电系统可靠性管理的基础,也是电力工业可靠性管理的一个重要组成部分,其统计对象是以对用户是否停电为标准。

② 统计分类

a. 供电系统的状态包括供电状态和停电状态。供电状态指随时可从供电系统获得所需电能的状态。停电状态指用户不能从供电系统获得所需电能的状态,包括与供电系统失去电的联系和未失去电的联系。

b. 停电性质分类(见图1-1)

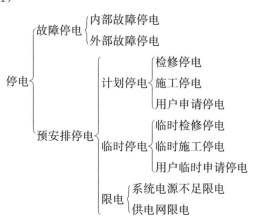

图1-1 停电性质分类示意图

c. 统计的有关规定。由于电力系统中发、输变系统故障而造成的未能在6 h(或按供电合同要求的时间)以前通知主要用户的停电,不同于因装机容量不足造成的系统电源不足限电,其停电性质为故障停电。

用户由两回及以上供电线路同时供电,当其中一回停运而不降低用户的供电容量(包括备用电源自动投入)时,不予统计。如一回线路停运而降低用户供电容量时,应计停电一次,停电用户数为受其影响的用户数,停电容量为减少的供电容量,停电时间按等效停电时间计算,其方法按不拉闸限电的公式计算。

用户由一回35 kV或以上高压线路供电,而用10 kV线路作为备用时,当高压线路停运,由10 kV线路供电并减少供电容量时,应进行统计,统计方法按不拉闸限电公式计算。对这种情况的用户,仍算作35 kV或以上的高压用户。

对装有自备电厂且有能力向系统输送电力的高压用户,若该用户与供电系统连接的35 kV或以上的高压线路停运,且减少(或中断)对系统输送电力而影响对35 kV或以上的高压用户的正常供电时,应统计停电一次,停电用户数应为受其影响而限电(或停电)的高压用户数之和,停电时间按等效停电时间计算,其方法同前。

凡在拉闸限电时间内,进行预安排检修或施工,应按预安排检修或施工分类统计,当预安排检修或施工的时间小于拉闸限电时间,由检修或施工以外的时间作为拉闸限电统计。

用户申请(包括计划和临时申请)停电检修等原因而影响其他用户停电,不属外部原因。在统计停电用户时,除申请停电的用户不计外,受其影响的其他用户必须按检修分类进行统计。

由用户自行运行、维护、管理的供电设施故障引起其他用户停电时,属内部故障停电。在统计停电户数时,不统计该故障用户。

③ 提高供电可靠性的措施

供电可靠性管理的目的是提高供电企业的管理水平,提高企业和社会的经济效益。在电力为主要能源的现阶段,社会各行业和人民生活对电力能源的依赖性决定了对供电连续性的高要求。供电企业努力提高设备可用率,加强可靠性管理,是非常必要的。

a. 认真搞好设备管理,基建选型尽量采用安全可靠的先进设备,适当提高设计标准要求,是提高供电可靠性的首要条件。

b. 认真搞好设备全面质量管理,使设备在安装调试、交接预试、维护检修、验收启动等环节,都置于全面质量监督之下,保证设备质量全优,在一个检修周期内不发生缺陷的临修,这是提高设备可用率的保证。

c. 认真搞好全面计划管理,是提高设备可用率的重要措施,也是企业现代化管理的要求。加强计划的严密性,全员参加计划管理,变电工作与线路工作统筹安排、一次设备与二次设备检修统筹安排、更改工程与大修理统筹安排等,尽可能减少不必要的重复停电,是提高设备可用率和全面计划管理内容之工作。

d. 加强设备运行监督,随时掌握设备运行状态和规律,做好事故的预防和防范。

e. 认真做好电力用户的技术服务,监督电力用户搞好设备管理,也是提高企业供电能力的有力措施。用户设备的安全可靠对提高供电企业可靠性运行是至关重要的。

精选习题

1. 目前我国电能的主要输送方式是(　　)。
   A. 直流　　　　　　B. 单相交流　　　　　C. 三相交流　　　　　D. 多相交流
2. 对电力系统的基本要求是(　　)。
   A. 在优质前提下,保证安全,力求经济　　　B. 在经济前提下,保证安全,力求经济
   C. 在安全前提下,保证质量,力求经济　　　D. 在降低网损前提下,保证一类用户供电
3. 衡量电压质量的指标是(　　)。
   A. 电压、频率　　　　　　　　　　　　　　B. 电压、频率、网损率

C. 电压、频率、波形　　　　　　　　　　D. 电压、频率、不平衡度
4. 衡量电压质量的指标中,电压幅值是指(　　)。
　　A. 相电压幅值　　　B. 线电压幅值　　　C. 线电压有效值　　　D. 线电压平均值
5. 同一电网各元件上的电压频率是不一样的。(　　)
　　A. 正确　　　　　　B. 错误

习题答案

1. C　**解析**:三相交流仍然作为主要电能传输方式。
2. C　**解析**:无论何时,电力生产,安全第一。
3. C
4. B　**解析**:一般电压指标均指线电压,指标类不会采用平均值。
5. B　**解析**:电压可能全网不一样,频率则全网统一。

第 2 章　无功补偿装置的用途、结构和安全运行

2.1　无功补偿装置的用途

1）电力系统的电压降

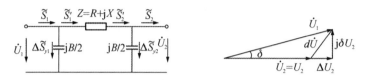

图 2-1　电力系统的电压降

$$\dot{U}_1 - \dot{U}_2 = (\Delta U + \mathrm{j}\delta U) = \frac{P_2 R + Q_2' X}{U_2} + \mathrm{j}\frac{P_2 X - Q_2' R}{U_2}$$

$$\xrightarrow{R \approx 0} = \frac{Q_2' X}{U_2} + \mathrm{j}\frac{P_2 X}{U_2}$$

因此,线路上传输的无功功率越大,线路上的电压降越大。

2）电力系统的电压降与无功的关系

$$\dot{U}_1 - \dot{U}_2 = \frac{Q_2' X}{U_2} + \mathrm{j}\frac{P_2 X}{U_2} = U_1 \cos\delta + \mathrm{j}U_1 \sin\delta$$

$$U_1 \cos\delta \approx U_2 + \frac{Q_2 X}{U_2} \Rightarrow U_2 \approx U_1 - \frac{X}{U_2}Q_2$$

结论:线路上流过的无功功率越大,线路上的电压降越大。

3）无功补偿装置的用途

因为 $U_1 - U_2 \approx \frac{X}{U_2}Q_2$,因此输电线路上的电压降与线路的电压等级、线路电抗值以及线路上传输的无功功率密切相关。

(1) 串联电容补偿（图 2-2）

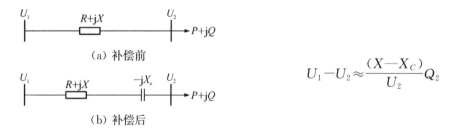

$$U_1 - U_2 \approx \frac{(X - X_C)}{U_2}Q_2$$

图 2-2　串联电容补偿

(2) 并联电容补偿（图 2-3）

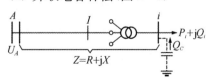

$$U_1 - U_2 \approx \frac{X}{U_2}(Q_2 - Q_C)$$

图 2-3　并联电容补偿

4）无功补偿装置的容量计算

无功补偿容量,宜按无功功率曲线或按以下公式确定：

$$Q_C = P(\tan\varphi_1 - \tan\varphi_2)$$

式中：Q_C——无功补偿容量(kvar)；

P——用电设备的计算有功功率(kW)；

$\tan\varphi_1$——补偿前用电设备自然功率因数的正切值；

$\tan\varphi_2$——补偿后用电设备功率因数的正切值,取 $\cos\varphi_2$ 不小于 0.9 值。

2.2 无功补偿装置的结构

为了防止低压部分过补偿产生不良效果,高压部分应由高压电容器补偿。

无功功率单独就地补偿就是将电容器安装在电气设备的附近,可以最大限度地减少线损和释放系统容量,在某些情况下还可以缩小馈电线路的截面积,减少有色金属消耗。但电容器的利用率往往不高,初次投资及维护费用增加。

1）电容器

如图 2-4 所示,电容器本质上是由多个小容量电容器经过串并联之后形成的电容器组。其所供应的感性无功功率与其端电压的平方成正比。

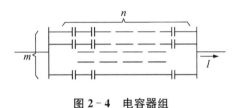

图 2-4 电容器组

2）调相机

调相机的实质是只能发出无功功率的发电机。它在过励磁运行时向系统供应感性无功功率,欠励磁运行时从系统中吸取感性无功功率。

3）静止无功补偿器

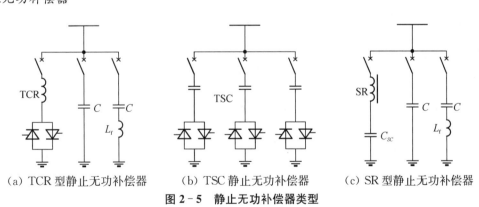

(a) TCR 型静止无功补偿器　　(b) TSC 静止无功补偿器　　(c) SR 型静止无功补偿器

图 2-5 静止无功补偿器类型

静止无功补偿器是技术最为先进的无功补偿装置。它不再采用大容量的电容器、电感器来产生所需无功功率,而是通过电力电子器件的高频开关实现对无功补偿技术质的飞跃,特别适用于中高压电力系统中的动态无功补偿。

静止无功补偿器是一种没有旋转部件,快速、平滑可控的动态无功功率补偿装置(图 2-5)。它是将可控的电抗器和电力电容器(固定或分组投切)并联使用。电容器可发出无功功率(容性的),可控电抗器可吸收无功功率(感性的)。通过对电抗器进行调节,可以使整个装置平滑地从发出无功功率改变到吸收无功功率(或反向进行),并且响应快速。

静止无功补偿器能双向连续、平滑调节;与同步调相机相比,静止无功补偿器没有旋转部件,所以运行维护简单,同时静止无功补偿器调节速度快,因此具有很大的优越性。它的缺点是本身产生谐波,若不采取措施将污染电力系统,一般有配套的电力滤波器。为了实现双向连续调节,克服并联电容调节效应的弱点,要求增大补偿容量。

4) 静止同步补偿器(图2-6)

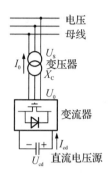

图2-6 静止同步补偿器

静止同步补偿器采用电压源变流器的电力电子装置产生无功功率。电压源变流器把直流电压变换成所需幅值、频率和相位的三相电压。

从静止同步补偿器的名字可看出,静止同步补偿器具有与同步调相机类似的性能,但作为电子设备,静止同步补偿器没有惯性,因此在某些性能方面优于同步调相机,如动态响应快、投资成本低、运行以及维护成本低。

2.3 无功补偿装置的安全运行

无功补偿装置的安全运行主要有以下几方面:

(1) 为防止铁磁谐振过电流,严禁空载变压器带电容器组单独运行。

(2) 高电压、高温时段应特别注意电容器组的运行情况。

(3) 为了延长电容器的寿命,电容器应在额定电流下运行,最高不应超过额定电流的1.3倍。

(4) 电容器组在运行时,三相不平衡电流不宜超过额定电流的5%。

(5) 电容器应在额定电压下运行,一般不超过额定值的1.05倍,但亦允许在额定电压的1.1倍下运行4 h。

(6) 当系统发生单相接地时,不准带电检查该系统上的电容器组。

(7) 运行中的电容器如发现熔丝熔断,应查明原因,经检查试验合格(比如介损测绝缘电阻、测电容量或者热稳定试验),并更换熔丝后,才能继续送电。

(8) 三相指示灯(即放电线圈二次信号灯)应亮,如信号灯不亮应查明原因,必要时应向调度汇报并停用电容器,对电容器进行检查。

(9) 无功补偿装置的投切方式,具有下列情况之一时,宜采用手动投切的无功补偿装置:

① 补偿低压基本无功功率的电容器组;

② 常年稳定的无功功率;

③ 经常投入运行的变压器或每天投切次数少于3次的高压电动机及高压电容器组。

(10) 无功补偿装置的投切方式,具有下列情况之一时,宜装设无功自动补偿装置:

① 避免过补偿,装设无功自动补偿装置在经济上合理时;

② 避免在轻载时电压过高,造成某些用电设备损坏,而装设无功自动补偿装置在经济上合理时;

③ 只有装设无功自动补偿装置,才能满足在各种运行负荷的情况下的电压偏差允许值时。

(11) 无功自动补偿的调节方式,宜根据下列要求确定:

① 以节能为主进行补偿时,宜采用无功功率参数调节;当三相负荷平衡时,亦可采用功率因数参数调节。

② 提供维持电网电压水平所必要的无功功率及以减少电压偏差为主进行补偿时,应按电压参数调节,但已采用变压器自动调压者除外。

③ 无功功率随时间稳定变化时,宜按时间参数调节。

2.4 无功补偿装置的配置原则

无功补偿装置的配置原则主要有以下几方面:

(1) 供配电系统设计中应正确选择电动机、变压器的容量,并应降低线路感抗。当工艺条件允许时,宜采用同步电动机或选用带空载切除的间歇工作制设备。

(2) 当采用提高自然功率因数措施后,仍达不到电网合理运行要求时,应采用并联电力电容器作为无功补偿装置。

(3) 用户端的功率因数值,应符合国家现行标准的有关规定。

(4) 采用并联电力电容器作为无功补偿装置时,宜就地平衡补偿,并符合下列要求:

① 低压部分的无功功率,应由低压电容器补偿。

② 高压部分的无功功率,宜由高压电容器补偿。

③ 容量较大、负荷平稳且经常使用的用电设备的无功功率,宜单独就地补偿。

④ 补偿基本无功功率的电容器组,应在配变电所内集中补偿。

⑤ 在环境正常的建筑物内,低压电容器宜分散设置。

精选习题

1. 电力系统的无功功率主要影响(　　)的大小。
   A. 电压　　　　　　B. 电流　　　　　　C. 频率　　　　　　D. 有功功率

2. (多选)常见的无功补偿设备有(　　)。
   A. 电容器　　　　　B. 静止无功补偿器　　C. 调相机　　　　　D. 发电机

3. 空载变压器可以带电容器组单独运行。(　　)
   A. 正确　　　　　　B. 错误

4. 为了延长电容器的寿命,电容器应在额定电流下运行,最高不应超过额定电流的1.5倍。(　　)
   A. 正确　　　　　　B. 错误

5. 当系统发生单相接地时,不准带电检查该系统上的电容器组。(　　)
   A. 正确　　　　　　B. 错误

习题答案

1. A　2. AB　3. B　4. B　5. A

第3章 用户功率因数

3.1 功率因数的概念

在交流电路中,电压与电流之间的相位差(φ)的余弦叫做功率因数,用符号 $\cos\varphi$ 表示。在数值上,功率因数是有功功率 P 和视在功率 S 的比值,即

$$\cos\varphi = \frac{P}{S}$$

有功功率一定的情况下,功率因数越大,要求系统传输的视在功率越小,即传输的无功功率相应越小。提高用户的功率因数,从经济上看可以获得如下三个方面的效益:

(1) 视在功率相应减小,使电力网中所有元件(发电机、变压器、输配电线路、电气设备)的容量减小,从而降低了电网的投资。

(2) 总的电流相应减小,使设备与线路中的有功损耗随之减小。按照概略估算,一个车间的功率因数从0.7提高到0.8,则它的电能损失可以降低到原来的76%;如果提高到0.9,则它的电能损失可以降低到原来的60%。

(3) 线路及变压器的电压降减小,增加输送能力并使供电质量提高。

功率因数从0.6~0.9分别提高到0.95时能损降低的百分率大致如表3-1所示。

表3-1 能损降低百分率

原先的功率因数	0.60	0.65	0.70	0.75	0.80	0.85	0.90
补偿后功率因数	0.95	0.95	0.95	0.95	0.95	0.95	0.95
降低能损/%	60	53	46	38	29	20	10

3.2 对用户功率因数的要求

《全国供用电规则》和《电力系统电压和无功电力技术导则》均要求电力用户的功率因数应达到下列规定:高压供电的工业用户和高压供电装有带负荷调整电压装置的电力用户,其用户交接点处的功率因数为0.9以上;其他100 kVA(kW)及以上电力用户和大、中型电力排灌站,其用户交接点处的功率因数为0.85以上。而《国家电网公司电力系统无功补偿配置技术原则》中则规定:100 kVA及以上高压供电的电力用户,在用户高峰负荷时变压器高压侧功率因数不宜低于0.95;其他电力用户,功率因数不宜低于0.90。

(1) 按规定月平均功率因数不得低于0.9。低于0.9则按规定的百分数与用户的总电费相乘来增加电费,功率因数越低,增收的百分数越大。高于0.9则按规定百分数减收用户电费,但减收的百分数比增收的百分数相应要小。当功率因数在0.95~1时,减收的百分数一直为0.75%,而不再提高了。

(2) 用户的月平均功率因数最好不要大于0.95。一方面0.95以上奖励百分数不变,而补偿电容的增加会使用电增加;另一方面要考虑当负荷突变下降时,会造成无功倒送的可能,因为无功电表对正向或反向的无功电量都是累计计量的,因此反而会降低用户的功率因数。

(3) 对不同容量的大客户,0.9的标准可以适当调整。

3.3 提高用户功率因数的方案

(1) 在用电单位中,大量的用电设备是异步电动机、电力变压器、电阻炉、电弧炉、照明等,前两项用电设备在电网中的滞后无功功率的比重最大,有的可达全网负荷的80%,甚至更大。因此在设计中正确选用电动机、变压器等容量,可以提高负荷率,对提高自然功率因数具有重要意义。

用电设备中的电弧炉、矿热炉、电渣重熔炉等短网流过的电流很大,而且容易产生很大的涡流损失,因此在布置和安装上采取适当措施减少电抗,可提高自然功率因数。在一般工业企业与民用建筑中,线路的感抗也占一定的比重,设法降低线路损耗,也是提高自然功率因数的一个重要环节。

此外,在工艺条件允许时,采用同步电动机超前运行,选用带有自动空载切除装置的电焊机和其他间隙工作制的生产设备,均可提高用电单位的自然功率因数。从节能和提高自然功率因数的条件出发,对于间歇式工作的生产设备应大量生产内藏式空载切除装置,并大力推广使用。

(2) 当采取上述(1)中的各种措施提高自然功率因数后,尚不能达到电网合理运行的要求时,应采用人工补偿无功功率。

人工补偿无功功率,经常采用两种方法,一种是同步电动机超前运行,一种是采用电容器补偿。同步电动机价格贵,操作控制复杂,本身损耗也较大,不仅采用小容量同步电动机不经济,而且即使是容量较大而且长期连续运行的同步电动机也正为异步电动机加电容器补偿所代替,同时操作工人往往因为担心同步电动机超前运行会增加维修工作量而经常将设计中的超前运行同步电动机作滞后运行,从而丧失了采用同步电动机的优点。因此,除上述工艺条件适当者外,不宜选用同步电动机。当然,通过技术经济比较,当采用同步电动机作为无功补偿装置确实合理时,也可采用同步电动机作为无功补偿装置。

工业与民用建筑中所用的并联电容器价格便宜,便于安装,维修工作量、损耗都比较小,可以制成各种容量,分组容易,扩建方便,既能满足目前运行要求,又能避免由于考虑将来的发展使目前装设的容量过大,因此应采用并联电力电容器作为人工补偿的主要设备。

精选习题

1. 功率因数越大,对电力客户越有利。( )
   A. 正确   B. 错误
2. 用户的功率因数仅与用户的负荷结构有关,与电网的结构无关。( )
   A. 正确   B. 错误
3. 有功功率一定的情况下,功率因数越大,要求系统传输的视在功率越大。( )
   A. 正确   B. 错误
4. 人为提高功率因数的方法中主要采用的是同步电动机超前运行。( )
   A. 正确   B. 错误
5. 提高功率因数的主要目的是节约一次能源,提高系统运行的经济性。( )
   A. 正确   B. 错误

习题答案

1. B 解析:功率因数超过 0.95,电网公司一般不予奖励,用户继续投资补偿设备几乎无收益。
2. A 解析:用户功率因数只与其负荷结构有关。
3. B 解析:有功功率一定,若功率因素越大则无功功率越大,使得视在功率越大。
4. B 解析:同步电动机超前运行能提高功率因数,但由于经济性低而很少使用。
5. A

第 4 章　提高功率因数的方法

4.1　提高功率因数的原理

由功率因数的定义，即

$$\cos\varphi=\frac{P}{S}$$

若要提高用电设备功率因数，必须减小用电设备消耗的无功功率。

各行业的用电设备，主要可以分为以下六种：

(1) 感应电动机；

(2) 变压器；

(3) 同步电动机；

(4) 感应电炉与电弧炉；

(5) 电焊机与电焊变压器；

(6) 其他（如整流设备等）。

当今社会，把电能转换成机械能都是通过电动机来实现的，而电动机中绝大部分是感应电动机。

4.2　提高功率因数的方法

(1) 提高自然功率因数

① 正确选用异步电动机的型号和容量。若异步电动机长期运行在低载（<40%额定负载）时，其功率因数将很低。

② 根据负荷选取相匹配的变压器。变压器轻载运行时，功率因数降低。

③ 保证电动机的检修质量。

④ 对于容量较大且又不需要调速的电动机，应尽量选用同步电动机。

(2) 功率因数的人工补偿

在负载附近装设一些能够提供无功功率的设备，使无功功率就地得到补偿，从而有效地提高功率因数。

① 集中补偿：在高、低压配电所内设置若干组电容器组。

② 分组补偿：在车间或对多台小功率异步电动机装设无功补偿器。

③ 就地补偿：即把无功补偿器直接接在异步电动机旁或进线端子上。

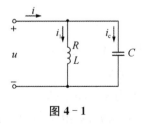

图 4-1

精选习题

1. 提高功率因数，就是人为调整功率因数角 φ。（　　）

　A. 正确　　　　　　B. 错误

2. 在车间或对多台小功率异步电动机装设无功补偿器属于就地补偿。（　　）

　A. 正确　　　　　　B. 错误

3. (多选)提高功率因数的方法主要有(　　)。
   A. 提高自然功率因数   B. 人工补偿
   C. 增加发电机无功出力   D. 投入调相机
4. 电力系统的容性负荷越大,则功率因数越高。(　　)
   A. 正确   B. 错误
5. 以下不属于功率因数人工补偿方法的是(　　)。
   A. 集中补偿   B. 分组补偿   C. 就地补偿   D. 统一补偿

习题答案

1. B　**解析**:功率因数角度无法调节。
2. B　**解析**:叙述属于分组补偿。
3. AB　**解析**:C 无法提高功率因数,D 不常用。
4. B　**解析**:若系统的功率因数为超前时,容性负荷越大则功率因数越小。
5. D　**解析**:ABC 均为人工补偿的常用方法。

第 9 篇　新能源

第 1 章　分布式光伏发电

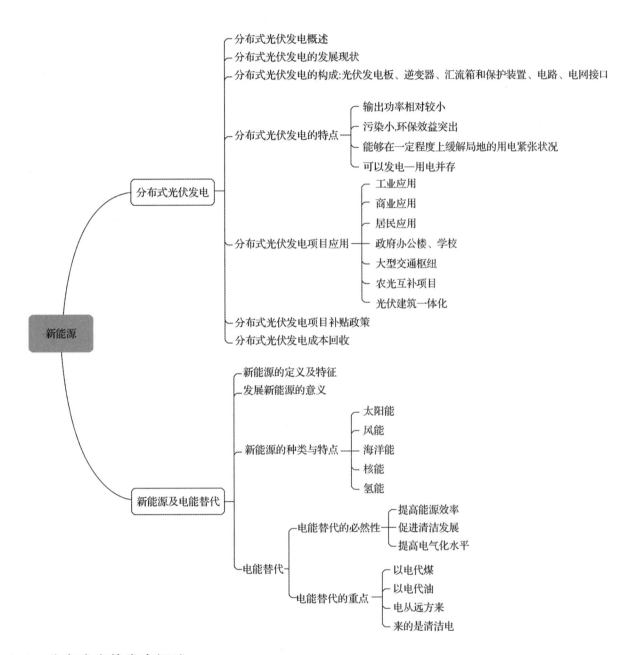

1.1　分布式光伏发电概述

光伏发电是指利用太阳能光伏电池把太阳辐射能直接转化成电能的发电方式。光伏发电是当今太阳能发电的主流,所以,现在人们通常说的太阳能发电主要是指光伏发电。

分布式光伏发电特指在用户场地附近建设,运行方式以用户侧自发自用、多余电量上网,且在配电系统平衡调节为特征的光伏发电设施。在此基础上,《国家电网公司关于印发分布式电源并网服务管理规则的通知》中补充了 2 个条件:(1) 10 kV 以下接入;(2)单点规模低于 6 MW。

扩展后的定义:利用建筑屋顶及附属场地建设的分布式光伏发电项目,在项目备案时可选择"自发自用、余电上网"或"全额上网"中的一种模式。在地面或利用农业大棚等无电力消费设施建设、以 35 kV 及以下电压等级接入电网(东北地区 66 kV 及以下)、单个项目容量不超过 2 万 kW 且所发电量主要在并网点变电台区消纳的光伏电站项目,纳入分布式光伏发电规模指标管理。

分布式光伏的特征:位于用户附近、10 kV 及以下接入、渔光互补/农光互补为 35 kV（66 kV）及以下接入、接入配电网并在当地消纳、单点容量不超过 6 MW（多点接入以最大为准）、渔光互补/农光互补单点接入容量不超过 20 MW。

分布式光伏发电遵循因地制宜、清洁高效、分散布局、就近利用的原则,充分利用当地太阳能资源,替代和减少化石能源消费。

分布式光伏发电是一种新型的、具有广阔发展前景的发电和能源综合利用方式,不仅能够有效提高同等规模光伏电站的发电量,同时还有效解决了电力在升压及长途运输中的损耗问题。

目前应用最为广泛的分布式光伏发电系统,是建在城市建筑物屋顶的光伏发电项目。该类项目必须接入公共电网,与公共电网一起为附近的用户供电。

分布式光伏发电的优点:

(1) 太阳能是随处可取、用之不竭的绿色能源。
(2) 光伏发电是静态发电,零排放、零辐射、零污染。
(3) 运行维护成本低、无燃料成本、能源独立、不受持续上涨的能源价格影响。
(4) 建设周期短,使用时间长(一般寿命为 25 年),整个系统投资回收期为 5~7 年。

1.2　分布式光伏发电的发展现状

一方面,分布式光伏贴近电力用户,节省输配电成本,国家大力扶持开拓分布式的发电市场;另一方面,随着越来越多的传统企业进入光伏系统集成领域,众多的分布式光伏电站在居民及厂房等的屋顶安装并网,给业主带来稳定收益,并且多种发电消纳模式可供选择,极大调动了高用电负荷的相关方投资开发。因此,在最近的几年内,依靠国内庞大的市场空间以及国家政策利好环境,分布式光伏市场将继续保持高速增长(表 1-1)。

表 1-1　我国太阳能资源分类表

分类	全年日照数/h	辐射量/(MJ·m^{-2})	主要地区
一类	3 200~3 300	6 700~8 370	青藏高原、甘肃、宁夏和新疆等
二类	3 000~3 200	5 860~6 700	河北西北部、山西北部、内蒙古南部等
三类	2 200~3 000	5 020~5 860	广东、福建、江苏北部和安徽北部等
四类	1 400~2 200	4 190~5 020	长江中下游、福建、浙江和广东部分地区等
五类	1 000~1 400	3 350~4 190	四川、贵州

1.3　分布式光伏发电的构成

太阳能是一种辐射能,它必须借助于能量转换器件才能变换为电能。这种把辐射能变换成电能的能量转换器件,就是太阳能电池。

太阳能电池是利用光电转换原理使太阳的辐射光通过半导体物质转变为电能的器件,这种光电转换过程通常叫做"光生伏打效应",太阳能电池又称为"光伏电池"。

当太阳光照射到由 P 型、N 型两种不同导电类型的同质半导体材料构成的 P-N 结上时,在一定条件下,太阳能辐射被半导体材料吸收,形成内建静电场,如果从内建静电场的两侧引出电极并接上适当负载,就会形成电流,这就是太阳能电池的基本原理(图 1-1,图 1-2)。

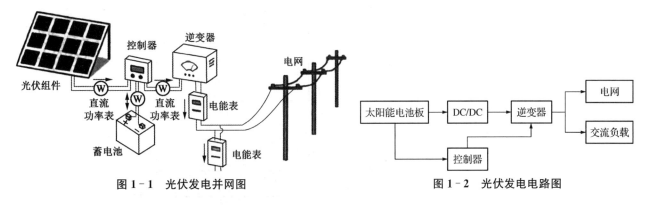

图 1-1　光伏发电并网图　　　　　　　图 1-2　光伏发电电路图

分布式光伏发电的构成主要包括：

(1) 太阳能电池组件光伏发电板(图 1-3)。它是光伏系统中的核心部分，其作用是把太阳能转化成电能。

图 1-3　光伏发电板

(2) 逆变器。将直流电转换成交流电的设备。由于太阳能电池组件产生的电为直流电，如果将光伏发电站的发电并入电网，实际应用过程中绝大部分负载都是交流负载，因此需要此装置将直流电转换成交流电以供负载使用。

(3) 汇流箱。在太阳能光伏发电系统中，为了减少太阳能光伏电池阵列与逆变器之间的连线，要使用汇流箱。

(4) 保护装置、电路、电网接口。

1.4　分布式光伏发电的特点

(1) 输出功率相对较小。一般而言，一个分布式光伏发电项目的容量在数千瓦以内。与集中式电站不同，光伏电站的大小对发电效率的影响很小，因此对其经济性的影响也很小，小型光伏系统的投资收益率并不会比大型的低。

(2) 污染小，环保效益突出。分布式光伏发电项目在发电过程中，没有噪声，也不会对空气和水产生污染。

(3) 能够在一定程度上缓解局地的用电紧张状况。分布式光伏发电的能量密度相对较低，每平方米分布式光伏发电系统的功率仅约 100 W，再加上适合安装光伏组件的建筑屋顶面积有限，不能从根本上解决用电紧张问题。

(4) 可以发电—用电并存。大型地面电站发电是升压接入输电网，仅作为发电电站而运行；而分布式光伏发电是接入配电网，发电—用电并存，且要求尽可能地就地消纳。

1.5　分布式光伏发电项目应用

光伏发电系统的分类见图 1-4。

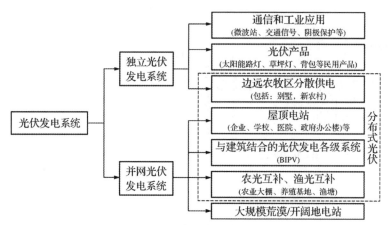

图 1-4 光伏发电系统的分类

目前的分布式光伏发电系统一般是指并网型系统,不包括离网系统。分布式发电并网方式可以"自发自用,余电上网",可"统购统销"(全额出售给电网)。

(1) 工业应用。特别是在用电量比较大、网购电价比较高的工厂,通常厂房屋顶面积很大,屋顶开阔平整,适合安装光伏阵列;同时由于用电负荷较大,分布式光伏发电可以做到就地消纳,抵消一部分网购电量,从而节省用户的电费(图 1-5,图 1-6)。

图 1-5 光伏发电在工业上的应用(一)

图 1-6 光伏发电在工业上的应用(二)

优点:① 面积大,可建设规模大;② 负荷大、稳定,且用电负荷曲线与光伏出力特点相匹配,可实现自发自用为主;③ 用电价格高,项目预期收益高。

缺点:① 企业所有者的积极性不同、租金太高;② 企业的 25 年的支付能力、信誉;③ 企业节假日、检修会造成一定比例的上网。

(2) 商业应用。与工业区的作用效果类似,不同之处在于商业建筑多为水泥屋顶,更有利于安装光伏阵列,但是往往对建筑美观性有要求,按照商厦、写字楼、酒店、会议中心等服务业的特点进行安装。用户负荷性一般表现为白天较高、夜间较低,能够较好地匹配光伏发电的特性。

优点:① 用电价格最高,项目预期收益高;② 负荷稳定,且用电负荷曲线与光伏出力特点相匹配,可实现自发自用为主。

缺点:① 单体面积较小,大规模开发协调成本高;② 屋顶构筑物多,周围大建筑物多,阴影影响发电量。

(3) 居民应用。居民区有大量的可用屋顶,包括自有住宅屋顶、蔬菜大棚、鱼塘等,居民区往往处在公共电网的末梢,电能质量较差,在居民区建设分布式光伏系统可提高用电保障率和电能质量(图 1-7,图 1-8)。

图1-7 光伏在居民区的应用(一)

图1-8 光伏在居民区的应用(二)

优点：① 比较容易协调；② 会有"美丽乡村""光伏扶贫"等额外的补贴。

缺点：① 城市屋顶产权不明确，异型屋顶多；农村屋顶单体可利用面积小，承载力不明确；② 电价格低；③ 用电负荷曲线与光伏项目出租曲线不相符。

(4) 政府办公楼、学校

优点：① 政府办公楼、学校的所有者相对容易协调；② 用电负荷稳定，且用电负荷曲线与光伏出力特点相匹配。

缺点：① 单体面积较小，装机容量有限；② 负荷低，节假日造成的上网电量大；③ 自用电价低，适合全额上网。

(5) 大型交通枢纽

优点：① 负荷稳定；② 用电价格高。

缺点：需要满足建筑物的特殊要求。

(6) 农光互补项目

① 联动式大厦。特点：光伏、农业结合程度高；保温性能相对较差，适合中、低纬度地区，目前主要用于培育花卉和育苗。

② 独栋式大棚。特点：保证了大棚面积的最大利用，安装容量大；采光差，适合喜阴植物育苗，如蘑菇等。

③ 附加式大厦。特点：光伏、农业结合度不高；农光互不影响，能完全确保大棚农业和光伏发电各自功效的最好发挥。

④ 敞开式大棚。特点：比较有利于农业和光伏双方面的一种结合模式，适合华北、华东、华南等地区的中药种植、天然牧草场畜牧等；一种多方质疑的光伏农业结合形式，解决电站项目用地的问题，用地上有违规嫌疑，项目后期合法性、正常运营有风险。

⑤ 与养殖业结合。在保温性能要求不高时，光伏组件也可直接做棚舍屋顶的围护材料，组件之间缝隙采用密封条及结构胶做防水处理，并根据需要增设采光带。

⑥ 渔光互补。特点：能够解决东南部地区土地缺乏的困境；造价相对偏高；建设、运维方面缺乏经验。

(7) 光伏建筑一体化(BIPV)项目。造价高、发电量低，影响光伏建筑一体化项目的发展(图1-9，图1-10)。

建成时间：2011年12月22日
应用类型：光伏幕墙

图1-9　山东威海市蓝星办公楼161 kWp光电工程

建成时间：2008年10月
光伏应用：幕墙、屋顶

图1-10　河北保定电谷国际酒店300 kWp光伏工程

1.6　分布式光伏发电项目补贴政策

国家针对分布式光伏发电出台了"度电补贴政策"，就是按照光伏系统所发出的电量进行补贴，其特点是"自发自用，余电上网"，即自发自用的光伏电量不做交易，国家按照自用电量给予补贴，富余上网电量除了电网企业支付的脱硫燃煤火电机组上网标杆电价外，也享受国家的度电补贴（表1-2）。

电网企业负责指导项目单位开展分布式光伏发电项目的并网运行调试和验收，与项目单位签订购售电合同。电网企业对分布式光伏发电项目的全部发电量和上网电量分别计量，对全部发电量向项目单位转付国家补贴资金，上网电量由电网企业按照当地脱硫燃煤火电标杆电价收购。

表1-2　各地在国家政策基础上，陆续出台本地补贴　　单位：元/(kW·h)

区域	国家财政	省级补贴	市级补贴	合计	附注
浙江温州	0.42	0.10	0.1~0.20	0.62~0.72	商业电站
	0.42	0.10	0.30	0.82	家用电站
浙江桐乡	0.42	0.10	0.30	0.82	前2年
	0.42	0.10	0.20	0.72	后3年
安徽合肥	0.42	—	0.25	0.67	—
山东省	0.42	0.78	—	1.20	
上海市	0.42	0.40	—	0.82	商业电站
	0.42	0.25	—	0.67	家用电站

1.7　分布式光伏发电成本回收

分布式光伏发电成本回收示意见图1-11。

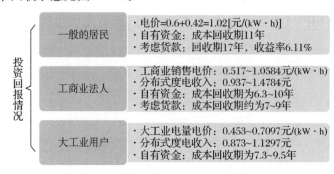

图1-11　分布式光伏发电成本回收示意图

精选习题

1. 光伏发电就是分布式光伏发电。（　　）
   A. 正确　　　　　　　B. 错误
2. （多选）分布式光伏发电是一种新型的、具有广阔发展前景的发电和能源综合利用方式，它有（　　）等优势。
   A. 能够有效提高同等规模光伏电站的发电量
   B. 有效解决电力在升压及长途运输中的损耗问题
   C. 提高电力系统运行的稳定性
   D. 有利于系统的调压和调频
3. （多选）分布式光伏发电包括（　　）。
   A. 太阳能电池组件　　B. 逆变器　　　　C. 保护装置　　　　D. 电路和电网接口
4. 分布式光伏发电可以彻底解决局部用电紧张问题。（　　）
   A. 正确　　　　　　　B. 错误
5. （多选）分布式光伏发电项目应用主要在（　　）。
   A. 工业应用　　　　　B. 商业应用　　　C. 农业应用　　　　D. 居民应用

习题答案

1. B　解析：分布式光伏有装机容量和接入电压等级的限制。
2. AB　解析：CD 光伏并不能实现。
3. ABCD
4. B　解析：只能缓解，不可彻底解决。
5. ABCD

第 2 章 新能源及电能替代

2.1 新能源的定义及特征

新能源又称非常规能源,是指传统能源之外的各种能源形式,指刚开始开发利用或正在积极研究、有待推广的能源,如太阳能、地热能、风能、海洋能、生物质能和核聚变能等。

新能源的特征:尚未大规模开发利用,资源赋存条件和物化特征与常规能源有明显区别;开发利用技术复杂,成本较高;清洁环保,可实现二氧化碳等污染物零排放或低排放,资源量大、分布广泛,但大多具有能量密度低的缺点。

随着常规能源的有限性以及环境问题的日益突出,以环保和可再生为特质的新能源越来越得到各国的重视。

2.2 发展新能源的意义

随着中国能源需求的急剧增长,以及由于中国化石能源尤其是石油和天然气生产量的相对不足,未来中国能源供给对国际市场的依赖程度将越来越高。

发展可再生能源可相对减少中国常规能源需求、中化石能源的比例和对进口能源的依赖程度,提高中国能源、经济安全。

此外,可再生能源与化石能源相比最直接的好处就是其环境污染少。

然而,无论新能源及其相应的技术发展到何种程度,目前还无法找到可以完全代替常规能源的替代品,在今后很长一段时间里,人类依然需要依靠常规能源。新能源的发展给了人们新的希望,它展现出的美好前景是每一个人都向往的,当进入一个能源不再成为问题的时代,将会减少多少的战争与掠夺。但是想要看到这番景象还需要人类共同的努力,在能源依然短缺的今天,更应该节约能源,从身边做起,实行可持续发展战略,才能保证人类在没有解决能源危机前不会陷入万劫不复的境地。

2.3 新能源的种类与特点

1) 新能源领军者——太阳能

太阳能是由太阳内部氢原子发生氢氦聚变释放出巨大电磁辐射而产生的能量,自太阳向周围辐射能量。人类所需能量的绝大部分都直接或间接地来自太阳。植物通过光合作用释放氧气、吸收二氧化碳,并把太阳能转变成化学能在植物体内贮存下来的过程,就是利用了太阳辐射出来的电磁能量——光能。

一般太阳能发电有两大类型:一类是太阳能光发电,另一类是太阳能热发电。太阳能光伏发电是将太阳能直接转变成电能的一种发电方式。它包括光伏发电、光化学发电、光感应发电和光生物发电四种形式,在光化学发电中有电化学光伏电池、光电解电池和光催化电池。

太阳能热发电是先将太阳能转化为热能,再将热能转化成电能。它有两种转化方式,一种是将太阳热能直接转化成电能,如半导体或金属材料的温差发电,真空器件中的热电子和热电离子发电,碱金属热电转换,以及磁流体发电等。另一种是将太阳热能通过热机(如汽轮机)带动发电机发电,与常规热力发电类似,只不过其热能不是来自燃料,而是来自太阳辐射产生的热量。

优点:无枯竭危险;安全可靠,无噪声,无污染排放,绝对干净,使用者从感情上容易接受;不受资源分布地域的限制,可利用建筑屋面的优势;能源质量高;建设周期短,获取能源花费的时间短等。

缺点:照射的能量分布密度小;获得的能源同气象条件有关;生产太阳能板就是一种高污染的工作,如果管理不善甚至会造成更严重的污染。

2) 新能源新秀——风能

风能是地球表面大量空气流动所产生的动能。由于地面各处受太阳辐照后气温变化不同和空气中水蒸气的含量不同，因而引起各地气压的差异，在水平方向高压空气向低压地区流动，即形成风。风能资源决定于风能密度和可利用的风能年累积小时数。风能密度是单位迎风面积可获得的风的功率，与风速的三次方和空气密度成正比关系。风能量丰富、近乎无尽、广泛分布、干净。在地球表面一定范围内，经过长期测量、调查与统计得出的平均风能密度的概况是该范围内风能利用的依据，通常以能密度线标示在地图上。风力发电的原理，是利用风力带动风车叶片旋转，再透过增速机将旋转的速度提升，来促使发电机发电。依据目前的风车技术，大约 3 m/s 的微风速度（微风的程度），便可以开始发电。

风力发电正在世界上掀起一股热潮，这是因为风力发电没有燃料问题，也不会产生辐射或空气污染。风力发电在芬兰、丹麦等国家很流行；我国也在西部地区大力提倡。小型风力发电系统效率很高，但它不是只由一个发电机头组成的，而是由一个有一定科技含量的小系统——风力发电机＋充电器＋数字逆变器组成。风力发电机由机头、转体、尾翼、叶片组成。每一部分都很重要，各部分功能为：叶片用来接收风力并通过机头转为电能；尾翼使叶片始终对着来风的方向从而获得最大的风能；转体能使机头灵活地转动以实现尾翼调整方向的功能；机头的转子是永磁体，定子绕组切割磁力线产生电能。风力发电机因风量不稳定，故其输出的是 13～25 V 变化的交流电，须经充电器整流，再对蓄电瓶充电，使风力发电机产生的电能变成化学能。然后用有保护电路的逆变电源，把电瓶里的化学能转变成交流 220 V 市电，才能保证稳定使用。机械连接与功率传递水平轴风机桨叶通过齿轮箱及其高速轴与万能弹性联轴节相连，将转矩传递到发电机的传动轴。此联轴节应具有很好地吸收阻尼和震动的特性，表现为吸收适量的径向、轴向和一定角度的偏移，并且联轴器可阻止机械装置的过载。另一种为直驱型风机，桨叶不通过齿轮箱，直接与电机相连。

风能为洁净的能量来源，具有显著的优点。当今风能发电设施日趋进步，大量降低生产成本，在适当地点，风力发电成本已低于其他发电机。风能设施多为不立体化设施，可保护陆地和生态。风能是可再生能源，很环保。同时如同太阳能发电一样，风能发电同样有相似的缺点。风力发电在生态上的问题是可能干扰风机建设地的生态。目前的解决方案是离岸发电，离岸发电价格较高但效率也高。在一些地区，风力发电的经济性不足；许多地区的风力有间歇性，更糟糕的情况是如台湾等地在电力需求较高的夏季及白日是风力较少的时间，必须等待压缩空气等储能技术发展。风力发电需要大量土地兴建风力发电场，才可以生产比较多的能源。进行风力发电时，风力发电机会发出庞大的噪声，所以要找一些空旷的地方来兴建发场。现在的风力发电技术还未成熟，还有相当大的发展空间。风能利用存在一些限制及弊端，如：风速不稳定，产生的能量大小不稳定；风能利用受地理位置限制严重；风能的转换效率低；风能是新型能源，相应的使用设备也不是很成熟。

3) 新能源的新探索——海洋能

海洋能发电即为利用海洋所蕴藏的能量发电。其中海洋的能量包括海水动能（包括海流能、波浪能等）、表层海水与深层海水之间的温差能、潮汐的能量等。海洋能通常指蕴藏于海洋中的可再生能源，主要包括潮汐能、波浪能、海流能、海水温差能、海水盐差能等。海洋热能发电有两种方式：第一种是将低沸点工质加热成蒸汽。第二种是将温水直接送入真空室使之沸腾变成蒸汽。蒸汽用来推动汽轮发电机发电，最后从 600～1 000 m 深处抽冷水使蒸汽冷凝。

海洋能蕴藏丰富，分布广，清洁无污染，但能量密度低，地域性强，因而开发困难并有一定的局限。开发利用的方式主要是发电，其中潮汐发电和小型波浪发电技术已经实用化。波浪能发电利用的是海面波浪上下运动的动能。

4) 新能源最后的救星——核能

核能是人类最具希望的未来能源之一。人们开发核能的途径有两条：一是重元素的裂变，如铀的裂变；

二是轻元素的聚变,如氘、氚、锂等。重元素的裂变技术,已得到实际性的应用;而轻元素聚变技术,也正被积极研究。可不论是重元素铀,还是轻元素氘、氚,在海洋中都有相当巨大的储藏量。

铀是目前最重要的核燃料,1 kg 铀可供利用的能量相当于燃烧 2 500 t 优质煤。然而陆地上铀的储藏量并不丰富,且分布极不均匀,只有少数国家拥有有限的铀矿。全世界较适于开采的铀约 100 万 t,即使加上低品位铀矿及其副产铀化物,总量也不超过 500 万 t,按消耗量,只够开采几十年。

氘和氚都是氢的同位素。它们的原子核可以在一定的条件下互相碰撞聚合成较重的原子核——氦核,同时释放巨大的核能。一个碳原子完全燃烧生成二氧化碳时,只放出 4 eV 的能量,而氘—氚反应时能放出 1 780 万 eV 的能量。据计算,1 kg 氢燃料,至少可以抵得上 4 kg 铀燃料或 1 万 t 优质煤燃料。

目前的核电站采用的都是裂变发电,且技术趋于成熟。其中反应堆是核电站的核心。反应堆工作时放出的热能,由一回路系统的冷却剂带出,用以产生蒸汽。因此,整个一回路系统被称为"核供汽系统",它相当于火电厂的锅炉系统。为了确保安全,整个一回路系统装在一个被称为安全壳的密闭厂房内,这样,无论在正常运行或发生事故时都不会影响安全。由蒸汽驱动汽轮发电机组进行发电的二回路系统,与火电厂的汽轮发电机系统基本相同。自从核电站问世以来,在工业上成熟的发电堆主要有以下三种:轻水堆、重水堆和石墨气冷堆。它们相应地被用到三种不同的核电站中,形成了现代核发电的主体。

此外,人们还构想利用核聚变发电。氘、氚的核聚变反应,需要在上千万摄氏度乃至上亿摄氏度的高温条件下进行。这样的反应,已经在氢弹上得以实现。用于生产目的的受控热核聚变在技术上还有许多难题。但是,随着科学技术的进步,这些难题正在逐步被解决。如果这项技术能实现,可以设想,核聚变堆的运行也是十分安全的,原材料好获取(海水中氘等氢的同位素储量巨大,月球上还有大量氦-3 储藏),反应放能效率极高(世界上只有正反物质湮灭的放能效率超过它),产物无污染、不具放射性。因此,以海水中的氘、氚的核聚变能解决人类未来的能源需要,展示出极好的前景。

5) 氢能

氢能是通过氢气和氧气反应产生的能量。氢能是氢的化学能,氢在地球上主要以化合态的形式出现,是宇宙中分布最广泛的物质,它构成了宇宙质量的 75%,为二次能源。工业上生产氢的方式很多,常见的有水电解制氢、煤炭气化制氢、重油及天然气水蒸气催化转化制氢等。

在 21 世纪,氢能有可能在世界能源舞台上成为一种举足轻重的二次能源。它是一种极为优越的新能源,其主要优点有:燃烧热值高,每千克氢燃烧后的热量,约为汽油的 3 倍、酒精的 3.9 倍、焦炭的 4.5 倍;燃烧的产物是水,是世界上最干净的能源;资源丰富,氢气可以由水制取,而水是地球上最为丰富的资源之一,演绎了自然物质循环利用、持续发展的经典过程。

2.4 电能替代

电能替代,是指在能源消费上,以电能替代煤炭、石油、天然气等化石能源的直接消费,提高电能在终端能源消费中的比重。随着电气化进程加快,电能将在终端能源消费中扮演日益重要的角色,并最终成为最主要的终端能源品种,实现更加清洁、便捷、安全的能源利用。

电能的优势:能量形式转换简便,用途广泛;能量利用率高;安全无污染。电能的劣势:价格较高;难以大规模储存。

1) 电能替代的必然性

(1) 提高能源效率。电能是清洁、高效、便捷的二次能源,终端利用效率高,使用过程清洁、零排放。和其他能源品种相比,电能的终端利用效率最高,可以达到 90% 以上。从用电设备的能源利用效率来看,电气设备的能源利用效率远远高于直接燃煤和燃油的效率。例如,电锅炉的热效率为 90% 以上,而燃煤锅炉仅为 70% 左右;电力机车的能耗水平仅为内燃机车能耗的 60% 左右。德国工业用电 80% 用于加热,电直接用于工艺过程的加热利用效率很高，而直接用燃料加热，通常只有20%的热能用于工艺过程。

电能替代对能源利用效率的提升是全方位的。从使用上看，电能使用便捷，可精密控制。从能源转换上看，电能可以实现各种形式能源的相互转换，所有一次能源都能转换成电能。从配置上看，电能可以大规模生产、远距离输送，并通过分配系统瞬时送至每个终端用户。提高电能在终端能源消费中的比重，推进工业、交通、商业和城乡居民生活等各领域的电能替代，不仅能够提高能源利用效率，还能增加经济产出，提高社会整体能效。中国的数据表明，电能的经济效率是石油的3.2倍，煤炭的17.3倍，即1 t标准煤当量的电能创造的经济价值与3.2 t标准煤当量的石油、17.3 t标准煤当量的煤炭创造的经济价值相当。

(2) 促进清洁能源发展。清洁能源大多需要转化为电能的形式才能够被高效利用，实施电能替代是清洁能源发展的必然要求，是实施清洁替代的必然结果，也是构建以电为中心新型能源体系的需要。随着新一轮能源技术革命的推进，清洁能源将得到更大规模利用，更多的一次能源将转化为电能，输送到负荷中心，为电动交通、电锅炉、电窑炉、电采暖、电炊具的大规模应用提供充足的清洁电力供应，有效地替代石油、煤炭等化石能源消费，并为太阳能、风能、水能等可再生能源的开发利用拓展市场空间。

(3) 提高电气化水平。电气化是现代化的重要标志。1999年12月，美国国家工程院评选委员会遴选20世纪对社会产生最重大影响的工程成就，列为第一项的就是电气化。衡量电气化水平通常有两个指标：一是发电用能占一次能源消费的比重，二是电能占终端能源消费的比重。多数发达国家电能占终端能源消费的比重在20%以上。预计到2050年，在清洁能源快速发展的情况下，全球电能占终端能源消费的比重有望超过50%。1990年全球发电用能占一次能源消费的比重为34.0%，2012年达到38.1%，预计2050年，全球发电用能占一次能源消费的比重将接近80%。

2) 电能替代的重点

实施电能替代将全方位调整能源消费格局，重点任务是推进"以电代煤、以电代油、电从远方来、来的是清洁电"的电能替代战略。

(1) 以电代煤。以电代煤，是指在能源消费终端用电能替代直接燃烧的煤炭，显著减轻环境污染。煤炭燃烧带来大量的二氧化硫、氮氧化物以及烟尘等污染物排放，形成以煤烟型为主的大气污染。2012年，中国约有52%的煤炭用于发电，直燃煤和用作原料的煤炭各占发电总用煤的24%。由此带来电力行业排放二氧化硫883万t，氮氧化物948万t，烟尘和粉尘合计151万t；而非发电燃煤排放二氧化硫949万t，氮氧化物390万t，烟尘和粉尘合计715万t。由于煤炭散烧相对煤炭发电排放的污染物更多，因此大多数发达国家都优先将煤炭转换成电能使用，通过电厂的污染治理大幅减少排放，直接在终端使用的煤炭量极其有限，例如美国90%以上的煤炭用于发电。

实施以电代煤还有利于改善民生。在中国和其他一些欠发达国家和地区，仍然有很多农村人口在冬季燃煤采暖，由此带来严重的空气污染和安全隐患。目前，在中国北方农村，每年还有人因煤气中毒而死亡。通过推广分散式电采暖、炊事、洗浴，可以防止煤气中毒事件的发生，保障居民安全用能。

(2) 以电代油。以电代油，主要是指在电动汽车、轨道交通、港口岸电等领域用电能替代燃油。一方面可以减少燃油带来的污染，另一方面可以减少对石油的依赖。交通系统消耗了全球约1/3的能源，并且以石油资源为主，在形成对石油高度依赖的同时，也释放了大量的机动车尾气，成为空气污染的主要来源之一。通过电动汽车、电气化铁路、港口岸电替代等以电代油技术，在节能的基础上寻找石油的替代能源，已经成为世界交通运输业能源使用的共同方向。电动汽车是指以电能为动力的汽车，一般采用高效率充电电池或燃料电池为动力源。电动汽车清洁无污染，是以电代油潜力最大的领域。

港口岸电技术是指在船舶停靠码头时停止使用船上的燃油发电机，而采用由码头提供的供电系统为船舶供电。相比使用船舶柴油机发电，使用岸电满足停泊船只照明、通信、空调、水泵的用电需求，不仅可以消除靠港船舶柴油机发电产生的废气排放以及靠港船舶自备发电机组运行的噪声污染，而且从经济性上来看,船舶的自备发电机发电效率低,发电成本高昂,使用岸电能够大幅度减少能源成本。

(3) 电从远方来。能源资源与负荷中心逆向分布,决定了"电从远方来"的基本格局。从中国的情况来看,约80%的煤炭资源和70%以上的清洁能源集中在西部和北部地区,而作为用电负荷中心的东中部地区能源资源稀缺。由于西部和北部大型能源基地的电力在本地消纳空间有限,因此电力开发以外送为主。将西部和北部地区的煤电和水电、风电、太阳能发电等清洁能源打包外送至东中部地区,不仅可以保障东中部的电力供应,在全国范围内实现能源资源的优化配置,而且可以避免远距离输煤到负荷中心带来的煤电运紧张、环境污染等一系列问题。

"电从远方来"对于解决负荷中心地区的环境问题至关重要。中国的负荷中心位于人口密度高、经济相对发达的东中部地区,其中东部12省(直辖市)人口约占全国总人口的45%,GDP约占全国的58%,而面积仅占全部国土面积的13.5%。长期以来,我国在用电负荷中心大量建设燃煤电厂,东中部地区集中了全国75%左右的煤电装机,沿长江平均每30 km就建有一座发电厂,不仅严重超出了当地的环境承载能力,而且环境污染造成的健康损害也由于人口聚集增加了风险和损失。中国东部的长三角地区,每年每平方千米二氧化硫排放量达到45 t,是全国平均水平的20倍,不仅成为酸雨重灾区,而且雾霾天气频发。每年从西北部向东中部地区输煤还在运、储环节造成多重大气污染。为解决能源资源供应和环境容量之间的矛盾,2013年,中国国务院发布了《大气污染防治行动计划》,提出严控东中部地区新建燃煤电厂,用输电替代输煤,满足用能需求增长。这意味着相当数量的煤炭不再需要远距离运输,避免了运输过程中的扬尘,也不会在存放和燃烧环节对东中部造成土壤、大气和水的污染。

(4) 来的是清洁电。电力供应低碳化是解决全球气候变化的根本出路。电从远方来,可以解决局部地区的电力供需不平衡和污染排放问题;但如果来的不是清洁电,仍然依赖远方的煤电等化石能源发电,则不能从根本上解决二氧化碳和污染物排放问题。因此,站在能源可持续发展的角度,必须做到来电清洁,这是应对全球气候变化的基本要求。

"来的是清洁电"是清洁替代的必然结果。从化石能源为主向清洁能源为主的能源转型,需要在能源开发环节向清洁能源转型、在终端用能环节向电力消费转型,同样,在能源配置环节也应实现从化石能源输送向清洁电力输送的转型。大规模发展清洁能源将必然带来清洁电力远距离输送和消纳规模的大幅增加,使清洁电力输送成为未来能源运输的主要形式。

"来的是清洁电"将是循序渐进的过程。中国目前通过特高压输电技术把西部和北部的火电、风电、太阳能发电和西南水电远距离、大规模输送到东中部,以满足东中部地区的电力需求并缓解当地环境压力。未来,随着西部和北部清洁能源的大规模开发,火电比重将逐步降低,以风电、太阳能发电和水电为主的清洁电力输送将成为主体,源源不断地供给东中部地区。

展望未来,随着北极风能、赤道附近地区太阳能和各大洲清洁能源基地的开发,通过特高压、超高压电网向各大洲负荷中心输送充足的清洁电力,将全面实现"电从远方来、来的是清洁电"。

精选习题

1. 以下不属于新能源的是(　　)。
   A. 太阳能　　　　B. 风能　　　　C. 水能　　　　D. 生物质能
2. 新能源领军者是核能。(　　)
   A. 正确　　　　B. 错误
3. 电能可以被大量储存,是电能的一大优势。(　　)
   A. 正确　　　　B. 错误

4. (多选)电能替代主要包括( )。
   A. 以电代煤　　　　B. 以电代油　　　　C. 以电代气　　　　D. 电能供暖
5. (多选)以下关于电能的劣势正确的有( )。
   A. 价格较高　　　　B. 难以大规模储存　　C. 能量利用率低　　D. 安全无污染

习题答案

1. C　**解析**:水能已不属于新能源的范畴。
2. B　**解析**:领军者是太阳能。
3. B　**解析**:电能不能大量储存。
4. AB
5. AB　**解析**:电能的利用率较高,D是电能的优势。

第10篇　安全防护

第1章 电力安全技术的基本知识

随着电力的广泛应用,电气设备在各行各业的运用已相当普遍。电气设备安装不恰当、使用不合理、维修不及时,以及电气工作人员缺乏必要的电气安全知识,极易造成电气事故,危及人身安全,给国家和人民群众带来损失。因此,电气安全在生产领域和生活领域都具有特殊的重大意义,越来越引起人们的关注和重视。本章主要从人身安全角度出发讨论电气安全有关问题。

进网作业电工应该认真贯彻执行"安全第一,预防为主"的电力生产基本方针,掌握电气安全技术,熟悉电气安全的各项措施,预防事故的发生。防止人身电击,最根本的是对电气工作人员或用电人员进行安全教育和管理,严格执行相关安全用电制度和安全工作规程,防患于未然。

1.1 电流对人体的危害

电对人体的伤害主要来自电流。电流流过人体时,随着电流的增大,人体会产生不同程度的刺麻、酸疼、打击感,并伴随不自主的肌肉收缩、心慌、惊恐等症状,直至出现心律不齐、昏迷、心跳呼吸停止甚至死亡的严重后果。

所谓触电是指电流流过人体时对人体产生的生理和病理伤害。这种伤害是多方面的,可以分为电击和电伤两种类型。

1)电击

电击是电流通过人体内部对人体所产生的伤害。它主要是破坏人体的心脏、呼吸系统和神经系统的正常工作,危及人的生命。例如,电流通过心脏,造成心脏功能紊乱,导致血液循环的停止;电流通过中枢神经系统的呼吸控制中心使呼吸停止;电流通过胸部可使胸肌收缩迫使呼吸停顿。这几种情况都会导致死亡。一般来说,触电死亡事故中的绝大多数是由电击造成的。

2)电伤

电伤是电流的热效应、化学效应或机械效应对人体外部造成的局部伤害。电伤往往在肌体上留下伤痕,严重时也可致死。电伤可分为电灼伤、电烙伤和皮肤金属化三种。

电灼伤是由于电流热效应而产生的电伤,如带负荷拉开隔离开关时的强烈的电弧对皮肤造成的烧伤。电灼伤也称为电弧伤害。电灼伤的后果是皮肤发红、起泡以及烧焦、皮肤组织破坏等。

电烙伤发生在人体与带电体有良好的接触的情况下,在皮肤表面留下和被接触带电体形状相似的肿块痕迹。有时在触电后电烙伤并不立即出现,而是相隔一定时间后出现。电烙印一般不发炎或化脓,但往往造成局部麻木和失去知觉。

皮肤金属化是指在电流作用下,由熔化和蒸发的金属微粒造成的电伤。这种电伤,是金属微粒渗入皮肤表面层,使皮肤受伤害的部分变得粗糙、硬化或使局部皮肤变为绿色或暗黄色。

1.2 影响电流对人体伤害程度的因素

1)电流强度

通过人体的电流越大,人体的生理反应越强烈,对人体的伤害就越大。按照人体对电流的生理反应强弱和电流对人体的伤害程度,可将电流大致分为感知电流、摆脱电流和致命电流三级。上述这几种电流的大小与触电对象的性别、年龄以及触电时间等因素有关。

感知电流是指能引起人体感觉但无有害生理反应的最小电流。试验表明,不同的人其感知电流是不相同的,对应于概率为50%的感知电流,成年男子约为1.1 mA,成年女子约为0.7 mA。人对直流电流的感知最小值为2 mA。

摆脱电流是指人体触电后能自主摆脱电源而无病理性危害的最大电流。当电流增大到一定程度时,触电者会因肌肉收缩而紧抓带电体,不能自行摆脱电源。对应于概率为50%的摆脱电流,成年男子约为16 mA,成年女子约为10.5 mA;对应于概率为99.5%的摆脱电流,则分别为9 mA和6 mA。儿童的摆脱电流较小。

致命电流是指能引起心室颤动而危及生命的最小电流。致命电流为50 mA(通过时间在1 s以上时)。在一般情况下,可取30 mA为安全电流,即以30 mA为人体所能忍受而无致命危险的最大电流。但在有高度触电危险的场所,应取10 mA为安全电流;而在空中或水面,考虑到人受电击后有可能会因痉挛而摔死或淹死,则应取5 mA作为安全电流。

2) 电流通过人体的持续时间

触电致死的生理现象是心室颤动。一方面电流通过人体的持续时间越长越容易引起心室颤动;另一方面由于心脏在收缩与舒张的时间间隙(约0.1 s)内对电流最为敏感,通电时间越长,这段间隙重合的可能性就越大,心室颤动的可能性也就越大。此外,通电时间长,电流的热效应和化学效应将会使人体出汗和组织电解,从而降低人体电阻,使流过人体的电流逐渐增大,加重触电伤害。

3) 电流的频率

人体对不同频率电流的生理敏感性是不同的,因而不同种类的电流对人体的伤害也就有区别。工频(30~100 Hz)电流对人体的伤害最为严重。高频电流对人体的伤害程度远不及工频交流电严重,故医疗临床上有利用高频电流作理疗者,但电压过高的高频电流仍会使人触电致死。冲击电流是作用时间极短(以微秒计)的电流,如雷电放电电流和静电放电电流。冲击电流对人体的伤害程度与冲击放电能量有关,由于冲击电流作用的时间极短暂,数十毫安才能被人体所感知。

4) 电流通过人体的路径

电流取任何路径通过人体都可以致人死亡。但电流通过心脏、中枢神经(脑部和脊髓)、呼吸系统是最危险的。因此,从左手经前胸到脚是最危险的电流路径,这时心脏、肺部、脊髓等重要器官都处于路径内,很容易引起心室颤动和中枢神经失调,从而导致死亡。从右手到脚的电流路径危险性要小些,但会使人因痉挛而摔倒,导致电流通过全身或二次伤害。

5) 人体状况

试验研究表明,触电的危险性与人体状况有关。触电者的性别、年龄、健康状况、精神状态和人体电阻都会对触电后果产生影响。例如一个患有心脏病、结核病、内分泌器官疾病的人,由于自身的抵抗力低下,触电后果更为严重。相反,一个身心健康,经常从事体育锻炼的人,触电的后果相对来说会轻一些。妇女、儿童、老年人以及体重较轻的人耐受电流刺激的能力相对要弱一些,触电的后果也比青壮年男子更为严重。

人体电阻的大小是影响触电后果的重要物理因素。显然,当作用于人体的电压一定时,人体电阻越小,流过人体的电流越大,触电者也就越危险。人体电阻包括体内电阻和皮肤电阻,体内电阻较小(约为500 Ω),而且基本不变。人体电阻主要是皮肤电阻,其值与诸多因素有关,如接触电压、接触面积、接触压力、皮肤表面状况(干湿程度、有无组织损伤、是否出汗、有无导电粉尘、皮肤表层角质层的厚薄)等因素都会影响人体电阻的大小。必须指出,人体电阻只对低压触电有限流作用。

6) 作用于人体的电压

触电伤亡的直接原因在于电流在人体内引起的生理病变。但电流的大小与作用于人体的电压高低有关。这不仅是由于就一定的人体电阻而言，电压越高，电流越大，更由于人体电阻将随着作用于人体的电压升高而呈非线性急剧下降趋势，致使通过人体的电流显著增大，使得电流对人体的伤害更加严重。

究竟多高的电压才是人体所能耐受的呢？这与人体所处的环境有关。上面提到在一般环境中的安全电流可按 30 mA 考虑，人体电阻在一般情况下可按 1 000～2 000 Ω 计算。这样一般环境下的安全电压范围是 30～60 V。我国规定的安全电压等级是 42 V、36 V、24 V、12 V、6 V，当设备采用超过 24 V 安全电压时，应采取防止直接接触带电体的安全措施。对于一般环境，安全电压可取 36 V，但在比较危险、工作地点狭窄、周围有大面积接地体、环境湿热的场所，如电缆沟、煤斗、油箱等地，则采用的电压不准超过 12 V。

电压等级在 1 000 V 及以上的电气装置称为高压设备，电压等级在 1 000 V 以下的电气装置称为低压设备。虽然高压对人体的危害比低压要严重得多，但是由于高压电气设备有较完善的安全防范措施，人们与高压设备接触的机会较少，而且思想上较为重视，因此高压触电事故反而比低压触电事故少。值得注意的是，在潮湿的环境中也曾发生过 36 V 触电死亡的事故。

1.3 人体触电

1) 人体触电的类型

人体触电的方式多种多样，一般可分为直接接触触电和间接接触触电两种类型。此外，还有高压电场、高频电磁场、静电感应、雷击等触电方式。

（1）直接接触触电。人体直接触及或过分靠近电气设备及线路的带电导体而发生的触电现象称为直接接触触电。单相触电、两相触电、电弧伤害都属于直接接触触电。

（2）间接接触触电。人体触及正常情况下不带电，而故障情况下变为带电的设备外露的导体，所引起的触电现象，称为间接接触触电。例如，电气设备在正常运行时，其金属外壳或结构是不带电的，而当电气设备绝缘损坏而发生接地短路故障（俗称"碰壳"或"漏电"）时，其金属外壳便带有电压，人体触及便会发生触电，此为间接接触触电。

2) 单相触电

人体直接碰触带电设备或线路的一相导体时，电流通过人体而发生的触电现象称为单相触电。

电网可分为中性点直接接地系统和中性点不接地（或经消弧线圈接地）系统。由于系统中性点的运行方式不同，发生单相触电时，电流经过人体的路径及大小就不一样，触电危险性也不相同。

在中性点直接接地的电网中发生单相触电的情况如图 1-1(a)所示。设人体与大地接触良好，土壤电阻忽略不计，由于人体电阻比中性点工作接地电阻大得多，加于人体的电压几乎等于电网相电压，这时流过人体的电流为：

$$I_b = \frac{U_\varphi}{R_b + R_c}$$

式中：I_b——流过人体的电流，A；

U_φ——电网相电压，V；

R_c——电网中性点工作接地电阻，Ω；

R_b——人体电阻，Ω。

对于 380/220 V 三相四线制电网，$U_\varphi=220$ V，$R_c=49$ Ω，若取人体电阻 $R_b=1\,000$ Ω，则由上式可算出流过人体的电流约为 210 mA，足以危及触电者的生命。

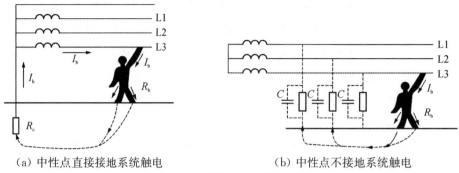

(a) 中性点直接接地系统触电　　　(b) 中性点不接地系统触电

图 1-1　单相触电情况示意图

显然,单相触电的后果与人体和大地间的接触状况有关。如果人体站立在干燥的绝缘地板上,由于人体与大地间有很大的绝缘电阻,通过人体的电流就很小,就不会造成触电危险。但如地板潮湿,就有触电危险。

中性点不接地电网中发生单相触电的情况如图 1-1(b)所示。这时电流将从电源相线经人体、其他两相的对地阻抗(由线路的绝缘电阻和对地电容构成)回到电源的中性点形成回路。此时,通过人体的电流与线路的绝缘电阻和对地电容有关。在低压电网中,对地电容很小,通过人体的电流主要取决于线路绝缘电阻,正常情况下,设备的绝缘电阻相当大,通过人体的电流很小,一般不造成对人体的伤害。但当线路绝缘下降时,单相触电对人体的危害仍然存在。而在高压中性点不接地电网中(特别在对地电容较大的电缆线路上)线路对地电容较大,通过人体的电容电流将危及触电者的安全。

3) 两相触电

人体同时触及带电设备或线路中的两相导体而发生触电的方式称为两相触电,如图 1-2 所示。两相触电时,作用于人体上的电压为线电压,电流将从一相导体经人体流入另一相导体,这种情况是很危险的。以 380/220 V 三相四线制为例,这时加于人体的电压为 380 V,若人体电阻按 1 000 Ω 考虑,则流过人体内的电流将达 380 mA,足以致人死亡。因此,两相触电后果要比单相触电严重得多。

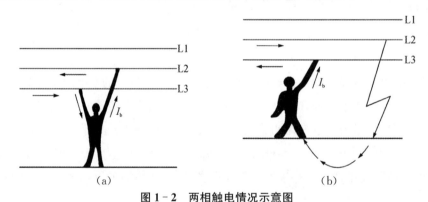

图 1-2　两相触电情况示意图

4) 电弧触电

电弧是气体间隙被强电场击穿时电流通过气体的一种现象。之所以将电弧触电视为直接接触触电,是因为弧隙是被游离的带电气态导体,被电弧"烧"着的人,将同时遭受电击和电伤。在引发电弧的种种情形中,人体过分接近高压带电体所引起的电弧放电以及带负荷拉、合刀闸造成的弧光短路,对人体造成的危害往往是致命的。电弧不仅使人受电击,而且由于弧焰温度极高(中心温度高达 6 000～10 000 ℃),将对人体造成严重烧伤。烧伤部位多见于手部、胳膊、脸部及眼睛,造成皮肤组织金属化、失明或视力减退。

5) 接触电压触电

(1) 接地故障电流入地点附近地面电位分布。当电气设备发生碰壳故障、导线断裂落地或线路绝缘击穿而导致单相接地故障时,电流便经接地体或导线落地点呈半球形向地中流散,如图 1-3(a)所示。由于接近电流入地点的土层具有最小的流散截面,呈现出较大的流散电阻,接地电流将在流散途径的单位长度上产生较大的电压降,而远离电流入地点土层处电流流散的半球形截面随该处与电流入地点距离增大而增大,相应的流散电阻随之逐渐减少,接地电流在流散电阻上的压降也随之逐渐降低。于是,在电流入地点周围的土壤中和地表面各点便具有不同的电位分布,如图1-3(b)电位分布曲线所示。

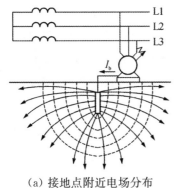
(a) 接地点附近电场分布

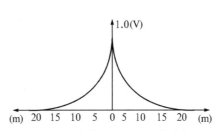
(b) 接地点附近电压—距离分布

图 1-3 接触电压触电示意

图1-3(b)中曲线表明,在电流入地点处电位最高,随着离此点的距离增大,地面电位呈先急后缓的趋势下降,在离电流入地点10 m处,电位已下降至电流入地点的8%。在离电流入地点20 m以外的地面,流散半球的截面已经相当大,相应的流散电阻可忽略不计,或者说地中电流不再于此处产生电压降,可以认为该地面电位为零。电工技术上所谓的"地"就是指此零电位处的"地",而不是电流入地点周围20 m之内的"地"。通常我们所说的电气设备对地电压也是指带电体对此零电位点的电位差。

(2) 接触电压及接触电压触电。当电气设备因绝缘损坏而发生接地故障时,如人体的两个部分(通常是手和脚)同时触及带电设备的外壳和地面,人体两部分分别处于不同的电位,其间的电位差即为接触电压。

接触电压的大小,随人体站立点的位置而异。人体距离接地极越远,受到的接触电压越高。

6) 跨步电压触电

电气设备发生接地故障时,在接地电流入地点周围电位分布区(以电流入地点为圆心,半径为20 m的范围内)行走的人,其两脚处于不同的电位,两脚之间(一般人的跨步约为0.8 m)的电位差称为跨步电压。设前脚的电位为U_1,后脚的电位为U_2,则跨步电压$U=U_1-U_2$,人体距电流入地点越近,其所承受的跨步电压越高。人体受到跨步电压作用时,电流将从一只脚经胯部到另一只脚与大地形成回路。触电者的征象是脚发麻、抽筋并伴有跌倒在地。跌倒后,电流可能改变路径(如从头到脚或手)而流经人体重要器官,产生致命危险。

跨步电压触电还会发生在其他一些场合,如架空导线接地故障点附近或导线断落点附近,防雷接地装置附近地面等。

接触电压和跨步电压的大小与接地电流的大小、土壤电阻率、设备接地电阻及人体位置等因素有关。当人穿有靴鞋时,由于地板和靴鞋的绝缘电阻上有电压降,人体受到的接触电压和跨步电压将明显降低,因此,严禁裸臂赤脚去操作电气设备。

精选习题

1. (多选)电流对人体的伤害分为( )。
   A. 电伤　　　B. 电击　　　C. 电灼伤　　　D. 电击穿

2. (多选)电伤类型可以分为( )。
   A. 电灼伤　　　B. 电烙印　　　C. 电击　　　D. 皮肤金属化

3. 人对交流电流的感知最小值为0.5 A,人对直流电流的感知最小值为2 A。( )
   A. 正确　　　B. 错误

习题答案

1. AB　2. ABD　3. B

第 2 章 电击安全防护措施

对系统或设备本身及工作环境采取技术措施是防止人身触电的行之有效的方法,防止触电的技术措施主要有:防止接触带电部件;防止电气设备漏电伤人措施,如保护接地和保护接零;采用安全电压;安装漏电保护器;等等。然而,最根本的措施是:对电气工作人员或用电人员进行安全教育和管理。

1)直接电击的防护措施

直接电击保护又称为正常工作的电击保护,也称为基本保护,主要是防止直接接触到带电体。一般采用下列措施:

(1) 带电体绝缘。带电部分完全用绝缘覆盖。

(2) 用遮拦和外护物防护。遮拦只对任何经常接近的方向起直接接触保护作用。外护物一般为电气设备的外壳,是在任何方向都能起直接接触保护作用的部件。

2)间接电击的防护措施

间接电击保护又称为故障下的电机保护,也称附加保护。一般采用以下措施:

(1) 自动切断电源(接地故障保护)。故障时,最大电击电流的持续时间超过允许范围时,自动切断电源。

(2) 采用双重绝缘或加强绝缘的电气设备(Ⅱ级设备)。Ⅱ级设备既有基本绝缘,也有双重绝缘或加强绝缘,该设备的绝缘外护物必须能承受可能发生的机械、电或热应力。

(3) 采用非导电场所。使有触电危险的场所绝缘,构成不导电环境。

(4) 等电位连接保护。采用不接地的局部等电位连接保护,或采取等电位均压措施。

(5) 采用安全特低电压。指在最不利的情况下,同时触及的可导电部分,对人不会有危险的最高电压。

(6) 电气隔离。如电场、磁场、电磁波、声、光等。

精选习题

1. 防护电击最根本的措施是对电气工作人员或用电人员进行安全教育和管理。( )
   A. 正确   B. 错误
2. (多选)直接电击的防护措施包括(   )。
   A. 带电体绝缘   B. 用遮拦和外护物防护
   C. 电气隔离   D. 自动切断电源
3. 安全特低电压是在最不利的情况下,同时触及的可导电部分,对人不会有危险的最低电压。( )
   A. 正确   B. 错误

习题答案

1. A   2. AB   3. B

第3章　电气安全用具的使用方法和保管

对电力生产工作人员来说，了解各种安全工器具的性能，懂得各种安全工器具的用途，正确掌握它们的使用与保管方法，是十分重要的。

3.1　安全工器具的基本知识

电力安全工器具是指为防止触电、灼伤、坠落、摔跌等事故，保障工作人员人身安全的各种专用工具和器具。

电力生产、建设工作中，无论是施工安装、运行操作还是检修工作，为了保障工作人员的人身安全，顺利地完成工作任务，必须使用相应的安全工器具。例如，登杆作业时，工作人员必须使用脚扣、安全带等安全工器具。正确地使用脚扣才能安全地登高，在杆上正确地固定好安全带，才能防止高空坠落伤亡事故的发生。

电力安全工器具可分为绝缘安全工器具、一般防护安全工器具、安全围栏（网）和标示牌三大类。

1) 绝缘安全工器具

绝缘安全工器具指作业中为防止工作人员触电使用的绝缘工具。依据绝缘强度和所起的作用又可分为基本和辅助两种绝缘安全工器具。

（1）基本绝缘安全工器具。基本绝缘安全工器具是指能直接操作带电设备、接触或可接触带电体的工器具，这种绝缘工器具能长时间承受相应等级的工作电压。如电容型验电器、绝缘杆、绝缘隔板、绝缘罩、核相器等。

（2）辅助绝缘安全工器具。辅助绝缘安全工器具的绝缘强度不能承受设备或线路的工作电压，只用于加强基本绝缘安全工器具的保安作用。辅助绝缘安全工器具用以防止接触电压、跨步电压、泄漏电流电弧对操作人员的伤害，不能用来直接接触高压设备带电部分。属于这类安全工器具的有：绝缘手套、绝缘靴（鞋）、绝缘胶垫等。

2) 一般防护安全工器具

一般防护安全工器具（一般防护用具）是指防止工作人员发生事故的工器具，如安全帽、安全带、携带型短路接地线、个人保安接地线、梯子、安全绳、脚扣、防静电服（静电感应防护服）、防电弧服、导电鞋（防静电鞋）、安全自锁器、速差自控器、防护眼镜、过滤式防毒面具、正压式消防空气呼吸器、SF_6气体检漏仪、氧量测试仪、耐酸手套、耐酸服及耐酸靴等。

3) 安全围栏（网）和标示牌

安全标示牌包括各种安全警告牌、设备标示牌等。

3.2　常用安全工器具的使用要求

1) 绝缘棒

绝缘棒是用于短时间对带电设备进行操作或测量的绝缘工具，如接通或断开高压隔离开关、跌落熔丝具等。在接装和拆除携带型接地线及进行带电测量和试验工作时，要用绝缘棒。不同电压等级的绝缘棒可以承受相应等级的电压。绝缘棒也叫绝缘杆、操作杆或令克棒。

绝缘棒的结构一般分为工作部分、绝缘部分和手握部分。工作部分是用机械强度较大的金属或玻璃钢制作。绝缘部分是用浸过绝缘漆的硬木、硬塑料、环氧玻璃管或胶木等合成材料制成，其长度也应根据使用场合、电压等级和工作需要来选定。例如 110 kV 以上电气设备使用的绝缘棒，其绝缘部分较长，为了携带和使用方便,往往将其分段制作,各段之间通过端头的金属丝扣连接,或用其他镶接方式连接起来,使用时可拉长缩短。

使用绝缘棒前必须核准其与所操作电气设备的电压等级是否相符,应擦拭干净并检查绝缘杆的堵头,如发现破损,则禁止使用。使用绝缘棒时工作人员应戴绝缘手套、穿上绝缘靴(鞋),人体与带电设备保持足够的安全距离,并注意防止绝缘杆被人体或设备短接,以保持有效的绝缘长度。遇下雪、下雨天在户外使用绝缘棒操作电气设备时,操作杆的绝缘部分应有防雨罩。罩的上口应与绝缘部分紧密结合,无渗漏现象。使用过程中,应防止绝缘棒与其他物体碰撞而损坏表面绝缘漆。绝缘棒不得移作他用,也不得直接与墙壁或地面接触,防止破坏绝缘性能。工作完毕应将绝缘棒放在干燥的特制的架子上,或垂直地悬挂在专用的挂架上。

2)电容型验电器

电容型验电器是通过检测流过验电器对地杂散电容中的电流,检验高压电气设备、线路是否带有运行电压的装置。电容型验电器一般由接触电极、验电指示器、连接件、绝缘杆和护手环等组成。

电容型验电器的使用要求:

(1)电容型验电器上应标有电压等级、制造厂和出厂编号。110 kV及以上验电器还须标有配用的绝缘杆节数。

(2)使用前应进行外观检查,验电器的工作电压应与被测设备的电压相同。

(3)非雨雪型电容型验电器不得在雷、雨、雪等恶劣天气时使用。

(4)使用电容型验电器时,操作人应戴绝缘手套,穿绝缘靴(鞋),手握在护环下侧握柄部分。人体与带电部分距离应符合相关标准、规范规定的安全距离。

(5)使用抽拉式电容型验电器时,绝缘杆应完全拉开。

(6)验电前,应先在有电设备上进行试验,确认验电器良好;无法在有电设备上进行试验时可用高压发生器等确认验电器良好。如在木杆、木梯或木架上验电,不接地不能指示者,经运行值班负责人或工作负责人同意后,可在验电器绝缘杆尾部接上接地线。

验电器每次使用前都应检查绝缘部分是否无污垢、损伤、裂纹,声、光显示是否完好。

3)低压验电器

低压验电器也称验电笔,是检验低压电气设备和线路是否带电的一种专用工具,现有氖管式验电笔和数字式验电笔两种,外形有笔形、改锥形和组合形等。

氖管式验电笔的结构通常由笔尖(工作触头)、电阻、氖管、弹簧和笔身等组成。这种验电笔一般利用电容电流经氖管灯泡发光的原理制成,故也称发光型验电笔。只要带电体与大地之间电位差超过一定数值(36 V以下),验电器就会发出辉光,低于这个数值,就不发光,从而来判断低压电气设备是否带有电压。验电笔也可区分相线和地线,接触电线时,使氖管发光的线是相线,氖管不亮的线为地线或中性线。验电笔还可区分交流电和直流电,使氖管式验电笔氖管两极发光的是交流电;使一极发光的是直流电,且发光的极是直流电源的负极。

数字式验电笔由笔尖(工作触头)、笔身、指示灯、电压显示、电压感应通电检测按钮、电压直接检测按钮、电池等组成。

低压验电笔在使用中需注意以下几点:

(1)使用前应在确认有电的设备上进行试验,试验时必须保证手握部位与带电设备保持安全距离,不准沿设备外壳或瓷瓶表面移动验电笔,确认验电笔良好后方可进行验电。

(2)在强光下验电时,应采取遮挡措施,以防误判。

(3)验电笔不准放置于地面上,应选择合适干燥地点放置。

(4) 使用数字式验电器时还应注意,当右手指按断点检测按钮,并将左手触及笔尖时,若指示灯发亮,则表示正常工作;若指示灯不亮,则应更换电池。测试交流电时,切勿按电子感应按钮。

4) 绝缘隔板和绝缘罩

绝缘隔板是由绝缘材料制成,用于隔离带电部件、限制工作人员活动范围的绝缘平板。绝缘罩是由绝缘材料制成,用于遮蔽带电导体或非带电导体的保护罩。

绝缘隔板和绝缘罩在使用时的要求:

(1) 绝缘隔板只允许在 35 kV 及以下电压的电气设备上使用,并应有足够的绝缘和机械强度。用于 10 kV 电压等级时,绝缘隔板的厚度不应小于 3 mm,用于 35 kV 电压等级时不应小于 4 mm。

(2) 绝缘隔板和绝缘罩使用前应检查确保表面洁净、端面不得有分层或开裂,绝缘罩还应检查内外是否整洁,是否无裂纹或损伤。

(3) 现场带电安放绝缘隔板及绝缘罩时,应戴绝缘手套,使用绝缘操作杆。

(4) 绝缘隔板在放置和使用中要防止脱落,必要时可用绝缘绳索将其固定。

5) 绝缘手套

绝缘手套是用特种橡胶制成的,起电气绝缘作用的手套。套身应有足够长度,戴上后应超过手腕 10 cm。

戴上绝缘手套在高压电气设备、线路上操作隔离开关、跌落保险、油断路器时,绝缘手套作为辅助安全用具使用;在低压设备上操作时,戴上绝缘手套,可直接带电操作,绝缘手套可作为基本安全用具使用。

绝缘手套使用前应进行外观检查,如发现有发黏、裂纹、破口(漏气)、气泡、发脆等损坏则禁止使用。检查方法是将手套筒吹气压紧筒边朝手指方向卷曲,卷到一定程度,若手指鼓起,证明无砂眼漏气,可以使用。进行设备验电、倒闸操作、装拆接地线等工作时应戴绝缘手套。使用绝缘手套时应将上衣袖口套入手套筒口内。使用完毕应擦净、晾干,最好在绝缘手套内撒些滑石粉,以免粘连。

6) 绝缘靴(鞋)

绝缘靴(鞋)是由特种橡胶制成的,用于人体与地面绝缘的靴(鞋)子。

绝缘靴(鞋)是高压操作时保持绝缘的辅助安全用具,在低压操作或防护跨步电压时,可作为基本安全用具使用。

绝缘靴(鞋)使用前应检查:不得有外伤、无裂纹、无漏洞、无气泡、无毛刺、无划痕等缺陷。如发现有以上缺陷,应立即停止使用并及时更换。使用绝缘靴(鞋)时,应将裤管套入靴筒内,并要避免接触尖锐的物体,避免接触高温或腐蚀性物质,防止受到损伤。严禁将绝缘靴(鞋)挪作他用。雷雨天气或一次系统有接地时,巡视变电站室外高压设备应穿绝缘靴(鞋)。要及时检查,发现绝缘靴(鞋)底面磨光并露出黄色绝缘层时,应清除换新。

7) 绝缘胶垫

绝缘胶垫是由特种橡胶制成的,用于加强工作人员对地绝缘的橡胶板。绝缘胶垫与绝缘靴(鞋)的保安作用相同,只不过前者是一种固定位置的"绝缘靴(鞋)"。

绝缘垫又称绝缘毯,一般铺设在配电装置室地面及控制屏、保护屏、发电机和调相机励磁机端处,用以带电操作时,增强操作人员对地绝缘,避免单相短路、电气设备绝缘损坏时接触电压、跨步电压对人体的伤害。用在低压配电室地面时,可作为基本安全用具,但在 1 kV 以上时,只能作为辅助安全用具。

绝缘胶垫使用过程中应保持完好,出现割裂、破损、厚度减薄等,不足以保证绝缘性能情况时,应及时更换。不得与酸、碱及各种油类物接触,以免腐蚀老化、龟裂、变黏。

8) 安全带

安全带是预防高处作业人员坠落伤亡的个人防护用品,由腰带、围杆带、金属配件等组成。安全绳是安全带上面的保护人体不坠落的系绳。

安全带的使用要求：

(1) 安全带使用期一般为3～5年，发现异常应提前报废。

(2) 安全带的腰带和保险带、绳应有足够的机械强度，材质应有耐磨性，卡环(钩)应具有保险装置，操作应灵活。保险带、绳使用长度在3 m以上的应加缓冲器。

(3) 使用安全带前应进行外观检查，检查内容包括：

① 组件完整、无短缺、无伤残破损；

② 绳索、编带无脆裂、断股或扭结；

③ 金属配件无裂纹、焊接无缺陷、无严重锈蚀；

④ 挂钩的钩舌咬口平整不错位，保险装置完整可靠；

⑤ 铆钉无明显偏位，表面平整。

(4) 安全带的挂钩或绳子应挂在结实牢固的构件或专为挂安全带用的钢丝绳上，并应采用高挂低用的方式。禁止系挂在移动或不牢固的物件上，如隔离开关(刀闸)支持绝缘子、瓷横担、未经固定的转动横担、线路支柱绝缘子、避雷器支柱绝缘子等。不得系在棱角锋利处。

(5) 在杆塔上工作时，应将安全带后备保护绳系在安全牢固的构件上(带电作业视其具体任务决定是否系后备安全绳)，不得失去后备保护。

9) 安全帽

安全帽是一种用来保护工作人员头部，使头部免受外力冲击伤害的帽子。任何人进入生产现场(办公室、控制室、值班室和检修班组室除外)都应正确佩戴安全帽。

普通型安全帽的帽壳普遍采用硬质地且强度较高的塑料或玻璃钢制作，包括帽舌、帽檐。帽壳内用韧性很好的衬带材料制作帽衬，它由围绕头围的固定衬带、头顶部接触的衬带和箍紧后枕骨部位的后箍组成。另外还有为戴稳帽子，系在下颌上的下颌带和通气孔等。

安全帽的保护原理是，当安全帽受到冲击载荷时，可将其传递分布在头盖骨的整个面积上，避免集中打击在头顶一点而致命；头部和帽顶的空间位置构成一个冲击能量吸收系统，起缓冲作用，以减轻或避免外物对头部的打击伤害。

高压近电报警安全帽是一种带有高压近电报警功能的安全帽，一般由普通安全帽和高压近电报警器组合而成，适合在有触电危险的环境里进行作业时使用。

安全帽的使用要求如下：

(1) 安全帽的使用期，从产品制造完成之日起计算：植物枝条编织帽不超过2年；塑料帽、纸胶帽不超过2.5年；玻璃钢(维纶钢)橡胶帽不超过3.5年。对到期的安全帽，应进行抽查测试，合格后方可使用，以后每年抽检一次；抽检不合格，则该批安全帽报废。

(2) 使用安全帽前应进行外观检查，检查安全帽的帽壳、帽箍、顶衬、下颌带、后扣或帽箍扣等组件完好无损，帽壳与顶衬缓冲空间在25～50 mm。

(3) 安全帽戴好后，应将后扣拧到合适位置或将帽箍扣调整到合适的位置，锁好下颌带，防止工作中前倾后仰或其他原因造成滑落。

(4) 高压近电报警安全帽使用前应检查其音响部分是否良好，但不得作为无电的依据。

10) 接地线和个人保安接地线

携带型短路接地线是用于防止设备、线路突然来电，消除感应电压，放尽剩余电荷的临时接地装置。个人保安接地线是用于防止感应电压危害的个人用接地装置。

携带型接地线和个人保安接地线在结构上类似，由专用夹头和多股软铜线组成，通过接地线的夹头将接地装置与需要短路接地的电气设备连接起来。

接地线的使用要求如下：

（1）接地线应用多股软铜线，其截面应满足装设地点短路电流的要求，但不得小于 25 mm^2，长度应满足工作现场需要。接地线应有透明外护层，护层厚度大于 1 mm。

（2）接地线的两端线夹应保证接地线与导体和接地装置接触良好、拆装方便，有足够的机械强度，并在大短路电流通过时不致松动。

（3）接地线使用前，应进行外观检查，如发现绞线松股/断股、护套严重破损、夹具断裂松动等则不得使用。

（4）装设接地线时，人体不得碰触接地线或未接地的导线，以防止感应电触电。

（5）装设接地线，应先装设接地线接地端；验电证实无电后，应立即接导体端，并保证接触良好。拆接地线的顺序与此相反。接地线严禁用缠绕的方法进行连接。

（6）设备检修时模拟盘上所挂地线的数量、位置和地线编号，应与工作票和操作票所列内容一致，与现场所装设的接地线一致。

（7）个人保安接地线仅作为预防感应电使用，不得以此代替相应安全规程规定的工作接地线。只有在工作接地线挂好后，方可在工作箱上挂个人保安接地线。

（8）个人保安接地线由工作人员自行携带，凡在 10 kV 及以上同杆塔并架或相邻的平行有感应电的线路上停电工作，应在工作线上使用，并不准采用搭连虚接的方法接地。工作结束时，工作人员应拆除所挂的个人保安接地线。

11）梯子

梯子是由木料、竹料、绝缘材料、铝合金等材料制作的用于登高作业的工具。有靠（直）梯和人字梯两种，前者可用于户外，后者宜用于户内不太高的登高作业。

梯子的使用要求如下：

（1）梯子应能承受工作人员携带工具攀登时的总重量。

（2）梯子不得接长或垫高使用。如需接长时，应用铁卡子或绳索切实卡住或绑牢并加设支撑。

（3）梯子应放置稳固，梯脚要有防滑装置。使用前，应先进行试登，确认可靠后方可使用。有人员在梯子上工作时，梯子应有人扶持和监护。

（4）梯子与地面的夹角应为 60°左右，工作人员必须在距梯顶不少于 2 档的梯凳上工作。

（5）人字梯应具有坚固的铰链和限制开度的拉链。

（6）靠在管子上、导线上使用梯子时，梯子上端需用挂钩挂住或用绳索绑牢。

（7）在通道上使用梯子时，应设监护人或设置临时围栏。梯子不准放在门前使用，必要时应采取防止门突然开启的措施。

（8）严禁人在梯子上时移动梯子，严禁上下抛递工具、材料。

（9）在变电站高压设备区或高压室内应使用绝缘材料的梯子，禁止使用金属梯子。搬动梯子时，应放倒，由两人搬运，并与带电部分保持安全距离。

12）标示牌

标示牌有禁止类、允许类、警告类，共 3 类 6 种。

（1）禁止类标示牌："禁止合闸，有人工作""禁止合闸，线路有人工作"，白色背景、红色文字。

（2）允许类标示牌："在此工作""从此上下"，绿色底板、白色圆圈、黑色文字。

（3）警告类标示牌："止步，高压危险""禁止攀登，高压危险"，白色背景、边用红色、黑色文字。

3.3 安全工器具的管理

1) 安全工器具的保管与存放

安全工器具的保管与存放,要满足国家和行业标准及产品说明书要求,并要满足下列要求:

(1) 安全工器具宜存放在温度为-15～35 ℃,相对湿度为80%以下,干燥通风的安全工器具室内。绝缘安全工器具应存放在温度为-15～35 ℃,相对湿度为5%～80%的干燥通风的工具室(柜)内。

(2) 安全工器具室内应配置适用的柜、架,不准存放不合格的安全工器具及其他物品。

(3) 安全工器具应统一分类编号,定置存放。

(4) 绝缘工具在储存、运输时不得与酸、碱、油类和化学药品接触,并要防止阳光直射或雨淋。

(5) 绝缘杆应架在支架上或悬挂起来,且不得贴墙放置。

(6) 绝缘隔板应放置在干燥通风的地方或垂直放在离地面200 mm以上的架子上或专用柜内。

(7) 绝缘罩使用后应擦拭干净,装入包装袋内,放置于清洁、干燥通风的离地面200 mm以上的架子上或专用柜内。

(8) 验电器应存放在防潮盒或绝缘安全工器具存放柜内,置于通风干燥处。

(9) 携带型接地线要存放在专用架上,架上的号码与接地线的号码应一致。

(10) 核相器应存放在干燥通风的专用支架上或者专用包装盒内。

(11) 脚扣应存放在干燥通风和无腐蚀的室内。

(12) 橡胶类绝缘安全工器具应存放在封闭的柜内或支架上,撒上滑石粉,上面不得堆压任何物件,并保持干燥、清洁。

(13) 空气呼吸器在贮存时应装入包装箱内,避免长时间暴晒,不能与油、酸、碱或其他有害物质共同贮存,严禁重压。

(14) 遮栏绳、网应保持完整、清洁无污垢,成捆整齐存放在安全工具柜内,不得严重磨损、断裂、霉变、连接部位松脱等;遮栏杆外观醒目,无弯曲、无锈蚀,摆放整齐。

2) 安全工器具的试验

为防止电力安全工器具性能改变或存在隐患而导致在使用中发生事故,对电力安全工器具要应用试验、检测和诊断的方法和手段进行预防性试验。

各类电力安全工器具必须通过国家和行业规定的型式试验,进行出厂试验和使用中的周期性试验。试验由具有资质的电力安全工器具检验机构进行。

应进行试验的安全工器具包括:规程要求进行试验的安全工器具;新购置和自制的安全工器具;检修后或关键零部件经过更换的安全工器具;对安全工器具的机械、绝缘性能产生疑问或发现缺陷时;出了质量问题的同批安全工器具。

电力安全工器具经试验合格后,在不妨碍绝缘性能且醒目的部位贴上"试验合格证"标签,注明试验人、试验日期及下次试验日期。

精选习题

1. (多选)下列属于绝缘安全工器具的是(　　)。
   A. 绝缘杆　　　　B. 验电器　　　　C. 接地线　　　　D. 遮栏
2. 多股软铜线型携带式接地线截面积不得小于(　　)mm²。
   A. 16　　　　　　B. 25　　　　　　C. 36　　　　　　D. 20

习题答案

1. AB　　2. B

第4章 电气作业的安全技术措施和组织措施

4.1 电气作业安全的技术措施

电气作业安全技术措施是指工作人员在电气设备上工作时,为了防止停电检修设备突然来电,防止工作人员由于身体或使用的工具接近临近设备的带电部分而超过允许的安全距离等造成电击事故,对于在全部停电或部分停电的设备上作业,必须采取的安全技术措施。

必须完成的技术措施有:

1) 停电(断开电源)

工作地点应停电的设备有:

(1) 检修地设备。

(2) 与工作人员在工作中正常活动范围小于表4-1规定的设备。

表4-1 设备电压等级与工作安全距离(一)

电压等级/kV	安全距离/m	电压等级/kV	安全距离/m
10及以下	0.35	500	5.00
20、35	0.60	1 000	9.50
110	1.50	±500	6.80
220	3.00	±800	10.10

(3) 在35 kV及以下的设备处工作,安全距离大于表4-1的规定,但小于表4-2的规定,且无绝缘隔板、安全遮拦措施的设备。

表4-2 设备电压等级与工作安全距离(二)

电压等级/kV	安全距离/m	电压等级/kV	安全距离/m
10及以下	0.7	500	5.00
20、35	1.00	1000	8.70
110	1.50	±500	6.00
220	3.00	±800	9.30

2) 验电

3) 挂接地线

4) 装设遮栏和悬挂标示牌

典型的电气误操作:

(1) 带负荷拉、合隔离开关;

(2) 带地线合闸;

(3) 带电挂接地线(或带电合接地隔离开关);

(4) 误拉、合断路器;

(5) 误入带电间隔。

4.2 电气作业安全的组织措施

电气工作安全组织措施是指在进行电气作业时，将与检修、试验、运行有关的部门组织起来，加强联系、密切配合，在统一指挥下，共同保证电气作业的安全。

保证安全的电气作业组织措施有：

1) 工作票制度

工作票是指将需要检修、试验的设备填写在具有固定格式的书页上，以作为进行工作的书面联系，这种印有电气工作固定格式的书页称为工作票。

工作票制度是指在电气设备上进行任何电气作业，都必须填写工作票，并依据工作票布置安全措施和办理开工、终结手续的制度。

工作票的执行方式：

① 填写工作票(第一种工作票或第二种工作票)；② 执行口头或电话命令。

变电所电气部分里规定可以不填写工作票的工作：

① 事故处理；② 拉合断路器的单一操作；③ 拉开接地隔离开关或拆除全厂(所)仅有的一组接地线。

2) 工作许可制度

工作许可制度是指凡在电气设备上进行停电或不停电的工作，事先都必须得到工作许可人的许可，并履行许可手续后方可工作的制度。未经许可人许可，一律不准擅自工作。

3) 工作监护制度

工作监护制度是指工作人员在工作过程中，工作负责人(监护人)必须始终在工作现场，对工作人员的安全进行认真监护，及时纠正违反安全规程的行为和动作的制度。

4) 工作间断、转移和终结制度

工作间断、转移和终结制度是指对工作间断、工作转移和工作全部完成后所作的规定。

5) 现场勘查制度

现场勘查制度包括勘查范围、勘查内容、勘查方法、勘查时间和勘查报告等。

精选习题

1. (多选)保证电气作业安全的技术措施有( )。
   A. 停电(断开电源)　　　　　　B. 验电
   C. 挂接地线　　　　　　　　　D. 装设遮栏和悬挂标示牌
2. 允许带负荷用绝缘杆拉、合隔离开关。( )
   A. 正确　　　　B. 错误
3. (多选)下列属于保证安全的电气作业组织措施有( )。
   A. 工作票制度　　　　　　　　B. 工作许可制度
   C. 挂接地线　　　　　　　　　D. 停电(断开电源)
4. 任何工作开始前都必须得到有经验老师傅的许可。( )
   A. 正确　　　　B. 错误
5. 任何操作都必须填写工作票，方可进行工作。( )
   A. 正确　　　　B. 错误

习题答案

1. ABCD　2. B　3. AB　4. B　5. B

第11篇 电气火灾与急救

第1章 电气火灾的成因及扑救方法

火灾是在时间和空间上失去控制的燃烧所造成的灾害。学会用火是人类从野蛮进化到文明的重要标志。但火和其他事物一样具有两重性:一方面给人类带来了光明和温暖,带来了健康和智慧,从而促进了人类物质文明的不断发展;另一方面又能造成具有很大破坏性的多发性的灾害。生产生活中用火用电不断增多,而人们用火用电管理不慎,或者设备故障等原因而不断造成火灾,对人类的生命财产安全构成了巨大的威胁。

1.1 燃烧灭火的基本常识

1) 基本条件

物质燃烧须具备的三个必要条件是:

(1) 可燃物。有气体、液体和固体三态,如煤气、汽油、木材、塑料等。

(2) 助燃物。泛指空气、氧气及氧化剂。

(3) 着火源。如电点火源、高温点火源、冲击点火源和化学点火源等。

以上三个条件必须同时具备,并相互结合、相互作用,燃烧才能发生,三个条件缺一不可。

需要说明的是,具备了燃烧的必要条件,并不等于燃烧必然发生。在各必要条件中,还有一个"量"的概念,这就是发生燃烧或持续燃烧的充分条件。燃烧的充分条件是:

(1) 一定的可燃物质浓度。可燃气体或可燃液体的蒸汽与空气混合只有达到一定浓度,才会发生燃烧或爆炸。达不到燃烧所需的浓度,虽有充足的氧气和明火,仍不能发生燃烧。

(2) 一定的氧含量。各种不同的可燃物发生燃烧,均有最低含氧量要求。低于这一浓度,虽然燃烧的其他必要条件已经具备,燃烧仍不会发生。

(3) 一定的导致燃烧的能量。各种不同可燃物质发生燃烧,均有固定的最小点火能量要求。达到这一能量才能引起燃烧反应,否则燃烧便不会发生。如:汽油的最小点火能量为 $0.2~\text{mJ}$,乙醚为 $0.19~\text{mJ}$,甲醇(2.24%)为 $0.215~\text{mJ}$。

2) 火灾类型

火灾按着火可燃物类别,一般分为5类:

(1) A类火:固体有机物质燃烧的火,通常燃烧后会形成炽热的余烬;

(2) B类火:液体或可熔化固体燃烧的火;

(3) C类火:气体燃烧的火;

(4) D类火:金属燃烧的火;

(5) E类火:燃烧时物质带电的火。

3) 灭火原理

灭火原理就是破坏燃烧三个必要条件中的某个或几个,以达到终止燃烧的目的。可归纳为隔离、冷却、窒息三种基本方式。

(1) 隔离法。使燃烧物和未燃烧物隔离,限定灭火范围:① 搬迁未燃烧物;② 拆除毗邻燃烧处的建筑物、设备等;③ 断绝燃烧气体、液体的来源;④ 放空未燃烧的气体;⑤ 抽走未燃烧的液体或放入事故槽;⑥ 堵截流散的燃烧液体等。

(2) 冷却法。降低燃烧物的温度于燃点之下,从而停止燃烧:① 用水喷洒冷却;② 用砂土埋燃烧物;

③ 往燃烧物上喷泡沫;④ 往燃烧物上喷射二氧化碳等。

(3) 窒息法。稀释燃烧区的氧气浓度,隔绝新鲜空气进入燃烧区:① 往燃烧物上喷射氮气、二氧化碳;② 往燃烧物上喷射雾状水、泡沫;② 用砂土埋燃烧物;④ 用石棉被、湿麻袋捂盖燃烧物;⑤ 封闭着火的建筑物和设备孔洞等。

1.2 灭火设施及器材

1) 火灾自动报警系统

火灾自动报警系统主要由火灾探测器和手动火灾报警控制器组成。火灾探测器是报警系统的"感觉器官",它的作用是监视环境中有没有火灾发生。一有火情,即向火灾报警控制器发送报警信号。火灾探测器是探测火灾的仪器,由于在火灾发生的阶段,会伴随产生烟雾、高温和火光。这些烟、热和光可以通过探测器转变为电信号报警或使自动灭火系统启动,及时扑灭火灾。

火灾报警控制器是一种能为火灾探测器供电,接收、显示和传递火灾报警信号,并能对自动消防等装置发出控制信号的报警装置。它的主要作用是供给火灾探测器稳定的直流电流,监视连接各处火灾探测器的传输导线有无断线故障,保证火灾探测器长期、稳定、有效地工作。当探测器探到火灾后,能接受火灾探测器发来的报警信号,迅速、正确地进行转换处理,并以声光报警形式,指示火灾发生的具体部位。它分为区域火灾报警控制器和集中火灾报警控制器两种。

2) 固定式自动灭火系统

(1) 自动喷水灭火系统。各种灭火剂中,水来源最广泛、价格低廉。水不但可以直接扑救火灾,其冷却作用也是其他灭火剂无法比拟的。

自动喷水灭火系统具有工作性能稳定、适应范围广、安全可靠、维护简便、投资少、不污染环境等优点,广泛应用于一切可以用水灭火的建筑物、构筑物和保护对象。

(2) 泡沫喷淋灭火系统。泡沫喷淋灭火系统分吸入空气和非吸入空气两种。其主要区别在于喷头是否吸入空气,不吸入空气时,喷出泡沫倍数低。当被保护的危险性场所起火后,自动探测系统报警,如安装有自动控制装置,可自动启动消防泵,打开泵出口阀和泡沫比例混合器阀,通过管道送到泡沫喷头,将泡沫喷淋到被保护的危险物品表面,起到冷却降温、阻挡辐射热和覆盖窒息灭火的作用。

吸入型泡沫喷淋灭火系统适用于室内外易燃液体发生泄漏,甚至是大量泄漏起火时的初期防护,如对装卸油口的栈桥、卧式油罐、油泵房、烧油锅炉房及浸液槽等,进行有效的防护。但不适于扑救液化石油气或压缩气体引起的火灾,如丁烷、丙烷等引起的火灾;也不适宜扑救与水发生剧烈反应或与水反应生成有害物质的火灾;此外也不适用于电气设备火灾的扑救。

(3) 七氟丙烷灭火系统。由于1301、1211灭火剂对臭氧层的影响,根据世界环保组织及我国政府有关规定,1301、1211灭火剂逐步停止生产,直到21世纪初停止使用。由于七氟丙烷不含有氯或溴,不会对大气臭氧层产生破坏作用,所以被用来替换对环境有危害的1301、1211灭火剂来作为灭火剂的原料。七氟丙烷在大气中的生命周期约为31年到42年间,而且在释出后不会留下残余物或油渍,亦可通过正常排气通道排走,所以很适合作为数据中心或服务器存放中心的灭火剂。通常这些地方都会把一个含有压缩了的七氟丙烷的罐安装在楼层顶部,当火警发生时,七氟丙烷从罐的出气口排出,迅速把火警发生场所的氧气排走,并冷却火警发生处,从而达到灭火的目的。

(4) 二氧化碳灭火系统。二氧化碳灭火系统是通过向保护区或保护对象释放二氧化碳灭火剂来灭火的,它的原理是减少空气中的含氧比例,使含氧量降低到12%以下或二氧化碳含量达30%~35%,一般可燃物质燃烧就会停止。当二氧化碳含量达到43.6%时,能抑制汽油蒸气及其他易燃气体的爆炸。

二氧化碳灭火效果逊于卤代烷,但灭火剂价格是卤代烷的1/50左右,与水灭火剂相比具有不污染物品、没有水渍损害和不导电等优点,故应用比较广泛,使用量仅次于自动喷水灭火系统。

3) 移动式灭火器材

发电厂、变电所除按规范、标准要求设置自动报警和固定式自动灭火系统外,对其他可能发生火灾的地方,应设置移动式灭火器。目前常用的移动式灭火器主要有水基型、干粉、洁净气体和二氧化碳灭火器,结合电力生产现场的燃烧物质种类,灭火器选择和配置数量,应按照《电力设备典型消防规程》(DL 5027—2015)要求来确定。灭火剂选用需兼顾灭火有效性、对设备及人体的影响。

(1) 泡沫灭火器。筒身内悬挂装有硫酸铝水溶液和碳酸氢钠发沫剂的混合溶液。使用时勿颠倒。泡沫灭火器适用于扑救油脂类、石油类产品及一般固体物质的初起火灾。

(2) 二氧化碳灭火器。二氧化碳呈液态灌入钢瓶内,在 20 ℃时钢瓶内的压力为 6 MPa,使用时液态二氧化碳从灭火器喷出后迅速蒸发,变成固体雪花状,又称干冰,其温度为-78 ℃。固体二氧化碳在燃烧物体上迅速挥发而变成气体。当二氧化碳气体在空气含量达到 30%~35%时,物质燃烧就会停止。二氧化碳灭火器主要适用于扑救贵重设备、档案资料、仪器仪表、额定电压低于 600 V 电器及油脂等的火灾。但不适用于扑灭金属钾、钠的燃烧。它分为手轮和鸭嘴式两种手提灭火器,大容量的有推车式。鸭嘴式用法:一手拿喷筒对准火源,一手握紧鸭舌,气体即可喷出。二氧化碳是电的不良导体,但电压超过 600 V 时,必须先停电后灭火。二氧化碳怕高温,存放点温度不应超过 42 ℃。使用时不要用手摸金属导管,也不要把喷筒对着人,以防冻伤。喷射方向应顺风。

(3) 干粉灭火器。干粉灭火器主要适用于扑救石油及其产品、可燃气体和电气设备的初起火灾。使用干粉灭火器应先打开保险销,把喷管口对准火源,另一手紧握导杆提环并将顶针压下,干粉即喷出。干粉灭火器应保持干燥、密封,以防止干粉结块,同时应防止日光暴晒,以防二氧化碳受热膨胀而发生漏气。干粉灭火器有手提和推车式两种。

4) 其他消防用具

消火栓是接通消防供水的阀门,与水龙带及其后的水枪接通,可用于扑灭室内外火灾。水枪可根据需要,选用直喷型(喷射密集充实水流)、开花型(既可喷射密集充实水流,又可喷射开花水,用于冷却容器外壁,阻隔辐射,掩护灭火人员靠近火区)、喷雾型(直流水枪口加装一只双级离心喷雾头,喷出水雾,扑救油类火灾及油浸变压器、油断路器电气设备、煤粉系统火灾)。

1.3 电气火灾

在发变电的生产过程中,有许多容易引起火灾的客观因素,如火电厂存有大量的煤、煤粉、原油、可燃气体,汽轮机的透平油和变压器、互感器的绝缘油,发电机冷却用的氢气,多而分布广的电线以及运行中带油设备的短路电弧等,如果防火措施不力都极易造成火灾事故。例如某 2×300 MW 电厂,因火灾事故烧毁各种电缆万余米,厂用变压器及断路器损坏,停电 28 天。又如某 500 kV 变电所因所用电选型不当,造成所用电电缆火灾事故,51 根 380 V 所用电进出线及 13 根保护用通信光缆和高频电缆烧损,四条 500 kV 线路和四条 220 kV 线路保护通道中断,主保护失去,站用直流系统交流充电电源失去,全站保护及自动装置仅靠蓄电池供电。事故造成累计拉停 10~35 kV 配电线路 159 条次,占变电所供区内配电线路总条数的 15.9%,损失负荷 43.2 万 kW,占当时供区负荷的 25%;累计损失电量 230.8 万 kW·h;直接财产损失 19 万元,使国家和集体遭受重大损失,给社会造成重大的影响。

因此,为确保发电厂、变电所及电力生产的消防安全,必须认真贯彻"以防为主,防消结合"的方针,严格执行《中华人民共和国消防法》《电力设备典型消防规程》,切实落实消防及防火技术措施,完善电力生产区域必配的消防设施,增强全体职工的消防安全意识,增加消防安全知识。

1) 电气火灾的本质

(1) 电气线路、用电设备、器具以及供配电设备出现故障性释放的热能;

(2) 高温、电弧、电火花以及非故障性释放的能量;

(3) 电热器具的炽热表面,在具备燃烧条件下引燃本体或其他可燃物而造成的火灾;

(4) 雷电和静电引起的火灾。

2) 电气火灾的主要成因

(1) 漏电火灾。线路的某一个地方因为某种原因(自然原因或人为原因,如风吹雨打、潮湿、高温、碰压、划破、摩擦、腐蚀等)使电线的绝缘或支架材料的绝缘能力下降,导致电线与电线之间(通过损坏的绝缘、支架等)、导线与大地之间(电线通过水泥墙壁的钢筋、马口铁皮等)有一部分电流通过,这种现象就是漏电。当漏电发生时,泄漏的电流在流入大地途中,如遇电阻较大的部位,会产生局部高温,致使附近的可燃物着火,从而引起火灾。此外,在漏电点产生的漏电火花,同样也会引起火灾。

(2) 短路火灾。电气线路中的裸导线或绝缘导线的绝缘体破损后,火线与零线或火线与地线(包括接地从属于大地)在某一点碰在一起,引起电流突然大量增加的现象就叫短路,俗称碰线、混线或连电。由于短路时电阻突然减少,电流突然增大,其瞬间的发热量也很大,大大超过了线路正常工作时的发热量,并在短路点易产生强烈的火花和电弧,不仅能使绝缘层迅速燃烧,而且能使金属熔化,引起附近的易燃可燃物燃烧,造成火灾。

(3) 过负荷火灾。当导线中通过的电流量超过了安全载流量时,导线的温度不断升高,这种现象就叫导线过负荷。当导线过负荷时,加快了导线绝缘层的老化变质。当导线严重过负荷时,导线的温度会不断升高,甚至会引起导线的绝缘材料发生燃烧,并能引燃导线附近的可燃物,从而造成火灾。

(4) 接触电阻过大火灾。导线与导线,导线与开关、熔断器、仪表、电气设备等连接的地方都有接头,在接头的接触面上形成的电阻称为接触电阻。当有电流通过接头时会发热,这是正常现象。如果接头处理良好,接触电阻不大,则接头点的发热就很少,可以保持正常温度。

3) 电气火灾扑救原则

(1) 应立即切断有关设备电源,然后进行灭火;

(2) 对可能带电的电气设备以及发电机、电动机等,应使用干粉、二氧化碳、六氟丙烷等灭火器灭火;

(3) 对油断路器、变压器,在切断电源后可使用干粉、六氟丙烷等灭火器灭火,不能扑灭时再用泡沫灭火器灭火,不得已时可用干砂灭火;

(4) 地面上的绝缘油着火,应用干砂灭火;

(5) 参加灭火的人员在灭火的过程中应避免发生次生灾害。

4) 电气火灾的扑救方法

(1) 断电灭火

① 火灾发生后,由于受潮或烟熏,开关设备绝缘强度降低,因此拉闸时应使用适当的绝缘工具。

② 有配电室的单位,可先断开主断路器;无配电室的单位,先断开负载断路器,后拉开隔离开关。

③ 切断用磁力启动器启动的电气设备时,应先按"停止"按钮,再拉开闸刀开关。

④ 切断电源的地点要选择恰当,防止切断电源后影响火灾的扑救。

⑤ 剪断电线时,应穿戴绝缘靴和绝缘手套,用绝缘胶柄钳等绝缘工具将电线剪断。不同相电线应在不同部位剪断,以免造成线路短路。剪断空中电线时,剪断的位置应选择在电源方向的支持物上,防止电线剪断后落地造成短路或触电伤人事故。

⑥ 如果线路上带有负载,应先切除负载,再切断灭火现场电源。

(2) 带电灭火

① 选用适当的灭火器。在确保安全的前提下,应用不导电的灭火剂,如二氧化碳或干粉灭火剂,进行

灭火。

② 在使用小型二氧化碳、干粉等灭火器灭火时，由于其射程较近，故人体、灭火器的机体及喷嘴与带电体应有一定的安全距离。

③ 用水进行带电灭火。其优点是价格低廉，灭火效率高。但水能导电，用于带电灭火时会危害人体。因此，在灭火人员穿戴绝缘手套和绝缘靴，水枪喷嘴安装接地线的情况下，可使用喷雾水枪灭火。

④ 对架空线路等空中设备灭火时，人体位置与带电体之间仰角不应超过45℃，以免导线断落伤人。

⑤ 如遇带电导线断落地面，应划出警戒区，防止跨入。扑救人员需要进入灭火时，必须穿上绝缘靴。

⑥ 在带电灭火过程中，人应避免与水流接触。

⑦ 没有穿戴保护用具的人员，不应接近燃烧区，防止地面水渍导电引起触电事故。

⑧ 火灾扑灭后，如设备仍有电压时，任何人员不得接近带电设备和水渍地区。

(3) 充油电气设备的火灾扑救

① 变压器、油断路器、电容器等充油电气设备的油，闪点大都在130～140℃之间，有较大的危害性。如果只是容器外面局部着火，而设备没有受到损坏，可用二氧化碳、干粉等灭火剂带电灭火。如果火势较大，应先切断起火设备和受威胁设备的电源，然后用水扑救。

② 如果容器设备受到损坏，喷油燃烧，火势很大时，除切断电源外，有事故储油坑的应设法将油放进储油坑，坑内和地面上的油火应用泡沫灭火剂扑灭。

③ 要防止着火油料流入电缆沟内。如果燃烧的油流入电缆沟而顺沟蔓延，沟内的油火只能用泡沫覆盖扑灭，不宜用水喷射，防止火势扩散。

④ 灭火时，灭火器和带电体之间应保持足够的安全距离，同时灭火后要注意通风。

(4) 旋转电动机的火灾扑救

在扑救旋转电动机火灾时，为防止设备的轴和轴承变形，可令其慢慢转动，用喷雾水灭火，并使其均匀冷却；也可用二氧化碳、四氯化碳灭火剂扑灭，但不宜用干粉、沙子、泥土灭火，以免增加修复的困难。

5) 预防电气火灾的管理措施

(1) 防火检查：① 用火、用电有无违章；② 安全出口、疏散通道是否畅通，安全疏散指示标志、应急照明是否完好；③ 消防设施、器材情况。

(2) 动火作业规定。动火作业指能直接或间接产生明火的作业，应包括熔化焊接、压力焊、钎焊、切割、喷枪、喷灯、钻孔、打磨、锤击、破碎和切削等作业。

一级动火区：火灾危险性很大，发生火灾造成后果很严重的部位、场所或设备。二级动火区：一级动火区以外的防火重点部位、场所或设备及禁火区域。一级动火时，动火部门分管生产的领导或技术负责人（总工程师）、消防（专职）人员应始终在现场监护。二级动火时，动火部门应指定人员，并和消防（专职）人员或指定的义务消防员始终在现场监护。

禁止动火条件：① 油船、油车停靠区域；② 压力容器或管道未泄压前；③ 存放易燃易爆物品的容器未清理干净，或未进行有效置换前；④ 作业现场附近堆有易燃易爆物品，未做彻底清理或者未采取有效安全措施前；⑤ 风力达五级以上的露天动火作业；⑥ 附近有与明火作业相抵触的工种在作业；⑦ 遇有火险异常情况未查明原因和消除前；⑧ 带电设备未停电前；⑨ 按国家和政府部门有关规定必须禁止动用明火的。

(3) 变电站消防规定

① 疏散通道、安全出口应保持畅通，并设置符合规定的消防安全疏散指示标志和应急照明设施；

② 保持防火门、防火卷帘、消防安全疏散指示标志、应急照明、机械排烟送风、火灾事故广播等设施处于正常状态；

③ 消防设施周围不得堆放其他物件；

④ 防火重点部位禁止吸烟,并应有明显标志;
⑤ 修筑工作间断或结束时应检查和清理现场,消除火灾隐患;
⑥ 排水沟、电缆沟、管沟等沟坑内不应有积油;
⑦ 各类废油应倒入指定的容器内;
⑧ 电缆隧道内应设置指向最近安全出口处的导向箭头。

6) 火灾逃生

(1) 发生火灾时应采取的措施:发现火灾首先要迅速拨打火警电话119,讲清火灾情况。发出呼救信号,如拨打手机,从阳台或临街的窗户向外发出呼救信号;夜间则可用打开手电、应急照明灯等方式发出求救信号,帮助营救人员找到确切目标。

(2) 消防器材的使用:不同类型的火灾应选用相应的灭火器。火灾的种类:A 类火灾,指固体物质火灾。B 类火灾,指液体火灾和可熔化的固体物质火灾。C 类火灾,指可燃和易燃气体火灾。D 类火灾,指金属类火灾。E 类火灾,指带电物体的火灾。

灭火器按充装的灭火剂可分为五类:干粉灭火器、二氧化碳灭火器、泡沫型灭火器、水型灭火器、卤代烷灭火器(俗称1211灭火器和1301灭火器)。

灭火器的操作要领:提、拔、瞄、压。使用方法:到消防箱提取灭火器;拔掉保险销;一只手握住喷管喷口处,一只手提着灭火器,距燃烧物2～3 m,将喷口瞄准火焰根部;用力按压手柄,喷洒药剂实施灭火。

灭火器使用禁忌见表1-1。

表1-1 灭火器使用禁忌表

火灾种类	水型	干粉	泡沫型	卤代烷	二氧化碳
固体燃烧的火	—	—	—	—	×
液体燃烧的火	×	—	—	—	—
气体燃烧的火	×	—	×	—	—
带电的火	×	—	×	—	—

精选习题

1. 动火级别可分为(　　)类。
   A. 1 类　　　　　　B. 2 类　　　　　　C. 3 类　　　　　　D. 4 类
2. 下列选项中,(　　)不是灭火的基本原理。
   A. 冷却　　　　　　B. 隔离　　　　　　C. 化学抑制　　　　D. 难燃
3. 以下哪种灭火方法属于隔绝灭火法。(　　)
   A. 挖出火源　　　　　　　　　　　　　B. 密闭火区
   C. 用砂子或岩粉灭火　　　　　　　　　D. 用灭火器灭火
4. 为了控制火势,截断向火源的供风,通常是在火源(　　)构筑临时密闭或张挂风帘。
   A. 上风侧　　　　　　　　　　　　　　B. 下风侧
   C. 两者均可　　　　　　　　　　　　　D. 以上答案均不对
5. 对于采取用水灭火的方法,以下的说法错误的是(　　)。
   A. 水能导电,不能用水直接扑灭电气火灾
   B. 不宜用水灭油类火灾,因为油比水轻,易扩大火灾
   C. 非电气、油类火灾在初起阶段,没有足够的水量也可灭火,以避免火灾扩大

D. 用水灭火吸热能力强,冷却作用大

6. 火灾扑灭后,如设备仍有电压,(   )不得接近带电设备和水渍地区。

   A. 检修人员　　　　B. 巡视人员　　　　C. 调度人员　　　　D. 任何人员

习题答案

1. B　2. D　3. B　4. A　5. C　6. D

第 2 章　触电急救

2.1　触电急救的原则

触电急救的原则：迅速、就地、准确、坚持。

(1) 迅速脱离电源。如果电源开关离救护人员很近，应立即拉掉开关切断电源；当电源开关离救护人员较远时，可用绝缘手套或木棒将电源切断。

(2) 就地解救处理。当触电者脱离电源后必须在现场就地抢救。只有在事发现场对安全有威胁时，才能把触电者抬到安全地方抢救，但不能等把触电者长途送往医院后再进行抢救。

(3) 准确地使用人工呼吸。如果触电者神志清醒，仅心慌、四肢麻木或者一度昏迷但还没有失去知觉，应让他安静休息。

(4) 坚持抢救。坚持抢救就是触电者复生的希望，百分之一的希望也要尽百分之百的努力。

2.2　触电急救的顺序

触电急救的顺序见图 2-1。

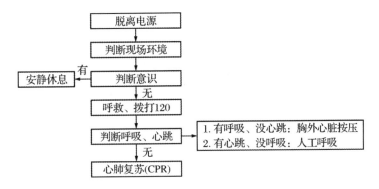

图 2-1　触电急救顺序示意图

2.3　心肺复苏

1) 心肺复苏前的准备

(1) 地点：平硬地面或床面；

(2) 体位：仰卧位；松解衣领、腰带。

2) 心肺复苏三项基本措施

(1) 胸外按压(C)：在对心跳停止者未进行按压前，先手握空心拳，快速垂直击打伤员胸前区胸骨中下段 1~2 次，每次 1~2 s，力量中等。若无效，则立即进行胸外心脏按压，不得耽误时间。

① 按压部位。胸骨中 1/3 与下 1/3 交界处。

② 伤员体位。伤员应仰卧于硬板床或地上。如为弹簧床，则应在伤员背部垫一硬板。硬板长度及宽度应足够大，以保证按压胸骨时，伤员身体不会移动。但不可因找寻垫板而延误开始按压的时间。

(2) 通畅气道(A)：当发现触电者呼吸微弱或停止时，应立即通畅触电者的气道以促进触电者呼吸或便于抢救。通畅气道主要采用仰头举颏(颌)法，即一手置于前额使头部后仰，另一手的食指与中指置于下颌骨近下颏或下颌角处，抬起下颏(颌)。注意：严禁用枕头等物垫在伤员头下；手指不要压迫伤员颈前部、颈下软组织，以防压迫气道，颈部上抬时不要过度伸展，有假牙托者应取出。儿童颈部易弯曲，过度抬颈反而使气道闭塞，因此不要抬颈牵拉过甚。成人头部后仰程度应为 90°，儿童头部后仰程度应为 60°，婴儿头部后仰程度应为30°,颈椎有损伤的伤员应采用双下颌上提法。

(3) 人工呼吸(B):头部后仰－捏鼻掰嘴－贴嘴吹气－放松换气。成人人工呼吸频率:10～12次/min(最多不超过16次),每5～6 s吹一口气,每次吹气维持时长1～1.5 s,吹气量约为500～1000 mL;操作中避免过度通气。

(4) 顺序为C—A—B。

3) 胸外按压要求

(1) 按压深度:5～6 cm;

(2) 频率:100～120次/min;

(3) 胸廓充分回弹:保证血液充分回流;

(4) 减少中断:每次中断不超过10 s。

4) 胸外按压与人工呼吸的比例

(1) 胸外心脏按压与人工呼吸的比例为30∶2。胸外按压30次＋人工呼吸2次为一个循环,按压和呼吸5个循环后,用"看、听、试"的方法,判断伤员呼吸、心跳恢复情况,如未恢复,继续坚持心肺复苏法抢救。

(2) 按压位置:胸骨中下1/3处。

(3) 按压姿势:两手相叠、手指翘起、双臂伸直、垂直下压。

第3章 外伤急救

3.1 创伤、外伤急救的基本要求

原则上：先抢救，后固定，再搬运，注意采取措施，防止伤情加重和污染。需要送医院救治的，应立即做好保护伤员措施后送医院救治。急救成功的条件是：动作快，操作正确，任何延迟和误操作均可加重伤情，并可导致死亡。

抢救前先使伤员安静躺平，判断全身情况和受伤程度，如有无出血、骨折和休克等。

外部出血立即采取止血措施，防止失血过多而休克。外观无伤，但呈休克状态、神志不清或昏迷者，要考虑胸腹部内脏或脑部受伤的可能性。

为防止伤口感染，应用清洁布片覆盖。救护人员不得用手直接接触伤口，更不得在伤口内填塞任何东西或随便用药。

搬运时应使伤员平躺在担架上，腰部束在担架上，防止跌下。平地搬运时伤员头部在后，上楼下楼或上坡下坡时头部在上，搬运中应严密观察伤员，防止伤情突变。

用止血带或弹性较好的布带等止血时，应先用柔软布片或伤员的衣袖等数层垫在止血带下面，再扎紧止血带以使肢端动脉搏动消失为度。上肢每 60 min、下肢每 80 min 放松一次，每次放松 1~2 min。开始扎紧与每次放松的时间均应书面标明在止血带旁。扎紧时间不宜超过 4 h。不要在上臂中 1/3 处和腋窝下使用止血带，以免损伤神经。若放松时观察已无大出血，可暂停使用。

严禁用电线、铁丝、细绳等作止血带使用。

高处坠落、撞击、挤压可能有胸腹内脏破裂出血。伤员外观无出血但常表现面色苍白、脉搏细弱、气促、冷汗淋漓、四肢厥冷、烦躁不安，甚至神志不清、休克等状态，应迅速躺平，抬高下肢，保持温暖，速送医院救治。若送院途中时间较长，可给伤员饮用少量糖盐水。

3.2 骨折急救

肢体骨折可用夹板或木棍、竹竿等将断骨上、下方两个关节固定，也可利用伤员身体进行固定，避免骨折部位移动，以减少疼痛，防止伤势恶化。

开放性骨折，伴有大出血者，应先止血，再固定，并用干净布片覆盖伤口，然后速送医院救治。切勿将外露的断骨推回伤口内。

疑有颈椎损伤时，在使伤员平卧后，用沙土袋（或其他代替物）放置头部两侧，使颈部固定不动。进行口对口呼吸时，只能采用抬颌使气道通畅，不能再将头部后仰移动或转动头部，以免引起截瘫或死亡。

骨折固定的注意事项如下：

(1) 骨折固定应先检查意识、呼吸、脉搏及处理严重出血。

(2) 骨折固定的夹板长度应能将骨折处的上下关节一同加以固定。

(3) 骨断端暴露，不要拉动。

3.3 颅脑外伤急救

应使伤员采取平卧位，保持气道通畅，若有呕吐，应扶好头部和身体，使头部和身体同时侧转，防止呕吐物造成窒息。

耳鼻有液体流出时，不要用棉花堵塞，只可轻轻拭去，以利降低颅内压力；也不可用力擤鼻排除鼻内液体，或将液体再吸入鼻内。

有颅脑外伤时,病情可能复杂多变,禁止给予饮食,速送医院诊治。

3.4 烧伤急救

电灼伤、火焰烧伤或高温气、水烫伤均应保持伤口清洁。伤员的衣服鞋袜用剪刀剪开后除去。伤口全部用清洁布片覆盖,防止污染。四肢烧伤时,先用清洁冷水冲洗,然后用清洁布片或消毒纱布覆盖送医院。

强酸或碱灼伤应迅速脱去被溅染衣物,现场立即用大量清水彻底冲洗,然后用适当的药物给予中和,冲洗时间不少于 20 min。被强酸烧伤应用 50% 碳酸氢钠(小苏打)溶液中和;被强碱烧伤应用 0.5%~50% 醋酸溶液或 50% 氯化铵溶液或 10% 枸橼酸溶液中和。

未经医务人员同意,灼伤部位不宜敷搽任何东西和药物。

送医院途中,可给伤员多次少量口服糖盐水。

3.5 冻伤急救

冻伤使肌肉僵直,严重者深及骨骼,在救护搬运过程中动作要轻柔,不要强使其肢体弯曲活动,以免加重损伤。应使用担架,将伤员平卧并抬至温暖室内救治。

将伤员身上潮湿的衣服剪去后用干燥柔软的衣服覆盖,不得烤火或搓雪。

全身冻伤者呼吸和心跳有时十分微弱,不应误认为死亡,应努力抢救。

3.6 动物咬伤急救

1)毒蛇咬伤

(1)毒蛇咬伤后,不要惊慌、奔跑、饮酒,以免加速蛇毒在人体内扩散。

(2)咬伤大多在四肢,应迅速从伤口上端向下方反复挤出毒液,然后在伤口上方(近心端)用布带扎紧,将伤肢固定,避免活动,以减少毒液的吸收。

(3)有蛇药时可先服用,再送往医院救治。

2)犬咬伤

(1)犬咬伤后应立即用浓肥皂水冲洗伤口,同时用挤压法自上而下将残留在伤口内唾液挤出,然后用碘酒涂搽伤口。

(2)少量出血时,不要急于止血,也不要包扎或缝合伤口。

(3)尽量设法查明该犬是否为"疯狗",对医院制订治疗计划有较大帮助。

3.7 溺水急救

发现有人溺水应设法迅速将其从水中救出,呼吸心跳停止者用心肺复苏法坚持抢救。曾受水中抢救训练者在水中即可抢救。

口对口人工呼吸因异物阻塞发生困难,而又无法用手指除去异物时,可用两手相叠,置于脐部稍上正中线上(远离剑突)迅速向上猛压数次,使异物退出,但也不能用力太大。

溺水死亡的主要原因是窒息缺氧。由于淡水在人体内能很快经循环吸收,而气管能容纳的水量很少,因此在抢救溺水者时不应"倒水"而延误抢救时间,更不应仅"倒水"而不用心肺复苏法进行抢救。

3.8 高温中暑急救

烈日直射头部,环境温度过高,饮水过少或出汗过多等可以引起中暑现象,其症状一般为恶心、呕吐、胸闷、眩晕、嗜睡、虚脱,严重时抽搐、惊厥甚至昏迷。

应立即将病员从高温或日晒环境转移到阴凉通风处休息。用冷水擦浴,湿毛巾覆盖身体,电扇吹风,或在头部置冰袋等方法降温,并及时给病员口服盐水。严重者送医院治疗。

3.9 有害气体中毒急救

气体中毒开始时有流泪、眼痛、呛咳、咽部干燥等症状,应引起警惕。稍重时会头痛、气促、胸闷、眩晕。

严重时会引起惊厥昏迷。

怀疑可能存在有害气体时,应立即将人员撤离现场,转移到通风良好处休息。抢救人员进入危险区应戴防毒面具。

对于已昏迷病员应使其保持气道通畅,有条件时给予氧气吸入。对呼吸心跳停止者,按心肺复苏法抢救,并联系医院救治。

迅速查明有害气体的成分,供医院及早对症治疗。

精选习题

1. 心肺复苏三项基本措施中,通畅气道(A)、人工呼吸(B)、胸外按压(C)的正确顺序为（　　）。
   A. ABC　　　　　　B. BCA　　　　　　C. CAB　　　　　　D. ACB

2. 胸外心脏按压与人工呼吸的正确比例为（　　）。
   A. 15∶1　　　　　B. 30∶2　　　　　C. 60∶2　　　　　D. 30∶1

3. 搬运伤员时,应使伤员平躺在担架上,腰部束在担架上,防止跌下,上、下楼或上、下陡坡时,伤员头部应在（　　）。
   A. 下　　　　　　　B. 上　　　　　　　C. 左　　　　　　　D. 右

4. 被强酸烧伤应用（　　）溶液中和。
   A. 50%碳酸氢钠　　　　　　　　　　　B. 50%碳酸钠
   C. 80%碳酸氢钠　　　　　　　　　　　D. 80%碳酸钠

5. 颅脑外伤应使伤员采取（　　）,保持气道通畅。
   A. 平卧位　　　　　B. 左侧卧位　　　　C. 右侧卧位　　　　D. 立卧位

6. 以下物质中,（　　）可用作止血带。
   A. 电线　　　　　　B. 铁丝　　　　　　C. 弹性好的布带　　D. 细绳

习题答案

1. C　2. B　3. B　4. A　5. A　6. C